SAME

The Same Planet

同一颗星球

PLANET

The History
of British Birds

刘东——主编

[英]
德里克·亚尔登－翁贝托·阿尔巴雷拉——著

周爽——译

英国鸟类史

江苏人民出版社

图书在版编目（CIP）数据

英国鸟类史／（英）德里克·亚尔登，（英）翁贝托·阿尔巴雷拉著；周爽译. — 南京：江苏人民出版社，2022.11

（"同一颗星球"丛书）

书名原文：The History of British Birds

ISBN 978 - 7 - 214 - 27142 - 6

Ⅰ.①英… Ⅱ.①德… ②翁… ③周… Ⅲ.①鸟类 - 史料 - 英国 Ⅳ.①Q959.7

中国版本图书馆 CIP 数据核字（2022）第 056764 号

江苏省版权局著作权合同登记号：图字 10 - 2018 - 092 号

书　　　　名	英国鸟类史
著　　　　者	[英]德里克·亚尔登　翁贝托·阿尔巴雷拉
译　　　　者	周　爽
责 任 编 辑	金书羽
特 约 编 辑	张　欣
装 帧 设 计	吴伟光　陈威伸
责 任 监 制	王　娟
出 版 发 行	江苏人民出版社
地　　　　址	南京市湖南路 1 号 A 楼，邮编：210009
照　　　　排	江苏凤凰制版有限公司
印　　　　刷	江苏凤凰盐城印刷有限公司
开　　　　本	652 毫米×960 毫米　1/16
印　　　　张	26　插页 6
字　　　　数	321 千字
版　　　　次	2022 年 11 月第 1 版
印　　　　次	2022 年 11 月第 1 次印刷
标 准 书 号	ISBN 978 - 7 - 214 - 27142 - 6
定　　　　价	98.00 元

（江苏人民出版社图书凡印装错误可向承印厂调换）

在英格兰、爱尔兰和马恩岛，这是成为鸟类学家的最好时机。

总　序

这套书的选题,我已经默默准备很多年了,就连眼下的这篇总序,也是早在六年前就已起草了。

无论从什么角度讲,当代中国遭遇的环境危机,都绝对是最让自己长期忧心的问题,甚至可以说,这种人与自然的尖锐矛盾,由于更涉及长时段的阴影,就比任何单纯人世的腐恶,更让自己愁肠百结、夜不成寐,因为它注定会带来更为深重的,甚至根本无法再挽回的影响。换句话说,如果政治哲学所能关心的,还只是在一代人中间的公平问题,那么生态哲学所要关切的,则属于更加长远的代际公平问题。从这个角度看,如果偏是在我们这一代手中,只因为日益膨胀的消费物欲,就把原应递相授受、永续共享的家园,糟蹋成了永远无法修复的、连物种也已大都灭绝的环境,那么,我们还有何脸面去见列祖列宗?我们又让子孙后代去哪里安身?

正因为这样,早在尚且不管不顾的 20 世纪末,我就大声疾呼这方面的"观念转变"了:"……作为一个鲜明而典型的案例,剥夺了起码生趣的大气污染,挥之不去地刺痛着我们:其实现代性的种种负面效应,并不是离我们还远,而是构成了身边的基本事实——不管我们是否承认,它都早已被大多数国民所体认,被陡然上升的死亡率所证实。准此,它就不可能再被轻轻放过,而必须被投以全力的警觉,就像当年全力捍卫'改革'时一样。"①

　　的确，面对这铺天盖地的有毒雾霾，乃至危如累卵的整个生态，作为长期惯于书斋生活的学者，除了去束手或搓手之外，要是觉得还能做点什么的话，也无非是去推动新一轮的阅读，以增强全体国民，首先是知识群体的环境意识，唤醒他们对于自身行为的责任伦理，激活他们对于文明规则的从头反思。无论如何，正是中外心智的下述反差，增强了这种阅读的紧迫性：几乎全世界的环境主义者，都属于人文类型的学者，而唯独中国本身的环保专家，却基本都属于科学主义者。正由于这样，这些人总是误以为，只要能用上更先进的科技手段，就准能改变当前的被动局面，殊不知这种局面本身就是由科技"进步"造成的。而问题的真正解决，却要从生活方式的改变入手，可那方面又谈不上什么"进步"，只有思想观念的幡然改变。

　　幸而，在熙熙攘攘、利来利往的红尘中，还总有几位谈得来的出版家，能跟自己结成良好的工作关系，而且我们借助于这样的合作，也已经打造过不少的丛书品牌，包括那套同样由江苏人民出版社出版的、卷帙浩繁的"海外中国研究丛书"；事实上，也正是在那套丛书中，我们已经推出了聚焦中国环境的子系列，包括那本触目惊心的《一江黑水》，也包括那本广受好评的《大象的退却》……不过，我和出版社的同事都觉得，光是这样还远远不够，必须另做一套更加专门的丛书，来译介国际上研究环境历史与生态危机的主流著作。也就是说，正是迫在眉睫的环境与生态问题，促使我们更要去超越民族国家的疆域，以便从"全球史"的宏大视野，来看待当代中国由发展所带来的问题。

　　这种高瞻远瞩的"全球史"立场，足以提升我们自己的眼光，去把地表上的每个典型的环境案例都看成整个地球家园的有机脉

---

① 刘东：《别以为那离我们还远》，载《理论与心智》，杭州：浙江大学出版社，2015年，第89页。

动。那不单意味着，我们可以从其他国家的环境案例中找到一些珍贵的教训与手段，更意味着，我们与生活在那些国家的人们，根本就是在共享着"同一个"家园，从而也就必须共担起沉重的责任。从这个角度讲，当代中国的尖锐环境危机，就远不止是严重的中国问题，还属于更加深远的世界性难题。一方面，正如我曾经指出过的："那些非西方社会其实只是在受到西方冲击并且纷纷效法西方以后，其生存环境才变得如此恶劣。因此，在迄今为止的文明进程中，最不公正的历史事实之一是，原本产自某一文明内部的恶果，竟要由所有其他文明来痛苦地承受……"①而另一方面，也同样无可讳言的是，当代中国所造成的严重生态失衡，转而又加剧了世界性的环境危机。甚至，从任何有限国度来认定的高速发展，只要再换从全球史的视野来观察，就有可能意味着整个世界的生态灾难。

正因为这样，只去强调"全球意识"都还嫌不够，因为那样的地球表象跟我们太过贴近，使人们往往会鼠目寸光地看到，那个球体不过就是更加新颖的商机，或者更加开阔的商战市场。所以，必须更上一层地去提倡"星球意识"，让全人类都能从更高的视点上看到，我们都是居住在"同一颗星球"上的。由此一来，我们就热切地期盼着，被选择到这套译丛里的著作，不光能增进有关自然史的丰富知识，更能唤起对于大自然的责任感，以及拯救这个唯一家园的危机感。的确，思想意识的改变是再重要不过了，否则即使耳边充满了危急的报道，人们也仍然有可能对之充耳不闻。甚至，还有人专门喜欢到电影院里，去欣赏刻意编造这些祸殃的灾难片，而且其中的毁灭场面越是惨不忍睹，他们就越是愿意乐呵呵地为之掏钱。这到底是麻木还是疯狂呢？抑或是两者兼而有之？

不管怎么说，从更加开阔的"星球意识"出发，我们还是要借这套书去尖锐地提醒，整个人类正搭乘着这颗星球，或曰正驾驶着这

---

① 刘东:《别以为那离我们还远》,载《理论与心智》,第 85 页。

颗星球，来到了那个至关重要的，或已是最后的"十字路口"！我们当然也有可能由于心念一转而做出生活方式的转变，那或许就将是最后的转机与生机了。不过，我们同样也有可能——依我看恐怕是更有可能——不管不顾地懵懵懂懂下去，沿着心理的惯性而"一条道走到黑"，一直走到人类自身的万劫不复。而无论选择了什么，我们都必须在事先就意识到，在我们将要做出的历史性选择中，总是凝聚着对于后世的重大责任，也就是说，只要我们继续像"击鼓传花"一般地，把手中的危机像烫手山芋一样传递下去，那么，我们的子孙后代就有可能再无容身之地了。而在这样的意义上，在我们将要做出的历史性选择中，也同样凝聚着对于整个人类的重大责任，也就是说，只要我们继续执迷与沉湎其中，现代智人（homo sapiens）这个曾因智能而骄傲的物种，到了归零之后的、重新开始的地质年代中，就完全有可能因为自身的缺乏远见，而沦为一种遥远和虚缈的传说，就像如今流传的恐龙灭绝的故事一样……

2004年，正是怀着这种挥之不去的忧患，我在受命为《世界文化报告》之"中国部分"所写的提纲中，强烈发出了"重估发展蓝图"的呼吁——"现在，面对由于短视的和缺乏社会蓝图的发展所带来的、同样是积重难返的问题，中国肯定已经走到了这样一个关口：必须以当年讨论'真理标准'的热情和规模，在全体公民中间展开一场有关'发展模式'的民主讨论。这场讨论理应关照到存在于人口与资源、眼前与未来、保护与发展等一系列尖锐矛盾。从而，这场讨论也理应为今后的国策制订和资源配置，提供更多的合理性与合法性支持"①。2014年，还是沿着这样的问题意识，我又在清华园里特别开设的课堂上，继续提出了"寻找发展模式"的呼吁："如果我们不能寻找到适合自己独特国情的'发展模式'，而只是在

---

① 刘东：《中国文化与全球化》，载《中国学术》，第19—20期合辑。

盲目追随当今这种传自西方的、对于大自然的掠夺式开发,那么,人们也许会在很近的将来就发现,这种有史以来最大规模的超高速发展,终将演变成一次波及全世界的灾难性盲动。"[1]

所以我们无论如何,都要在对于这颗"星球"的自觉意识中,首先把胸次和襟抱高高地提升起来。正像面对一幅需要凝神观赏的画作那样,我们在当下这个很可能会迷失的瞬间,也必须从忙忙碌碌、浑浑噩噩的日常营生中,大大地后退一步,并默默地驻足一刻,以便用更富距离感和更加陌生化的眼光来重新回顾人类与自然的共生历史,也从头来检讨已把我们带到了"此时此地"的文明规则。而这样的一种眼光,也就迥然不同于以往匍匐于地面的观看,它很有可能会把我们的眼界带往太空,像那些有幸腾空而起的宇航员一样,惊喜地回望这颗被蔚蓝大海所覆盖的美丽星球,从而对我们的家园产生新颖的宇宙意识,并且从这种宽阔的宇宙意识中,油然地升腾起对于环境的珍惜与挚爱。是啊,正因为这种由后退一步所看到的壮阔景观,对于全体人类来说,甚至对于世上的所有物种来说,都必须更加学会分享与共享、珍惜与挚爱、高远与开阔,而且,不管未来文明的规则将是怎样的,它都首先必须是这样的。

我们就只有这样一个家园,让我们救救这颗"唯一的星球"吧!

刘东

2018 年 3 月 15 日改定

---

[1] 刘东:《再造传统:带着警觉加入全球》,上海:上海人民出版社,2014 年,第 237 页。

序

作为一名古鸟类学家,得知《英国鸟类史》(*The History of British Birds*)即将由江苏人民出版社出版,我感到由衷高兴,为这本书作序,更是义不容辞。

《英国鸟类史》这本书主要讲述了大不列颠群岛上的鸟类15000年以来的变迁及进化过程。不同于一般的鸟类著作,这本书充分利用大量考古学的挖掘报告信息,将鸟类的知识与考古知识有机地结合在了一起。两位作者,一位是曼彻斯特大学退休教授德里克·亚尔登(Derek Yalden),专门从事脊椎动物学研究,曾获得林奈奖章;另一位是谢菲尔德大学考古系的资深教授翁贝托·阿尔巴雷拉(Umberto Albarella)。两人的合作可谓跨学科研究的典范。因此,在这本书中,我看到了更多细致的鸟类骨骼鉴定,也了解了更为丰富的考古记录支撑数据。

本书由八章构成,涉及古鸟类鉴定、种群分布,以及鸟类动物群与生境变迁、人类文明演化的交互影响等。此外,书稿的结尾部分还有详尽的附录,相当于一个小型的数据库。表中对中更新世以来的英国鸟类的历史记录进行了全面总结,并附有拉丁文学名。作者没有按照单一的时间线串连全书,而是选择了多角度切入,这使得书稿在呈现学术性之余更具可读性,亦使研究领域外的普通读者能更多了解英国文化。

"二鸟在林,不如一鸟在手",对从事古鸟类研究的我们而言,得到"准确鉴定的骨骼"和"年代确定的标本"是展开研究的重要前提。如何鉴定鸟类骨骼？如何确定种属？如何依靠考古记录应对年龄测定中的复杂问题？这些都是我们在研究中经常需要面对的难点。两位英国学者的撰述为我们展示了"英国经验"，我相信，读完此书的古生物研究者定能有所收获。当然，书中亦不乏趣味性十足的内容，对一般读者而言，阅读此书也是一种穿梭在过去与现在、游走于文明与自然间的独特体验。比如，罗马人统治英国时对小型鸟的烹饪有极大兴趣，他们对野生鸟类的食用尽管绝对数量很小，但范围很广。又如，从伊丽莎白时代到维多利亚时代，猎物的获得和保护借鉴了为收集标本而改进的剥制技术，等等。

以科学普及与科学教育助力科学文化建设，是我们在学术研究之外一直竭力践行的理念。平心而论，翻译是一件费时费力的事，十分不易。但是，对学界和普通读者而言，这又是一项能让大家更多了解国外相关领域研究成果以及传递科学普及之精神的工作，意义非凡。

本书的译者周爽 2008 年进入中科院古脊椎动物与古人类研究所学习，从事古鸟类方向研究。博士毕业后担任《古脊椎动物学报》(中英文)的编辑，继续从事着古生物领域的相关研究。当听说她在完成繁重而琐碎的本职工作之余，还承担了翻译工作时，我感到很高兴。周爽博士在翻译过程中付出了很多努力，做了大量专业且细致的工作，衷心希望她的努力能够赢得读者的喜爱，也希望更多人能由此对古生物、对自然及至地球增添更多认识和保护的情怀。

周忠和

2022 年 10 月 16 日

（作者系中国科学院院士，中国科普作家协会理事长）

目　录

前　言　001

第一章　二鸟在林，不如一鸟在手　001

鸟类骨骼的鉴定　001

鉴定对象　002

鉴定中的问题　010

年龄测定中的问题　020

骨骼来源　026

结论　028

第二章　英国及欧洲大陆鸟类的早期历史　029

始祖鸟　029

白垩纪鸟类　031

白垩纪—第三纪的过渡　035

第三纪鸟类　038

更新世鸟类　041

末次冰期　049

欧洲大陆　052

结论　062

第三章　来自严寒　064

晚冰期鸟类　065

新仙女木事件　072

中石器时代鸟类　073

中石器时代鸟类动物群的重建　079

旷野中的鸟类　092

结论　096

第四章　农田和沼泽　098

新石器时代鸟类　099

青铜时代　107

芬兰区　109

结论　128

第五章　我来，我见，我征服　130

铁器时代的英国　130

早期驯化　134

家鸡　134

家鹅　139

家鸭　142

家鸽　144

其他罗马引进物种　145

罗马时代英国的野生鸟类　148

结论　156

第六章　僧侣、君主和神秘仪式　157

地名中的鸟类　158

考古学中撒克逊时期的鸟类　180

诺曼时期的鸟类——城堡、宴会和鹰猎　187

考古学中的鹰猎　188

鹤、白尾海雕、夜鹭和其他中世纪鸟类　194

早期文学艺术作品中的鸟类　211

结论　214

第七章　从伊丽莎白到维多利亚　215

英国鸟类名录　215

鸟类的得到与失去　227

大鸨　233

大海雀　237

松鸡　242

猛禽　243

结论　250

第八章　现在和未来　251

20 世纪的鸟类　251

观念的改变　253

目前鸟类动物群的平衡　259

未来的鸟类动物群　280

猛禽的未来　287

附录　英国鸟类的历史注释列表　296

参考文献　343

前　言

　　写下这本讲述不列颠群岛鸟类历史的书,旨在引起鸟类学界对于大量相关考古学信息的重视,同时也提醒考古学界注意隐藏在考古挖掘报告中的结果有更广泛的重要性。这显然与《英国哺乳动物史》(*The History of British Mammals*)一书遥相呼应。然而,对于鸟类来说,历史维度上的限制并不严苛,因为无论是大不列颠岛从欧洲大陆分离,还是爱尔兰岛或者马恩岛从大不列颠岛分离,抑或是北部与西部岛屿的分离,对鸟类的影响都远比对哺乳动物的要小,而人类有意或无意的生产活动也是如此。因此,本书虽然以时间作为潜在线索,但是并没有严格按照历史的发展来叙述。

　　写作中面临的主要问题,是考古记录本身的模糊不清和散碎。"灰色文献",即一些公开发表但未正式出版的发掘报告(尤其是英格兰遗产报告)的存在,是一个非常严重的问题。为了克服这些问题,曼彻斯特大学约翰·瑞兰德图书馆(John Rylands Library)对文献进行了更系统的检索,补充了部分记录。利华休姆信托基金(The Leverhulme Trust)资助了我的一项研究,使我可以聘请罗布·卡锡(Rob Carthy)花费 6 个月的时间专门收集这本书里总结的大部分信息。卡锡建立了关于考古学地点和鸟类记录的数据库,以及相关文献的尾注数据库(EndNote Database)。我非常感谢他和信托基金的宝贵支持。本书出版之后,这一数据库将会向科学界免费开放。这些即将公开的数据由以下人士补充:翁贝托·阿尔巴雷拉(Umberto Albarella,英国中部),基思·多布尼(Keith Dobney,英国北部)。另外还有许多人在成书期间提供了大量的帮助,比如提供数据(有一些没有出版)或是其他地点的报告。他们是希拉·汉密尔顿-戴尔(Sheila Hamilton-Dyer,南安普顿),已故的科林·哈里森(Colin Harrison,伦敦),吉尔·琼斯(Gil Jones,利兹),罗杰·琼斯(Roger Jones,赫特福德郡),马修·罗杰斯(Matthew Rogers,布里斯托尔),塞西尔·莫勒-肖维雷(Cecile Mourer-Chauviré,里昂),戴尔·萨金特森(Dale Serjeantson,南安普顿),凯瑟琳·史密斯(Catherine Smith,珀斯),休·斯塔利布拉斯(Sue Stallibrass,利物浦),约翰·斯图尔特(John Stewart,伦敦),以及汤米·蒂尔贝格(Tommy Tyrberg,希姆斯塔德)。

另外还有地名的相关工作,感谢理查德·科茨(Richard Coates,萨塞克斯),玛格丽特·盖尔林(Margaret Gelling,伯明翰),卡萝尔·霍夫(Carole Hough,格拉斯哥)以及彼得·基特森(Peter Kitson,伯明翰)提供的建议。

很大一部分贡献来自数名在本人指导下完成课题的大三学生,这是一个教学相长的过程,感谢他们对这本书充满热情的贡献,也许他们还没有意识到,我对他们的剥削结束了。他们是:西蒙·布瓦索(Simon Boisseau,与渡鸦、猛禽、鹤相关的地名),史蒂文·邦德(Steven Bond,19 世纪一些猛禽的灭绝速率),拉吉特·迪萨纳亚克(Rajith Dissanayake,雀形目肱骨),约翰·希思(John Heath,雀形目骨骼鉴定),克里斯托弗·约翰(Christopher John,鸟类考古学记录),伊恩·皮克尔斯(Iain Pickles,与驯养鸟类相关的地名),理查德·普雷斯顿(Richard Preston,雀形目跗蹠骨),詹姆斯·惠特克(James Whittaker,与鹰相关的地名),以及戴维·扬格(David Younger,鸟类骨骼多样性)。在共同努力下,他们发现了这一领域中可能存在的有趣的东西。

此书最初在 2004—2005 年由我撰写。后于 2006 年 1 月交给了原本打算成为共同作者的阿尔巴雷拉。直到 2007 年年底，我们都专注于其他工作。阿尔巴雷拉通读了书稿，并在很多地方提出了建议和指正，但并没有进行很大的修改。标题页作者的署名也反映了这一点。我为这本书中包含的观点和出现的错误负全部责任，感谢阿尔巴雷拉的加入，避免了更严重错误的出现。

基思·多布尼原本也应成为共同作者，但其他工作的压力使他不能完全参与到项目中，不过我们依然感谢他对本项目的一些想法，以及对数据库工作的贡献。

非常感谢 A. J. 莫顿博士（Dr A. J. Morton）的 DMAP 程序为本书生成的分布图。

1966—1990 年，我有幸参与了已故的唐·布拉姆韦尔（Don Bramwell）带队的峰区考古协会（the Peakland Archaeological Society）在英国皮克区狐狸洞进行的挖掘。当时，还很少有人注意到鸟类骨骼的鉴定，而他已经成为这方面的专家，收集了很多其他考古学家留下的相关文献（参考文献列表清楚说明了这一点）。在努力收集提取啮齿动物骨骼和鉴别大型哺乳动物骨骼的过程中，我们分享了很多动物学方面的故事，他传授给我很多自己积累的经验和智慧。他曾经想写一部书，而我继承了他的许多观点。感谢他的友好和教导，我希望这本书与他曾经想写的能有所印证。同时深切铭记并感谢其他峰区考古协会的成员，包括罗杰·琼斯，已故的肯·霍尔特（Ken Holt），索尼娅·霍尔特（Sonia Holt），以及已故的诺曼·达文波特（Norman Davenport）。那时候的狐狸洞是一个寒冷的教室，现在我似乎又听到了曾经的教诲。

德里克·亚尔登

2007 年 12 月 24 日

第一章

二鸟在林,不如一鸟在手

"二鸟在林,不如一鸟在手",这句古老的谚语旨在告诫从前的猎手要专注于从已经得到的猎物上获取资源。对于古鸟类学家来说,与之对应的便是那些得到准确鉴定的且年代确定的标本。相应的严格记录内容应该是某一特定种类的鸟,也许它们现在已经区域性灭绝了,但曾经在某些特定地点和时间出现过。然而,对这些得到"准确鉴定的骨骼"和"年代确定的标本"的不确定性进行检查十分重要。

鸟类骨骼的鉴定

哺乳动物可以很容易通过牙齿、头骨、下颌以及其他部分的骨骼来鉴定。普遍认为,鸟类的骨骼非常相似,以至于不能被可靠鉴定。而鸟类骨骼远不如哺乳动物那样结实,这就导致了另一种流行观点的产生——认为不会有什么有重要意义或价值的鸟类亚化石(遗体)或化石记录。我们的主要目的之一就是证明这两种观点都是相当错误的。为了做到这一点,我们首先要讨论一下鸟类的骨骼结构,专注于那些最有价值的骨骼,解决如何从多物种的类群中将这些骨骼识别出来这一真正问题。粗略估计,全世界约有9 500种鸟类,而哺乳动物仅有4 300种;就英国而言,有200种鸟类繁殖,但仅有60种哺乳动物(当然,这一数字包括在英国悬崖上筑巢的海鸟,而忽略了周围海域中的海豚。因为前者在考古遗址中非常常见,而后者则相当稀少,只有罕见描述)。

鉴定对象

鸟类骨架(图1.1)可以看作是由小型恐龙骨架经高度修饰而来。鸟类骨骼的诸多特征使其很难与哺乳动物的骨骼相混淆,从而能被轻易地识别出来。即使是被认为可能与鸟类具有相似骨骼的蝙蝠,实际上与鸟类也有很大区别,它们的翅膀在解剖结构上是完全不同的。鸟类的肩带形成了一个坚实且支持性能良好的环形结构,同时细长柱状的乌喙骨(Coracoid,在绝大多数哺乳动物中消失)从具有独特龙骨突的巨大胸骨(Sternum)延伸至肩关节(图1.2)。乌喙骨和肩胛骨(Scapula,在包括蝙蝠在内的哺乳动物中,肩胛骨是一片较宽的骨片,而在鸟类中更接近于刀片状)在二者关节处共同组成了与肱骨(Humerus,上肢骨)相关节的关节窝(肩臼关节)。叉骨(Furcula),或者叫许愿骨(左右锁骨愈合而成),是位于乌喙骨之前的V型骨骼,具有弹性,经常成坚韧的V型。肱骨是鸟类骨骼中最特殊的骨骼之一,也是最坚实的骨骼之一,同时也是对考古学家来说最有用的骨骼之一。肱骨与肩臼相关节的部位被称作肱骨头,有着复杂的关节面,上有供向下扇动翅膀的肌肉附着的凹陷(图1.3)。肱骨近端具有一突出的三角肌脊,占肱骨前缘长度的1/3到1/2,上面附着与飞行相关的主要肌肉,肱骨远端还具有复杂的肘关节,这些都提供了非常明显的鉴定特征。大多数类群中,肱骨的骨干都略有弯曲,但在雀形目中,则相当直。前臂由尺骨(Ulna)和桡骨(Radius)组成,其中桡骨直且细长,几乎没有什么特别之处,而支持次级飞羽的尺骨粗壮,微弯,具有一列骨质小

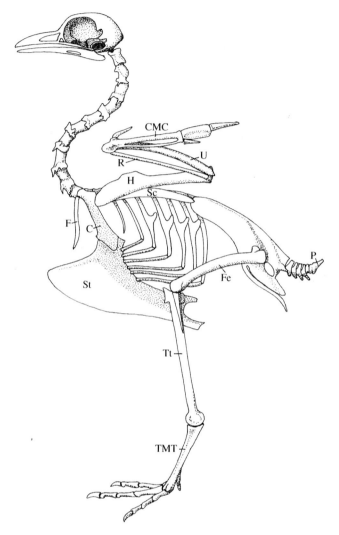

图1.1 鸟类骨骼,标识对于考古学鉴定来说重要的骨骼:乌喙骨(C),腕掌骨(CMC—Carpometacarpus),叉骨(又称许愿骨、愈合的骨头,F),股骨(Fe—Femur),尾综骨(P—Pygostyle),桡骨(R),肩胛骨(Sc),胸骨(St),跗蹠骨(TMT—Tarsometatarsus),胫跗骨(Tt),尺骨(U)

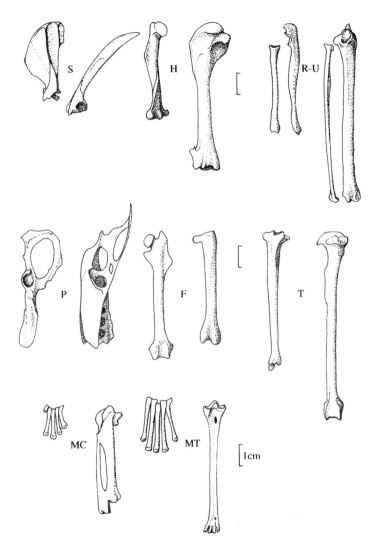

图 1.2　鸟类骨骼（右）与体重相近的哺乳动物骨骼（左）的对比［小嘴乌鸦（Crow）与北美灰松鼠，二者体重均约为 600 克；比例尺 =1 厘米］。第一行：肩胛骨（S），肱骨（H），桡骨/尺骨（R-U）；第二行：腰带（P—Pelvis），股骨（F），胫骨/胫跗骨（T—Tibiatarsus）；第三行：掌骨/腕掌骨（MC），蹠骨/跗蹠骨（MT）

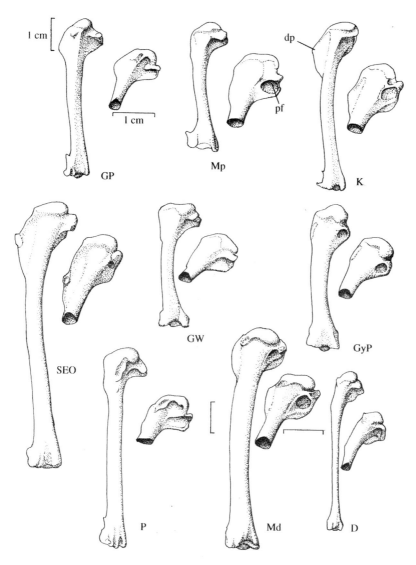

图 1.3　鸟类肱骨,背视,肱骨头斜视放大以示不同。选取个体大小相似的标本,体重均为 200 克左右(猫头鹰和鸭略大,约为 300 克)。金鸻(GP—Golden Plover),喜鹊(Mp—Magpie),红隼(K—Kestrel),短耳鸮(SEO—Short-eared Owl),绿啄木鸟(GW—Green Woodpecker),灰山鹑(GyP—Grey Partridge),北极海鹦(P—Puffin),鸳鸯(Md—Mandarin),小鸊鷉(D—Dabchick)。隼形目(K)的肱三角肌脊(dp)特别突出,鸡形目(GyP)、鸮形目(SEO)和隼形目(K)的肱骨骨干弯曲,而鸻形目(GP,P)的相当直。雀形目(Mp)肱骨气窝(pf)发育尤其良好,有些时候甚至双倍发育

结节,这些结节指示了飞羽在尺骨上的附着位置。鸟类仅有 2 枚小型腕骨(人类有 7 枚)和掌部的 1 枚腕掌骨,这些都是非常有鉴定意义的骨片。腕掌骨由 3 枚掌骨(相当于人类掌部 5 枚掌骨中的 3 枚)与 1 枚腕骨愈合而成,支持着翅膀最前面的大部分初级飞羽——附着于翅膀末端的飞羽(图 1.4)。每个翅膀只有 4 枚指骨(人类每只手有 14 枚),其上附着着其余的翅膀前部的羽毛,但由于非常细小,这些骨骼的鉴定意义十分有限。

后肢主要骨骼在特征和鉴定上同样重要。鸟类的腰带和坐骨宽且薄,背面与脊椎骨相愈合,腹面呈开放式,这与哺乳动物差别很大。有一种观点认为,这种腹面开放式腰带的形成是由于鸟类需要产下相对于自己体型来说相当大的蛋,而这些蛋在生产过程中需要通过腰带骨骼,当然这肯定只反映了一部分事实。腰带骨由于过于轻薄细弱,在实际鉴定中的用处并不大,但其上组成髋关节的髋臼因为相当坚实而具有鉴定意义。股骨,也就是大腿骨,可能是鸟类骨骼中与哺乳动物最为相似的一块了。然而,鸟类股骨非常短,有一类似于圆柱形的股骨头(在哺乳动物中,股骨头更趋近于球形),且在膝部缺乏连接膝盖骨的宽沟——虽然有供相应肌肉肌腱附着的浅沟,但鸟类并不具有单独的膝盖骨。胫骨(严格地说是胫跗骨)细长,近端(膝盖)呈不规则三角形状,远端(踝关节)呈类似于锋利的脊的滑车状。鸟类并不具有单独的踝关节(这些骨片与邻近的骨片相互愈合),但它们具有非常特别的,相当于马或牛的炮骨(有蹄类的中间掌骨或蹠骨)的足部骨骼——跗蹠骨。两三枚踝骨(跗骨)与 3 枚延长的足骨(蹠骨)相愈合,远端与脚趾骨相接的 3 个滑车显示了它们的起源。鸟类依靠脚趾来完成奔跑(或跳跃),而通常被认为是"膝盖"的部位实际上是它们的踝关节(它们真正的膝盖因为被肌肉以及羽毛所包裹而难以得见)。脚趾骨很少用于实际的分类鉴定,大部分鸟类具有 1 个指向后方的短

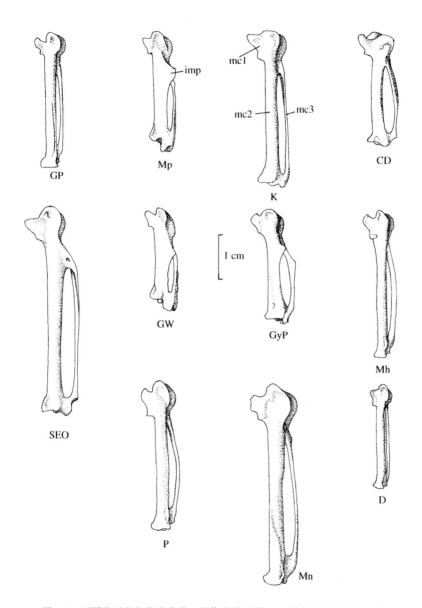

图 1.4　不同类型的鸟类腕掌骨。具体种类见图 1.3,另增灰斑鸠(CD—Collared Dove)、黑水鸡(Mh—Moorhen)。腕掌骨由第一掌骨(mc1)、第二掌骨(mc2,最粗壮的一枚掌骨)、第三掌骨(mc3)以及近端(上缘)的一枚腕骨愈合而成。鸡形目(GyP)具有掌骨间突(imp),而在雀形目(Mp)和䴕形目(P)中,这一结构与第三掌骨相愈合。强烈弯曲的第三掌骨和较宽的掌骨间隙是一些目的独有特征

小脚趾,另外 3 个指向前方。一些鸟类的大脚趾退化消失,一些鸟类各有 2 个脚趾分别指向前方和后方,还有一些鸟类的 1 个脚趾可以前后移动。这些差别影响了跗蹠骨远端的形状,从而使其具有了更多的鉴定意义(图 1.5)。

雀形目作为一个类群,具有最为特别的跗蹠骨——远端 3 个蹠骨滑车很小,大小平均,间隔均匀。在大多数鸟类中,两侧蹠骨滑车相较于中间蹠骨滑车的位置更高(靠近近端),而在猛禽和猫头鹰中,内侧脚趾(第二趾)的滑车很大,并与中间脚趾(第三趾)的滑车位于同一平面上,外侧脚趾(第四趾)的滑车较小且位置更靠近近端。它们具有一个非常特别且粗大的后趾(第一趾)相关节的关节面,这些特征明显与第一趾在抓握动作中的重要作用相关。将跗蹠骨水平放置,由末端而视,会看到这些蹠骨滑车形成了一个近半圆形,内外脚趾的关节面近乎相对,这是它们猎物捕捉机制的一部分。雀形目后趾的关节面也显示出适应于栖息机制的特点。涉禽与雀形目体型相近,也经常在考古遗址中出现。相对于体型来讲,它们具有较长的跗蹠骨,中间脚趾的蹠骨滑车更大,向前突出更明显。同其他脚趾相比,内侧脚趾关节的蹠骨滑车向后偏转,并且在该蹠骨滑车前表面的大部分区域具有凹陷或者沟痕。它们的近亲——海雀和海鸥的骨骼与之相当相似,但较之短而结实,海雀的跗蹠骨更宽,且前面较平,适于其游泳的功能。与之相反,猎禽(Game Bird)的跗蹠骨短而强壮,主要三趾的滑车均十分粗壮,而内侧脚趾的滑车侧视则呈现特别的二裂状。鸭和鹅的跗蹠骨也相当宽短,但它们是更加结实而不是更宽,且有一块独特的下跗骨携肌腱穿过膝关节(图 1.5)。

鸟类的头骨,尤其是喙,无疑非常具有鉴定意义,就像哺乳动物的头骨和牙齿一样,因为许多类群因取食方式不同而相互有所区别。然而,与哺乳动物相比,鸟类头骨十分脆弱,对考古学家来说,它们的实用价值十分有限。但令人意想不到的是,古生物学家

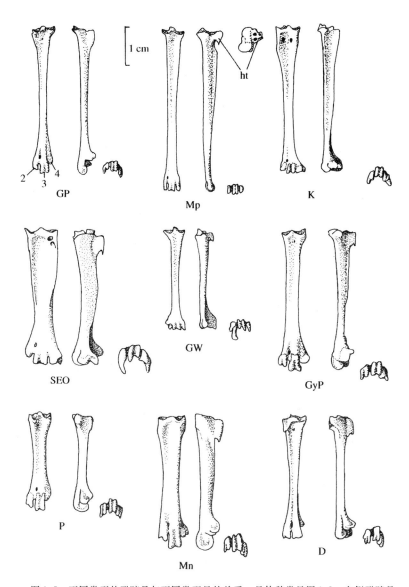

图 1.5　不同类型的跗蹠骨与不同类型足的关系。具体种类见图 1.3。右侧跗蹠骨背（前）视、侧视及远端视。雀形目（Mp）中主要三趾（2，3，4）的 3 枚滑车长度近乎相等且成一条直线，下跗骨（ht）发育良好，有 4—6 根肌腱穿过。鸳形目（GW）跗蹠骨与第一脚趾的关节强烈发育。隼形目（K）和鸮形目（SEO）远端视其滑车呈弧形

在研究更古老标本的时候,对鸟类头骨的使用更为频繁,因为在一些地点发现过保存十分精美且完好的骨骼化石,然而在考古遗址中发现的骨骼大多是零散而细碎的。

考古发现的标本中,白尾海雕(White-tailed Eagle)与金雕(Golden Eagle)的喙部形状差别很大,前者的喙要深得多,而渡鸦(Raven)的头骨,也经常在考古遗址中出现。

总而言之,肱骨、掌骨、胫跗骨和跗蹠骨都是相当结实的骨骼,具有很多解剖学特征,至少能将标本鉴定到目一级分类单元。而其他可鉴定的骨骼要么太过于脆弱,以至于不容易在考古遗址中保存下来(要知道这些骨骼不仅要在埋藏中幸存下来,还要躲过考古挖掘的破坏),要么因为在不同种类的鸟类之间太过相似而用处不大。

鉴定中的问题

在考古遗址中,如果发现了保存相当完好的特别的骨骼,那么鉴定到种会有多容易? 不同物种的个体大小不同,但同一物种不同个体间或者不同性别间的差异也可能会掩盖这种区别。不同级别的物种分类单元——属和科之间也存在一些微小的形态差异。正如科恩(Cohen,1986)和吉尔伯特等人(Gilbert et al.,1996)的文章中清楚说明的那样,形态特征在目一级水平上的差异就已经相当明显。因此,在鉴定中,通常先通过形态学特征鉴定到目,然后再通过估算个体大小,以及对微小形态特征的识别将其鉴定到种一级。幸运的是,目前在考古遗址中发现的较为重要或者有趣的物种,要么是分类学上的欧洲隔离种[如塘鹅(Gannet)、鹤(Grane)],要么是具有独特形态特征和体型的种类[如渡鸦、大海雀(Great Auk)]。在一些体型大小差异很大的类群之间[如普通鸬鹚(Cormorant)、欧鸬鹚(Shag)、侏鸬鹚(Pygmy Cormorant)],可以对一些特定骨骼如肱骨或者掌骨进行严格的鉴定。在海雀中呈

现出类似的体型分级,从大海雀、海鸠(Guillemot)、刀嘴海雀
(Razorbill)、北极海鹦、黑海鸽(Black Guillemot)到小海雀(Little
Auk),它们之间的体型大小分布几乎没有重叠(图1.6)。其他情
况下,比如鸭类,依照蹠骨的形态学特征差异可以区分为潜鸭类
(潜鸭属和鹊鸭属)和钻水鸭类(鸭属),但这两大类内部物种之间
实在太过于相似,以至于难以做出严格的鉴定区分。绿头鸭
(Mallard)的体型明显大于鸭属中的其他成员,但又与针尾鸭
(Pintail)十分接近,而后者的体型大小分布与赤颈凫(Wigeon)、赤
膀鸭(Gadwall)和琵嘴鸭(Shoveler)均有重叠。虽然这些类群在一
些骨骼特征上存在着细微差异(Woelfle,1967),但对它们进行鉴定
仍旧十分困难。与前述种类相比,绿翅鸭(Teal)个体相当小,几乎无
法与白眉鸭(Garganey)相区别。而对绿头鸭后代的驯养以及大量
繁殖更加剧了性状的融合,使鉴定变得更加困难。

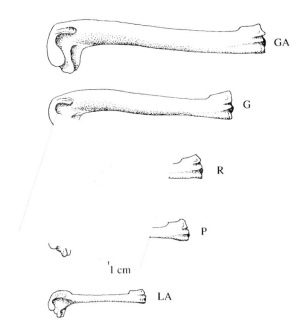

图1.6 海雀肱骨的变异范围,以示亲缘关系较近的物种间的大小差异。图中分别
为大海雀(GA),海鸠(G),刀嘴海雀(R),北极海鹦(P),小海雀(LA)

雁属的鉴定也存在同样的问题。粉脚雁（Pink-feet Goose）的体型显著小于灰雁（Greylag Goose），但豆雁（Bean Goose）的体型分布与二者都有重合，而体型稍小的白额雁（White-fronted Goose）的体型分布与粉脚雁也有重合。雌雁的体型通常小于它们的配偶，这也增加了鉴定的难度。在少数情况下，骨骼中提取的 DNA 被用于鉴定结果的确认（Dobney et al.，2007）。大天鹅（Whooper Swan）和疣鼻天鹅（Mute Swan）在体型分布上也有重合，但通常在形态上可以区分。举例来说，大天鹅更习惯于在地面觅食，因此其蹠骨远端与通常细长的状态相比更宽，而其胸骨具有独特的空腔可以容纳发达的气管，使其可以发出很大的声音（图 1.7）。

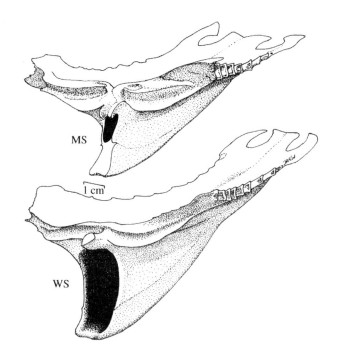

图 1.7　疣鼻天鹅（MS）和大天鹅（WS）的胸骨，斜前视，以示大天鹅胸骨脊上可以容纳发达气管的空腔（这与其喇叭式的鸣叫相关联）

鸟类的考古学记录大多是家禽,如鸭、鹅、家鸡(Domestic Fowl),其中以家鸡最甚。家鸡属于"猎禽"——既是一个法律术语,又是一个分类学术语——鸡形目的成员。它们的近亲(原鸡科的成员)包括:蓝孔雀(Peacock)、环颈雉(Pheasant)、灰山鹑、珍珠鸡(Guineafowl)和火鸡(Turkey)。稍远一些的还有松鸡科中的红松鸡(Red Grouse)、岩雷鸟(Ptarmigan)、黑琴鸡(Black Grouse)、松鸡(Capercaillie)以及欧洲的榛鸡(Hazel Hen)。属于这些鸟类的结实的骨头经常被发现,这说明这些鸟类是人类和其他捕食者的重要食物来源,它们在考古学和历史学研究中都有重要作用。原鸡科的很多成员是被引进到大不列颠群岛的,因此可以提供确定年代的线索或证明。松鸡科成员的分布反映了重要的天气、生态以及地理的变化,即从最北边的岩雷鸟,到低矮灌木中的红松鸡,再到林地边缘的黑琴鸡,针叶林中的松鸡,落叶林中的榛鸡,这种序列反映了后冰川时代气候和环境的变化。这一群体显然是考古学研究中历史数据的重要来源。鉴定不同种类的标本会很容易吗?幸运的是,现在有很多指南可以参考,虽然它们并不能轻易获得。家鸡和环颈雉的体型大小和形态特征都非常相似,所以如何区别两者的骨骼在很长一段时间内成为研究的热点(Lowe,1933;Erbersdobler,1968)。即使它们的个体大小相近(鸡后代的变异之大使体型大小很难成为可靠特征),只要保存完整,也会有一些形态学特征使大多数骨骼可以被鉴别。举例来说,胸骨作为一个可附着大量肌肉的主要骨骼,有着突出的喙部(或称前棘)、形状不同的肋前突,以及各种不同的整体形状(图1.8)。虽然松鸡类在胸骨形状上的差别更大,但黑琴鸡和松鸡的胸骨形状十分相似。雄性松鸡体型较大,但雌性与黑色的雄性松鸡体型相似,而且两者有时还会杂交,这更增加了鉴定的难度。松鸡在个体大小上,更容易与蓝孔雀或火鸡混淆,但是这三者的胸骨形状并不相同,个体更小的猎禽更加难以准确鉴别。举例来说,岩雷鸟与红松鸡具有

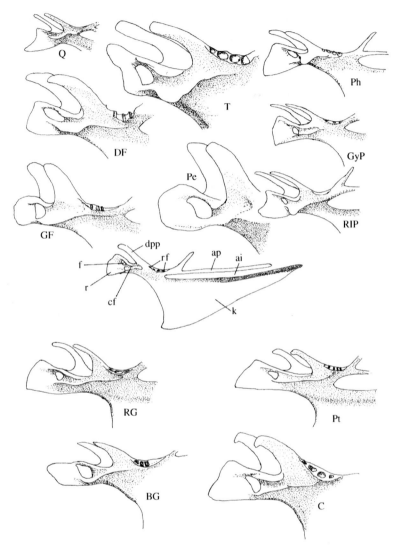

图 1.8　鸡形目胸骨，以示不同种之间的具有鉴定意义的差异。相关的解剖学特征标识于中间红松鸡的胸骨上：腹部切迹（ai），腹部突起（ap），乌喙骨关节面（cf），背侧肋前突（dpp），气孔（f），龙骨突（k），胸骨柄（r），肋骨关节面（rf）。胸骨柄处的气孔是鸡形目的鉴定特征。胸骨柄和背侧肋前突斜视的放大显示了它们在形状和长度上的区别。与松鸡科（下面）相比，雉科（上面）的背侧肋前突通常要长于胸骨柄，而在珍珠鸡和蓝孔雀中，会更直一些。图中分别是鹌鹑（Q—Quail），家鸡（DF），珍珠鸡（GF），火鸡（T），蓝孔雀（Pe），环颈雉（Ph），灰山鹑（GyP），红腿石鸡（RlP—Red-legged Partridge），红松鸡（RG），黑琴鸡（BG），岩雷鸟（Pt），松鸡（C）

的亲缘关系,二者的形态学特征十分相似,且体型大小分布相互重叠,尽管前者个体稍小。它们的蹠骨可以相互区分,因为红松鸡的较大,所以尽管二者肱骨大小的分布范围有重叠,但个体稍大的可能是红松鸡,较小的可能是岩雷鸟,只是中等大小的个体难以分辨。山鹑属(欧洲南部)和石鸡属与松鸡类的个体大小非常相似,如果依靠个体大小来鉴别的话,需要非常仔细,然而依据它们之间形态的不同,足以进行可靠的鉴别。榛鸡也属于这一个体大小范围,与灰山鹑的体型尤其相近,但它们的外形在细节上有所不同(Kraft,1972)。

其他英国鸟类中,金雕和白尾海雕并没有太近的亲缘关系,所以除了个体大小上的差异(白尾海雕的翅膀更长,即前肢骨更长),绝大多数骨骼在形态学范围内是可以区分的。金雕的掌骨具有一处螺旋状沟,而白尾海雕的掌骨在相应位置仅有一处直沟;金雕第四(外侧)脚趾的关节面扁平,而白尾海雕此关节面呈圆形且向远端突出;白尾海雕乌喙骨的前腹侧角更宽。另外一点显著区别在于,白尾海雕的一些脚趾骨愈合在一起,这是一个非常明显的特征(图1.9)。不同种类的猎鹰形成了一个体型分级序列,从大型的矛隼(Gyrfalcon)、游隼(Peregrine)、红隼、燕隼(Hobby)到最小的灰背隼(Merlin),从体型大小上就可以很好地区分,除了红隼和燕隼的体型分布稍有重叠。而一些用于鹰猎的外来种的引入可能会造成一些混淆。因为不同种类之间体型分布的广泛重叠,使得具有宽大翅膀的鹰科成员的区分更加困难,例如鸢(kite)和白尾鹞(Hen Harrier)。但是奥托(Otto,1981)和施密特-伯格(Schmidt-Burger,1982)已分别对鹰科成员前肢和后肢的形态学以及个体大小上的差异进行了说明。

涉禽类是一个数量少但有趣的食用种群,其中丘鹬(Woodcock)的出现频率最高。由于体型特殊,它经常很容易被识别出来。相对的,想从灰斑鸻(Grey Plover)中把金鸻识别出来就很

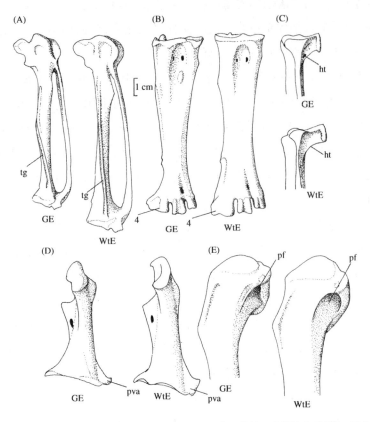

图1.9 鹰骨骼比较。腕掌骨(A):金雕(GE)第三掌骨上有螺旋状肌腱沟,而在白尾海雕(WtE)中这一结构呈直线状。跗蹠骨(B,C):在金雕中,跗蹠骨更加纤细,侧向弯曲,第四滑车更小,呈长菱形(C),下跗骨(ht)更小,上有气孔。乌喙骨(D):金雕中的后腹角(pva)更小。肱骨(E):金雕中有更深但较窄的气孔窝

困难,尽管后者体型稍小,数量更多,分布更广(尤其在冬天),而且由于存在某种特殊的捕猎技巧,在大多数遗址中都有发现。凤头麦鸡(Lapwing)与其体型相似,但因为前肢骨骼稍大而容易区分。

鉴定难度最大的是雀形目,主要体现在内部的相互区分较难。首先,鉴定为雀形目是比较容易的。以肱骨为例,雀形目的肱骨近端背侧收翅肌附着的凹陷和小窝的分布十分复杂。肱骨骨干较直(在体型相近的涉禽类中弯曲),远端踝髁的形状也很特别。雀形

目蹠骨远端 3 枚滑车大小均匀，而在许多鸟类中，中间滑车稍大且较两边的更长。然而在雀形目内部想要相互区分则十分困难。即使是比其他雀形目成员体型大出很多的鸦科，在其内部相互区分也很困难，虽然托梅克（Tomek）和博钦斯基（Bocheński）（2000）已经对鸦科的形态学特征以及骨骼比例做了详细的描述，使我们可以更好辨别，但秃鼻乌鸦（Rook）和小嘴乌鸦的体型分布有所重叠，寒鸦（Jackdaw）和喜鹊也是如此。渡鸦具有非常独特的体型大小和形态特征，而松鸦（Jay）的体型最小［忽略星鸦（Nutcracker）；灰喜鹊（Azure-winged Magpie）和北噪鸦（Siberian Jay）要更小些］。体型更小的雀形目成员之间的鉴别几乎是不可能完成的，比如区分欧歌鸫（Song Thrush）和白眉歌鸫（Redwing），乌鸫（Blackbird）、田鸫（Fieldfare）和环颈鸫（Ring Ouzel）。或者只能使用最好的标本以及相当好的用于比较的参考系，又或者只能通过一些特殊的技术，比如 DNA 分型，但在考古环境中，这些方法不宜使用或使用成本过高。当然值得注意的是，有时可以发现一些体型上的微妙差异。但大多数观鸟者也并不指望从大小上来区分草地鹨（Meadow Pipit）和林鹨（Tree Pipit），虽然后者的肱骨较长。而且，即使是在骨骼学范畴内差异极大的家燕（Swallow）和白腹毛脚燕（House Martin），二者在个体大小分布上也有相当多的重叠。

总而言之，雀形目和涉禽类在科一级的区分是比较容易的，属一级的一般也可以实现，但是种一级的鉴定非常困难。因此，鉴定骨骼时需要慎重对待（图 1.10）。

从这些讨论中可以得出一个结论：参考资料的收集是十分必要的。即使是部分骨骼的参考系依然至少可以帮助确认某件标本在目一级的正确归属。因此，任何一个积极参与鸟类骨骼鉴定的人——不管他们的标本是来自考古遗址还是猫头鹰的食丸——都会发现，他们会开始不断地从路上和枝丫间寻找尸体，向动物园、鸟类医院或者兽医院寻求死去的样本，并将腐烂的标本藏于罐中

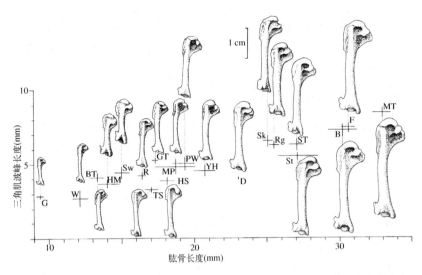

图 1.10　部分雀形目肱骨的变化范围，以说明区分相关物种的难度。十字表示适中的样本大小与相关骨骼的标准偏差［大多 5—10 毫米，只在河乌（D—Dipper）中为 1 毫米］。雀形目一般可以分为小型组（莺、鹟、雀等），体重为 5—25 克；大型组（鸫、百灵、椋鸟），体重为 50—110 克。另外还有少量种类介于二者之间（如河乌）。在这些类群中，燕［白腹毛脚燕（HM）、家燕（Sw）］的肱骨短而粗壮，但分布范围相重叠。以种子为食的种类［树麻雀（TS—Tree Sparrow）、麻雀（HS—House Sparrow）、黄鹀（YH—Yellowhammer）］肱骨比以昆虫为食的种类［大山雀（GT—Great Tit）、草地鹨（MP）、白鹡鸰（PW—Pied Wagtail）］更加粗壮。在大型组中，欧亚云雀（Sk—Skylark）和白眉歌鸫（Rg）肱骨大小的分布范围相重叠，但是百灵类的气孔窝非常浅，鸫类的较深。欧歌鸫（ST）和紫翅椋鸟（St—Starling）肱骨的长度相似，但形态不同。注意乌鸫（B）和田鸫（F）以及环颈鸫的肱骨大小分布完全重叠。槲鸫（Mistle Thrush）的肱骨显著较大。与之相对的，戴菊（G—Goldcrest）与火冠戴菊（Firecrest）很难区分，而蓝山雀（BT—Blue Tit）的分布范围与其他小型山雀相重叠。鹪鹩（W—Wren）与欧柳莺（Willow Warbler）和棕柳莺（Chiffchaff）相重叠（Dissaranayake，1992）

以得到其骨骼。如果可以收集到有代表性的样本，那么通常可以帮助排除明显的错误答案，并使鉴定者更接近真相。鉴定结果可能在自然博物馆的收藏中得到检验，也许在特林（Tring）——英国自然历史博物馆（the Natural History Museum）馆藏所在地，也许在位于爱丁堡的皇家苏格兰博物馆（the Royal Scottish Museum），也许是在加的夫（Cardiff）、都柏林（Dublin）或贝尔法斯特（Belfast）。一些地方博物馆（如谢菲尔德）和大学院系（如南安普顿的考古学系）

也同样拥有不错的收藏。

举例来说,19 世纪 70 年代,阿宾登(Abingdon)在一次挖掘中发现了一批鸟类骨骼,而后它们被送往唐·布拉姆韦尔处——他是当时英国极少数具有鸟类鉴定经验的人之一。标本包括 2 枚形态独特的小型掌骨,这意味着它们有可能是可以被鉴定的,但它们与他的参考馆藏中大量的标本均不相同。鉴定者认为这些掌骨的形态与普通鸬鹚和欧鸬鹚十分相似,但小得多,因此它们应该是侏鸬鹚。而后,这些标本又被送往特灵,并最终证实了这一鉴定结果(Bramwell and Wilson,1979;Cowles,1981;p. 92)。而一个更加私人化的例子涉及猫头鹰食团的分析,是在麦克莱斯菲尔德(Macclesfield)附近发现的灰林鸮(Tawny Owl)食团。一个食团中有 1 枚完整的大型跗蹠骨,显然来自体重在 200 克以上的鸟类,远大于常见的鸫类或是椋鸟。哪种体重如此之大的鸟类会被灰林鸮捕食呢?鸦科的一些成员,比如喜鹊和寒鸦看起来可能性最大,但这显然不是雀形目的骨骼。难道是红嘴鸥(Black-headed Gull)、凤头麦鸡或是金鸻?也不是,和它们的骨骼都不像。发现食团的地点是一片潮湿的沼泽,因此体型太小的普通秧鸡(Water Rail)和体型过大的黑水鸡的可能性也被考虑进来,从形态特征来说,标本与秧鸡(Rail)毫无相似之处。这一问题被搁置了一段时间,而后忽然有了一个想法。红隼体重约 200 克,而且后来对形态特征的对比也正好契合。

在本书写作过程中,大多数情况下,我们不得不接受最初鉴定者的结论。有一部分记录被重新检验,这部分工作主要由已故的科林·哈里森完成(Harrison,1980a,1987a),但很多记录的原始数据已经丢失或至少难以追索,无法重新检验。对一些类群进行重新研究是十分有益的,本书提供了一些很好的博士研究课题。如果本书展示的一些我们认为已知的假设观点可以引发其他人的思考,并通过进一步工作而对其进行挑战,那么我们的主要目的就成功实现了。

年龄测定中的问题

年龄测定可以是绝对的,也可以是相对的;可以是直接的,也可以是间接的。绝对年龄(历史记录中的年代)可以从文献、人工制品,或者是标本本身得到。树木的年轮和湖相沉积的层位都可以给出绝对年龄,它们同时也是存疑地层的时代指示。湖相沉积中发现的骨骼可以通过其所在层位的信息直接确定年代,虽然这也不是一件很容易完成的任务。最被广泛接受的有机体(包括骨骼)年代测定的方法是放射性碳同位素年代测定法。植物在进行合成有机物的光合作用的过程中,吸收了少量的放射性碳同位素(C^{14}),然后动物又以植物为食。这些微量的放射性碳元素会随时间流逝而衰减,其半衰期为 5 560 年,即每经过 5 560 年,有机体内的 C^{14} 原子数目衰变为原来的一半。放射性碳原子衰变的速度不受温度、压力、化学和生物学变化的影响,因此衰变程度可直接指示植物吸收 C^{14} 后经过的时间。由于放射性碳原子的存量很小,大约 4 万年便会消失殆尽,因此这种测年法不适用于年代更加久远的材料,但是对于我们感兴趣的,近 1.5 万年的考古时期来说已经足够了。不过这种方法也存在复杂的问题,即放射性碳同位素年代测定法得出的年代数据有时候和纪年并不能完全吻合。据放射性碳年代测定法测定结果,末次冰期大约在 1.02 万年以前结束,但对树木年轮及其他直接指示纪年的资料的仔细考证表明,确切时间更有可能是在 1.17 万年以前。放射性碳同位素纪年经常被引用为“years b. p.”(这里的“b. p.”是指“before present”,即距今),而绝对纪年数据,通常被称为校准日期,被引用为“years BP”或者是“years BC”(公元前)(这种区分方法从 1950 年放射性碳元素年代测定法开始使用时实行)。在这本书中,我们使用的是原始资料中的放射性碳同位素年代测定法纪年。

　　放射性碳同位素年代测定法还有一个问题就是价格昂贵（目前，单次测定要 100 磅左右），因此相对年龄的使用频率更高。如果骨骼在有明显特征的考古遗址中被发现，比如说 12 世纪的城堡，或者是青铜时代的矿场遗址，那么就可以判定其应该来自相应的时期。在实际应用中，大多数骨骼的年代都是这样确定的。但这种方法也存在一些很明显的问题。有的骨骼可能会被丢弃于早期开凿的沟渠，这样它们看起来的年代就要远远早于实际的年代。在一些地点，尤其是洞穴遗址中，松散的石堆具有很强的穿透性，因此骨骼很容易自己进入或是被獾（Badger）或狐狸等洞穴动物带入早期层位。然而，对于传统考古遗址中发现的大型鸟类骨骼，这种相对年代的判断方法是比较可行的。在早期考古时期，文化发展很慢，因此时间跨度相当长（表 1.1），而对于较近的时期，因为有了硬币或珠宝等更容易确定时代的人工制品，甚至更直接的文献记录，就可以得到更精确的时间。

　　描述化石鸟类的地质年表通常，或者至少是大体上比较广为人知的。鸟类起源于 1.94—1.35 亿年前侏罗纪的小型两足恐龙。被公认的最早鸟类——始祖鸟（Archaeoptery）——可以追溯到大约 1.5 亿年前的早侏罗世（见第二章）。鸟类在 1.35—0.65 亿年前的白垩纪大量见于西班牙、中国、蒙古以及美国，但在英国境内鲜有发现。古新世（0.65—0.55 亿年前）的鸟类化石在英国也很罕见。然而，在 0.54—0.47 亿年前的伦敦始新世黏土层中，发现了大量鸟类化石，大约有 55 种或更多（Feduccia，1996）。而后，英国的化石鸟类动物群的发现又出现了一个断层，包括渐新世、中新世，以及大部分上新世，直到 200 万年前的上新世晚期，才又有少量标本出现。在更新世，冰期持续了 180 万年。由于频繁的冰期和间冰期的旋回，很难提供一个严谨的时间表，不断向前覆盖的冰盖抹去了之前的痕迹，沉积被局限于个别遗址，很难在全国范围内比对，更遑论世界其他地方了。深海岩心保存的完整记录显示，共有 9 次冰

表 1.1　地质学和考古学年代

考古学部分：

考古学时期	花粉带名称	年代(距今年代)	遗址
后中世纪			
中世纪		1 000	斯塔福德城堡
诺曼时期			
撒克逊时期			西斯托、南安普顿
罗马时期	亚大西洋期	2 000	科尔切斯特、巴恩斯利公园、罗兑斯特
铁器时代		2 700	格拉斯顿伯里、梅尔湖村
青铜时代		3 500	伯韦尔沼泽
新石器时代	亚北方期	5 500	霍沃尔小山、艾斯特匡特尼斯道东洞穴
中石器时代	大西洋期	7 000	艾衣港洞穴
	北方期	9 000	
	前北方期	10 000	斯塔卡、萨彻姆
旧石器时代晚期	新仙女木期	11 000	海乌姆山谷庇护所、奥索姆洞穴
	温德米尔期	14 000	罗宾汉洞穴、高夫洞穴

地质学部分：

地质年代	时代(百万年前)	时期	时代(千年)	遗址
更新世	2	弗兰德间冰期	10	斯塔卡、萨彻姆
上新世	5	得文思冰期晚期	40	针孔洞穴
		得文思冰期中期		肯特洞穴
中新世	23	得文思冰期早期	120	托尔纽顿洞穴
		伊普斯威奇间冰期	130	托尔纽顿洞穴
		伍尔斯顿冰期	186	托尔纽顿洞穴
渐新世	38	前伊普斯威奇间冰期	245	
		?		
		前伊普斯威奇间冰期		
		?		
始新世	54	霍克斯尼间冰期	400	天鹅谷
		益特鲁冰期	450	博克斯格罗伍的韦斯特伯里
古新世	65	?	500	韦斯特润通
		克劳默间冰期		
		?		
白垩纪	135	?		
		帕斯顿间冰期	1800	
侏罗纪	194			

（鸟类化石：石板鸟〔约54〕；黄昏鸟、大洋鸟、抱鸟、中国鸟〔约135〕；始祖鸟〔约194〕）

期和间冰期（Shackleton，1977；Shackleton et al.，1991），但在英国境内，辨认出其中的 4 次冰期和间冰期的地质记录都很困难。一个简单的系统划分，包括盎格鲁冰期、伍尔斯顿冰期、得文思（末次）冰期，以及克劳默间冰期、霍克斯尼间冰期、前伊普斯威奇间冰期和伊普斯威奇间冰期，再加上适合人类生存的温暖的弗兰德间冰期和冰后期。这些简单的划分方式可以帮助与现有的早期鸟类区系知识进行对比。（Stuart，1982；Yalden，1999）

对于本书来说，过去的 1 500 年是最令人感兴趣的时期，因为 18 000—20 000 年前末次（得文思）冰期冰盖的大量扩张消除了英国大多数的生物活动。现在的动物群分布和植物区系也是从那时起开始形成的（第三章）。最初，大约 1.5 万年前的冰后期，冰盖开始消退，一些开阔地生长的植物种类如蒿草、莎草、香草等开始出现。到距今 1.2 万年，桦树丛覆盖了英国南部的大部分地区。石器时代晚期（旧石器时代）人类的足迹已经进入现在的英国，在南威尔士的高尔半岛、萨默塞特郡（Somerset）的门迪普丘陵以及德比郡（Derbyshire）和诺丁汉郡（Nottinghamshire）边缘的克瑞斯威尔峭壁上的洞穴中都发现了他们的食物遗留以及石质工具。然而，气候随后在短时间内再次恶化。冰盖再次在苏格兰山区形成，并一直延伸至洛蒙德湖，地质学家将这段时期称为"洛蒙德湖再进"；而这一时期更广为人知的名称是考古学家们使用的术语——"新仙女木事件（Younger Dryas）"（仙女木是一种仙女木属的植物，大量见于这一时期的遗址）。大约距今 1.02 万年（约公元前 1.17 万年），气候忽然好转，预示了温暖的后冰川时期的到来，即我们人类生存的弗兰德间冰期或全新世。气候变化非常迅速，在 50 年或更短的时间内，夏季平均温度上升了大约 8 ℃。森林植被花了大约 2 000 年的时间才重新回到英国，但动物们的反应要快得多。甲壳虫很好地记录了这一过程，而我们所知的关于鸟类、哺乳动物以及人类的信息，都与昆虫的证据相吻合。回到英国的人类仍旧以狩猎为生,他们使用石制工具,但形成了一种新的中石器时代文化。他们所在的斯卡伯勒(Scarborough)附近的斯塔卡聚居地是最早提供有关当时生活在英国的鸟类和哺乳动物记录的后冰川时期遗址之一。随着森林逐渐扩张,英国低地因为森林太过丰茂而变得不适于进行狩猎,不过考古学家和生态学家对这一点仍有所争议。沿河谷和海岸线应该存在空地,也许范围更广。中石器时代的人们用来制矛的打磨得很好的燧石箭头和细小的石器碎片频繁见于如奔宁山脉的高地,他们可能在开阔的林间空地和只有少量植被的高地环绕的林地边缘猎鹿和野牛。他们显然沿海岸线如奥龙赛岛,采集鱼和软体动物,以及鸟类和海豹。他们唯一驯养的动物是早就从狼驯化而来的狗。

后冰川时期冰盖融化,海平面上升,海水逐渐淹没了原本延伸至德国和丹麦的多格兰河。大概在距今 8 000 年左右,许多沿海动物觅食的栖息地以及中石器时代的遗址都被淹没了。然而大约距今 5 500 年,新石器时代文化在不列颠群岛出现了。这一文化起源于大约 9 000 年前的中东,然后通过欧洲南部的地中海地区迅速向西传播,不过向北传播的速度稍慢。事实上,在大约距今 6 000 年时这一文化确实到达了大西洋及北海沿岸。我们并不清楚当时人们对船的使用程度究竟如何,但他们显然算得上是合格的水手,不仅自己远渡重洋,还带上了驯养的牲畜,如绵羊、山羊、牛、猪、谷物以及其他植物,以维持农业生产。他们大约在距今 5 800 年(公元前 4 600 年)到达爱尔兰和英国,中石器时代文化则消失得十分突然。新石器时代早期遗址中发现的哺乳动物残留(Yalden,1999)以及对人类骨骼的碳同位素分析结果(这一结果可以揭示主要食物来源是陆生动物还是海洋生物)均显示这些古代的英国人迅速地放弃了他们原本狩猎—采集的生存模式,取而代之的是种植作物和畜牧(Richards et al. ,2003)。这些新农民慢慢清除了一些森林,为农田鸟类提供了开放的栖息地,他们建立了开放的牧场,特别是在英国南部的低地，还开辟了农田。到了距今4 500年，他们在开阔的郊外建立起像巨石阵这样的大型纪念碑，但这些开阔的郊外栖息地更适合于欧亚云雀而不是苍头燕雀（Chaffinch）。当时人们使用的工具还是由打磨后的骨骼和鹿角制成，就像位于诺福克（Norfolk）的格兰姆斯燧石矿井挖掘时使用的鹿角工具。距今4 100年左右（大约公元前2 500年），古人开始把金属工具作为武器，最初是铜，后来是青铜，在大约距今2 700年（约公元前880年），铁质工具开始出现。古代英国使用铁质工具的凯尔特人曾在公元前55年和54年被尤利乌斯·恺撒（Julius Caesar）统治的罗马人短暂入侵，后又在公元43年被克劳狄乌斯（Claudius）统治的罗马人长期攻占。公元410年左右，由于首都受到攻击，罗马从英国地区撤退，遗留下的罗马-不列颠文化由于受到德国北部和丹麦盎格鲁-撒克逊人（Anglo-Saxon）入侵的威胁，不久就从英国大陆上消失了。从黑暗时代开始出现的盎格鲁-撒克逊文化在公元800—1000年受到维京人入侵的影响，公元1066年，被原定居于诺曼底的维京人所征服。13—16世纪的中世纪以及17—20世纪的后中世纪延续了这一文化发展。在盎格鲁-撒克逊人从未定居过的爱尔兰，尽管仍然有维京人的入侵和定居，信奉基督教的凯尔特人还是幸存了下来，然而在苏格兰，因为盎格鲁-撒克逊人（在南部）、皮特人、苏格兰人（从爱尔兰入侵的凯尔特人）和维京人（尤其是在苏格兰岛上）的相互影响，这里的文化发展模式比英格兰更为复杂。对于这部描述鸟类在这些岛上生活的书来说，这一系列的文化传承演变，从旧石器时代晚期、中石器时代、新石器时代、青铜时代、铁器时代、罗马时代、盎格鲁-诺曼时代、中世纪再到后中世纪，为我们描述并评估鸟类动物群的变化提供了广泛的时间标尺，大多数考古遗址及其中发现的鸟类骨骼都可以被纳入其中。

骨骼来源

骨骼在酸性沙和泥炭中很难保存,但在石灰岩洞穴和冲积平原的淤泥中比较容易。一些发现于海相地层以及更新世早期考古学遗址(博克斯格罗伍、天鹅谷)中的早期鸟类标本,都位于沿海或河边砾石中。大多后冰期遗址为石灰岩洞穴,以萨默塞特郡门迪普丘陵上的碳化石灰岩为典型代表,其他同时期的遗址则位于德文郡以及南威尔士的露头,包括高尔半岛以及德比郡和斯坦福德郡(Staffordshire)交界处的皮克区。位于德比郡和诺丁汉郡边界的克瑞斯威尔峭壁上的二叠纪石灰岩(镁质灰岩)也提供了重要的证据。后冰期的历史通常以传统的考古学遗址为代表,例如斯塔卡的中石器时代的营地遗址、格拉斯顿伯里(Glastonbury)的铁器时代村庄,以及著名的爱尔兰 8 世纪的拉戈尔(Lagore)遗址。在罗马人定居点,很多保存相当好的动物群在传统城堡、别墅和其他建筑物的挖掘中也被发现。盎格鲁-撒克逊人似乎放弃了罗马人建造的城市,只在西斯托这样的小农场生活。当人口增加,他们也开始发展城镇,对伦敦、南安普顿,以及约克郡的一系列重要的挖掘,给我们提供了很多关于当时鸟类生活的重要信息。随着诺曼人的入侵,另一段城堡建造时期开始了,人们在挖掘朗瑟士敦(Launceston)、斯塔福德(Stafford)和威克菲尔德城堡(Wakefield Castle)遗址时也发现了大量的鸟类动物群。通过分析这些动物群,我们整理出了一个包含 9 000 多条记录的数据库(截至 2004 年 3 月 17 日开始写这本书时为 8 953 条,而后又陆续增加了约 200 条)。这些数据包括来自 740 处遗址中鸟类标本的发现地点、时代和层位,其中大多来自考古学遗址,还有一些是沙砾和洞穴中的更新世遗址。绝大多数记录来自英国(594 处),因为那里考古学及洞穴遗址最多,另外还有爱尔兰(27 处)、马恩岛(4 处)、苏格兰(80 处,其中包括奥克尼群岛的 19 处、设得兰群岛的 2 处、赫布里底群岛的 9 处)以及威尔士(28 处),另外还有英吉利海峡群岛(仅有 4 处)(图 1.11)。

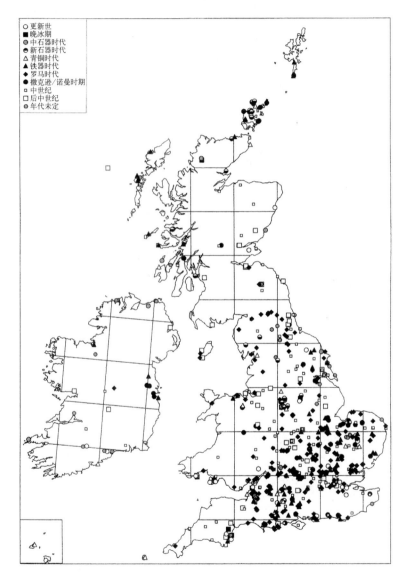

图 1.11　发现鸟类骨骼的考古学遗址分布:英格兰地区比较密集,爱尔兰、马恩岛、苏格兰和威尔士地区只有少量样本,但需要注意的是,奥克尼群岛遗址上有较多发现。更古老的遗址(更新世或晚冰期)大多是洞穴,因此在石灰岩地区聚集

结论

大型鸟类的大多数大型骨骼是可以被可靠鉴定的,当然,这需要一个好的参考系以及相关手册等重要的辅助工具。物种在更多样化的群体内更加难以得到有效鉴别,因此,应当谨慎接受出版物包括本书提供的鉴定鸟类的方法。在大多数情况下,我们不得不接受原始描述者提供的鉴定结果,因为我们不可能对全部标本进行重新检查。年代测定经常依靠考古记录来获取,但这一记录的可信性又依赖于挖掘工作是否足够谨慎。许多情况下,只有较大的骨骼被挖掘并鉴定。一方面,这样操作起来比较方便,因为大型种能更容易被鉴定;但另一方面,这样的结果导致了对小型鸟类(尤其是雀形目)种类记录的双重影响,即小型鸟的种类本身就不容易被鉴定,同时又只有对考古挖掘的沉积物进行过筛,才可能发现它们的骨骼。

第二章

英国及欧洲大陆鸟类的早期历史

始祖鸟

尽管自从 1861 年首次发现印板始祖鸟(*Arcbaeopteryx lithographica*)以来,不断有新的化石被发现,但它仍被认为是"最早的鸟类"这一称号的有力竞争者。这一著名的"弥补缺环"的范例发现于德国南部的索伦霍芬地区,目前共有 9 件标本,均来自 1.5 亿年前的早侏罗世。首件被描述的标本目前保存在伦敦的自然历史博物馆中,它保存了大部分羽毛,但头骨破损且骨架并不完整。第二件(发现于 1877 年)——柏林标本虽然也稍有破损,但较伦敦标本完整得多,羽毛的保存状态也更好。发现的第五件标本,即艾希施泰特(Eichstatt)标本(艾希施泰特是标本发现地附近的小镇,也是标本的现存地),体型较小,基本没有羽毛保存下来,但头骨保存得更好。保存始祖鸟化石的石灰岩具有细密的纹理,展示出了翅膀上的羽毛,包括前肢掌部明显不对称的初级飞羽,以及前臂上较为对称的次级飞羽,这与现代鸟类羽毛十分相似。然而,在始祖鸟像恐龙一样的长尾上也成对生有羽毛,这与现生鸟类较短的扇状尾羽差别很大。始祖鸟与现生鸟类的区别还包括:前肢三指指端有爪、喙上生有牙齿,以及骨骼特化程度低(前肢三块掌骨彼此游离,肋骨结构简单,乌喙骨较短且与恐龙相似)。有人认为,如果不是因为保存有羽毛印痕,单从骨骼形态来鉴定的话,始祖鸟很可能会被描述为一种小型恐龙。当然,这可能有点夸大其词了。举例来说,始祖鸟的后趾已经发生扭转,与其他三趾相对,这一特征使它可以像现生鸟类一样在树上栖息,但恐龙中并没有这样的结构。虽然始祖鸟的头骨生有牙齿,但其头骨长,下颌纤细,这一形态更接近于鸟类,而不是恐龙。始祖鸟的腰带也很特别,坐骨形状奇特,具有二分叉,这既不同于现代鸟类,也与恐龙有所差异(图2.1)。

图2.1　始祖鸟。骨架重建(Elzanowski,2002;Yalden,1984),以及始祖鸟滑翔飞行的想象图。注意牙齿、带爪的前肢、长的骨质尾,以及相对的脚趾

　　尽管对始祖鸟形态特征的描述已经十分详细(Elzanowski,2002a),但是对于其生活方式以及在鸟类起源和演化过程中的意义还有很多争论。虽然其肱骨长度显著大于喜鹊,但翼展与后者

相似,柏林标本翼展约为 55 厘米,体长与大型的褐家鼠(Brown Rat)相近,因此体重可能为 250—300 克(Yalden,1984;Elzanowski, 2002a)。另外,始祖鸟不同标本之间也存在体型差异,伦敦标本的骨骼要比柏林标本的长 10% 左右,体重约为 470 克,大约是一只秃鼻乌鸦的大小。在羽毛形态上,初级飞羽与次级飞羽有所区别,而且还是不对称的。远端羽片较近端羽片窄,羽轴弯曲,这种特征仅在扑翼飞行过程中才有意义。不对称的羽片意味着这些羽毛在翅膀向下扇的时候可以靠得更近,而在上挑的时候可以打开,弯曲的羽轴也可以产生相似的效果(Norberg,1985)。然而,简单的胸腔以及肩带结构表明,始祖鸟缺乏现代鸟类所具有的精细的肌肉和呼吸系统,因此它们不可能和现代鸟类一样具有持续且灵活的飞行能力。或许,即便是在这种条件下也足以让始祖鸟逃离捕食者,就像现在的猎禽幼鸟一样,在可以飞行之前,它们利用翅膀扇动躲避捕猎者(Elzanowski,2002b)。始祖鸟前肢的爪子非常锋利,与啄木鸟的爪子相似,可以爬上树干或者岩石(Yalden,1985)。虽然稍逊于上肢爪,其足部的爪子也很锋利,可能也会用于攀爬,也许始祖鸟会在地面、岩石间,或者灌木丛搜寻昆虫。较长的后肢显示它们很有可能会在地面觅食,虽然可能不能跑得足够快以达到起飞速度,但也许它们可以爬到较高的地方然后起飞,就像现在一些鸟类和蝙蝠采用的获得飞行速度的方式一样,即从树枝或小型峭壁上下落起飞(Elzanowski,2002b)。

白垩纪鸟类

在欧洲或其他任何地方,都还没有关于其他侏罗纪鸟类的报道,但现在已经有一系列鸟类在中国、蒙古以及西班牙的晚白垩世地层中发现。这些鸟类集中发现于大约 3 000 万年的时间段里,即 1.4—1.1 亿年前,和始祖鸟相比,这些鸟类在结构上展现了多样的进步性。它们中的绝大多数种类的尾部骨骼已经缩短愈合成更适于附着扇形尾羽的尾综骨。它们前肢的爪子也已经退化或者完全消失。它们的乌喙骨和现代鸟类一样,变得长而粗壮;胸骨变得更大,可以支撑飞行肌肉的龙骨突也变得更加明显。牙齿退化消失,从而获得了现代鸟类(同时也是化石鸟类)的代表性特征——喙。不同属的早白垩世鸟类所具有的进步特征呈现出了复杂多变的镶嵌模式,许多不同的鸟类支系同时平行演化出了更加有效的飞行机制。例如,中国东北地区发现的热河鸟(*Jeholornis*),仍然有一条长长的尾巴和与始祖鸟十分相似的腰带,但是乌喙骨成柱状,牙齿非常少。它可能是一种以种子为食的早期鸟类,胃部保存有超过50粒的植物种子化石(被称为石果)。同时期发现于中国的中国鸟(*Sinornis*)以及稍晚发现于西班牙的一种体型与大山雀相似的小型鸟——伊比利亚鸟(*Iberomesornis*)都具有柱状乌喙骨和一个奇怪的与原始腰带相愈合的长尾综骨,前肢上还残留有爪子,牙齿也还存在(图 2.2)。另一种来自中国的早白垩世鸟类——孔子鸟(*Confuciusornis*),进步之处在于,没有牙齿,拥有和现代鸟类一样的喙,但同时又像始祖鸟一样,前肢具长爪,尾综骨较长。上述鸟类都具有攀禽类可相对的脚趾,而同时期另一种中国发现的鸟类——朝阳鸟(*Chaoyangia*),还保留有牙齿,并且和现代的涉禽类一样,后肢第一脚趾退化,还发育有最早的胸骨脊。虽然在第三指(最长指)还保留有退化的爪,朝阳鸟的前肢以及肩带结构都十分进步。最近描述的红山鸟(*Hongshanornis*)可能是现代鸟类的早期祖先,发现于内蒙古地区的早白垩世地层,具有无齿的喙,前肢有残留的指爪,较长的后肢显示其可能属于涉禽类(Zhou and Zhang,2005)。显然,早白垩世鸟类显示出了明显的进步的和原始的特征分布的多样性,以及进步的飞行特征的平行演化。蒙古早白垩世(距今 1.3 亿年)地层中发现的抱鸟(*Ambiortus*)可能是目前所知的最早的具有现代飞行骨骼特征的鸟类,具有愈合的腕掌骨、具龙骨突的宽大胸骨、延长的乌喙骨以及与升翅肌相关的滑车组织。有

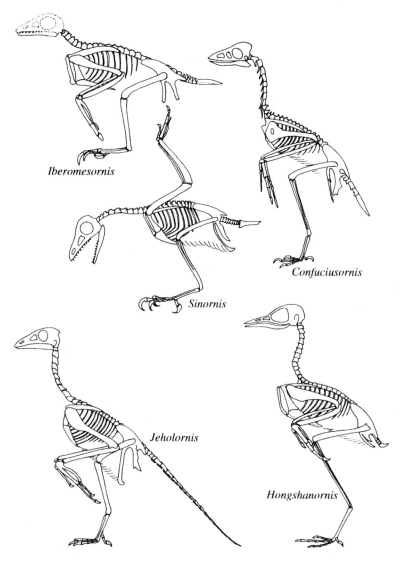

图 2.2　几种早白垩世鸟类。分别是西班牙的伊比利亚鸟、内蒙古的红山鸟，以及其他来自中国东北的鸟类。注意这里展示出的镶嵌性演化。热河鸟仍有长尾，红山鸟的尾综骨看起来很接近现生鸟类，而其他 3 种鸟具有奇怪的细长尾综骨。伊比利亚鸟的指爪已经消失，但还保留有牙齿，中国鸟也是如此。伊比利亚鸟、中国鸟和红山鸟都具有长的、现代类型的乌喙骨（Hou et al., 1996；Sereno and Cheggang, 1992；Zhou and Zhang, 2002, 2005）

趣的是,其第三指上还残留有爪(Kurochkin,1985)。其头部还未被发现。

　　整个白垩纪鸟类零散的化石记录并不足以让我们得到关于现代鸟类进化的完整脉络。英国最早的鸟类化石来自剑桥地区大约1亿年前早白垩世早期白垩层的绿砂岩。1876 年,西利(Seeley)将这些标本命名为大洋鸟(*Enaliornis*),这一发现来自不同地点找到的一些零散骨骼,包括 3 个头骨、一部分腰带、股骨、胫跗骨以及跗蹠骨(Galton and Martin,2002)。由于不能提供完整的描述,他们认为大洋鸟体型与鸽子相近,而从其后肢骨骼来看,大洋鸟明显是一种海鸟,和人们更加熟悉的时代稍晚的黄昏鸟(*Hesperornis regalis*)具有亲缘关系。黄昏鸟是大约 8 千万年前早白垩世发现的两种著名具齿鸟类之一,另一种是鱼鸟(*Ichthyornis*)。1880 年,堪萨斯海相沉积的尼奥布拉拉白垩层中发现了这两种鸟类的完整骨架以及其他很多爬行动物,如沧龙、鱼龙以及蛇颈龙类。黄昏鸟是一种大型鸟类,体型与帝企鹅相近,短小的翅膀以及扁平无脊的胸骨显示其也是一种不会飞的鸟。然而,黄昏鸟拥有的较长后肢和宽大的流线型脚部骨骼说明,在生活期,它应该和鸊鷉类似,脚趾分开呈桨状(而不是像企鹅一样的脚蹼)。由于它们的腿在陆地上不能支撑身体,因此会像潜鸟一样在地面滑行。黄昏鸟的下颌上分布着大约 30 颗小而内弯的牙齿,上颌的前半部分没有牙齿,后部约有15 颗。在北美、瑞典、俄罗斯甚至南极洲的晚白垩世地层中都发现了黄昏鸟科其他属种的成员,但(目前)在英国还没有发现。同样是在堪萨斯发现的鱼鸟的个头要小得多,体型大概和燕鸥(Tern)相似,但胸骨发育有大型龙骨突,肱骨上具有突出的脊,这些供飞行肌肉附着的结构显示其具有较强的飞行能力。和黄昏鸟一样,鱼鸟的整个下颌长有牙齿,不过因为没有发现完整的上颌标本,所以不能确定是否存在没有牙齿的部分。自从首次发现鱼鸟以来,北美、南极洲以及比利时都有新标本发现(Dyke et al.,2002)。这些长有牙齿的鸟类显然是一类成功的广泛分布的食鱼鸟。

白垩纪—第三纪的过渡

然而,在以沧龙类、恐龙、翼龙、鱼龙以及菊石类的消失为标志的白垩纪末期,这些长有牙齿的鸟类也灭绝了。事实上,几乎没有白垩纪的证据显示这些鸟类生存到了第三纪。在北美晚白垩世最顶端的兰斯组(Lance Formation)地层中发现的一些标本,可能属于"过渡阶段的海滨鸟类"。这些标本通常仅有一些散碎的骨骼,它们与石鸻(Stone Curlew)一样,似乎与一些更晚出现的晚始新世的化石,如涉禽(鸻形目)、鸭子[雁形目(Anseriform)]以及朱鹭[鹳形目(Ciconiiform)],具有相似的混合特征(Feduccia,1995,1996)。一些平胸类和鹬鸵可能的原始祖先也已经出现(平胸类包括失去飞行能力的鸵鸟、美洲鸵、鸸鹋和食火鸡。它们都有着扁平的船型胸骨,它们所具有的原始的腭骨类型被称为旧颌型。南美的鹬鸵也是如此)。似乎以上两个鸟类类群从白垩纪的灭绝中存活下来,但是保存状况并不好。而这正是目前争论的主要焦点。虽然古生物学记录只有少量证据表明鸟类在白垩纪向第三纪早期过渡的过程中生存下来,分子证据却明确显示出现代鸟类的许多支系在那时就已经存在。因此古生物学家相信,在古新世,鸟类发生了一次快速的、爆炸式的演化,在古新世早期的1 000万年中,从少量的幸存下来的支系(涉禽/鸭类和平胸类/鹬鸵的原始类型)演化出了现生鸟类各目的祖先类型(Feduccia,1995;Benton,1999)。分子鸟类学家对此表示质疑,他们认为,考虑到现生鸟类基因间的巨大差异,它们的进化时间大概需要上述的两倍,这意味着现生鸟类的各目应该在白垩纪的初期,即1.6—1亿年前就已经出现(Cooper and Penny,1997)。他们认为,一些支系应该在晚白垩世就已经出现,并在0.65亿年前的灭绝中幸存下来,但是并没有留下足以证明它们在白垩纪存在的化石记录。这一争议值得进一步研究。

基因证据在识别鸟类物种之间的亲缘关系方面是非常有价值的。基本原理非常简单，因为任何物种的基因序列与其他物种之间都会存在细微差别。举例来说，如果对 3 个物种进行比较，就一段相对应的基因片段来说，显然基因组成差异更小的两者之间比其中一个与第三个的亲缘关系更加密切。而且，可以推测，更大的差异需要更长的时间来演化形成。例如遗传学证据显示，种类多样的海鸟，包括企鹅、海鸥、信天翁以及潜鸟相互之间拥有更近的亲缘关系，而与其他目鸟类相距较远，更令人惊讶的是，这些海鸟实际上是最近才特化的类群。传统观点认为这些鸟类较为原始，属于早期的演化辐射。即使有传统的形态学和古生物学的基础，鸟类学家还是更愿意接受这种对于它们亲缘关系的新看法。争论发生在试图确定分异发生的时间，而分异发生时间的确定离不开一些古生物学时间标记的使用。另外还需要假设在分异发生之后，基因发生改变的速率在一段时间内是恒定的。古生物学时间标记经常是指一个或其他支系的最早的化石代表，以雁形目和鸡形类的分异为例，最早被确定为鸭子或者猎禽的标本可以说明这两个支系从推测的共同祖先发生了分异。如果天鹅和雁与鸭子的基因编码有 5% 的差异，我们假设天鹅的最早化石记录为 1 000 万年前，那么鸭子和鸡 50% 的基因编码差异就说明鸭子和鸡这 2 个支系是大约在 1 亿年前开始分异。另外一种时间标记在某些时候也会被采用，即大陆漂移导致其上的某些特定种类的鸟类发生分离。举例来说，几维鸟只生存在新西兰，而新西兰大约在 0.82 亿年前的晚白垩世与澳大利亚分离，因此，几维鸟与亲缘关系最近的鸸鹋的 18.4% 的基因差异就是在 0.82 亿年内形成的。

库珀和彭尼（1997）在为系统发育分析研究推断发生时间时，把 0.7 亿年前作为最早的潜鸟出现的时间，但是这一设定本身被其他研究者所质疑（Feduccia，1996）。此外，他们认为与潜鸟亲缘关系最近的应为黄昏鸟目。在这种情况下，最早的潜鸟可能是泰

晤士河口始新世伦敦黏土层发现的仅仅 0.53 亿年前的
Colymboides anglicus。这一海鸟支系被认为是鸟类中较晚发生分异
的一支,如果这一分异发生的时间被设定为 7 000 万年前,那么其
他支系发生分异的时间也会被大大提前,甚至会到白垩纪。用大
陆漂移作为时间标记来估计分异发生时间也会遇到相似的问题。
前面提到的几维鸟和鸸鹋的分异时间大约在 0.82 亿年前,这里包
含着这样一种假设,即它们的共同祖先已经失去了飞行能力,因此
它们才会由于大陆漂移而发生分异。然而,有证据显示,鸟类中飞
行能力的失去以及相应形态学特征的形成是十分迅速的。如果是
一只会飞的几维鸟祖先飞到了新西兰,然后才失去了飞行能力,那
么这一演化发生的时间可能大大晚于 0.8 亿年前。本顿(1999)尝
试用另一种方法对现代鸟类类群早期化石的明显缺乏加以解释,
他试图调和古生物学以及遗传学的证据。他指出目前已知的第三
纪鸟类化石记录的缺乏可以帮助我们估计这一线系已知的最早记
录之前的空白。以这一理念为基础,举例来说,已知最早的普通楼
燕(Swift,0.55 亿年前)、欧夜鹰(Nightjar,0.55 亿年前)以及猫头
鹰(Owl,0.58 亿年前)的化石记录,与后面观察到的相应支系的间
断相结合,显示其最早可能(95% 的可信度)分别可以追溯到 0.62、
0.67 以及 0.63 亿年前。也就是说,后续支系间断最大的欧夜莺很
可能在白垩纪的最后阶段已经出现,而后在 0.65 亿年前的白垩
纪—第三纪大灭绝中生存下来,但很可能没有,另外两个类群也不
太可能。对中生代(主要是白垩纪)鸟类记录更直接的分析
(Fountaine et al.,2005)说明,这些记录已经足够(已知种类足够
多,而且标本本身足够完整)说明这些已知的鸟类事实上不属于任
何一种"现代"鸟类。晚白垩世也没有发现像样的现代类群(今鸟
亚纲)的标本。也许,正如分子生物学家认为的那样,相关类群只
生存于某一地区而那里化石记录稀少甚至没有。更有可能的是,
像古生物学家坚持的那样,这些化石记录本身并不存在,因为现代

类群在当时还没有形成;存在的化石是它们古新世的后裔,似乎是某种水鸟(Dyke et al.,2007a)。古生物学家还认为,假定分子进化速率恒定在现代鸟类进化辐射的早期阶段是不适用的。很明显,分子证据和直接化石证据对这一争论贡献很大,将是未来十年研究和讨论的一个热点。

第三纪鸟类

现代类型的鸟类不仅在晚白垩世少有发现,在随后 1 000 万年的古新世,也十分罕见。然而,在接下来的始新世,5 个遗址(以及来自其他地点的零散标本)中发现的重要且多样的鸟类动物群使我们对现代鸟类早期的演化辐射有了初步的了解(Mayr,2005)。这些重要遗址中最早的一个约在 540 万年前,是古新世与始新世界限上的丹麦的富尔组(Fur Formation)。这一动物群很小,但其中的鸟类骨骼标本保存得非常好,很多都是原位保存,很好地展示了其连接状态,甚至还保存了软组织和羽毛。这一动物群包括大约 30 个种,尽管其中有一些还没有被描述或命名(Lindow and Dyke,2006)。这些发现包括原始的猎禽、涉禽、鹦鹉、鼠鸟、咬鹃(Trogon)、雨燕,可能还有猫头鹰、秧鸡和佛法僧目的成员[佛法僧(Roller)、翠鸟(Kingfisher)、戴胜(Hoopoe)等]。其中保存最好的是石板鸟(*Lithornis*),这一物种具有飞行能力,但是有着像平胸类和鹬鸵一样的原始腭骨(古颌型)。按时间顺序,接下来是 0.53 亿年前的早始新世动物群,发现于泰晤士河口伦敦黏土层的不同地点,包括谢佩岛、埃塞克斯的尼兹和同时代多塞特郡到萨塞克斯郡南部沿海的汉普郡盆地(Harrison and Walker,1977;Steadman,1981;Dyke,2001)。记录的物种超过 50 种,绝大多数为分散的骨骼,但是保存较好。其中许多种类都可归入现代鸟类的科,有一些属于灭绝科,但其特征介于现生的两科之间,还有很少的一部分属于完全灭绝的类群。欧夜鹰、欧石鸻、隼、鹰、鸭、大鸨(Great

Bustard)、猫头鹰、佛法僧、林戴胜、布谷、蕉鹃以及鼠鸟的原始类群都在其中,另外,还有鸡形目中的成员 *Paraortygoides Radagasti* 并不能归入现生的四科,即冢雉科、雉科、珍珠鸡科、凤冠雉科(Dyke and Gulas,2002)。发现的绝大多数鸟类都属于小型或超小型鸟,而且整个生物群看起来像是一个奇怪的混合体,包括我们现在通常认为的热带森林鸟类(林戴胜、鼠鸟、咬鹃、蕉鹃、鹦鹉)以及一些更像是生活在欧式地貌上的种类(潜鸟、海燕、鱼鹰、海雀)。虽然发现了许多小型鸟,但一个重要的种群明显缺失——雀形目成员不在其中。一件掌骨碎片被鉴定为 *Primoscens*(被归入原喷䴕科——译者注)(Harrison and Walker,1977),但雀形目的掌骨很难与啄木鸟的相区别(Benton and Cook,2005),而掌骨碎片又和啄木鸟一样是对趾足(足部 4 个脚趾两两相对)(Lindow and Dyke,2006)。伦敦黏土层发现的化石大多数是小碎片,有时会有一些少量的原位保存的标本,但很难被鉴定。再晚一些的是位于美国犹他州的绿河(0.5 亿年前)以及德国达姆施塔特(Darmstadt)附近著名的梅塞尔油页岩(大约 0.49 亿年前),这两处遗址的动物群非常相似,尽管它们的化石成因完全不同。绿河动物群保存于细腻的泥沙中,其中的鸟类化石保存得非常完整。这一生物群中的鸟类至少包括 14 或 15 个目的 39 种,包括早期的军舰鸟(*Limanofregata*)、猫头鹰、雨燕、油鸥,以及各种与秧鸡相近的种类——鼠鸟、佛法僧目(翠鸟、食蜂鸟、佛法僧目的其他种类)和最被人熟悉的涉水鸭普瑞斯比鸟(*Presbyornis*)(Feduccia,1996)。而梅塞尔动物群的特别之处在于,生物的整个身体化石被保存在油页岩中,尽管骨骼是被压扁的,但经常会有羽毛甚至胃容物被保存下来。目前约有 30 个种已经被描述,包括一种雨燕(*Scaniacypselus*)、一种原始的戴胜、翠鸟、鹦鹉(*Psittacopes*)、欧夜鹰、秧鸡、一种与伦敦黏土层发现的鸡形目成员相类似的戴胜、啄木鸟以及鼠鸟。发现的一种与猫头鹰相类似的捕食者——*Messelastur*——与隼形目可能也有较近的亲缘关系。在欧洲环境下,一种和雨燕类似的蜂鸟祖先(*Parargornis*)的发现令人惊讶(Mayr,2000,2005)。这四处始新世动物群遗址从物种多样性以及保存的属种来看都非常相似。将梅塞尔中扁平但完整的标本与伦敦黏土层中分散但完好的骨骼进行对比,可以有效地增加对细节的了解。然而,原始的石板鸟似乎在中始新世就消失了(如梅塞尔),也许这一白垩纪的幸存者最终在现代鸟类类群开始出现的时候便灭绝了。

这其中最大的是法国西南部凯尔西地区磷矿岩采石场发现的著名动物群,时代为 0.4—0.35 亿年前的晚始新世到晚渐新世。早在 18 世纪 60 年代,就有化石在这些采石场中被发现,现在也还在持续产出。目前已经报道的物种大约有 90 种或更多,其中有些命名可能太过古老,需要重新鉴定和修正,虽然这种做法也许会使数量减少,但其中至少有 25 个科是可信的。这一动物群体现了很多始新世早期动物群的共同特征,也发现了大量的佛法僧目、欧夜鹰、雨燕、猫头鹰,以及一些咬鹃、鼠鸟、布谷鸟、秧鸡类、鹭、鹰、美国秃鹫(Monk Vulture)、涉禽、猎禽。后来的动物群发现了更多的现代鸟类种类,比如一些雉科的猎禽,以及一些绝灭属[一种反嘴鹬(*Recurvirostra sanctaeneboulae*)]。更重要的是,在大约 0.25 亿年前的晚渐新世地层中发现了欧洲地区最早的雀形目,这足以说明,在接下来的中新世,尽管多数个体较小,数量较少,但雀形目的属种多样性增加了。

雀形目开始出现的地点和时间一直是一个备受争议的话题。在现生的动物群中,9 500 种鸟类中大约 60% 是雀形目,它们所展示的多样化使很多人对其早期缺失的真实性表示怀疑。他们认为,这种多样化"必然"需要一段较长的演化时间。不论是从解剖学特征还是分子层级上的特征来看,雀形目都是一个独特的群体(Slack et al.,2007)。一般来说,雀形目成员体型较小,渡鸦和澳大利亚的华丽琴鸟(Superb Lyre-bird)体型稍大,体重大约为 1 千克,而其他绝大多数雀形目成员的体重在 10—100 克。雀形目的解剖学特征包括:适宜树栖的足,强壮的第一趾(大脚趾或后趾)与其他3个脚趾相对;许多雀形目成员拥有复杂的鸣管,因此被称为鸣禽。雀形目很有可能起源于南方大陆,比如澳大利亚,因为最早的雀形目化石发现于当地始新世的地层中(Boles,1995)。另外,现生雀形目的分子生物学分析结果也支持了这一说法,认为原始的雀形目来自白垩纪分裂的南方古大陆——冈瓦纳大陆的遗迹。从遗传学角度讲,最原始的种类是仅在新西兰发现的刺鹩科的刺鹩(Ericson et al.,2002;Slack et al.,2007)。雀形目中的亚鸣禽亚目的成员并不属于鸣禽,它们主要生活在南美以及东南亚(印度也曾是冈瓦纳大陆的一部分),如霸鹟科、阔嘴鸟科、八色鸫科。鸣禽的原始类型(包括琴鸟)在澳大利亚也有所发现。这似乎表示,虽然雀形目中的鸣禽类可能更加进步,但它们在渐新世的分布范围仅仅局限于北部大陆(Baker et al.,2002)。梅塞尔遗址中的鸟类化石保存得非常完好,其中有些种类的体型与现生雀形目一样小,这进一步说明雀形目在始新世的欧洲很可能是不存在的。而伦敦黏土层和凯尔西动物群的发现也强调了这一点(Blondel and Mourer-Chauvire,1998)。欧洲地区最早的雀形目发现于德国和法国早渐新世的地层中,虽然这些标本还没有被详细描述,但是给法国和德国中新世发现的部分跗跖骨的研究提供了一些令人信服的细节(Manegold et al.,2004)。这些保存完好的跗跖骨很好地展示了足部被称为下跗骨的骨桥,即肌腱穿过踝关节的通路。大多数现生的雀形目在下跗骨处有6个闭合的通路,但是新西兰的刺鹩科只有2个;上述中新世化石中的1处只有1个闭合的通路,另外1处有3个。这些发现说明欧洲发现的原始雀形目并不能归入欧洲现生的雀形目各科中(Manegold et al.,2004)。

更新世鸟类

从大约0.3亿年前的晚渐新世开始,气候变冷,具有始新世和早渐新世生物群特征的热带鸟类开始向非洲退却。英国的大部分区域在中新世被浅海淹没,因此鸟类(和哺乳动物)动物群消失了。而在欧洲其他地方,中生代鸟类动物群显示,雀形目开始成为陆地鸟类的优势种,并且许多现生属开始出现。英国鸟类的化石记录在0.2亿年前的晚上新世和随后180万年的更新世重新出现。在这一时期,持续的一次比一次更加猛烈的寒冷期(冰川期),被简短的温暖期(间冰期)打断,这种气候状况决定了包括大不列颠群岛在内的北纬地区的动物区系和植物区系。曾经淹没于浅海之下的红岩,现在在萨福克海岸的一些地方暴露出来,其上发现了少量上新世末期之后的鸟类骨骼。其中最值得注意的是被命名为安吉利卡信天翁(*Diomedea Anglica*)的骨骼,因为信天翁通常被认为是南半球鸟类(Harrison and Walker,1978b)。模式标本现藏于伊普斯威奇博物馆,包括萨福克狐狸山发现的一枚跗蹠骨和与之相连的趾骨。曾经认为,早上新世萨福克奥福德地区的珊瑚岩发现的部分右尺骨以及佛罗里达发现的部分胫跗骨是仅有的其他材料,但最近,在科夫海斯(Covehithe)附近的诺威奇砂质泥灰岩又发现了一块完整的右尺骨以及肱骨的一部分(Dyke et al.,2007b)。这些标本的体型接近皇家信天翁(*Royal Albatross*),稍小约5%;形态上,与太平洋地区的短尾信天翁(*Short-tailed Albatross*)相似,但明显体型稍大。因为有了完整的上肢和后肢骨骼,可以算出前后肢的比例。其后肢相对模式属信天翁属较长,安吉利卡信天翁与短尾信天翁和其亲属被一并归入北信天翁属,其中还包括北太平洋地区的短尾信天翁(Dyke et al.,2007b)。这一属在现代的分布范围明显缩小。与信天翁一起发现的还有短头海鸽(*Cepphus storeri*),其与黑海鸽及其太平洋上的亲属哥伦比亚海鸽(*Cepphus columba*)和白眶海鸽(*Cepphus carbo*)有关,很可能是这三者的祖先类群(Harrison,1985)。

接下来又是一个间断,大约持续了100万年,而后才在克罗默森林地层中发现了英国鸟类生物群的踪迹，见于大量沿海地区，如诺福克郡的韦斯特润通（West Runton）。然而在那时，现生种已经出现了。在大约 40 万年前，较为温和的帕斯通间冰期的遗址中发现了一个小型鸟类动物群，包括小天鹅、绿头鸭、秃鹫、鵟属各种［通常是普通鵟（Buzzard）或者腿更粗壮的毛脚鵟］、海鸦以及刀嘴海雀（Harrison，1985）。看起来就像是现在的越冬鸟类动物群，但是其中还有一种鸟类是现在在东英格兰不太可能见到的，那就是雕鸮（Eagle Owl），这也是这一物种在英国的首次记录。发现的雕鸮的体型小于现在北欧的种类，与北非的法老雕鸮（*Bubo bubo ascalaphus*）比较接近。

　　接下来的冰川时期没有任何鸟类化石记录出现，直到 35 万年前的克罗默尔间冰期。诺福克北部沿海地区的上淡水河床上，尤其是韦斯特润通，发现了大型水生鸟类动物群遗址（这一名称已经暗示了主要鸟类种类），包括普通鸬鹚、大天鹅，以及灰雁。黑水鸡和白腰草鹬（Green Sandpiper）也有发现。钻水鸭类（绿头鸭、绿翅鸭和赤颈凫）、潜鸭类［赤嘴潜鸭（Red-crested Pochard）、鹊鸭（Goldeneye）、凤头潜鸭（Tufted Duck）和红头潜鸭（Pochard）］以及锯齿喙类［包括斑头秋沙鸭（Smew）、红胸秋沙鸭（Red-breasted Merganser）］，另外还有可能属于灭绝种的一种粗腿绒鸭（*Somateria Gravipes*）也被鉴别出来。令人惊讶的是，还发现了鸳鸯——一种生活在橡树林里的东方种（Harrison，1985）。但是现在也有种类呈现出相隔较远的分布，如灰喜鹊（这一物种见于西班牙南部和葡萄牙，但在中国和日本也有分布），这说明鸳鸯的发现也并非没有可能。一些生活在橡树林中的哺乳动物，如刺猬中的猬属（*Erinaceus*）以及木鼠中的姬鼠属（*Apodemus*）也显示了相似的离散分布。有人猜想，在更早的时期，可能曾经存在一个从大西洋到太平洋，延伸了整个古北区的连续的温带落叶林带，但现在，这一连续环带由于中亚地区干旱内陆环境的介入而被破坏。克罗默鸟类动物群并不只有湿地物种,橡木林中的雀形目有乌鸫、欧歌鸫或者白眉歌鸫、普通䴓(Nuthatch)、紫翅椋鸟以及松鸦。这几乎是现在英格兰从湿地到温带橡树林所拥有的最长鸟类名单了,虽然其中的鸳鸯、赤嘴潜鸭以及绒鸭现在已经在当地消失了。而在诺福克地区另一地点奥斯坦德(Ostend)的一个小型动物群中也发现了赤嘴潜鸭、红头潜鸭、黑海番鸭(Common Scoter),还有一种现在已经灭绝了的东方种——原鸡(Junglefowl)中的欧洲鸡(*Gallus europaeus*)(Harrison,1978)。原鸡属的其他种在欧洲其他地方还有更早的化石记录,如匈牙利晚上新世或早更新世的贝列门德斯鸡(*Gallus beremendensis*)(Janossy,1986),以及来自法国上新世的另一种类(Cecile Mourer-Chauvire,1993)。但是这些都比英国发现的标本要早得多,不过目前还并不清楚它们之间的亲缘关系是否直接相关,甚至可能是同一物种。

更偏南方的诺福克沿海地区的曼兹利(Mundesley)发现的红喉潜鸟(Red-throated Diver)和黑海番鸭可能代表着气温的下降,即克罗默尔间冰期的结束和下一个冰期(盎格鲁冰期)的到来。

另一个小型但意义重大的鸟类动物群发现于博克斯格罗伍的重要考古学遗址。这里发现了迄今为止人类在英国地区最早的居住遗迹。此地点现在位于距离萨塞克斯海岸以北 12 千米的内陆地区伯格诺(Bognor),不过在当时,这一地点距离海洋要近得多。发现的古人类的露天营地遗址就在一个低矮的白垩质悬崖的掩蔽处,发现的人类遗迹不仅包括大量的石质工具,当地燧石制成的手斧,还有一块腿骨(胫骨)。发现的鸟类已经被鉴定,但其中有些结果并不能确定,如大天鹅的相似种、灰雁、绿头鸭、赤颈凫、白眉鸭的相似种、绿翅鸭、凤头潜鸭、鹊鸭、灰山鹑、黑水鸡、红嘴鸥、三趾鸥(Kittiwake)的相似种、大海雀、灰林鸮、普通楼燕、欧亚鸲的相似种、林岩鹨(Hedge Sparrow)的相似种、紫翅椋鸟,还有一种中等体型的涉禽,也许是丘鹬或金鸻(Harrison and Stewart,1999)。其中大多数种类只发现了一两块骨骼,因此鉴定结果存疑,但发现的绿头鸭标本较多,有大约38块骨骼。最为著名的大海雀的情况比较特殊,虽然只发现了一段右肱骨近端,但这正好是这一种类极具代表特征之处。这可能是这一不幸物种在世界上的最早记录。对这些骨骼到达这一遗址的环境以及方式进行推断并不容易,但附近的湿地环境说明这一地点对早期英国人来说可能是一个相当好的狩猎场所。他们在这一地点猎杀大型哺乳动物(马、犀牛、鹿、象),这些动物的骨骼上都有燧石工具留下的印记,但是在鸟类骨骼上并没有这些能直接证明是被猎杀的痕迹(Robert and Parfitt, 1999)。也许这些鸟类是被猎杀的,因为很难想象出大海雀出现在这里的其他原因,但还有可能它们只是来这里的淡水湖饮水,毕竟这些湖对人类和他们的猎物来说无疑都是十分重要的。普通楼燕很有可能在白垩质峭壁上筑巢,并在水面觅食。

特别是来自小哺乳动物的证据表明,博克斯格罗伍可能代表着克罗默尔期后的另一个间冰期,但是要早于霍尔斯坦间冰期和大间冰期(Yalden, 1999)。没有发现这些间冰期之间的冰期脊椎动物群存在的证据,但下一个鸟类动物群来自霍尔斯坦间冰期,包括肯特郡的斯旺司孔(Swanscombe)、萨福克郡巴纳姆(Barnham)的伊斯特农场、埃塞克斯郡的卡德莫尔园区(Cudmore Grove)和霍客森郡。在斯旺司孔发现了这一间冰期最大的鸟类动物群(Harrison, 1979, 1985; Parry, 1996),包括普通鸬鹚、琵嘴鸭、黑海番鸭、鹊鸭、红胸秋沙鸭、鹗(Osprey)、一种和现生欧洲种大小相似的雕鸮、斑尾林鸽(Wood Pigeon)、园林莺(Garden Warbler)和欧洲丝雀(Serin)。在巴纳姆,斯图尔特(1998)记录了鸭属的某种钻水鸭,以及其他的鸭科成员,还有可能的斑尾林鸽、白眉歌鸫或者欧歌鸫。霍客森郡似乎只发现了鸭子的遗迹,而卡德莫尔园区发现的另一个稍大的动物群尚未被描述(Stewart,个人评论)。

从伍尔斯顿冰期,或者说从霍尔斯坦间冰期的末期开始,气候逐渐变得寒冷,在斯旺司孔,哈里森(1979,1985)发现了可能是白额雁、白颊黑雁(Barnacle Goose)、黑海番鸭的物种,以及很可能是雌性的松鸡。另一较大动物群发现于稍早的层位,位于距离托基(Torquay)大约10千米的内陆地区——德文郡的托尔纽顿洞的格拉腾层。这一动物群成员包括黑鹳(Black Stork)、翘鼻麻鸭(Shelduck)、普通秋沙鸭、红隼以及一种大型雕鸮。其中最有意思的是发现了一种交嘴雀(Crossbill,交嘴雀属某种),它可能是苏格兰的苏格兰交嘴雀(Laxia scotica),或一种鹦交嘴雀(Laxia ptyoptsittacus),或者更有可能是这两者的共同祖先。更令人奇怪的是还发现了红腿石鸡,它被描述为石鸡的一个新种——萨克利夫石鸡(Alectoris sutcliffei),因为它比现生的石鸡属的体型小,这可能是适应于寒冷环境的结果。

对接下来的一个间冰期中的鸟类动物群进行分析存在一些困难,因为曾经被认为是一个间冰期的伊普斯威奇期,现在认为应该是被分隔成两三个温暖期(Currant,1989;Yalden,1999)。其中第一个,被非正式命名为前伊普斯威奇期,以河马的缺失为特征。托尔纽顿洞中的熊层和水獭层可能属于这一时期,其中发现的鸟类动物群包括翘鼻麻鸭、黑雁和普通秋沙鸭。白尾海雕也出现在熊层,它很有可能是把这些水禽带入洞穴的捕食者(Harrison,1987b;Stewart,2002a)。

以哺乳动物群中河马的出现为标志的真正的伊普斯威奇间冰期遗址发现于佩卡姆(Peckham)的特拉法尔加广场(Trafalgar Square)、伦敦的布伦特福德(Brentford)、剑桥的巴灵顿(Barrington)、约克郡塞特尔附近的维多利亚洞穴、德文郡的洞穴和托尔纽顿洞穴的鬣狗层。但只在托尔纽顿洞穴的鬣狗层中发现了鸟类动物群,包括黑雁、赤麻鸭(Ruddy Shelduck)、翘鼻麻鸭、赤颈凫、红隼、欧亚云雀、林鹨、紫翅椋鸟和渡鸦(Harrison,1980b)。在另外2个位于南威尔士高尔半岛的洞穴里也发现了同时期的鸟类化石:培根洞发现了猛鹱(Cory's Shearwater)、豆雁、红鸢(Red Kite)、燕隼、翻石鹬(Turnstone)、金鸻、黑腹滨鹬(Dunlin)、刀嘴海雀、欧亚云雀、家燕、麦鹟、乌鸫/环颈鸫、紫翅椋鸟以及小嘴乌鸦;附近的明钦洞发现了黑腹滨鹬、刀嘴海雀、欧亚云雀和紫翅椋鸟(Harrison,1987b)。假设这些涉禽是从附近海岸过来越冬的,那么红鸢、燕隼和筑巢的猛鹱应该是代表了南部动物群,同一时期动物群中还存在着南方的哺乳动物,例如河马、黇鹿(Fallow Deer)以及斑鬣狗(Spotted Hyaena)。同时,在伦敦地区也发现了这一时期的鸟类化石,但并不来自经典的哺乳动物遗址:肯特郡的克雷福德(Crayford)发现有斑头秋沙鸭、原鸡和白骨顶(Coot);艾塞克斯郡的格雷发现有普通鸬鹚、疣鼻天鹅、大天鹅、灰雁以及红胸黑雁(Red-breasted Goose);埃塞克斯郡的伊尔福德(Ilford)发现有疣鼻天鹅、大天鹅、白额雁、灰雁、绿头鸭和鹤;另外艾塞克斯郡的阿普霍尔(Uphall)发现有绿头鸭,赫特福德郡(Hertfordshire)的沃特霍农场发现有赤膀鸭(Harrison and Walker,1977)。绝大多数物种看起来都比较普通,但其中的原鸡可能是东方种,或者是后来的入侵种,因为发现的标本仅有桡骨远端,并不能体现其种一级的特征。另外,伊尔福德发现的鹤也值得进一步讨论。哈里森和考尔斯(1977)认为这是一种现在已经灭绝了的欧洲灰鹤(*Grus Primigenia*),其体型较灰鹤(Common Crane)大,与印度的赤颈鹤(Sarus Crane)近似,但在解剖学结构上与后者又有很大差异。这一种类广泛见于晚更新世以及之后的许多遗址,包括铁器时代的格拉斯顿伯里和国王洞,汝拉(Jura)的塔贝特湖(Loch Tarbet)以及法国、德国和摩洛哥的遗址,并引起了广泛讨论(Harrison and Cowles,1977;Northcote and Mourer-Chauvire,1988)。一种观点认为,这一物种填补了现在空白的生态位,即体型大小有差异的两种鹤相伴生[如北美的鸣鹤(Whooping Crane)和沙丘鹤(Sandhill Crane)],然而灰鹤的体型分布范围很有可能被低估了——雄性灰鹤体型大于雌性,而这一物种在过去的体型可能更大(Stewart,2007a;Driesch,1999)。杜里舒(1999)和斯图尔特(2007a)用仅有的考古学发现的鹤的骨骼长度数据作图,与现代灰鹤以及赤颈鹤进行对比(图2.3)。可以说,雌性与体型更大的雄性之间的巨大差异使这一物种的体型分布非常不稳定。点图显示,考古学标本的体型范围应该被扩大,其下限包括现生的灰鹤,而上限可能达到赤颈鹤的大小。既然这样,就不能轻易地把原始鹤和灰鹤区别开来,或者说原始鹤更应该被包括在灰鹤中。更新世发现的少量标本体型要大于考古遗址中发现的材料,这与许多哺乳动物的情况是相同的(Davis,1981),随着气候的改善,它们的体型逐渐减小。较大的体型通常被认为是很多物种在能获得足够的食物资源的前提下,对严苛环境的适应性特征;它意味着可以积累更多的脂肪、更广的食物范围以及相对低的热量散失比例(因为表面积与质量比

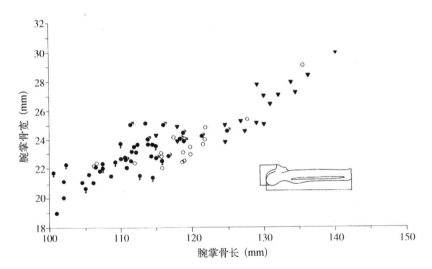

图2.3 普通灰鹤(实心圆点)、赤颈鹤(三角形)与包括被认为已灭绝的欧洲原始鹤在内的欧洲化石种(圆圈)的腕掌骨大小对比。两个现生种的大小分布范围相重叠,而化石种的分布范围比前两者都大。现生标本性别已知,并被标记出;注意到,雄性体型要大于雌性,这些较大的化石标本很可能是普通灰鹤中的大型雄性(Driesch,1999;Stewart,2007a)

相对变低)。有证据支持的另一种可能性是,曾经在南方繁殖而现在已经灭绝的鹤,很可能拥有较大的体型,或者至少在种群中存在着体型较大的个体(Stewart,2007a)。

末次冰期

最近的一次冰期在不同的地方有着不同的名称,以避免被认为所有地点的末次冰期发生的时间都是相同的。它在英国被称为得文思冰期,在欧洲北部被称为威赫塞尔冰期,在欧洲阿尔卑斯山地区叫沃姆冰期,而在北美是威斯康星冰期。然而,越来越多的证据显示,它们具有同时性,虽然有着不同的名字,但事实上它们代表着7万年前发生的同一事件。末次冰期的遗址中发现了比早期冰期更多的动物群证据,但这些发现经常会被后来冰期的信息干扰。另外,有足够的证据显示,末次冰期的气候保持波动,并不一直是寒冷的状态,而是其中一些时间段会变得更冷。

关于降温的最早证据来自萨默赛特郡的班维尔骨洞以及托尔纽顿洞的驯鹿层[这一地层被柯伦特和雅各比(Jacobi)(2001)归入班维尔骨洞的哺乳动物组合]。托尔纽顿洞穴发现的鸟类包括绿翅鸭、柳雷鸟/红松鸡、岩雷鸟、小鸨(Little Bustard)、欧亚云雀、田鸫、紫翅椋鸟和小嘴乌鸦(Harrison,1980b)。这显然是一个未被森林覆盖的开阔乡村动物群。对于那些期望在西班牙和葡萄牙的观鸟之旅看到小鸨的人来说,这一物种在这里的出现是有些奇怪的。然而,现在小鸨的分布范围已经延伸到了俄罗斯南部草原,那里的冬天是寒冷的开放环境,这说明其在这一动物群中的出现是相当合理的。

得文思冰期中有一个间冰段,即较为温暖的时期,以所具有的哺乳动物群为代表,通常以斑鬣狗的出现为特征——很多洞穴遗址看起来都可能是它们曾经的巢穴,它们很可能在洞穴中囤积其他动物的骨骼。柯伦特和雅各比(2001)选择了德比郡和诺丁汉郡边界克瑞斯威尔峭壁上针孔洞穴的下层洞穴土作为这一时期的代表。鬣狗骨骼的测年结果为 4.2—2.3 万年前，正好在碳同位素测年法可测定的范围内，提供了这一时期的时间框架。这一时期发现了大量鸟类动物群，包括白额雁、绿头鸭、普通秋沙鸭、黑海番鸭、岩雷鸟、苍鹰、毛脚鵟、蓑羽鹤（Demoiselle Crane）、翻石鹬、扇尾沙锥（Snipe）和渡鸦。然而，这一洞穴中还发现了大量鸟类动物群，包括很多其他的涉禽和雀形目，共计 98 种（表 2.1，引用自 Jenkinson，1984）。不幸的是，尽管阿姆斯特朗（Armstrong，1928）在 19 世纪 20 年代进行的挖掘非常小心，但在当时，得文思期气候变化的复杂性并没有被完全了解，因此想用生态学术语来解释这一物种名单是比较困难的。举例来说，在这一名单里有雕鸮、鬼鸮（Tengmalm's Owl）、星鸦和太平鸟（Waxwing）这样明显的北方种，同时还有白鹳（White Stork）、高山雨燕（Alpin Swift）和翠鸟这样明显的南方种（Jenkinson，1984；Bramwell，1984）。即使考虑到有北方种向南迁徙越冬的可能性，也不能轻易断定这些物种都是同一动物群的成员。看起来这些鸟类似乎至少来自两个亚动物群的组合，一个属于冬天不会结冰的较为温暖的时期，而另一个属于更寒冷的时期。

表 2.1　德比郡威尔峭壁针孔洞穴得文思冰期晚期地层发现的鸟类列表

黑喉潜鸟	蓑羽鹤	森林云雀	大山雀
苍鹭	黑水鸡	岩燕	银喉长尾山雀
白鹳	凤头麦鸡	家燕	普通鸸
比尤伊克天鹅	剑鸻	草地鹨	家麻雀
黑雁	灰斑鸻	紫翅椋鸟	树麻雀
白颊黑雁	金鸻	太平鸟	苍头燕雀
灰雁	翻石鹬	松鸦	燕雀
白额雁	扇尾沙锥	喜鹊	红腹灰雀

续表

粉脚雁	大杓鹬	星鸦	锡嘴雀
绿头鸭	中杓鹬	寒鸦	绿金翅
赤颈凫	青脚鹬	秃鼻乌鸦	赤胸朱顶雀
绿翅鸭	红腹滨鹬	小嘴乌鸦	松雀
白眉鸭	某种贼鸥	渡鸦	交嘴雀
赤麻鸭	海鸥	河乌	玫胸白斑翅雀
凤头潜鸭	黑海鸽	鹪鹩	黍鹀
黑海番鸭	北极海鹦	林岩鹨	雪鹀
普通秋沙鸭	欧鸽	黑顶林莺	
金雕	斑尾林鸽	麦鹟	
毛脚鵟	鬼鸮	野鸲	
苍鹰	短耳鸮	欧亚红尾鸲	
鵟	灰林鸮	欧亚鸲	
灰背隼	仓鸮	环颈鸫	
红隼	雕鸮	乌鸫	
红松鸡	高山雨燕	白眉歌鸫	
岩雷鸟	翠鸟	欧歌鸫	
黑琴鸡	小斑啄木鸟	槲鸫	
灰山鹑	欧亚云雀	田鸫	

注：其中很多记录的时代和鉴定结果都需要重新检查，但也有些种类已经被确认，如蓑羽鹤、高山雨燕（Jenkinson，1984；Bramwell，1984）。

可能是属于同时代的寒冷地区动物群发现于德文郡的肯特洞穴，包括欧鸬鹚、白额雁和雪鸮（Snowy Owl）（Harrison，1987b），另外还有布里克瑟姆（Brixham）的温德米尔洞穴，其中发现有翘鼻麻鸭和普通鵟/毛脚鵟（Harrison，1980b）。这一时期的小哺乳动物以包括项圈旅鼠（Collarded Lemming）和挪威旅鼠（Norway Lemmings）（环颈旅鼠、旅鼠），以及北方的田鼠——根田鼠（*Microtus oeconomus*）和狭颅田鼠（*Microtus gregalis*）而著名。因而，猛禽和鸮的出现是十分合理的,但奇怪的是,这里发现的雪鹀似乎是这一物种在英国境内的唯一记录,而在欧洲的其他地方,比如法国(Mourer-Chauvire,1993)和匈牙利(Janossy,1986)的末次冰期遗址中却有很多甚至可以说是大量的发现。

得文思冰期最冷的时候,冰盖向南延伸,西至高尔半岛海岸,东到诺福克的北部沿海,在这一时期,即使是在英国南部也几乎没有生物活动。有一些哺乳动物骨骼的测年结果可以追溯到这一时期,即 15 000—20 年以前,如科克郡(County Cork)的卡斯特普克洞穴发现的距今 19 950 年的北极狐、距今 20 380 年的猛犸象,以及同一洞穴中发现的距今 20 300 年的项圈旅鼠(Woodman et al.,1997)。这一时期似乎并没有鸟类化石发现,有人认为当时的鸟类动物群的分布可能比较稀疏——夏天的时候,可能由定居的岩雷鸟、繁殖期的雪鹀、伴生的小海雀、鹅和北方的涉禽组成。其实,目前在英国地区繁殖的鸟类动物群(或者说是哺乳动物群)可能很少或者并没有成员从这一时期幸存下来,因此这为晚冰期和后冰期时代动物群的重新进入提供了空间。

欧洲大陆

如果说英国和西欧其他北部地区(尤其是在当时同样被冰盖覆盖的斯堪的纳维亚半岛)在盛冰期并没有现生鸟类动物群生存,那么必然存在一个动物群向南边更温暖纬度迁移的过程。经典理论认为,伊比利亚半岛、意大利南部,也许还包括巴尔干半岛,这些地方在盛冰期曾经被作为很多北方种的避难所。考虑到在更新世存在数次冰期—间冰期的旋回,那么这种撤退和从避难所向外扩张的重复发生也应该在现生鸟类(以及其他的动植物)物种形成的过程中起到了一定作用。例如,冠小嘴乌鸦(Hooded Crows)被认为是一个回退到伊比利亚后分化的种群,而小嘴乌鸦则是回退到巴尔干半岛。这一看似简单又非常合理的理论中,包含着一些相当复杂的观点。关于英国更新世鸟类的描述需要注意的是,人们对绝大多数鸟类种类以及它们形成的动物区系的了解程度在日益增加。一些已经灭绝了的种类确实在上新世和早更新世是存在的,欧洲的其他地区(如法国和匈牙利)也有着比英国境内更多的证据(Mourer-Chauvire,1993;Janossy,1986),而相应的动物群在英国已经消失了。这些早期物种似乎是现生种类的祖先种,如渡鸦、黑琴鸡、榛鸡和松鸡的祖先(Mourer-Chauvire,1993)。到了中更新世,可能已经出现了早期的原鸡属——灰鹤,如果是真的,还有萨克利夫石鸡和粗腿绒鸭,但大多数鸟类看起来已经可以归入现生种,至少说已经很难与现生种相区别(Stewart,200b)。哺乳动物,尤其是黑田鼠和旅鼠,由于适应于严苛的环境,在晚更新世表现出了相对快速的演化过程,而鸟类并非如此。不过,雕鸮似乎确实发生了一些变化,早期的雕鸮体型较小,到了得文思期似乎已经演化出了现在欧洲种的较大体型。有一种说法认为,猫头鹰类是一种相对喜欢固定栖息地的鸟类,体型变大是大型猫头鹰的适应性策略,而对大多数鸟类来说,它们会选择迁徙而不是改变自己(Harrison,1987b)。松鸡类也属于体型较大且不迁徙的鸟,在更新世为了抵御严寒的气候和适应具有北方特点的栖息地,它们也同样演化出了较大的体型,食性也变得很杂(吃松针、石楠、越橘、植物的芽、灌木丛的花絮)(Drovetski,2003)。如果说在更新世早期的大多数鸟类是我们比较熟悉的种类,那么就很难说是末次冰期欧洲南部的隔离导致了鸟类的分化,因为它们的分化应该出现得更早,也许是在晚中新世和上新世。

之前讨论过的,关于现生鸟类各目起源的分子生物学证据也同样适用于现生鸟类种一级的演化。有时,这些分子生物学证据也显示,现生鸟类从它们的共同祖先发生分化的时间应该远早于末次冰期。然而,黑白相间的姬鹟、斑姬鹟(*Ficedula hypoleuca*)、白领姬鹟(*Ficedula albicollis*)、半领姬鹟(*Ficedula semitorquata*)和阿特拉斯斑姬鹟(*Ficedula speculigera*)的线粒体 DNA 之间只有大约 3% 的基因差异；根据之前讲过的分子钟理论，它们发生分异的时间约为 7 万年前(Saetre et al.，2001)。这意味着分异发生在得文思冰期开始的时候，在这一时期，这些林地物种的分布已经被限制在了南方的避难所。这些欧洲种的繁殖地相互重叠，范围从西北到东南：斑姬鹟在西部和北部，白领姬鹟在中部，半领姬鹟的分布范围向东从希腊直到里海以外(图 2.4)。更重要的是，只有斑姬鹟存在于伊比利亚半岛，而白领姬鹟是意大利的唯一种，半领姬鹟则是巴尔干半岛以及高加索地区的唯一种。这也许说明了它们在得文思期的避难所分布。阿特拉斯斑姬鹟通常被认为是斑姬鹟的一个本地种群，而其二者在基因上的差别与后者和白领姬鹟的差别一样大，因此这一种被新命名为阿特拉斯斑姬鹟。根据其现存的北部的后裔，推测其现在和过去的生存范围应该局限于北非。

　　另一个有趣且相反的例子是交嘴雀属的一些种，当然，对它们进行鉴别是非常困难且需要仔细讨论的。白翅交嘴雀(Two-barred Crossbill)体型最小，食性特化为以较软的落叶松球果为食，这在分类学上并不难以识别，也没有争议，但是对于体型较大，以较硬的云杉和多种松树的球果为食的红交嘴雀(Red Crossbill)来说，其分类学问题就比较复杂了。在欧洲，体型较小的以云杉球果为食的交嘴雀经常被认为是红交嘴雀，而体型稍大些的只对松树感兴趣的种类经常被认为是鹦交嘴雀。然而，在欧洲南部，马略卡岛和北非的红交嘴雀，也是以松树为食的。重要的是，目前英国唯一的地方种，也是最近被承认的一个独立种，生存于苏格兰的苏格兰交嘴雀中的中等体型个体也是如此。另一种分类学观点认为，这些具有较大的喙的个体其实应归为鹦交嘴雀而非红交嘴雀或是苏格兰交嘴雀。经蒂尔贝格(1991b)修正的化石记录显示，中更新世欧洲南部的交嘴雀化石记录了包括前面提到的托尔纽顿洞遗址中伍尔

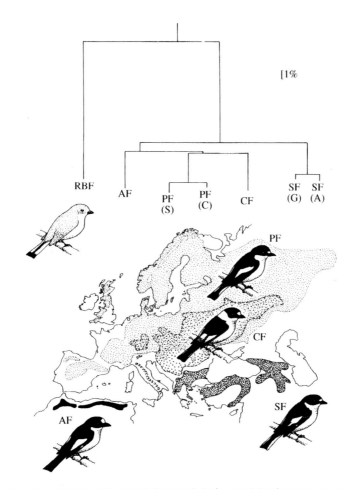

图 2.4　霸鹟科姬鹟属的分布和系统发育。红喉姬鹟（RBF—Red-breasted Flycatcher）曾经被认为是黑/白霸鹟的基干类群。希腊（G）和亚美尼亚（A）的样本显示，半领姬鹟（SF）是最为特化的一种。与分布范围重叠的白领姬鹟（CF）相比，地理隔离的阿特拉斯斑姬鹟（AF）比斑姬鹟［PF，样本来自西班牙（S）和捷克斯洛伐克（C）］特化程度稍高（基于 Saetre et al. ,2001）

斯顿冰期的发现（红交嘴雀?），以及法国南部拉泽雷石窟的发现（鹦交嘴雀?）。在末次冰期，松树仅生存于欧洲南部的阿尔卑斯山和比利牛斯山，在那里也发现了当时的交嘴雀属的记录（被鉴定为红交嘴雀和鹦交嘴雀）。云杉的生存地则在更远的东部，在喀尔巴阡山或黑海周围,因此红交嘴雀事实上可能也仅生存于当地或者更加东边的位置。正如蒂尔贝格所说,现在欧洲交嘴雀的分布状况可能形成于两种不同的方式。一种是,各个交嘴雀种于末次冰期在独立的南方避难所出现,然后随着松树和云杉向北方的扩张而扩张,鹦交嘴雀来自伊比利亚或意大利,而红交嘴雀来自巴尔干半岛或高加索地区,而后它们在斯堪的纳维亚相遇了,具有较大的喙的种类则被隔离在北非、马略卡岛以及苏格兰。第二种可能是,末次冰期时在欧洲南部形成了一个多样化的种群,随着云杉数量增加,竞争加剧,体型更小的红交嘴雀有了优势。喙型较大的个体在欧洲的大部分地区被取代,仅在松树林幸存的地区有大喙型的鹦交嘴雀生存下来,同时也推动了斯堪的纳维亚更大喙型的鹦交嘴雀的出现。蒂尔贝格预言分子生物学的证据将会解决这些问题。如果第一种说法是正确的,那么鹦交嘴雀、苏格兰交嘴雀以及地中海类型三者之间的亲缘关系应该较近,而与红交嘴雀更远。如果是第二种的话,那么不同交嘴雀之间的基因差异应当很小。事实上,对三者的基因研究显示,这三“种”交嘴雀的基因组成没有任何差别(Piertney et al.,2001)。即使是在交嘴雀(小喙的红交嘴雀)入侵后三者共存的苏格兰,它们的生态学行为也完全像三个不同的种,但它们在基因水平上完全不能区分。在形态学范围内优秀的独立“种”的例子,在系遗传学上却变得十分混乱(图2.5),虽然红交嘴雀与白翅交嘴雀的线粒体基因之间存在着44%的差异(说明二者的分异可能发生在0.22亿年前的中新世),但其他种间并没有区别。从基因水平上说,或者至少是现在的基因研究技术的程度表明,它们并不是好的物种。因此鸟类学家很难分辨各个独立种群的分类学关系,或是在野外去鉴别它们也就不令人奇怪了。

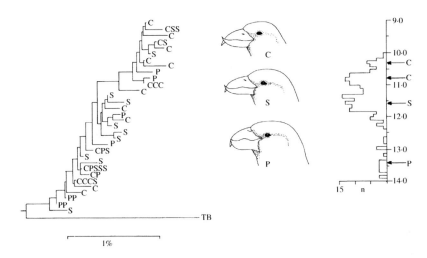

图 2.5 交嘴雀的分布和系统发育。从生态学上看,苏格兰的交嘴雀有三种类型,它们喙的大小(右)的峰值与以落叶松为食的红交嘴雀(C)和以松树球果为食的苏格兰交嘴雀(S)非常吻合,而较大的标本(但不是峰值)与欧洲其他地区的鹦交嘴雀(P)相吻合。然而,分子系统学(左,以演化迅速,且经常能反应亲缘关系较近的物种之间的关系的线粒体 DNA 为研究对象)研究的结果十分复杂,虽然白翅交嘴雀(TB)可以被很好地区别开,但没有显示出这三种交嘴雀类型之间的区别(参考 Piertney et al.,2001;Marquiss and Rae,2002)

　　这段设想的林地鸟类在南方森林避难所中幸存下来的历史的另一个复杂之处是,现有证据表明了这些南方避难所的性质。举例来说,莫罗(Moreau,1972)提供的旧地图显示,现代存在于欧洲西部大部分地区的落叶林从末次冰期盛冰期的西班牙南部、意大利和希腊地区幸存下来,因此现代的森林鸟类也应该随之存活下来。而越来越多的对遗址中发现的当时的花粉粒的分析表明,即使是在 1.8 万年之前,那些南方避难所的森林也很少,甚至没有。在那些地区确实生长着橡树、榛树、桤木和山毛榉等树木,但是它们只在隐蔽的地方形成了分散的小林地,更像是草原或稀树草原环境(Adams and Faure,1997)。鸟类可能已经进一步向南后退,进入并不适合哺乳动物和其他陆生动物的非洲北部,但是盛冰期不仅寒冷,还十分干燥。推测那时候的撒哈拉沙漠至少像现在一样广阔,而马格里布(Mahgreb)地区只有地中海沿线一带一样的马基型灌木矮树,而非森林。由此可以得出一个结论,我们所认为的欧洲南部避难所其实并不适于现生的欧洲林地动物群。在这种情况下,那里真的有林地鸟类存在吗? 多种小哺乳动物的分子生物学证据显示,它们中的大多数已经撤退到了更远的东方如黑海附近地区,甚至到了高加索山脉。花粉证据也显示,在土耳其的黑海沿岸,翻越高加索山脉,存在欧洲唯一的落叶林地(Adams and Faure,1997),即东南庇护所(图 2.6)。

目前为止,仅有很少的来自这些南方地区的鸟类动物群的直接证据支持这一理论。意大利南部的两处洞穴遗址——罗曼内利石窟和滨海普拉亚的圣玛利亚石窟,根据 C¹⁴法测定年龄为末次冰期,距今 12 000—9 000 年,在盛冰期很久之后,遗址中发现的动物群成员以小鸦为主,另外还有大鸦及大量雁属成员,主要是白额雁、黑雁以及豆雁。森林鸟类基本没有发现,其他开阔地的指示物种有山鸦[红嘴山鸦(Red-billed Chough)和黄嘴山鸦(Alpine Chough)],两种沙鸡[白腹沙鸡(Pterocles alchata)和黑腹沙鸡(Pterocles orientalis)](Tagliacozzo and Gala, 2002)。在这些南部地区,适于开阔环境生存的种类在寒冷气候条件下的生存优势十分显著。在匈牙利,皮利什森特拉斯洛岩棚发现的冰川极盛期的大型鸟类动物群,包括 68 个物种,其中柳雷鸟和岩雷鸟占了绝大多数,分别发现了 2 960 和 3 112 件骨骼。黑琴鸡的数量要少得多,仅有 101 件,而其他种类的标本每种都不超过 30 件。其他开阔环境的指示种,包括金雕和雪鸮,以及少量林地鸟类的骨骼——如大斑啄木鸟(Great Spotted Woodpecker)和松鸦也有发现,因此当地应该曾经存在过一些小型树林。在法国比利牛斯山脉的北部边缘,克劳特(Clot)和莫勒-肖维雷(1986)记录了末次冰期(沃姆 4)遗址发现的潜鸟[黑喉潜鸟或白嘴潜鸟(Great Northern Diver)?]、灰鹱(Sooty Shearwater)、疣鼻天鹅和大天鹅、白额雁和灰雁、绿头鸭、绿

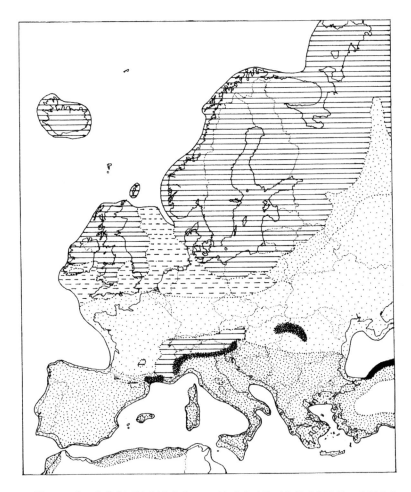

图 2.6　基于花粉粒证据,距今大约 1.8 万年末次冰期时期的欧洲植被。欧洲北部大部分地区被冰盖覆盖(横线)。最近的落叶林地(黑色)沿黑海南部海岸,阿尔卑斯山和喀尔巴阡山以南是半干旱的温带灌木林地(密集黑点)。欧洲大部分为开阔苔原或草原植被(稀疏黑点)(参考 Adams and Faure,1997)

翅鸭、琶嘴鸭、红头潜鸭、白眼潜鸭(Ferruginous Duck)、长尾鸭(Long-tailed Duck)、斑脸海番鸭(Velvet Scoter)、黑海番鸭、斑头秋沙鸭、普通秋沙鸭、红胸秋沙鸭、欧亚兀鹫(Griffon Vulture)、秃鹫、胡兀鹫(Bearded Vulture)、金雕、普通鵟、棕尾鵟(Long-legged Buzzard)、白尾海雕、雀鹰(Sparrowhawk)、苍鹰、游隼、燕隼、红隼、灰背隼、埃莉氏隼（Eleanora's Falcon）、柳雷鸟、岩雷鸟、黑琴鸡、松鸡、灰岩鹧鸪（Grey Rock）、北非石鸡（Barbary Partridge）、鹌鹑、鹤、普通秧鸡、长脚秧鸡（Corncrake）、小海雀、斑尾林鸽、欧鸽、原鸽（Rock Dove）、雪鸮、雕鸮、普通楼燕和大量的雀形目，包括黄嘴山鸦、红嘴山鸦、渡鸦、白斑翅雪雀（Snow Finch）、田鸫、环颈鸫和乌鸫等。看起来就像是现在南方寒冷的气候环境中，有一个存在于开阔坚硬地面的动物群；大量存在的雪鸮、柳雷鸟、岩雷鸟以及黄嘴山鸦也说明了这一点。一些并不局限于比利牛斯山的地中海端的水生种类，也拥有一些北方种群。同样，在克里米亚半岛发现的冰期动物群中最常见的有灰山鹑、黄嘴山鸦、欧歌鸫、柳雷鸟、黑琴鸡、草原百灵（Calandra Lark）、凤头百灵（Crested Lark）、雕鸮、短耳鸮、红脚隼（Red-footed Falcon）和红隼，这些种类的存在说明那里应该是一个相当开阔的环境，而不是茂密的树林；锡嘴雀、松鸦、喜鹊以及乌鸫与黑琴鸡和欧歌鸫的存在一样，说明当地可能会有一些矮小的林地（Benecke，1999）。后冰期最南端的动物群发现于直布罗陀的多个洞穴，其中包括繁殖期的斑脸海番鸭和黑海番鸭（均有幼年标本发现），这表明与现在相比，这些北方种的繁殖地在当时的分布更偏南方，而南方种或森林种开拓了冰期的庇护所，比如欧亚兀鹫、黄爪隼（Lesser Kestrel）、原鸽、欧鸽、斑尾林鸽、灰林鸮（？）、高山雨燕、普通楼燕/苍雨燕和灰喜鹊以及雕鸮、寒鸦和红嘴山鸦（Cooper，2005）。其中最有意思的是灰喜鹊的发现：不仅因为这是这一物种在冰期避难所的早期记录（Cooper，2000），而且还肯定了这一物种的本地性（并非在中世纪由葡萄牙人引入）；基因证据已经证实伊比利亚半岛与亚洲两个种群的区别（Fok et al.，2002），这是古生物学与遗传学证据相互佐证的范例。

如果说冰期见证了温带动物群向南方的地中海地区或向东南的黑海地区避难所的迁徙，那么间冰期则相应地见证了苔原地区繁殖的动物群向北方小型北部避难所的推进。一般认为，与现在、弗兰德冰期和全新世冰期相比,霍尔斯坦和伊普斯威奇间冰期要温暖得多。如果是这样的话,那时的苔原地带的区域应该比现在更加有限,并成碎片状分布(Kraaijeveld and Nieboer,2000)。而不同涉禽和雁属的种以及亚种的形成反映了这种碎片状的分布。举例来说,金鸻的三个种群(现在是种)成环极地分布,它们之间分异的形成很可能是因为在冰期欧亚金鸻(Eurasian Golden Plover)生存于欧洲中部的苔原,太平洋金斑鸻(Pacific Golden Plover)生存于西伯利亚南部的冻土带,而美洲金鸻(American Golden Plover)生存于美洲平原苔原的加拿大冰盖上。在间冰期,这些分散的种群生活于小型苔原地区,分别在西伯利亚北部、东部以及加拿大北部,并逐渐演化形成差异。相似的物种分异过程也发生于斑尾塍鹬(Bar-tailed Godwit)、黑雁以及其他北方物种的亚种形成过程中。最好的物种记录,包括形态学的和线粒体 DNA 的分异情况,是黑腹滨鹬(Wenink et al.,1996;Kraaijeveld and Nieboer,2000)。它与加拿大的一个亚种——加拿大中部亚种的 DNA 差异是 3.3% ,这意味着其在大约 22.5 万年前的前伊普斯威奇间冰期从古北区的类型中分离出来(图 2.7)。欧洲亚种、黑腹滨鹬指名亚种与西伯利亚类型的 DNA 差异是 1.73% ,说明分异大约发生在 12 万年前的伊普斯威奇间冰期。西伯利亚中部亚种、黑腹滨鹬中国北方亚种、黑腹滨鹬中国东方亚种,以及阿拉斯加亚种间的 DNA 差异为 1.05% —1.18% ,说明分异发生在 8—7.1 万年前的伊普斯威奇间冰期末期或维尔姆冰期初期。有趣的是,在欧洲的黑腹滨鹬指名亚种种群内部明显存在三个亚种(黑腹滨鹬指名亚种、黑腹滨鹬英国亚种和黑腹滨鹬美洲亚种),它们之间可以靠测量鉴别,但并不存在基因差异。据推测,这可能是后冰川时代发生的分异,与其繁殖地分别分布于斯堪的纳维亚/俄罗斯、波罗的海、斯匹茨卑尔根群岛/格陵兰岛东北部有关。

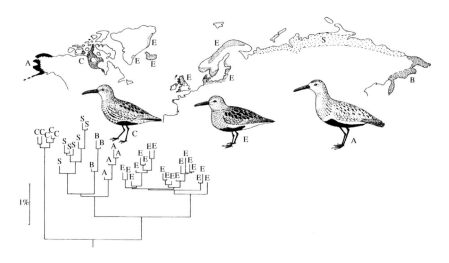

图 2.7　黑腹滨鹬亚种与系统发育关系。分子系统发育结果显示,加拿大北部(C)的种群作为最独特的一支被分离出来,而后分裂为欧洲(和格陵兰岛)的西伯利亚/阿拉斯加种群。前者又分为阿拉斯加类型(A)、白令陆桥类型(B)和西伯利亚北部类型(S),而被认为多样的欧洲类型(E)事实上并不能同黑腹滨鹬指名亚种相区别(参考 Wenink et al.,1996)

结论

　　始祖鸟,作为最早的鸟类,与翼龙(一种会飞的爬行动物)共同生活在 1.5 亿年前的德国南部。其骨骼特征与爬行动物非常相似,但所具有的羽毛与现生鸟类翅膀上的羽毛结构十分相近,这说明它们已经具有了飞行能力。接下来的白垩纪,世界多个地区,包括西班牙、蒙古、中国等地发现的鸟类,展示了与现生鸟类更为相像的骨骼特征,如缩短的尾骨、消失的牙齿和指爪、具有龙骨突的胸骨以及细长的可以附着提供强劲升力的飞行肌肉的乌喙骨。然而,到了白垩纪末期,并没有现生鸟类各目出现的证据,直到第三纪早期,在丹麦、英国、德国以及美国的始新世地层才有所发现。伦敦黏土层中发现了一个这一时期的包含许多现生鸟类目一级成员的热带鸟类动物群,但此后英国化石鸟类的发现出现了一个空档,直到上新世末和更新世才又有了新的发现。那时,现生的属和种都有所发现。更新世波动的气候环境见证了温暖的间冰期和寒冷的冰期交替期间动物群的更迭,也引起了其分布范围的巨大变化。DNA 的变化以及适度的演化改变,带来了亚种和相近物种的产生,这也是对气候变化导致的分布范围变化的一种响应,但几乎没有证据表明出现了同时代的哺乳动物表现出的重大演化改变(狼、旅鼠、象的新属种代表了更新世的不同阶段)。看起来鸟类对于气候变化的应答更多是体现在种群移动,而不是演化上(虽然定栖的猫头鹰和雷鸟可能改变了体型大小或食性)。目前还不清楚规律性迁徙行为是否是在当时出现形成的,但是看起来可能性极高,尤其是对于生活在北极圈的种类如雁属和涉禽而言。哈里森(1980c)认为,190—170 万年前坦桑尼亚的奥杜威峡谷的河床 1 发现的长脚秧鸡和中杓鹬说明,早在更新世严寒的冰期气候将温带鸟类向南或向东驱赶出欧洲之前,古北区—非洲的长距离迁移就已经出现了。如果说气温还没有恶劣到可以推动迁徙的产生,那么夏季更长的摄食期可以吸引鸟类在春天向北移动,而冬天较短的摄食期又会促使它们在秋天向南移动。但还需要更多来自非洲的化石记录来佐证这一理论。

第三章

来自严寒

末次冰期(在英国称为得文思期,在阿尔卑斯山地区称为沃姆期)后期,从 1.5 万年前到 1 万年前,气候波动大约持续了 5 000 年,才形成了后冰期温暖的气候,以及现代欧洲西部的温带栖息地。大约 1.5 万年前,随着盛冰期形成的冰盖融化,北部苔原典型的动植物群开始进入英国:包括开放的植被和以其为食的驯鹿、旅鼠和猛犸象(Woolly Mammoth)。气候的持续变暖使白桦林在一段时期内得以繁盛,至少在英国南部如此,在这一时期,更多的南方物种,如马鹿和野牛曾经短暂出现,而野马和驯鹿仍然是数量最多的有蹄类;这段温暖期被称为温德米尔间冰段(因为温德米尔湖的淤泥很好地证明了这一点)。而后,大约 1.1 万年前,气候又开始变得寒冷;苔原植被回归,一个小型冰盖开始在苏格兰山脉形成,旅鼠和驯鹿又开始在动物群中占据统治地位,同时还有一些草原物种,如草原鼠兔(Steppe Pike)。这段寒冷时期被考古学家称为新仙女木期,地质学家称之为"洛蒙德湖再进",而孢粉学家把它叫作孢粉带Ⅲ,寒冷气候导致了英国群岛(包括大不列颠岛、马恩岛和爱尔兰)上的大角鹿[如爱尔兰麋(Irish Elk)]最后的灭绝。然而大约 1 万年前,最后的温暖期开始了,在 50 年间,7 月的平均气温上涨了 8 ℃,这一过程见证了末次冰期的结束以及弗兰德间冰期的开始,也被称为后冰期或全新世。

温德米尔间冰段,人类猎手在英国南部和中部的许多洞穴遗址中建立了旧石器时代晚期文明,不过他们还没有抵达爱尔兰和苏格兰。看起来他们主要的狩猎对象是野马、驯鹿和山兔,但是研究他们生活的洞穴遗址,也能寻到反映鸟类生活的蛛丝马迹(Campbell,1977;Charles and Jacobi,1994)。新仙女木期可能太过于寒冷以至于人类无法生存,或者是由于数量太少而没有留下生存过的痕迹。随着后冰期气候变暖,人类很快重新占领这一地区,此时已经进入中石器时代文明,他们使用更加精细的石质工具,包括微小的燧石、细石器,这些很有可能用来在矛上装倒钩。他们扩张到了苏格兰和爱尔兰,从事狩猎—采集活动,驯鹿和野马很快灭绝了,这些中石器时代的猎人转而猎杀赤鹿(Red Deer)、狍(Roe Deer)、麋鹿(Elk)、野猪(Wild Boar)、欧洲野牛(Aurochs)和河狸(Beaver)。他们在猎杀活动中收集的鸟类只是食物来源的一小部分,海岸线和湖边的人类遗址使我们对在这些快速变化的时代中不断变化的鸟类生物群有了一个清晰的较为可信的了解。这些末次冰期和中石器时代的动物群标志着英国现生鸟类动物群开始出现。而且,这些动物群还显示了在没有后来人类干预的情况下,应该会出现的物种,因此值得详细研究。

晚冰期鸟类

目前已经挖掘的晚冰期遗址包括一些英国考古学研究中经典的洞穴遗址:德比郡和诺丁汉郡交界处的威尔峭壁上罗宾汉洞穴中山兔的碳同位素测年结果为距今 12 600—12 290 年,恰好处于这一时期。这里的鸟类动物群已经被坎贝尔(1997)和詹金森(1984)基于唐·布拉姆韦尔提供的鉴定讨论过,其中大多是柳雷鸟/红松

鸡和岩雷鸟,占发现的 41 只鸟中的 16 只。另外,还发现有鬼鸮、雕
鸮、2 只短耳鸮、3 只红隼、2 只苍鹰以及绿头鸭(?)、鹊鸭(?)、黑琴
鸡、灰斑鸠(?)、大斑啄木鸟(?)、寒鸦、松鸦(?)、喜鹊(?)、环颈鸫
(?)、田鸫(?)各 1 只,另外还有一些雀类和鸫。这看起来确实是一
个北方动物群,也许与河谷中的林地以及周围高地上的开阔荒野
或苔原相伴生。在萨默赛特郡门迪普丘陵上还发现了一个大约属
同时期的类似的生物群。在切达峡谷(Cheddar Gorge)的士兵洞的
第三组中,柳雷鸟/红松鸡和岩雷鸟在大多数层位中都有发现,在
这一动物群中占据优势地位(Bramwell,1960a;Harrison,1988)。另
外还发现了绿头鸭、赤颈凫、绿翅鸭、白尾海雕、灰背隼、黑琴鸡、榛
鸡、灰山鹑、黑尾塍鹬、原鸽、长耳鸮(Long-eared Owl)、短耳鸮、林
岩鹨、环颈鸫、田鸫、雪鹀、渡鸦、寒鸦和喜鹊。哈里森(1988)曾经
质疑其时代,但后来对其中灰山鹑股骨(距今 12 370 年)和黑琴鸡
胫跗骨(距今 12 110 年)进行的放射性碳同位素测年结果显示,这
一动物群恰好属于温德米尔间冰段(Jacobi,2004)。同样是在切达
峡谷,高夫古洞中的高鼻羚羊的测年结果为距今12 380年,而野马
距今 12 530 —12 260 年,因而也属于这一时期;类似的鸟类动物群
中还有灰雁、绿头鸭、绿翅鸭、凤头潜鸭、普通秋沙鸭、金雕(这也是
英国南部极少数记录之一)、燕隼、黑琴鸡、柳雷鸟/红松鸡、岩雷
鸟、黑琴鸡、灰山鹑、凤头麦鸡、原鸽、大斑啄木鸟、乌鸫/环颈鸫。
田鸫、欧歌鸫、白眉歌鸫、野鹟(Stonechat)/麦鹟、雪鹀、红嘴山鸦和
寒鸦,也被认为属于同一时期(Harrison,1989b)。需要特别注意的
是,大鸨也有发现,这是其在英国极少数的记录之一。显然这又是
一个开阔地带的动物群,尽管附近山谷的低地或萨默塞特平原区
上应该存在一些林地,以供啄木鸟之类的物种栖息。

柳松鸡/红松鸡和岩雷鸟的鉴定是十分有趣的。北美的柳松
鸡(*Lagopus lagopus*)——柳雷鸟,呈环极分布,是矮小的桦树和柳
树构成的过渡区的特征物种,位于南部的北方针叶林(针叶林带)

和北部开放苔原之间（图 3.1）。北美的雷鸟（*Lagopus muta*）——岩雷鸟，取代了柳雷鸟在苔原和高山上的分布。雷鸟在整个欧洲显示出典型的冰期孑遗分布，它在北方苔原呈环极分布，但在高纬度的阿尔卑斯山、喀尔巴阡山和比利牛斯山地区也有分布，蒂尔贝格（1991a）认为，这种分布是其在晚冰期时期更广泛分布的孑遗（图 3.2）。雷鸟的骨骼大小分布基本上与柳松鸡相重叠，二者翅膀非常相似，但前者后肢较短。因此，雷鸟的胫跗骨和跗蹠骨的平均值明显更短更细，与柳松鸡的重叠范围很小，通常可以被可靠鉴定。现代，柳松鸡在不列颠群岛上有一个非常特别的种群——红松鸡，生活于长满石楠的荒野上，主要以石楠为食。多年以来，它被认为是一个独立的物种，是唯一的英国特有鸟类，因此它出现在流行杂志《英国鸟类》（*British Birds*）的封面上。与柳松鸡不同，红松鸡翅膀不是白色的，而且在冬天也不会变白，这大概是对不列颠群岛冬天温和的气候和积雪较少环境的适应。然而，蒂尔贝格（1995）的研究显示，柳松鸡和红松鸡的分布范围在晚更新世是连续的，只是在过去的 1 万年中，由于分布范围向北退却，以及北海的形成而分开，进而演化出了这些改变。事实上，与其他鸟类不同，雷鸟不迁徙，甚至不会分散很远，这一特征辅助了这一微演化过程。对环志和无线电标记的红松鸡的研究证实，它们很少离开孵化地超过 20 千米。有趣的是，很多作者在描述英国晚冰期的松鸡时，认为其与现代红松鸡相比，具有更强壮更短的喙（Newton，1924a；Bramwell，1960a；Harrison，1987b）。尽管现代的红松鸡在喙的大小上和克拉夫特（1972）测量的大陆的柳松鸡似乎没有什么不同，但它们在晚冰期的共同祖先的喙似乎确实略有不同。在斯图尔特（2007a）做的一个更详细的分析中，他并没有考虑喙的大小，而是指出，这些晚冰期的雷鸟属的后肢比现代的英国后裔要粗，这意味着它们的体型要大于现代的红松鸡和岩雷鸟。

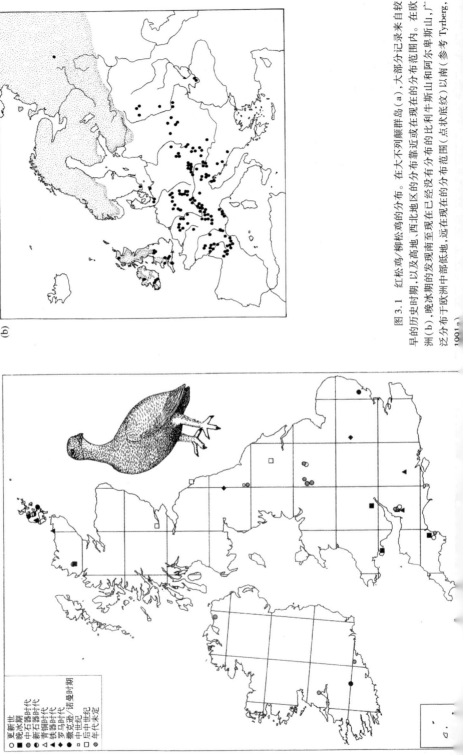

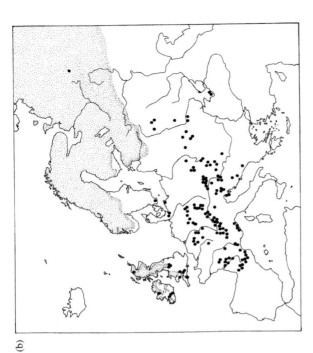

图 3.1 红松鸡/柳松鸡的分布。在大不列颠群岛 (a)，大部分记录来自较早的历史时期，以及高地，西北地区的分布近现或靠近现在的分布范围内。在欧洲 (b)，晚冰期的发现南至现在至现在分布的比利牛斯山和阿尔卑斯山，广泛分布于欧洲中部低地，远在现在的分布范围（点状底纹）以南（参考 Tyrberg, 1991a）

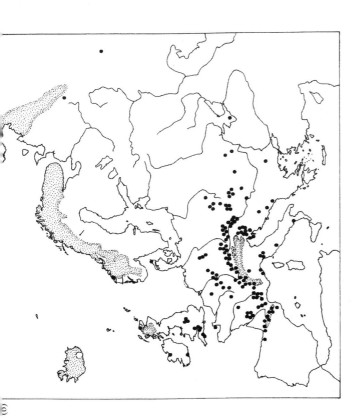

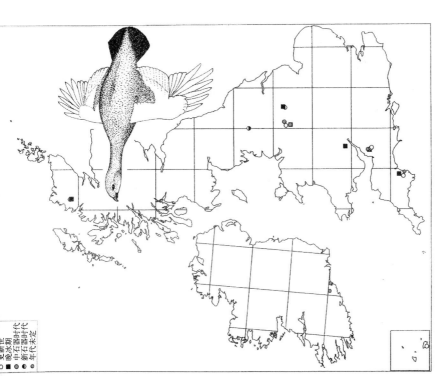

图 3.2 岩雷鸟的分布。在大不列颠群岛(a),曾经和红松鸡一起,在更遥远的南部。在欧洲(b),过去的分布范围更广泛,但大部分位于丘陵地区,几乎不存在于低地。现在的分布范围(点状底纹)大多在较远的北部,但在比利牛斯山和阿尔卑斯山存在着之前分布着的子遗(参考 Tyrberg,1991a)

○ 更新世
■ 晚冰期
◎ 中石器时代
● 新石器时代
● 年代未定

令人意外的是,线粒体 DNA 的证据显示,柳松鸡与红松鸡的分离事实上要远远早于 1 万年前。这一论点并没有得到充分的证实,但是卢基尼等(Lucchini et al.,2001)初步研究认为,苏格兰松鸡和瑞典松鸡的细胞色素 b 基因的差异为 3.13%。松鸡亚科中不同类群基因改变的速率存在一定的差异,但罗夫茨基(2003)测定的平均变异速率为每百万年改变 7.23%。因此,它们之间 3.13% 的差异形成应该需要 43.3 万年,而不是 1 万年;也就是说,它们的分异发生在更新世中期,并在后来的至少四次冰期/间冰期过程中保持着明显的差异。苏格兰松鸡和瑞典松鸡之间的差异可能代表了这两者后冰期时在不同的冰期避难所,即伊比利亚和巴尔干半岛上幸存下来的祖先种群之间的差异。另一种解释是,雷鸟属中这些特定的基因变化速率较快,因此采用平均分子钟来计算会有误差。如果挪威柳松鸡与苏格兰或瑞典的松鸡也有很大的不同,那就很有意思了。据报道,外岛上的挪威柳松鸡的羽毛更接近于苏格兰红松鸡。

榛鸡的记录也值得讨论。这一物种现在在英国已经绝迹,但仍然广泛分布于中欧和北欧。虽然它以落叶树,尤其是桦树、桤树和榛树的叶、芽、柳絮为主要食物来源,但其分布范围非常广泛,大多位于针叶林地带。榛鸡的地理分布范围大致与柳松鸡和黑琴鸡相重叠,尽管其更喜欢厚灌木覆盖的栖息地,这与后两者相当不同。这一物种的英国记录似乎只有 5 条,全部来自西南部(表 3.1,图 3.3)。其中最古老的一条来自韦斯特伯里-亚-门迪普(Westbury-sub-Mendip)小镇克罗默间冰期晚期层位,可能与博克斯格罗伍遗址属于同一时期,距今约 50 万年。其他记录都发现于门迪普丘陵,可能都属于晚冰期,尽管大多数都是过去挖掘的,年代测定准确度稍差。榛鸡体型比其他松鸡小得多,所以至少鉴定结果看起来是比较可靠的。

表 3.1 英国榛鸡的记录

遗址	参考坐标格网	年代	参考文献
韦斯特伯里-亚-门迪普	ST 50 50	克罗默时代晚期	Andrews, 1990；Tyrberg, 1998
埃博峡谷桥接式洞穴庇护所	ST 52 48	晚冰期	Harrison, 1987b
切达士兵洞穴	ST 46 54	晚冰期	Harrison, 1988
南德文郡丘德利裂缝	SX 86 78	旧石器时代晚期	Bell, 1922；Harrison, 1980a；Harrison, 1987b
切达海鸟姆山谷庇护所	ST 46 54	晚冰期	Harrison, 1989a

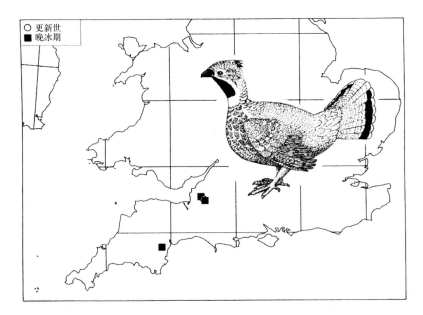

图 3.3 榛鸡的分布。仅在英国西南部的晚冰期遗址中有少量发现,但很有可能是被忽视了,在后冰期的林地中可能有更广泛的分布(见表 3.1)

新仙女木事件

新仙女木时期的寒冷天气似乎迫使人类猎手向英国南部撤退,这一时期的洞穴遗址中几乎找不到他们的踪迹,另外,由于鸟类化石的最佳来源是考古发掘地点发现的被人类捕杀的残骸,因而鸟类动物群在这一时期的记录也很稀少。从高夫洞穴再往北一点,海乌姆山谷庇护所发现的鸟类同样包括柳松鸡/红松鸡、岩雷鸟、黑雁、榛鸡、小海雀、雕鸮、乌鸫、环颈鸫和欧歌鸫(Harrison,1989)。这个遗址还发现了距今 10 910 年和 10 190 年的驯鹿,证实这一动物群恰好属于这一时期。[需要注意的是,斯图尔特(2007b)认为,发现的雕鸮实际上可能是一只雪鸮,因为其掌骨大小介于两者之间,且没有特殊的形态特征。]同样是在门迪普丘陵,在被认为时代相似的桥接式洞穴庇护所发现了斑头秋沙鸭、榛鸡、柳松鸡/红松鸡、岩雷鸟、灰山鹑和云雀(Harrison,1981b)。在斯塔福德郡多汇谷的奥斯莫洞穴遗址,也发现了距今 10 780 年和 10 600 年的驯鹿(Scott,1986);这个洞穴中发现的鸟类包括岩雷鸟、黑琴鸡、金鸻、雕鸮、寒鸦和渡鸦(Bramwell,1955,1956)。这些鸟类似乎与那些晚冰期已经发现的种类并没有太大差别,也可能是由于遗址的缺乏而不能进行更精细的辨别。这一动物群的北方性质是显而易见的,大多为开阔地物种。多汇谷中的梅林洞穴也发现了柳松鸡/红松鸡、岩雷鸟、绿头鸭、松雀、交嘴雀、欧椋鸟、锡嘴雀、松鸦和寒鸦,另外令人难以置信的是,还发现了家麻雀(可能是来自较晚时期的污染物,或许是误判)。哈里森(1987b)认为该动物群为晚冰期和后冰期之间的过渡,最近普赖斯(Price,2001)在对山洞里的小哺乳动物群进行的一项研究中所给出的四种小型哺乳动物的测年结果,都符合这一理论,包括从最早距今 10 270 年的山兔,到距今 9 685 年的挪威旅鼠。另一个同样是在多汇谷的小型的晚冰期或过渡期的动物群位于威顿磨坊岩棚,这一动物群中有红松鸡、岩雷鸟、黑琴鸡、松鸡、灰山鹑、灰雁（?）、绿头鸭（?）和松鸦（?）（Bramwell，1976a），这意味着在洞穴之上可能有一片开阔的石灰岩高原，而之下的河流沿岸可能存在灌木林地。

中石器时代鸟类

中石器时代早期的遗址可能是介于晚冰期开放环境和中石器时代晚期繁茂植被环境之间的过渡类型。巴克斯顿（Buxton）附近的道尔洞穴发现了一个中石器时代的动物群，其时代是通过相关的小型哺乳动物确定的（Yalden et al.，1999），发现的鸟类包括普通秧鸡、红松鸡、黑琴鸡、松鸡、灰山鹑、欧鸽、大山雀和一些不确定的雀鸟如鹨、鹡鸰、鹀以及鸦科的一些种（Bramwell，1960b，1971，1978c）。同样是在德比郡，恶魔山谷发现了一个动物群，虽然其年代不是很久远，但规模较大，包括绿翅鸭（?）、白眉鸭（?）、赤膀鸭（?）、赤颈鸭、琵嘴鸭、针尾鸭、鹊鸭、普通秋沙鸭、红隼、岩雷鸟（?）、黑琴鸡（?）、灰山鹑、灰斑鸠（?）、扇尾沙锥、黑腹滨鹬、红腹滨鹬（?）、雕鸮、灰林鸮、椋鸟、乌鸫（?）、蜡嘴雀和松鸦（Bramwell and Yalden，1988）。（发现的雕鸮保存了一块不会被错认的跗跖骨，使我们可以确定这可能是该物种在英国本地最晚的记录。）附近的多汇谷在当时应该是形成了池塘（动物群中发现的河狸指示了这一点），而林地、湿地以及开阔地物种的混合出现，可能反映了一个树木繁茂的河谷庇护所和开阔的石灰石高原同时存在的状态。当然，这也有可能是代表了另一种时间上的过渡。

斯塔卡遗址是英国中石器时代最为经典和研究最为深入的遗址之一，位于斯卡伯勒以南 8 千米处的皮克林淡水河谷（Clack，1954；Legge and Rowley-Conwy，1988）。这也是最早的遗址之一，距今约 9 488 年，也就是说，这一遗址正好处于新仙女木事件末期突然变暖的 700 年内。猎人的营地位于湖边的红色岩层上，周围有莎草和桦木的灌木丛，他们以大型有蹄类为主要的捕猎对象，包括赤鹿、狍、麋鹿、野牛和野猪。遗址里发现了一个小型鸟类动物群，最近其中的骨骼被哈里森（1987a）重新研究，并进行了再鉴定。水生鸟类毫不令人意外的在其中占据了优势地位，有红喉潜鸟、凤头䴙䴘（Great Crested Grebe）、小䴙䴘、黑雁、红胸秋沙鸭、黑海番鸭和灰鹤。（哈里森认为早期鉴定出的白鹳、普通鵟、针尾鸭和凤头麦鸡是不准确的。）有一种推测认为，这一遗址中鱼类骨骼的缺失，表明这里的淡水在晚冰期与大陆源种群隔离得太远，因而鱼类动物群还不能在此繁殖（Wheeler，1918）。但发现的鸟类动物群这种7个里面有4个是吃鱼的种类的状况已经足够说明鱼类一定是存在的，只是没有保存下来（也许只是没有被发现）（普赖斯1983年也指出了这一点）。另一个典型而古老的中石器时代遗址，位于雷丁以西泰晤士河谷的萨彻姆（Thatcham），是一个小型动物群，发现了一些鸟类，包括绿头鸭、绿翅鸭、白眉鸭、鹊鸭、鸫科的一些种，还有灰鹤（King，1962）。克雷斯韦尔的峭壁上的狗洞裂隙中也发现了一个小型鸟类动物群，包括欧亚鸲、欧歌鸫（？）、乌鸫（？）、环颈鸫（？）、蓝山雀（？）和寒鸦［Jenkinson，1984；鸟类后由沃克重新鉴定（Jacobi，个人通讯）］。今天德比郡的林地或林地边缘也有着同样的物种。然而，该遗址中野生的和驯养的哺乳动物奇怪地混合在一起，因此其中的鸟类动物群可能也是不同时期和不同栖息地的种类相混合的结果。

在法夫（Fife）的莫顿沿海遗址发现了一个十分特别的中石器时代动物群（Coles，1971），其中海洋物种占主导地位，有暴雪鹱（Fulmar）、普通鸬鹚、欧鸬鹚、憨鲣鸟、刀嘴海雀、海鸦、北极海鹦、大黑背鸥（Great Black-backed Gull）、三趾鸥，以及鸫科的一些种和乌鸦等陆地物种。其他一些沿海的中石器时代遗址位于科伦赛岛（Colonsay）附近的奥龙赛岛。这些遗址曾经被认为是属于新石器时代，但最近的放射性碳同位素测年结果为至少距今6 200—5 100

年,这表明它们的时代为中石器时代晚期到新石器时代早期
(Mellars,1987)。除了普通鸬鹚、欧鸬鹚、憨鲣鸟、大天鹅、雁属某
种、翘鼻麻鸭、红胸秋沙鸭、剑鸻、鸥科某种、燕鸥、刀嘴海雀、海鸦
和普通秧鸡,奥龙赛岛上还发现了考古学遗址中最早的大海雀记
录(Grieve,1882;Henderson-Bishop,1913)。里斯加是另一个小岛
上的贝冢遗址,被认为和奥龙赛岛遗址属于同一时期。它坐落于
狭窄的苏纳特湾(Loch Sunart)湖口,并不与海相连通,但有一个与
前述非常相似的由 11 种鸟类组成的生物群,所有这些种类在奥龙
赛岛上都有发现,包括普通鸬鹚、欧鸬鹚、憨鲣鸟、雁属某种、红胸
秋沙鸭、某种海鸥、燕鸥、刀嘴海雀、大海雀、海鸦和普通秧鸡
(Lacaille,1954)。在北爱尔兰,靠近科尔雷恩(Coleraine)南部,班
恩河附近桑德尔山的遗址中,发现了一个小型鸟类动物群,包括松
鸡、苍鹰、斑尾林鸽和欧歌鸫这些林地物种,另外还有红松鸡、原
鸽、金雕或白尾海雕这些指示开放环境的物种。红喉潜鸟、绿头
鸭、绿翅鸭、白眉鸭、赤颈凫和白骨顶反映了山谷湿地环境,而扇尾
沙锥或丘鹬没有得到确定的鉴定结果以及解释(Van Wijngaarden-
Bakker,1985)。

　　中石器时代最大的鸟类动物群发现于南威尔士高尔半岛的石
炭系石灰岩上的艾农港洞穴(Harrison,1987b),以及在皮克区斯塔
福德郡的多汇谷中类似石灰岩上的威顿磨坊岩棚(Bramwell,
1976a)。这两处遗址分别发现了 43 种和 22 种鸟类,虽然其中可能
存在某种程度的外来污染。当然,宣称在艾农港发现家鸡这种说
法是很难被承认的。这两处遗址的时代也是不确定的,艾农港的
测年结果为距今 9 000—6 000 年,大致与威顿磨坊处于同一时期,
即中石器时代。作为一个沿海遗址,艾农港发现了许多(越冬或繁
殖期的)海洋物种,如黑喉潜鸟、普通䴙、欧鸬鹚、憨鲣鸟、长尾鸭、
黑海番鸭、斑脸海番鸭、小海雀、北极海鹦、海鸦和刀嘴海雀。还有

许多很可能经常出没于沿海的峭壁上的海洋物种,如游隼、白尾海雕、大黑背鸥、渡鸦、红嘴山鸦、石鹨(Rock Pipit)、赭红尾鸲(Black Redstart);也有一些可能是生活在沿海岸线海湾的泥滩上,如黑雁、白额雁、翘鼻麻鸭、赤颈凫、灰斑鸻和翻石鹬。此外,附近也肯定存在一些林地,因为有雀鹰、斑尾林鸽、欧歌鸫、槲鸫和苍头燕雀/燕雀被发现。石灰岩丘陵上一定存在着广泛的开阔地,因为还发现了最大型的鸟类之一的大鸨,这也是其很少的英国记录之一,另外还有长脚秧鸡、金鸻、麦鹟、乌鸦、秃鼻乌鸦、乌鸫、环颈鸻、白眉歌鸫和田鸫,它们可能共享了这一觅食地(Harrison,1987b)。

与之相反,作为一个位于石灰岩山谷中的内陆遗址,威顿磨坊其西部边缘距离沼泽只有3—4千米,这里发现了松鸡、黑琴鸡、红松鸡、岩雷鸟和灰山鹑等数种猎禽。它们的捕食者有普通𫛭,而林地物种包括松鸦、旋木雀(Treecreeper)、大山雀、苍头燕雀、斑鹟(Spotted Flycatcher)、乌鸫、欧歌鸫、欧亚红尾鸲、欧亚鸲、灰林鸮、黑琴鸡和𫛭。林地或荒地边缘物种有紫翅椋鸟、乌鸦、秃鼻乌鸦,也许还有一些不确定的鹀属成员,这里最有可能的是芦鹀(Reed Bunting),但也可能是黄鹀,它们在开阔地觅食,但在林地隐蔽和筑巢。另外还发现了灰雁和绿头鸭,可能是由于山谷底部存在河流,但也有可能与附近更开放的荒地上的筑巢地点有关(Bramwell,1976a)。

这些中石器时代的动物群与现在英国林地乡村和海岸线上的动物群面貌几乎完全一致。槲鸫、灰林鸮、锡嘴雀、松鸦等物种更接近于现在的动物群,而不是更偏北部,且沿海物种同样与现生动物群相匹配。更多的北方物种,比如岩雷鸟和小海雀,数量都十分稀有。其中有一到两种鸟类比较引人注目。现在英国没有雕鸮;更确切地说,野外可能有一到两对,但只是由于最近发生的逃脱事件,大多数观鸟者认为这是一种危险的外来物种引进,这种行为是应该被制止的(Mead,2000)。但所有的证据持相反意见。作为一种大型捕食者,雕鸮不可能特别常见,从更新世到中石器时代甚至到铁器时代,一直只有雕鸮的少量记录(表3.2)。铁器时代的标本是一块破碎的尺骨,鉴定结果不确定,但从中石器时代恶魔山谷发现的不能被错认的跗蹠骨的鉴定是确定无疑的(Stewart,2007b)。更引人深思的是,在德比郡长石边缘新石器时代/钟杯时代的古坟中发现了大量的小哺乳动物和两栖动物,这些动物被认为是短耳鸮和雕鸮食团的内容物(Peter Andrews,未出版),尽管遗址中并没有发现猫头鹰的骨头。雕鸮可能在苏格兰存活得时间更长,但大多数记录都发现于英国南部(图3.4)。作为一个大型林地捕食者,雕鸮分布范围广泛,覆盖了整个欧亚大陆,所以假如它不是后冰期英国本地物种,那就令人非常震惊;它也是最有可能受人类影响而灭绝的物种之一,人类行为间接导致生境变化或是直接的迫害。现代雕鸮以兔子作为主要食物来源,而这在中石器时代的英国是不可能的。然而,它们足够强大到可以除去刺猬的刺,并以之为食(占巴伐利亚784种猎物中的17%,Bezzel and Wildner,1970),水田鼠的数量就更多了(Yalden,1999;Jefferies,2003),一些森林里的松鸡,如黑琴鸡和榛鸡也是可以接受的猎物。然而,必须承认的是,与来自瑞典的考古记录相比,英国雕鸮的记录十分缺乏。在瑞典,发现雕鸮的维京时代墓葬(英国为后罗马时代)的遗址记录至少有20条,常与鹰或隼的遗迹在一起(Ericson and Tyberg,2004)。很明显它被用来作为鹰猎时的诱鸟,当然它在瑞典的动物群中一直存活下来直到现在,所以有比大不列颠群岛更近的考古记录存在也并不奇怪。相比之下,英国后来的记录缺失应该是其早期灭绝的一个指征。

表 3.2　大不列颠群岛上声称发现雕鸮的考古学记录

遗址	参考坐标格网	年代	参考文献
伊斯特润通	TQ 20 42	帕斯通间冰期	Harrison,1979,1985
博克斯格罗伍	SU 92 08	克罗默时代晚期	Stewart,2007
天鹅谷	TQ 60 74	霍尔斯坦间冰期	Harrison,1979,1985
托尔纽顿洞穴	SX 81 67	伍尔斯顿冰期	Harrison, 1980a, 1980b, 1987b
德比郡的兰加斯洞穴	SK 51 69	得文思冰期	Mullins,1913
切达海乌姆山谷庇护所	ST 46 54	得文思冰期	Newton, 1926；Harrison, 1989a
梅林洞穴(多汇谷洞穴)	SO 55 15	晚更新世	Newton, 1924a；Tyrberg, 1998
肯特洞穴	SX 93 64	晚冰期/后冰期	Bell, 1915, 1922；Bramwell, 1960b； Tyrberg, 1998
奥索姆洞穴	SK 09 55	晚冰期	Cowles, 1974, 未 发 表；Bramwell,1960a
塔丁顿恶魔山谷	SK 16 71	中石器时代	Bramwell, 1978c；Bramwell and Yalden, 1988；Hazelwood,未发表
梅尔湖区	ST 44 42	铁器时代	Bate,1966

　　注:斯图尔特(2007b)认为海乌姆山谷庇护所发现的标本应该是雪鸮,梅尔发现的标本的鉴定结果不可靠。

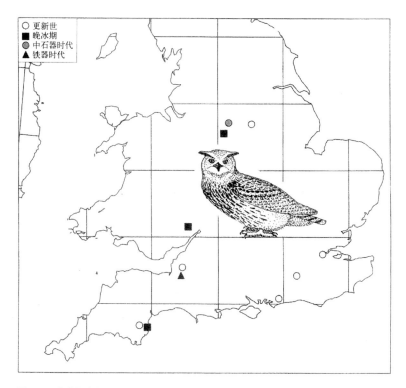

图 3.4 雕鸮的分布。发现于多个更新世遗址，在后冰期至少还有边缘化存在（表 3.2）

中石器时代鸟类动物群的重建

将这些考古发现的鸟类动物群与现代鸟类动物群进行比较时会遇到一个问题：小型雀形目在现代鸟类动物群中占主导地位，那么它们在中石器时代的林地鸟类动物群中很可能也是一样，但雀形目恰恰是在考古学发现的动物群中保存最为不好和最难以准确鉴定的物种。研究中石器时代鸟类动物群的另一种方法，就是基于我们已知的当时的生境状态，类比现生的动物群，去推断当时动物群可能的状态。托米亚奥伊奇（Tomiałojc，2000）曾对白背啄木鸟（White-backed Woodpecker）是否曾经在英国繁殖感到疑惑。他提请注意这样一个事实，落叶林地鸟类在欧洲西部分布不均匀或缺失,这往往被错误解释为是由于某些气候或地理上的限制,但实际上这种情况很可能是由于欧洲大陆大部分地区的森林被大规模砍伐而导致的物种灭绝[森林在英国地区减少得最为严重,1895年的森林覆盖率大概只有4%(Rackham,2003)]。啄木鸟也许不是考古学研究的最佳物种,因为它们在遗址中总是鲜有发现,但白背啄木鸟目前广泛生存于东欧和北欧的林地,以及比利牛斯山脉,那么它很可能曾经在大陆的西部连续分布。榛鸡、黑鹳、三趾啄木鸟(Three-toed Woodpecker)、黑啄木鸟(Black Woodpecker)、长尾林鸮(Ural Owl)、鬼鸮和星鸦在欧洲西部也同样呈不连续分布,它们可能也曾经具有更广泛的连续分布范围。英国考古记录中雕鸮、榛鸡和黑鹳的出现,表明这不仅仅是一种理论上的可能性。

贝内特(Bennett,1988)由花粉记录绘出的林地地图可以提供中石器时代栖息地的范围。他的研究显示,距今7 000年前,落叶林覆盖了英国南部和低地的绝大部分,椴树林地在东南,橡树在西部,可能还有白垩岩和石灰岩上的灰林,以及沼泽里的桤木林地。在山区,尤其是在苏格兰,松树林地海拔较低,而白桦林则在更高海拔和更远的北部地区。只有在较高的山区和丘陵上才会有稀疏植被覆盖,类似于现代的荒原。然而,在解释这张地图时,需要注意到的是,它是基于花粉记录制成的,这一点十分重要。其中一些产生大量花粉的风媒传粉树木的影响力是决定性的,尤其是橡树、榛木、桦树、松树和桤木。昆虫授粉的物种(如椴树)和即使是风媒授粉的(如禾草和莎草)较矮的草本植物的数量,被严重低估。如果原始的花粉记录已经纠正了这种偏差(像花粉研究者本身声明得那样,如Fegri and Iversen,1975),那么可以预测,在树间存在的草原应该更加广泛(表3.3)。由中石器时代的猎人或被他们捕杀的大型哺乳动物,尤其是欧洲野牛造成的草地的消失可能只是暂时的,在河谷、白垩丘陵地或暴露的沿海地区可能存在更持久的草原。看起来,供野外鸟类生存的大片开放的栖息地是可能存在的,即使是在植被最茂密的中石器时代的乡野（Vera，2000；Svenning，2002）。

表3.3　中石器时代大不列颠本土上可能的栖息地范围

植物	覆盖率%	区域范围（平方千米）
桦木林	9.28	20 426
松树林	6.00	13 207
落叶林（栎树—椴树—榛树）	43.23	95 154
禾本科草地	19.25	42 371
沼泽地莎草科	8.11	17 851
荒野/沼泽地的石楠科	8.49	18 687
其他草本植物（草、蕨类、藓类）	5.65	12 436
总计		220 132

注：数据基于英国22个距今大约7 000年的遗址的平均花粉记录。原始数据经过了费格里和艾弗森（1975）提供的多种"修正系数"的校正，以纠正这些植物因为传播花粉方式不同而带来的影响（参考Maroo and Yalden，2000）。

在波兰—白俄罗斯边境的比亚沃韦扎国家公园，就有着这样的多环境混合栖息地。那里有开放宽阔的河谷，长满了高大的草本植物、禾草、莎草、灯芯草等，河的两侧是桤木—灰林。在较肥沃的土壤上，以角树—椴树—橡树混合林为主，而较为贫瘠的土壤上则生长有云杉—松树林。在沼泽地带，一种奇怪的（西方人看来）潮湿的云杉—白桦—桤木林地占据着主导地位（Jędrzejewska and Jędrzejewski，1998）。这与欧洲西部的林地有着重要的区别：橡树不占优势，存在云杉且数量众多，没有山毛榉。即便如此，从生态学和地理学的角度来看，它可能是我们能找到的与8 000—5 500年前的林地乡村最为接近的生境。就目前的目标而言，更重要的是，我们对各种森林类型中的鸟类动物群已经有了非常深入和全面的研究（Tomialojc et al.，1984），这使我们可以进行所希望尝试的假设。纵观各种森林类型，苍头燕雀是数量最多的种类，在落叶林中的平均值达到每公顷 150 对,在针叶林中大约是每公顷 100 对。总之,它在所有鸟类领地记录中所占比例达到了约 20%(表 3.4)。亚普(Yapp)(1962)和西姆斯(Simms)(1911)认为其也是现在英国林地中最常见的物种的看法,也与上述观点相吻合;他们发现它在橡树林(占到总数的 12%—18%)、桤木林(18%)、山毛榉林(17%)、大多数针叶林(6%—28%),以及一些高地的桦树林中,都是数量最多的物种(在其他类型林地中,数量稍逊于欧柳莺,排在第二位)。比亚沃韦扎的落叶林中数量较多的种类还有(降序排列):林柳莺(Wood Warbler)、欧亚鸲、白领姬鹟、蜡嘴雀、欧歌鸫、欧椋鸟、黑顶林莺、大山雀、蓝山雀、乌鸫、戴菊莺、鳾鹟、旋木雀和普通鵟。那里的针叶林中的常见物种也十分类似——苍头燕雀同样是数量最多的,其次是林柳莺、欧亚鸲、戴菊莺、欧歌鸫、煤山雀、旋木雀、凤头山雀(Crested Tit)、棕柳莺、金黄鹂(Golden Oriole)、林岩鹨和乌鸫。基于生态学背景和英国经验,像我们推测的那样,戴菊莺数量增加,煤山雀和冠山雀取代了大山雀和蓝山雀的位置。不过,有些差异很难解释。与我们依照英国情况作出的推测相比,欧亚红尾鸲在比亚沃韦扎林地的数量较少,在落叶林鸟类名单中处于第 62 位,落后于一些数量较多的种类,比如蚁䴕(Wryneck)和红背伯劳(Red-backed Shrike)!可能是在洞中筑巢的大量雀形目引起的竞争限制了这一物种的数量,但同时它在东部似乎也有了不同的栖息地偏好,更喜欢潮湿的云杉林地(Fuller,2002)。同样,欧柳莺——这种在英国北部尤其为人熟知的物种,在比亚沃韦扎混合桦树松树林地的鸟类名单上只排到了第 24 位,在林柳莺(第 2位)和棕柳莺(第 10 位)之后。在这种情况下,我们可以推测,波兰并不存在英国这种相对开放分散的,充满低矮桦树的环境,英国的海洋性气候可能比波兰大陆气候更适合桦树蚜虫和其他昆虫生活,可以为欧柳莺提供更好的食物来源。同样值得注意的是,与英国森林相比,比亚沃韦扎森林中的鸟类在每平方千米的数量上要少得多。例如,比亚沃韦扎森林中 9 种最常见的雀形目的总密度约为每平方千米 586 对,而在牛津的威萨姆(Wytham)森林中,相同种类的密度为每平方千米 1 946 对。托米亚奥伊奇等(1984)指出了这一点,并讨论其原因。没有证据表明,是食物减少或更多的空闲空间导致了波兰的低密度,也没有任何证据表明树洞筑巢的物种遭受了巢穴短缺的危机(尽管威萨姆森林的巢箱确实提高了当地山雀的密度)。他们得出的结论是:数量更多,种类更全的捕食者,包括有能力而且也确实会袭击巢穴的种类,如黄鼠狼、白鼬(Stoat)、松貂(Pine Marten)和各种啄木鸟的存在导致了在树上以及树冠上筑巢的物种的低密度。树木和食草有蹄类动物的高密度也意味着在地面和灌木筑巢者的遮挡物变少,导致鹪鹩和乌鸫这样的种类的领地比在英国大得多。一个支持他们观点的有趣例子是,在以放牧有蹄类动物(包括矮种马、牛以及鹿)高密度而著称的新森林,相同物种的联合密度达到每平方千米约 744 对,与波兰的数据十分接近。

表 3.4　英国中石器时代常见鸟类在当时的丰度降序排列推测表

物种	落叶林	针叶林	桤木林	桦树林	总数	现代英国总量
面积(平方千米)	95 154	13 207	17 851	20 426		
苍头燕雀	13 797 330	1 294 286	1 979 046	945 724	18 016 386	5 400 000
欧亚鸲	6 089 856	673 557	1 026 446	516 778	8 306 637	4 200 000
林柳莺	6 660 780	719 782	760 604	42 895	8 184 061	17 200
斑姬鹟	5 804 394	26 414	841 833	—	6 672 641	40 000
锡嘴雀	3 996 468	26 414	25 884	—	4 048 766	6 500
欧歌鸫	3 140 082	257 537	273 227	257 368	3 938 214	990 000
欧柳莺	36 702	6 604	17 851	3 094 539	3 155 696	2 300 000

续表

物种	落叶林	针叶林	桤木林	桦树林	总数	现代英国总量
大山雀	2 093 388	19 811	369 225	171 578	2 654 002	1 600 000
鹪鹩	1 617 618	39 621	561 222	428 946	2 647 407	7 100 000
黑顶林莺	1 807 926	33 018	539 069	—	2 350 297	580 000
蓝山雀	1 712 772	6 604	339 687	171 578	2 224 037	3 300 000
旋木雀	1 427 310	191 502	413 552	—	2 032 344	200 000
乌鸫	1 522 464	92 449	383 994	—	1 998 907	4 400 000
戴菊莺	1 284 579	303 761	347 072	—	1 935 412	560 000
棕柳莺	884 932	125 467	590 760	—	1 601 159	640 000
普通鸸	1 237 002	6 603	339 687	—	1 576 689	130 000
林鹨	566 846	33 018	26 777	774 145	1 400 786	120 000
紫翅椋鸟	1 237 002	—	8 123	—	1 237 002	1 100 000
林岩鹨	489 963	92 449	428 301	—	758 635	2 000 000
煤山雀	95 154	198 105	8 926	257 368	559 553	610 000
金黄鹂	299 055	92 449	660 461	—	526 208	40
鹟科	312 649	6 604	30 347	85 789	435 389	120 000
凤头山雀	67 967	165 088	—	—	233 055	900
共计	62 733 673	4 813 951	13 254 368	7 006 118		

注:落叶林中的数量来自林地的面积(表3.3)以及托米亚奥伊奇等(1984)研究中7个橡树—角树普查点取样的平均值(W,WE,WI,CW,CE,MN,MS)。桤木林也估算自他们对桤木和桤木—灰林的取样(L 和 H),松树来自他们对松树—越橘的取样(NW 和NE)。桦树林的数据来自亚晋(1962)对苏格兰桦树林的普查结果,应用于比亚沃韦扎看似合理的总体密度,而现代英国的总数量来自吉本斯(1995),若是范围值则取其最大值。总量是包括所有森林鸟类在内的数量,而不仅仅包括表中列出的数量最为丰富的23 种。

这种差异的存在使得以波兰鸟类动物群为基础来推断英国中石器时代鸟类动物群变得更加困难,但这仍然值得一试。表3.4列出了由最相近的波兰地区的情况推测出的英国中石器时代林地中可能存在的数量最多的物种名单。在少数情况下,波兰的物种不会在英国出现,而且可能从未出现过。白领姬鹟和斑姬鹟同时存在于波兰,相互之间甚至会发生杂交,而在英国,占姬鹟属相当生物量的都是斑姬鹟。对于英国的桦树林来说,现存的物种按丰度排序的名单已经从苏格兰的同类研究中获得,并与波兰针叶落叶混合林中鸟类的整体密度(每平方千米 343 对)相对比(Yapp,1962)。表 3.4 中列出了各主要生境类型中最常见的 10 种左右的物种并进行比较。很明显,针叶林地区的面积和生活物种比落叶林地区的要小和少。

尽管这些数据是假设的,但它们显示,苍头燕雀的数量是现在的 3 倍。对现在的英国鸟类学家来说,林柳莺的数量比苍头燕雀要多得多,但如果过去英国林地的结构真的像现在的比亚沃韦扎森林一样,有着很高的树冠且低处的隐蔽稀疏存在(因为很多会被野牛和赤鹿吃掉),那么这种假设就变得有意义了。例如,在科茨沃尔德和奇尔特恩丘陵上的现代山毛榉林就是这样,林柳莺在其中确实是一种典型鸟类,虽然其数量通常少于苍头燕雀(表 19,Simms,1971)。从(现在)英国人的角度来看,还有一件令人奇怪的事。一种是前面已经说过的,在落叶林常见鸟类的名单中没有出现欧亚红尾鸲,而更让人惊讶的是,如今与西部橡树林相联系的斑姬鹟在其中大量存在。对比在亚沃韦扎的落叶林进行的普查,几乎没有任何红尾鸲被发现。

这一排名还有一些地方值得讨论。如果林地真的像所有的花粉和其他记录所显示的那样广泛存在,那么在中石器时代典型林地物种的数量应该还要多得多,不仅包括苍头燕雀,应该还有斑姬鹟、林柳莺、戴菊莺、旋木雀、普通鸳、欧歌鸫和欧亚鸲。但现在一些其他物种更大的丰度也值得关注,如乌鸫、鸲鹞,尤其是较为少见的林岩鹨,这些栖息在森林边缘和灌木的种类更大的丰度反映了一个事实——这样的生境现在更加丰富了。在比亚沃韦扎,富勒(2000)发现林岩鹨、棕柳莺以及黑顶林莺与树木倒伏造成的小空地特别相关。此外,虽然明显的林隙与封闭的冠层林地之间的丰度差异并不是很大,但乌鸫和鹪鹩确实更喜欢较小的林隙。

很难确定凤头山雀较大丰度的假设是否应该得到重视,与在英国相比,其在欧洲拥有更广泛的生态位分布(不仅仅局限于松林),而金黄鹂是另一个很难从表面进行价值判断的物种。另一方面,中石器时代的气候要比现在温暖一些,从20世纪60年代开始,该物种已经在东盎格鲁杨树种植园中繁殖,数量以每年20—40对的速度增加。也许其数量确实曾经更为庞大,但并没有考古证据支持这一点。

值得注意的是,表3.4列出的所有鸟类都是雀形目。当然,在今天的波兰森林里还存在着许多其他物种,就像在中石器时代英国的林地中一样,但它们在数量上不会排在前15位。斑尾林鸽的数量最为接近,密度为每平方千米4.0—6.7对,估计在中石器时代的英国大约有770 689对。总的来说,啄木鸟的8个种,是最为常见的非雀形目鸟类,按数量降序排列依次为:中斑啄木鸟(Middle Spotted Woodpecker)、大斑啄木鸟、小斑啄木鸟、三趾啄木鸟、白背啄木鸟、黑啄木鸟、灰头绿啄木鸟(Grey-headed Woodpecker)以及欧洲绿啄木鸟(Green Woodpecker)。总密度约为每平方千米26对,或者说,在中石器时代的英国大约有335万对——假设它们或至少它们中的一些在所在的成熟的、腐败滋生的林地中可以达到这样的密度。目前存在的3个物种总共只有5万对(Gibbons et al., 1993)。这让我们又回到开头托米亚奥伊奇的假设,白背啄木鸟是否曾在英国繁殖过。不幸的是,尽管啄木鸟的骨骼特征使其可以很容易被鉴别出来,但并没有好的化石记录发现。蒂尔贝格(1998)确实列出了184条啄木鸟在更新世的记录,共有14种(包括蚁䴕和一些已灭绝的类型),但不幸的是,这些记录并不包括更新世以后的时期,而这恰恰是对于解决这一问题最有用的。瑞典的后冰期记录中只有7只啄木鸟(3只欧洲绿啄木鸟、3只大斑啄木鸟、1只黑啄木鸟),突显了啄木鸟化石的稀缺性(Ericson and

Tyrberg,2004）。这与英国的记录是相吻合的：我们的数据库中只有 14 条记录，9 只大斑啄木鸟，另外 2 个种有 2 条记录，还有 1 只蚁鴷。它们中的大多数都来自晚冰期，反映了较小体型的鸟在洞穴遗址动物群中可以保存得更好。基尔（Kear,2003）指出，在洞穴中筑巢的鸭子，比如普通秋沙鸭、鹊鸭和鸳鸯，需要黑啄木鸟（或世界其他地方类似的大型物种）凿开的较大的树洞，推测筑巢鸟类在英国数量稀少的情况一直到有大量巢箱供应，使较大体型的啄木鸟数量增多，才得以改善。但即使这样，也不能帮助解决现在的问题。从更新世到中世纪，考古遗址中一直有鹊鸭（24 条记录）和普通秋沙鸭（16 条记录）发现，其中包括前面提到的中石器时代遗址恶魔山谷和萨彻姆发现的记录，但由于它们只在这里越冬和繁殖，因此不能提供其早期状态，也不能确认黑啄木鸟在之前是否存在，以及向其提供繁殖所需的巢穴的信息。蒂尔贝格（1998）提供了晚冰期白背啄木鸟在奥地利、捷克共和国以及法国东部、意大利北部和克里特岛的记录，显示其生存在高山桦树林，而其他一些关于黑啄木鸟的记录包括来自法国东部的 3 条、波兰 1 条和格鲁吉亚的 3 条。没有足够接近的证据可以表明它们可能曾经生活于英国，尽管有一条比利时的白背啄木鸟的不确定记录可能暗示了这一点。当然，缺乏证据不一定就是没有存在过，但目前我们也没有确凿的证据表明其他种类啄木鸟曾经在英国出现过。基尔（2003）认同这种说法，他认为由于更加寒冷的海洋性气候，英国的蚂蚁和天牛十分稀缺，这使大型啄木鸟，尤其是黑啄木鸟重要的冬季食物十分缺乏，因此不能在英国生存，营巢穴生活的鸭类也数量稀缺。不过，她强调了过去和现代林地管理的破坏性影响，这些行为减少了林地覆盖，清除了那些提供巢穴和蛀木昆虫的死树和老树。森林的破坏显然是导致啄木鸟现在从爱尔兰消失的主要原因，虽然记录很少，但是克莱尔郡的爱丽丝洞穴中的发现明确显示，大斑啄木鸟确实曾经在那里出现过（D'Arcy,1999；Yalden and Carthy,2004）。

值得注意的是,曾经年代未定的爱尔兰啄木鸟的记录之一,现已经过碳同位素测年,结果为距今 3 750 年,大约处于青铜时代(D'Arcy,2006)。

最令人感兴趣的可能是对猛禽群体的历史重建,在没有严重的人类捕杀或干扰的条件下,其在原始的中石器时代森林中的丰富性和多样性应该可以告诉我们很多关于它们在英国是怎样生活的信息。现在比亚沃韦扎森林中最常见的猛禽是普通鵟和灰林鸮。推测在中石器时代的英国,可能有大约 7.5 万对普通鵟和 16 万对灰林鸮(表 3.5)。考虑到它们现在的丰度,其种群应该已经从杀虫剂泛滥的时代恢复过来,奇怪的是,雀鹰虽然也算是一个普遍且广泛分布的物种,但推测数量要比这两种少得多,约有 2.15 万对。苍鹰也十分普遍,约有 1.4 万对。这里有两个生态学上的原因。一是由于哺乳动物猎物比鸟类猎物更加丰富,所以以林地哺乳动物为食的普通鵟和灰林鸮的数量要比两种以鸟类为食的鹰多得多。另一个原因是,雀鹰本身也是苍鹰的猎物之一,在比亚沃韦扎,苍鹰每捕食 52 只食肉动物,其中就有 22 只是雀鹰,4 只是苍鹰,7 只是无法鉴别的鹰属成员,以及 13 只灰林鸮(Jegrzejewska and Jegrzejewski,1998)。

表 3.5　英国中石器时代主要猛禽种类数量的估算

物种	密度(对每平方千米)	中石器时代种群	目前种群	考古学记录
*灰林鸮(针叶林)	0.55	(7 264)		
(落叶林)	1.6	(152 246)		
共计		159 246	20 000	24
*普通鵟	0.585	75 404	17 000	107
*雀鹰	0.167	21 507	32 000	44
*蜂鹰	0.136	17 515	70	0

续表

物种	密度（对每平方千米）	中石器时代种群	目前种群	考古学记录
*苍鹰	0.108	13 909	320	41
红隼	0.32	13 559	50 000	31
鹗	0.06	3 832	158	5
+马灰鹞	0.073	3 093	16	1
白尾鹞	0.15	2 803	570	7
*燕隼	0.026	2 474	700	1
+白头鹞	0.056	2 373	194	14
游隼	0.002 6	2 257	1 200	22
白尾海雕	0.002	1 858	23	50
红鸢	0.4	1 128	440	70
仓鸮	0.019	1 041	4 400	36
*雕鸮	0.003 5	451	2	2
金雕	0.022	411	420	10
灰背隼	0.02	374	1 300	6

注：按照其丰度降序排列。此表为现在的数量和后冰期考古学记录的比较。林地种（*）的数量基于比亚沃韦扎森林中的密度（Jedrzejewska and Jedrzejewski, 1998）以及表3.3中的森林面积估算。鹞类（+）数据来自比亚沃韦扎河谷中的密度以及表3.3中草地的面积。其他物种的现生密度来自对英国区域和草地、荒野，以及草本植物群落，或者沿河谷的研究（见文字部分）。对现生种群的估算来自吉本斯等（1995），并由奥格尔维等（2003）更新。数据库中的考古学记录覆盖了从中石器时代到后中世纪的时间段。

从比亚沃韦扎推断一些我们现在认为更加典型的猛禽的数量是不太可能的，因为红隼不在那里繁殖，仓鸮数量稀缺或不稳定，而灰背隼和白尾鹞只有零星分布。为了得到其种群规模的大概信息，需要对以下遗址记录的平均密度作出评估，包括泰勒（Taylor，1998）关于仓鸮的研究，维拉吉（Village，1990）对红隼的研究，雷德帕思（Redpath）和蒂尔古德（Thirgood）（1997）在兰霍姆研究基地对白尾鹞的研究，以及丽贝卡（Rebecca）和班布里奇（Bainbridge）

（1998）对灰背隼密度更好的记录，在表 3.3 中，这些研究应用于相关区域（草地或草原）。当时的开阔栖息地远没有现在广阔，因此推测这些物种在那时并不常见。红鸢、游隼和鹗在比亚沃韦扎也十分稀少或不存在，因此对它们的生存状态进行推测变得十分困难，而白尾海雕和金雕也只有有限的一两对。但从亚化石记录判断（表 3.5），这些物种都曾在中石器时代的英国生活过，关于其以前数量的合理（我们希望是）估计是基于对与过去相似的现在种群的判断（不因栖息地的变化或被迫害而减少）。对于鹗来说，之前领地被认为局限于湖泊和较大的河流，相互间隔有 5.3 千米，根据普尔（Poole，1989）的数据，在斯堪的纳维亚和其他地方的密度大约是每 100 平方千米 6 对。同样，白尾海雕被认为沿淡水和西海岸分布，间隔 16 千米，反映了洛夫（Love，1983）提出的较高密度。这 2 个物种都是半领域繁殖的鸟类，特别是在没有捕食者的近海小岛，但为了解决目前的问题，假定在英国不存在这种情况。推测金雕的栖息地可能局限在荒野上，密度约为沃森（Watson，1997）和布朗（Brown，1976）提出的每平方千米 0.2 对。布朗（1976）质疑过去白尾海雕在英国的数量比金雕还要多。相反，这些推断和考古记录均表明，它们曾经的数量至少是金雕的 3 倍，也许达到 5 倍，或者更多（Yalden，2007）。红鸢可能相当稀少，正如洛夫格罗夫（Lovegrove，1990）所提出的，其本质上是一种开阔环境的鸟类，可能主要分布在河谷沿线。在比亚沃韦扎，它们十分稀有且罕见地在那里繁殖，耶德泽耶夫斯卡和耶德泽耶夫斯基（1998）将它们视为在河谷生活的鸟类。如果它们的生活范围真的局限于此，那么根据每 2.5 平方千米 1 对的密度（每平方千米 0.4 对），沿着河流的空地宽有 250 米，领地长约 10 千米，这意味着大约有 1 100 对。这是一个非常初步的估计，因为红鸢不是真正的领域型鸟类，事实上它是半领域型鸟类，可以类比于仓鸮——另一种栖息地缺乏，而过去的数量比近代更为稀有的物种。游隼也是一个在比亚沃韦扎几乎不存在的物种,尽管在过去曾有过稀疏的巢穴,分布在沿河谷和空地废弃的乌鸦巢中。在英国,其数量应该一直都很丰富,尤其是在沿海峭壁上。很难评估其之前在内陆地区的数量,因为那时的荒地范围较小,松鸡或鸽子的数量也较少。耶德泽耶夫斯卡和耶德泽耶夫斯基(1998)指出其领地间距为 22 千米,相当于每 0.002 6 平方千米有 1 对,而布朗(1976)指出其在英国海边峭壁的平均领地间距为 5.4 千米。将前者应用于主要河谷,而将后者应用于英国一半的海岸线(西部),得出的结果是总共有大约 2 200 对。拉特克利夫(Ratcliffe,1980)详细介绍了沿海的 400 个窝巢,包括那些不被英国大陆西部海岸线数据所统计的岛屿,因此也许之前对沿海游隼数量大约为 1 744 对的估计过于慷慨了。并没有证据表明英国游隼曾经住在乌鸦的巢里,也许内陆(河流)有 513 对的估计也值得怀疑。对这一物种的数量估计需要保持慎重。拉特克利夫(1980)认为,林地覆盖和更多的悬崖筑巢的竞争对手(乌鸦、鹰)的存在,使其数量被限制到几百对。

比亚沃韦扎更接近于陆地环境遗址这一事实使一些假设变得很有争议,我们可以乐观地认为蜂鹰(Honey Buzzard)在英国可能曾经几乎同雀鹰一样普遍,但非常不确定的是,在我们这种海洋性气候下,作为它们主要食物的黄蜂,是否能有足够的数量以支持如此丰度的捕食者。更糟的是,尽管陆地环境研究者声称蜂鹰骨骼可以相对容易与其他体型相似的猛禽[鸢、鸢、苍鹰、白头鹞(*Marsh Harrier*)]区别开(Otto,1981;Schmidt-Burger,1982),但我们的数据库中并没有它们以前出现在考古遗址中的记录。同样,似乎我们贫瘠的爬行动物群也没有足够的数量来支持短趾雕(Short-toed Eagle),同时也没有支持它们存在的考古学证据。基于同样的道理,应该忽略掉一些比亚沃韦扎中的北方品种,虽然数量很少,但在英国中石器时代的鸟类群落中是不太可能出现的。因此,比亚沃韦扎中的花头鸺鹠(Pygmy Owl)、鬼鸮和乌林鸮(Great Grey Owl)

以及罕见的雕鸮,可能根本没有在后冰期的英国生存过,尽管鬼鸮和雕鸮都曾在晚冰期的克里斯韦尔洞穴中发现过。

总的来说,所推测的猛禽群落中的林地物种比开阔地物种要多得多。此外,依赖于哺乳动物的捕食者(灰林鸮、普通鵟)要比那些以鸟作为主要食物来源的种类(雀鹰、苍鹰)的数量要丰富得多,这是由于可获得的哺乳动物的生物量可能一直都比可获得的鸟类大一个数量级(Harris et al. , 1995;Greenwood et al. , 1996;Maroo and Yalden, 2000)。表3.4中列出的所有的雀形目的生物量约为3 300吨,而4种常见的啮齿类动物[黑田鼠(Field Vole)、堤岸田鼠(Bank Vole)、水鼠(Water Vole)和木鼠(Wood Mouse)]能提供的生物量约为1.68万吨。鼩鼱(Shrew)和鼹鼠(Mole)对于那些捕食它们的猛禽来说可能是额外的猎物。斑尾林鸽(大约有807 682吨生物量)和猎禽可能会大大增加以鸟类为食的捕食者的可获得的生物量,但是其他大型哺乳动物也将有可能以活体或腐尸的形式被广泛利用。

旷野中的鸟类

如上所述,人们已经习惯性地认为中石器时代的英国树木繁茂,但这可能会产生误导。"经过修正的花粉雨"(表3.3)显示,植被覆盖实质上是由禾草、莎草和混合草本群落构成的。然而,这一计算是基于英国花粉雨的平均值。尽管我们对不同类型林地的地理分布有所了解,但并不能确定草原分布状况。是位于白垩岩上的广阔平原?还是树间的小型空地?基于与比亚沃韦扎的对比,以及花粉雨的性质,我们可以假设在低洼地区的较大河谷和沼泽是开放的旷野——戈德温(Godwin, 1975)指出,即使在以林地景观为主的地区,一些地点发现的草本植物的花粉也比木本植物的要多。动物群——尤其是麋鹿和野牛——需要较大的牧区面积,并可能创造或维持了牧区(Vera, 2000),而海狸通过引起内涝,很有可能会在区域内制造开口（Coles,2006）。白垩岩开阔地的花粉记录一般较差——潮湿的酸性沼泽和池塘的花粉保存较好，而在干燥的基底丰富的遗址则保存不好。虽然贝内特（1988）将白垩质高地描绘为灰林地，但他指出，这些证据是不完整的，而且其本身可能也是拼凑而成的，甚至灰林有可能是林地被清除后的次生入侵者，而不是原始林地覆盖的一部分。片状分布的草原可能会提供足够的草本花粉形成花粉雨，但不足以支持真正在旷野中生存的鸟类，如灰山鹑、欧亚云雀，更不用说欧石鸻或者大鸨。然而，沿多塞特郡与汉普郡边境对白垩岩区域进行调查（Allen and Green,1998），发现了林地存在的明确证据，不仅有赤鹿和狍，还有中石器时代早期开阔的榛树林和灰林的遗迹，且在中石器时代末期，林地覆盖更为完整。一类开放的栖息地似乎在地理上有了明确的界定——任何类似于荒地的栖息地，都被局限在威尔士山、奔宁山脉山顶以及更多是在苏格兰的高地。在对花粉雨进行评估时（表3.3），推测石楠花粉的发生率可作为高地群落存在的指征。

那么，野外环境中的鸟类可能有多少呢？高地上的荒野和自然树线以上的其他地点原本应该生存着红松鸡、黄嘴朱顶雀（Twite）、环颈鸻以及野鹪，而岩雷鸟、小嘴鸻（Dotterel），或许还有麦鹟，像现在一样，仅生活在植被更少石头更多的高地。林鹨、柳林莺和现在一样经常出没于沼泽地边缘的桦树灌木丛中，但它们已经被之前的估算统计在内了。沿海和南部的荒野同样栖息着黑喉石䳭、木百灵（Wood Lark），也许还有波纹林莺（Dartford Warbler），但有证据表明，这些实际上的片状分布的小型开阔栖息地本质上还是一个树木繁茂的乡村环境（Seagrief,1960）。在苏格兰高地和外岛，风吹过的海岸上会有石楠丛生的荒野，其中生存着现在已经是典型鸟类之一的黄嘴朱顶雀。山谷中的草原上可能有鹤、长脚秧鸡、欧亚云雀和草地鹨，以及河岸物种如莎草、芦苇莺和湿地苇莺。像现在这样，由水藓或羊胡子草占统治地位的毡状酸沼还没有出现——其出现是后来人类活动导致森林消失和潮湿气候综合作用的结果，因此其所特有的涉禽组合——金鸻、青脚鹬（Greenshank）、红脚鹬（Redshank）、黑腹滨鹬、大杓鹬不能确定是否存在。这个群落很有可能是不存在的，其中的物种分布于沿海盐沼、河谷，以及潮湿的林中空地。另外，外赫布里底群岛的沙质低地和荒地还没有被树木覆盖，可能在农业发展到这些岛屿之前，其上就已经形成了一个状态相似的生物群落。

为了尝试对相关数字进行一些粗略的估算，我们姑且假设，在某种程度上，山谷草原平均宽度为250米，占据了11 287千米的河流［在史密斯和莱尔（Lyle）1979年的分类中，为排序第三或更大的水道］。这意味着草地的面积达到2 822平方千米，只占草本花粉数量的7%，其余的来自森林中片状分布的小块草地。然而，假设的17 851平方千米的莎草群落可能也占据了河谷地区，这增加了开阔栖息地的数量。我们假设在中石器时代，开阔栖息地的面积达到了20 673平方千米，未被管理的草原上的欧亚云雀的密度大约每平方千米10对，草地鹨为每平方千米50对。当然，这一假设的前提是有足够多的大型哺乳动物放牧，以制造出合适的环境结构，同时意味着中石器时代二者的种群数量分别为20.67万和103.37万对。红松鸡在未被管理的荒漠（HBWP）上的密度为每平方千米20—25对，这意味着以前可能有42.05万对。现代欧亚云雀和草地鹨数量明显增多，分别有大约200万和190万对，尽管沼泽地面积有明显的扩张（Gibbons et al.，1993），但红松鸡看起来更加稀少了，目前估计有25万对。旷野鸟类这种令人惊讶的丰度，正处于封闭林地被认为是主要植被类型的时期，这与马鲁和亚尔登提出的黑田鼠和根田鼠数量大幅度增加的时期也是吻合的，在一定程度上符合林地和林地动物（如软体动物、甲虫）处于的优势地位，然而草地物种，包括丘陵地的开花植物，就需要在这一时期艰难求生（Svenning，2002）。鸟类考古学有任何直接的证据来证明这个

表 3.6 大不列颠群岛上开阔地鸟类的考古学记录表

物种	更新世	晚冰期	中石器时代	新石器时代	青铜时代	铁器时代	罗马时代	盎格鲁-诺曼时代	中世纪	后中世纪	共计
鹤	—	—	2	3	11	17	34	35	34	11	155
长脚秧鸡	—	1	2	1	—	4	5	4	4	—	24
灰山鹑	11	7	3	1	2	3	14	10	50	17	126
欧亚云雀	10	7	—	5	3	4	5	2	12	8	54
凤头百灵	2	2	—	—	—	—	—	—	1	—	6
开阔地物种总数	23(4.2)	17(4.3)	7(3.4)	10(2.9)	16(8.8)	31(4.7)	58(3.3)	51(4.6)	101(4.4)	33(3.1)	365(4.1)
鸟类总数	539	398	203	344	181	664	1 775	1 108	2 295	1 075	8 953

注：表中标注了每个物种的记录数目以及每个时期的开阔地物种的总数与物种的总数目的比值（括号中是百分比）。鸟类总数（右）中包括少量年代未定的记录。

论点吗？显然,雀形目的记录较为薄弱,但是欧亚云雀在雀形目中具有独特的个体大小和形态,因此比大多数种类更有可能解决这个问题。其他体型更大的、开阔地生活的鸟类,以及那些有着详细记录的鸟类可能更加有用,包括长脚秧鸡、鹤和灰山鹑。表 3.6 展示了铁器时代、罗马时期和更晚的记录,这似乎反映了农业活动对环境影响的增加而导致的开阔地的扩张。然而,当数据以每一时期所有鸟类记录的百分比来表示时,看起来实际上并不存在随时间变化的趋势:在整个过程中,即使是在树木明显繁茂的中石器时代,这些物种一直是贡献了鸟类记录中的 3%—4%。看起来似乎是对花粉记录的操控和对栖息地类型的估计提供了对鸟类数量的估算,而这实际上还是被我们的考古记录所证实的。中石器时代的森林环境中确实有着足够多的草地,无论是在河谷、小空地还是高地上,至少可以支持一些开阔地的物种的生存。然而,一些开放环境物种的存在似乎确实没有那么普遍了,如红鸢、红隼、凤头麦鸡以及大杓鹬似乎在那时确实比较稀有(见附录)。

结论

在晚冰期和后冰期早期,即中石器时代,英国发现的鸟类记录足以反映动物群面貌的改变——从一个由开放栖息地(如苔原)物种所主导的动物群转变成一个主要由林地物种组成的动物群。尽管人们普遍认为不列颠群岛的大部分地区都覆盖着林地,但花粉记录和鸟类动物群的考古发现都表明,这里确实有一些片状分布的开放栖息地,如禾草地、莎草地或荒地。小型雀形目在当时肯定会像现在一样是数量最多的鸟类,但相关的考古记录并不能给出其相对数量的直接指示,因此有必要基于波兰森林中可能的栖息地以及小型鸟类出现的密度来对其进行估算,以完善对中石器时代英国鸟类动物群的判断。从数字上看,苍头燕雀可能是数量最多的鸟类,它现在仍然存在于英国的林地中,但一些考古学和推测的线索表明,可能曾经存在一个与现在相比更加独特的动物群。已经灭绝的物种,如雕鸮和榛鸡在当时肯定是存在的,林地雀形目成员可能包括大量蜡嘴雀,这一物种在考古遗址中的发现比预期的要多(可能因为其独特的个体大小)。有趣的是,现在乡村常见的林地边缘鸟类(如鸫鹩和乌鸫)可能不如欧亚鸲或欧歌鸫的数量多,而后两者往往不会被认为是营林地生活的鸟类。在猛禽中,灰林鸮和普通鵟的数量可能是最多的,反映了森林地面生活着大量的木鼠和堤岸田鼠。令人惊讶的是,雀鹰在当时比现在更加罕见,其数量被其他食肉动物(苍鹰和哺乳动物,如松貂)的捕食所抑制,而且由于哺乳动物在巢中捕食,小型鸟类本身的密度也降低了。还有另外一些出乎意料且几乎没有人支持的猜测,只能作为有趣的假设提出,值得进一步思考和研究。金黄鹂和鹃头蜂鹰在过去的数量真的有推测的那么多吗?如果是这样,为什么没有考古学证据来证实这一点?林地动物是不是一般不太可能像在沿海、峭壁生活的开阔地物种那样比较容易进入考古遗址?或者我们的参考系中这些出人意料的物种的标本太少,以至于它们没有被鉴别出来——或者丢失,或者湮灭于鸫类或其他鵟中了?韦伊奇克(Wojcik,2002)描述了如何从体型非常相似的鸫类标本中分辨出黄鹂,德国涉及区分蜂鹰属和鵟属或苍鹰的博士论文也同样有帮助(Otto,1981;Schmidt-Burger,1982),而这些都是早期的考古学家所没有的。

第四章

农田和沼泽

从文化上来说,英国从中石器时代到新石器时代,从狩猎采集者到农民的转变似乎是相当迅速的。多年来,考古学家一直在争论,到底是移民而来的农民带着他们的庄稼和牲畜,慢慢地取代了中石器时代的祖先,还是他们只引进了农业的概念,而后被原住民和新来者热情地接纳。现在可以通过研究自然存在的碳同位素——^{13}C 与 ^{12}C 的比例,来探究这一问题。许多中石器时代聚集区利用的海洋来源的食物中^{13}C 的含量较高,而陆地来源的食物,如谷类作物、家畜或野禽,^{13}C 的含量则较低。当然,一些中石器时代的狩猎者也会摄取陆地上的资源,因此他们的$^{13}C/^{12}C$ 比值与后来的人相比并没有太大的不同。然而,大约在距今 5 200 年,沿海地区居民的$^{13}C/^{12}C$ 比值出现了一个非常剧烈的变化。在距今6 000—5 200 年,沿海的中石器时代的居民仍然在收集海产食品,但是沿海的新石器时代的人很快就完全摒弃了这个习惯(Richards et al. ,2003)。

这与考古学记录所显示的情况是相符的。绵羊和山羊在欧洲没有野生祖先,它们像谷物一样,被第一批农民引进并驯化。这些最早的农民一定是出色的水手,因为他们很快就带着自己的牲畜到达了北部的奥克尼群岛和西部的爱尔兰。和对海洋资源的使用一样,对野生哺乳动物的捕杀也急剧下降(Yalden,1999)。在为种植庄稼开垦土地,以及为牲畜准备草原的过程中,他们开创了土地利用的模式,也因此形成了我们今天在大部分农村地区可以看到的鸟类动物群。

新石器时代鸟类

出乎意料的是,一些最好的新石器时代遗址,并没有出现在我们猜测的首先有农民定居的英格兰东南部,而是在遥远北方的奥克尼群岛以及爱尔兰西部。作为沿海地区遗址,鸟类动物群主要由海鸟构成(表4.1)。

表 4.1　奥克尼群岛发现的新石器时代非雀形目鸟类

地点	帕帕韦斯特雷岛	艾斯比斯特	匡特尼斯	劳赛岛	诺特兰带	科特角	其他地点
文献	Bramwell,1983c	Bramwell,1983a	Bramwell,1979	Davidson and Henshall,1989	Armour-Chelu,1988	Harman,1997	
白嘴潜鸟	+				+		
黑喉潜鸟	+					(sp.?)+	
普通䴙䴘	+				+		
䴙䴘科	+					+	
白腰叉尾海燕	+		+				
暴雪鹱	+				+	+	
欧鸬鹚	+	+		+		+	
普通鸬鹚	+		+	+	+	+	
憨鲣鸟	+		+	+	+	+	+
麻鸦				+			
疣鼻天鹅	+			(sp.?)+	+		

续表

地点	帕帕韦斯特雷岛	艾斯比斯特	匡特尼斯	劳赛岛	诺特兰带	科特角	其他地点
文献	Bramwell, 1983c	Bramwell, 1983a	Bramwell, 1979	Davidson and Henshall, 1989	Armour-Chelu, 1988	Harman, 1997	
灰雁	+	+	+		+		
粉脚雁				+			
白颊黑雁	+						
翘鼻麻鸭	+						
欧绒鸭	+	+			+		
斑脸海番鸭	+				+		
普通秋沙鸭					+		
红胸秋沙鸭						+	
绿头鸭		+					
绿翅鸭						+	
普通鵟	+		+	+	(sp.?) +		
白尾海雕		+		+		+	
苍鹰		+	+				
红隼		+			+		
红松鸡		+	+				
斑胸田鸡	+						
普通秧鸡					+		
蛎鹬	+	+	+	+		+	
灰斑鸻	+				+		
凤头麦鸡						+	
弯嘴滨鹬	+	+		+			
红脚鹬	+				+		
鹤鹬	+						
青脚鹬					+		

续表

地点	帕帕韦斯特雷岛	艾斯比斯特	匡特尼斯	劳赛岛	诺特兰带	科特角	其他地点
文献	Bramwell, 1983c	Bramwell, 1983a	Bramwell, 1979	Davidson and Henshall, 1989	Armour-Chelu, 1988	Harman, 1997	
扇尾沙锥	+	+	+		+	+	
丘鹬		+					
翻石鹬	+						
大黑背鸥	+	+	+		+	+	+
小黑背鸥/银鸥	+	+			+	+	
海鸥		+					
红嘴鸥			+		+		
三趾鸥						+	
大贼鸥	+						
刀嘴海雀	+				+		
大海雀	+			+	+		
海鸦	+			+	+	+	
北极海鹦	+	+					
黑海鸽	+						
小海雀		+			+	+	
短耳鸮		+			+		

最好的（多样化的程度最高）鸟类动物群，来自帕帕韦斯特雷岛上的霍沃尔小山（43 个种；Bramwell，1983c），匡特尼斯（40 个种；Bramwell，1979a），在大陆本土的艾斯比斯特（22 个种；Bramwell，1983a），以及韦斯特雷的诺特兰带（39 个种；Armour-Chelu，1988）和科特角（27 个种；Harman，1997）。另外，劳赛岛上的 4 个地点发现了 21 个物种（Davidson and Henshall，1989），韦斯特雷的皮罗沃尔采石场也增加了 3 个物种（McCormick，1984）。虽然没有任何一

个物种在所有的地点都有出现,但有几个物种在大多数地点都有出现,包括欧鸬鹚、普通鸬鹚、憨鲣鸟、蛎鹬(Oystercatcher)、海鸦以及大黑背鸥。暴雪鹱在 3 个地点的出现值得注意,因为曾有人指出,在 1878 年之前,圣基尔达是其在英国唯一已知的繁殖地(Fisher and Lockley,1954),而这一物种惊人的现代增长仅仅始于19 世纪末。这些新石器时代的发现表明,它以前更加普遍,并一直持续到中世纪早期(表 4.2)。因此,无论是气候变化还是人类狩猎带来的压力,都在史前和现代之间的这段时间缩小了其分布范围。考虑到它们比其他海鸟更倾向于在人类容易进入的山坡筑巢,且繁殖率较低(单卵生,晚熟),因此人类的过度捕猎很可能是造成这一现象的主要原因。

表 4.2　暴雪鹱在大不列颠群岛上的考古学记录

遗址	参考坐标格网	时代	参考文献
法夫莫顿遗址	NO 72 57	中石器时代	Coles,1971
奥克尼群岛诺特兰带	HY 42 49	新石器时代	Armour-Chelu,1988
萨瑟兰郡的恩博遗址	NH 82 92	新石器时代	Clarke, 1965; Henshall and Ritchie,1995
韦斯特雷的科特角	HY 46 47	新石器时代	Harman,1997
奥克尼群岛帕帕韦斯特雷	HY 48 51	新石器时代	Bramwell,1983c
奥克尼豪岛	HY 27 10	铁器时代	Bramwell,1994
邓布约尔格圆形石塔	NM27 24	铁器时代	Bramwell,1981a
设得兰史前圆形石塔	HU 390111	铁器时代	Nicholson,2003
克罗斯柯克史前圆形石塔	ND 02 70	铁器时代	MacCartney,1984
奥克尼群岛斯凯尔的迪尔内斯	HY 58 06	铁器时代	Allison,1997b
马恩岛尼亚比海湾	SC 21 77	罗马时代	Garrad,1978
巴克奎	HY 36 27	皮克特时期	Bramwell,1977b
巴克奎	HY36 27	诺斯时期	Bramwell,1977b
林迪斯法恩	NU 13 41	中世纪早期	Rackham,1985

续表

遗址	参考坐标格网	时代	参考文献
哈特尔普尔的教堂附近	NZ 52 33	中世纪早期	Allison,1990
阿伯丁郡拉特雷	NO 17 45	中世纪	Murray and Murray,1993
爱奥那岛的修道院	NM 28 24	中世纪	Coy and Hamilton-Dyer,1993
哈特尔普尔的教堂附近	NZ 52 33	中世纪	Allison,1990
圣基尔达的地中海后希尔塔	NF 09 99	后中世纪	Harman,1996b
根西岛的都尔门坟茔	WV358831	?	Kendrick,1928

它们也不是这些早期海洋动物群中唯一受到人类猎杀的物种。另外值得注意的物种是大海雀和小海雀。当然前者已经完全灭绝了,它们在平坦的岩石小岛上繁殖,可能只在繁殖季节才会被猎人捕杀;后者是一种经常在英国冬季的水域中出现的北部物种,尤其是在北方,因此这也许说明它们是人类冬季的狩猎对象。另一方面,斯图尔特(2002a)坚持认为,经常在远离岛屿的洞穴中发现的小海雀和其他海洋物种,可能仅仅是同时期内陆常见的海鸟死亡的鸟类残骸,不一定是有人工干预的证据。人类之外的其他捕食者可能也会把它们当作猎物,但由于这些都是确定的考古遗址,人类狩猎无疑是它们出现最可能的解释。

如果觉得这些听起来与本章开头的说法(新石器时代的人们摒弃了早期中石器时代的祖先对海洋食物的偏好)互相矛盾,那么应该强调的是,牛、猪和羊提供了他们所食用的绝大部分肉食,而包括海鸟在内的鸟类只是他们食物中很小的一部分。例如,在艾斯比斯特,研究者大约发现了488块牛骨和206块羊骨,这在动物群中占统治地位,另外只有63块骨骼来自赤鹿、水獭、猪、狗和海豹(Barker,1983)。在霍沃尔小山,动物群中占主导地位的是大型的牛和小型的绵羊(Noddle,1983),而在匡特尼斯,占主导地位的是绵羊(Clutton-Brock,1979)。同样,作为一个南方例子的芒特普莱森特,哈考特(Harcourt,1979b)的统计结果显示,食用的肉类中60%是牛,2%是绵羊,16%是猪,只有剩下的22%来自野生物种,包括鹿和非常少的鸟类。

北部考古遗址中经常发现的一个相当特别的物种是白尾海雕,其在艾斯比斯特出现的频率很高,使得这一遗址被称为"鹰之墓"(Hedges,1984)。在745块经鉴定的鸟类骨骼中,至少有641块来自白尾海雕。直接从骨骼来看,至少存在10个个体,但考虑到它们在整个遗址中的分布和层位,考古学家认为,这些骨骼可能来自14个个体(Bramwell,1983a;Hedges,1984)。这些骨骼直接与人类的骨骼埋葬在一起,显然具有某种象征意义。事实上,它们和其他食腐者(渡鸦、大黑背鸥)与人类的墓室联系到一起肯定不是偶然的。也许我们在这里看到的是帕西人或其他人所进行的"天葬",在这一仪式中,人类的尸体会被暴露在外,被秃鹫和乌鸦肢解,或者也许老鹰可以赋予死者某种特殊地位。白尾海雕可能会在腐尸上聚集这一事实,使人很容易联想到它们可能会被人类捕捉,尽管还不清楚他们究竟是如何做到这一点的。洛夫(1983)提出了一种可能的传统方法,即老鹰被诱饵吸引到一个有猎人躲藏的深坑旁,然后猎人就可以抓住敢于靠得足够近的老鹰的腿。箭或矛也可能是有效的近距离武器。另一种方法是把腐肉放进沟槽里,沟槽的宽度足以让鸟走进去,但不足以让它张开翅膀。白尾海雕遗骸的发现频率说明,与金雕相比,这一物种的分布范围和数量在过去可能更加广泛和丰富,尽管它们的不同生态特点意味着其中一种更有可能在考古地点出现。当人类19世纪决定消灭白尾海雕和其他猛禽时,食腐的习性可能也使得它更容易受到人类的攻击。

苏格兰的2处内陆遗址和这些奥尼克群岛遗址有着相似的动物群。在萨瑟兰郡东海岸的恩博遗址,也发现了大海雀(Clarke,1965;Henshall and Ritchie,1995)。那里还发现了其他海鸟,如暴雪鹱、憨鲣鸟、欧鸬鹚、刀嘴海雀和海鸦，而赤颈䴙䴘（Red-necked Grebe）和某种鸭子的发现暗示这里还有淡水。发现的松鸡、凤头麦鸡、乌鸫和欧椋鸟代表了陆地动物群，并说明两者之间形成了一种开阔地和林地的混合生物群。在位于奥本的卡丁米尔湾也发现了一个类似的小型动物群，其中有海生种［海鸦、刀嘴海雀、大黑背鸥和银鸥（Herring Gull）］和陆生种（雀科鸣禽、乌鸦、秃鼻乌鸦、家燕），但这一遗址最引人注目的还是白尾海雕的发现（Hamilton-Dyer and McCormick，1993）。

在爱尔兰西部斯莱戈郡的卡洛莫尔，发现了少量动物骨骼，但鸟类方面只发现了一块不能确定种的雁属骨骼（Burenhult，1980）。在米斯郡的纽格莱奇墓——这一新石器时代/钟杯时代的著名遗址中，也没有什么有价值的发现，只发现了一只欧歌鸫，但其时代是不确定的，因为存在现代污染，比如同时还发现了兔子（Van Wijngaarden-Bakker，1982）。也许最有趣的是位于克里郡丁格尔半岛的费里特尔湾，曾被认为是一个从中石器时代最晚期到新石器时代最早期的过渡遗址。发现的一些羊和牛的骨骼，可以作为这一遗址处于新石器时代最早期的证明，但数量更多的是野猪的遗骸，这说明狩猎仍然是当地人肉食的主要来源。丰富的鱼类和少量海鸟（憨鲣鸟、海鸦、银鸥）的残骸也暗示他们主要的生活方式还是采集，而不是农耕（McCarthy，1999）。

英国南部的新石器时代遗址往往与白垩质的丘陵地相关。与山谷中湿润的土壤相比，这些地点的树木更容易被清除，以便于为牲畜创造牧场或为作物开垦农田。虽然石灰质土壤有利于骨骼保存，但实际上很少有鸟类骨骼被发现，这表明家禽饲养在内陆地区并不常见。值得注意的是，像兰尼米德（Serjeantson，1996）、西肯尼特围场（Edwards and Horne，1997）、温德米尔山（Grigson，1999），以及阿斯科特-安德威奇伍德（Mulville and Grigson，2007）这些遗址，虽然发现了大量的动物骨骼，但鲜有鸟类。杜灵顿垣墙发现了鸭子,考虑到其靠近阿文河,很可能是绿头鸭,还有普通鸬鹚,另外还发现了红鸢、渡鸦和丘鹬,这可能意味着在过去当地的林地比现在遗留下来的要多(Harcourt,1971a)。附近新石器时代最具代表性的遗址——巨石阵中,也发现了渡鸦(Serjeantson,1995)。在多尔切斯特(Dorchester)附近的芒特普莱森特,有一处十分复杂的遗址,从新石器时代开始,经过钟杯时代,一直延续到青铜时代和铁器时代。新石器时代的层位发现了灰鹤,钟杯时代层位(新石器时代/青铜时代的过渡)发现了灰雁、豆雁、针尾鸭、欧歌鸫和槲鸫(Harcourt,1971b)。然而,英国最好的新石器时代动物群发现于巴克斯顿东南方向6千米处皮克区的2个相邻近的洞穴遗址。道尔洞穴坐落在多夫多拉山谷前端的一条小侧谷中,而狐狸洞则在附近的一座小山顶上俯瞰着它。道尔洞穴发现的大型动物群,包括大量雀形目,其中以林地物种为主。大山雀的数量最多,但同时欧亚鸲、红尾鸲、林岩鹨、红腹灰雀、绿金翅、蜡嘴雀、红额金翅雀(Goldfinch)、欧歌鸫、槲鸫、乌鸫、白眉歌鸫、喜鹊、鹪鹩的数量也很多。发现的非雀形目种类中,灰林鸮和苍鹰暗示了林地的存在。然而,一些开阔地物种也有发现,包括雀形目中的欧亚云雀、麦鹟、环颈鸫、寒鸦、乌鸦、秃鼻乌鸦、欧椋鸟和赤胸朱顶雀,以及非雀形目的灰山鹑、红隼、仓鸮和欧鸽。开阔地物种(欧椋鸟、寒鸦、乌鸦、秃鼻乌鸦、欧鸽、红隼)在树洞中筑巢,而林地物种(槲鸫、乌鸫、喜鹊)在草地中觅食,因此这一遗址很可能是一个相当开放的林地,或者也可能是一个树木繁茂的山谷,但上面的石灰石峰顶呈更开阔的环境(Bramwell,1960b)。最不同寻常的一个发现是一种伯劳鸟,从体型很小来看,很可能是红背伯劳。伯劳一般更喜欢灌木环境,那里既能提供大量的栖息场所,又有开阔的地方以供捕猎,因此它的存在有力地说明了当时栖息地的混合性质。狐狸洞现在位于一座山坡没有树木的石灰岩草地上,但其中的发现也提供了当时周围树木比现在更为繁茂的证据。松鸡的存在不仅表示可能有林地环境,还显示可能是针叶林,尽管黑琴鸡的发现通常意味着更加开放的灌木林地。金雕在英国的极少数记录之一也来自这个遗址,它很可能在这里筑巢,并在西面约 6 千米的酸性沼泽地上捕猎这些松鸡。普通鸲、欧亚鸲、乌鸫、松鸦和大斑啄木鸟的存在也表明林地的存在,而田鸫、槲鸫、喜鹊、乌鸦、秃鼻乌鸦的发现说明至少有一些树木的覆盖,另外欧亚云雀的发现和金雕一样,说明附近可能有开阔环境存在(Bramwell,1978c)。

剑桥郡沼泽泥炭层的非人类遗址中也发现了重要的鸟类动物群,它们可能覆盖了从新石器时代到青铜时代大约 4 000 年的时间,下文将对此进行更详细地讨论。即使是在新石器时代,与更干燥的高地相比,这里的鸟类数量可能更多,另外猎鸟行为在经济上也更加重要。

对这些新石器时代鸟类动物群的整体研究表明,早期的农民对自然景观的破坏很小,除沿海地区外,他们对鸟类资源几乎没有兴趣。发现鸟类的地点与预期的大致相同,不过也有一些意外的发现,如在沿海地区遗址,发现了小海雀和大海雀以及一些现在人们熟悉的海鸟,在内陆地区的遗址则发现了在英国范围内并不常见的金雕和松鸡。

青铜时代

到了距今约 4 000 年,从英格兰南部开始了青铜时代,农业发生了更为剧烈的变化,尤其是大片的丘陵地区已经基本上没有了树木。巨石阵附近的康尼伯里发现了凤头麦鸡和白尾海雕(Maltby,1990),而马尔堡丘陵的不同遗址中发现了秃鼻乌鸦、乌鸦、鸫类、灰山鹑、金鸻、绿头鸭、红隼和鸽属的一些种(Maltby,1992)。威尔特郡索尔兹伯里平原上的另一处遗址波特恩发现了绿翅鸭、绿头鸭、灰雁、灰鹤、白尾海雕、普通鵟、丘鹬、乌鸦、家麻雀(?)、乌鸦和渡鸦,另外还发现了在这一内陆遗址看起来很突兀的海鸦（Locker，2000）。德比郡的威格贝尔低地发现了欧亚云雀以及多种鸦，另外还有渡鸦和丘鹬（Maltby，1983），而萨默塞特布里恩高地的沿海遗址也发现了凤头麦鸡、灰鹤和欧椋鸟，这意味着开阔地的存在，而发现的各种鸫类（欧亚鸲、白眉歌鸫、欧歌鸫、槲鸫）、疣鼻天鹅、灰雁、绿头鸭、丘鹬、扇尾沙锥和海鸦，反映了当地其他类型栖息地的存在（Levitan，1990）。巨石阵附近的威尔斯福德沙洲发现的灰沙燕（Sand Martin）、家燕和欧亚云雀也显示有供它们觅食的开阔草地的存在（Yalden and Yalden，1989）。来自青铜时代不同遗址的一些其他物种的零星记录，对上述发现有所完善，但几乎没有增添多少新的种类［兰尼米德发现了雁、绿头鸭和灰林鸮（Serjeantson，1996），巴勒菲尔德的安斯洛村发现了疑似赤颈䴙（Coy，1992），克兰伯恩狩猎场发现了乌鸦、秃鼻乌鸦（Legge，1991），德比郡新德罗石冢发现了黑琴鸡和长耳鸮（Bramwell，1981b）］。这些动物群中出现的凤头麦鸡和金鸻可能说明它们已经开始形成在草原上越冬的习惯（至少是在金鸻的繁殖范围以南），同时也许还有过冬的鸫类。

沿海的青铜时代遗址与新石器时代早期遗址并不存在明显差异。艾雷的阿德纳韦只发现了灰鹤和大杓鹬（Harman，1983），但是在泰里岛的邓莫尔瓦尔（欧鸬鹚、普通鸬鹚、憨鲣鸟、金鸻、北极海鹦、小海雀、红尾鸲、欧歌鸫、欧椋鸟和乌鸦；Bramwell，1974）和奥克尼群岛中韦斯特雷岛的布岛农场（红松鸡、绿翅鸭、三趾鸥、海鸦、扇尾沙锥、憨鲣鸟和灰雁；O'Sullivan，1996）都发现了较大的鸟类动物群。奥克尼群岛中的劳赛岛的史前圆形石塔发现了憨鲣鸟、欧鸬鹚、苍鹭和疑似蛎鹬，不可思议的是，还发现了家鸡（也许是后来的污染物，也许是错误鉴定，也许是黑琴鸡；Platt，1933b）。最大的动物群发现于设得兰群岛的贾尔索夫，这是一个复杂的遗址（时间上从青铜器时代到维京时代），由于相对早期挖掘时参考资料的不充分,鉴定结果有时不能确定。青铜时代层位发现的物种包括白嘴潜鸟、暴风海燕(Storm Petrel)、憨鲣鸟、欧鸬鹚、普通鸬鹚、苍鹭、麻鸦(Bittern)、白(?)鹳、某种天鹅、某种雁、鹰、隼、凤头麦鸡、翻石鹬、银鸥、大黑背鸥、贼鸥(Skua)和渡鸦(Platt,1956)。奇怪的是,普拉特(1933a)把蓝眼鸬鹚(Blue-eyed Shag)以及欧鸬鹚和普通鸬鹚也列入贾尔索夫的发现列表中。这些南大西洋的海洋物种基本上不可能在北大西洋出现,这种鉴定结果的出现可能只是表明了当时鸟类骨骼专家参考材料的匮乏。如果这些鉴定结果能得到现代研究的确认或变得更加精确,那将是很有价值的,但是目前还不清楚这些标本是否还有保存,也许是在苏格兰皇家博物馆。在英国另一端锡利群岛的诺那岛上的遗址发现了一个非常有趣的混合动物群,其中海鸟包括普通䴙䴘、普通鸬鹚、憨鲣鸟、刀嘴海雀、海鸦、北极海鹦,当然这些发现并不令人惊讶,或许是因为其中没有出现海鸥(Turk,1971,1978)。红脚鹬、红腹滨鹬、某种塍鹬以及流苏鹬(Ruff)在沿海地区的出现似乎是合理的,尽管后者意味着当地淡水沼泽的数量比现在要多,绿头鸭、白鹳和苍鹭也是如此。在这个比以前面积小得多的岛屿上,渡鸦、黑琴鸡和石鸻的出现似乎真的令人印象深刻。至少,乌鸫的出现是很正常的,在格温特郡的卡尔迪科特的塞文河湿地中也发现了相似的生物群组合,包括小䴙䴘、苍鹭、灰鹤、黑雁(?)、绿头鸭、针尾鸭(?)、赤颈凫(?)、凤头潜鸭和仓鸮(McCormick et al.,1997)。

芬兰区

在这些可能的青铜时代遗址中,塞文河湿地无疑是最有启发性的,但在时间上又是最不确定的。剑桥郡和邻近各郡的沼泽区曾经是一个3 000多平方千米的湿地的一部分,生活着大量鸟类。后来,这片区域被罗马人、诺曼人和后来的工程师们把水排干以获得肥沃的土壤,现在已经成了主要的耕地。甚至是在 19 世纪,排水沟和沟渠的大部分还都是依靠手工挖掘,这样一来遇到和挖掘到骨骼的机会也很多。很多标本目前都收藏于剑桥大学的地质学和动物学博物馆。一般来说,泥炭块的时代是通过花粉分析来测定的,测定结果显示它们的时代很早,大多属于新石器时代(但还有一些更早期的管道属于中石器时代),而较晚的大多属于青铜时代。有时骨骼的时代可以通过保存在围岩中的花粉年代分析来测定,但也仅有个例。其中一些哺乳动物的骨骼年代已经被直接测定——海狸,距今 3 079 和 2 677 年;欧洲野牛,距今 4 630 和 4 200年(详见 Yalden,1999)。但迄今为止还没有发现如此古老的鸟类骨骼。这一动物群被认为大体上属于新石器时代——哺乳动物的放射性碳同位素年代测定结果与之相符,花粉分析结果也是如此,但是其中有一些骨骼很可能来自青铜时代甚至更晚。总的来说,伯韦尔沼泽、本特沼泽、费特威尔沼泽、剑桥沼泽、斯瓦夫汉沼泽以及林基沼泽等地鸟类动物群的发现是令人兴奋的,幸运的是,诺斯科特(1980)重新研究了可获得的所有标本,校验了它们的鉴定结果,并对动物群做了量化的研究(表 4.3)。

表 4.3　7 000—3 000 年前剑桥沼泽中的鸟类

物种	骨骼数量	个体数量	物种	骨骼数量	个体数量
卷羽鹈鹕	3	3	红胸秋沙鸭	4	1
麻鸦	130	21	白尾海雕	1	1
疣鼻天鹅	306	32	灰鹤	112	17
大天鹅	56	6	黑水鸡	5	2
灰雁	26	6	凤头麦鸡	5	1
绿头鸭	113	20	丘鹬	7	1
斑头秋沙鸭	3	3	刀嘴海雀	8	1

注:参考 Northcote,1980。

　　显然,其中最引人注目的是卷羽鹈鹕(Dalmatian Pelican)的发现,它们现在的巢穴远在多瑙河三角洲以及阿尔巴尼亚和黑山的交界处。然而,根据克兰普(Cramp)等人(1977)的研究,普林尼曾称其在莱茵河、斯凯尔特河和易北河的河口繁殖,所以卷羽鹈鹕在历史时期曾经从欧洲西部撤退过。此外,荷兰弗拉尔丁恩新石器时代早期的考古遗址,以及来自丹麦哈夫诺的考古遗址也都有这一物种,这也进一步肯定了这一说法(Andrews,1917;Stewart,2004)。排水系统的存在,以及卷羽鹈鹕对人类在其繁殖地的干扰活动的敏感性,都对其不利。与之相关的白鹈鹕(White Pelican)的分布范围也同样有限,但在今天的西欧,后者的发现频率更高,尽管这可能是由于存在从动物园或鸟类花园逃出的个体。但这就引发了关于鉴定的问题。尽管这两个物种的体型大小分布有所重叠,但白鹈鹕的平均值较小。大部分亚化石骨骼过大,不属于白鹈鹕,但最明确的鉴定特征是跗蹠骨上下跗骨的长度。这一结构在卷羽鹈鹕中要短得多(图4.1),因此毫无疑问,这些亚化石属于卷羽鹈鹕(Forbes et al.,1958;Joysey,1963)。剑桥的动物博物馆馆藏的肱骨之一上仍然有少量泥炭附着,基于对花粉的分析,将其与沼泽中的泥炭沉积,以及在这些泥炭上进行的放射性碳同位素测年联系起来,最主要的树花粉来自橡树、桤木和桦树,还有一些酸橙、角树、灰树、松树和榆树。非树花粉主要来自榛树、草本植物和黑三棱,还有许多蕨类植物的孢子。角树是一种有用的标记,因为这种植物在英国出现较晚,一般来说,处于花粉光谱被称为"亚寒带"的花粉带Ⅶb,覆盖新石器时代和青铜时代,距今5 000—2 500年。更准确地说,鹈鹕骨骼上的碎屑与泥炭层的下部相匹配,即在蕨类植物变得更加丰富之前,这些泥炭的年代已经被测定为距今大约4 000年,当时的沼泽地可能还是微咸的。当然,这一测年结果只适用于这一特定骨骼,表4.2中列出的所有骨骼不太可能属于完全相同的时代。然而,疣鼻天鹅、麻鸦、鹤和绿头鸭在动物群中的

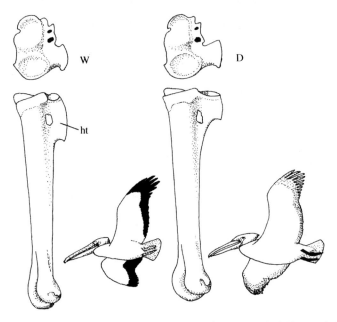

图 4.1　鹈鹕骨骼鉴定。卷羽鹈鹕(D)的平均个体大小大于白鹈鹕(W),但是大量重叠范围的存在使依靠前肢骨骼的鉴定变得很困难。然而,跗蹠骨上宽而深(前一后视)但是较短(近远端)的下跗骨是十分明显的特征(ht)(参考 Forbes et al. ,1958)

优势地位向我们展示了这样的一幅画面———一片开阔的水域,宽阔浅滩上生长着芦苇和草,较高的岛屿上树木丛生。其他的水生鸟类也十分契合这一场景。刀嘴海雀看起来似乎不太适合,秋沙鸭通常是在海上过冬,但是在后冰期,沼泽经历了多次海进。由于这些鸟类是在 3 000 年左右的很长一段时间内积累起来的,那么这些物种很可能在其中的一段海进期内存活下来(或者更确切地说是死亡)。同样的,它们也可能是偶然“失事”的海鸟,因为即使是在今天,海鸟有时也会出现在奇怪的地方。

　　考虑到过去就有关于疣鼻天鹅原生鸟类地位的争论,这一鸟类在这些青铜时代的沼泽中的大量存在之所以有趣,还有另一个原因。基尔(1990)详细地总结了其在中世纪英格兰作为半驯养鸟类的地位。众所周知,泰晤士河上的疣鼻天鹅中没有标记的都属于王室,其他的属于戴尔公司或文特纳公司,在每年 7 月的"数天鹅日",后两者会在天鹅喙的两边刻上一道或两道痕迹以表明所有权。这是曾经广泛流传的一种习俗的残留,在这种习俗中,各地(至少是在英国)的疣鼻天鹅属于富有的领主,特别是皇室(Ticehurst,1957)。多塞特郡的阿伯茨伯里天鹅饲养场的一大群疣鼻天鹅再次提醒人们,其在很长一段时间里都被认为是半驯养的动物。这导致人们认为它不是原生鸟类,而是被罗马人或诺曼人作为食物而引进的。亚雷尔(Yarrell)在 1843 年《英国鸟类》一书中给出了一个具体的解释:他认为是归来的十字军把它们从塞浦路斯带了回来,尽管这个相当干燥的岛屿并没有因为大量的疣鼻天鹅栖息而有所改善(Ticehurst,1957)。就连阿尔弗雷德·牛顿教授在他的《鸟类词典》(*British Birds*)中也认为,中世纪英格兰对疣鼻天鹅的法律保护程度,表明了其并非是原生物种。事实上,泰斯赫斯特(1957)回顾了中世纪的文献,认为疣鼻天鹅在 1 200 年前的英国就已经存在了,它应该是一种土生土长的鸟类。考古记录清楚地显示,疣鼻天鹅在英国已经存在了相当长的一段时间,从晚冰期、中石器时代到新石器时代,经过罗马时代到中世纪,再到后中世纪,都有着连续的记录。尽管大多数记录(58 条中的 32 条)都属于最后两个时期(图 4.2),但仍然有足够的记录来证明其原生性(表 4.4)。另外仅有 3 条不确定的疣鼻天鹅/大天鹅的记录有鉴定的问题。这 2 个物种在体型大小分布上有广泛的重叠,但由于疣鼻天鹅行走更少,因此它们的跗蹠骨明显较短,脚趾髁状突起也较窄(图 4.3)。当然,两者头骨差别也很大,疣鼻天鹅具有明显的疣状突起,而大天鹅的胸骨(体型更小的比尤克斯天鹅也是这样)具有气管环,这与它们喇叭样的鸣声相关(图 1.7)。更细微的特征也可以用来区分这两者,如肱骨上的肌肉印痕。这些早期的天鹅可

能是被吃掉的,但是在马基特迪平镇的奥特港路发现的标本显示,
这些可能属于疣鼻天鹅或大天鹅的尺骨和桡骨的远端有切割痕
迹,这可能说明其被去除了飞羽(Albarella,个人观点)。

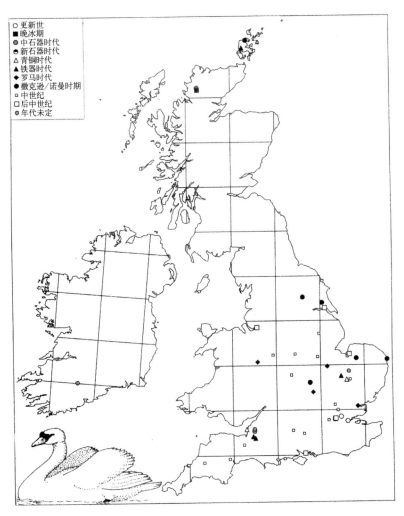

图4.2 疣鼻天鹅的分布。大多数记录局限于英格兰,但至少在中石器时代,分布
有所扩张,说明它是一个长期存在的原生物种(见表4.4)

表 4.4 疣鼻天鹅在大不列颠群岛上的考古学记录

遗址	参考坐标格网	时代	参考文献
*埃塞克斯郡伊尔福德	TQ 45 85	伊普斯威奇间冰期	Harrison and Walker,1977
*埃塞克斯郡格雷士	TQ 60 75	伊普斯威奇间冰期	Harrison and Walker,1977
萨瑟兰郡克瑞格南乌阿姆洞穴	NC 26 17	晚冰期	Newton,1917;Tyrberg,1998
科克郡普克城堡	R 60 00	晚更新世—全新世	Bell,1915;Tyrberg,1998
萨默赛特郡阿维林洞	ST 47 58	晚更新世—全新世	Davis, 1921; Newton, 1921b, 1922,1924b;Tyrberg,1998
萨默赛特郡高夫洞穴	ST 47 54	中石器时代	Harrison,1980a;Harrison,1986
萨瑟兰郡因赫纳达姆夫	NC 25 21	中石器时代	Newton,1917
布里恩高地	ST 29 58	青铜时代	Levitan,1990
伯韦尔沼泽	TL 59 67	青铜时代	Northcote,1980
梅尔湖区	ST 44 42	铁器时代	Gray,1966
哈德纳姆	TL 46 75	铁器时代	Evans and Serjeantson,1988
格拉斯顿伯里湖村	ST 49 38	铁器时代	Harrison,1980a,1987b
奥克尼群岛的豪岛	HY 27 10	铁器时代	Bramwell,1994
海布里奇榆树农场	TL 84 08	罗马时代早期	Johnstone and Albarella,2002
滨海凯斯特	TG 51 12	罗马时代	Harman,1993b
伦敦比林斯盖特	TQ 32 80	罗马时代	Cowles,1980a;Parker,1988
朗索普	TL 15 97	罗马时代	King,1987
伦敦朗伯斯	TQ 31 79	罗马时代	Locker,1988
约克郡事故遗址	SE 60 52	罗马时代	O'Connor,1985b
罗克斯特	SJ 56 08	罗马时代	Meddens,1987
班克罗夫特别墅	SP 82 40	罗马时代	Levitan,1994b
滨海凯斯特	TG 51 12	盎格鲁-撒克逊时期	Harman,1993b

遗址	参考坐标格网	时代	参考文献
南安普顿梅尔市集	SP 75 61	撒克逊时期	Bramwell，1979d
约克郡黄铜门地区	SE 60 52	盎格鲁-斯堪的纳维亚时期	O'Connor，1989
巴克奎	HY 36 27	诺斯时期	Bramwell，1977b
艾克堡	TF 82 15	诺曼时期	Lawrance，1982
贝弗利潜伏巷	TA 04 40	11—13 世纪	Scott，1991
斯卡伯勒城堡厨房	TA 05 89	12—13 世纪	Weinstock，2002b
南威瑟姆	SK 93 19	13 世纪	Harcourt，1969a
伦敦贝纳德城堡	TQ 32 80	1350 年	Bramwell，1975a
波特切斯特	SU 62 04	1350—1400 年	Eastham，1985
汤顿贝纳姆车库	ST 23 24	中世纪	Levitan，1984b
布赖顿山南部哈奇沃伦	SU 60 48	中世纪	Coy，1995
瑞特约翰国王狩猎小屋	TL 67 68	中世纪	Bramwell，1969
灵氏大道	TF 61 20	中世纪	Bramwell，1977a
林肯郡	SK 97 71	中世纪	Cowles，1973；Dobney et al.，1996
朗斯顿城堡	SX 33 84	中世纪	Albarella and Davies，1996
伦敦萨瑟克	TQ 32 80	中世纪	Locker，1988
埃克塞特	SX 91 92	中世纪	Maltby，1979a
马恩岛卡斯尔敦	SC 26 67	中世纪	Fisher，1996
考文垂城墙	SP 33 78	中世纪	Bramwell，1986a
法科姆内瑟顿	SU 35 55	中世纪	Sadler，1990
赫尔规模巷/下盖特	TA 10 28	中世纪	Phillips，1980
基督城海豚遗址	SZ 15 92	中世纪	Coy，1983a
布伦特福德	TQ 17 78	中世纪	Cowles，1978
赖辛堡	TF 66 24	中世纪	Jones，Reilly and Pipe，1997
*斯塔福德城堡	SJ 92 23	15 世纪	Sadler，2007

续表

遗址	参考坐标格网	时代	参考文献
伦敦贝纳德城堡	TQ 32 80	1500 年	Bramwell,1975a
伦敦贝纳德城堡	TQ 32 80	1520 年	Bramwell,1975a
赫特福德城堡	TL 32 12	中世纪高峰/晚期	Jaques and Dobney,1996
沃尔萨姆修道院	TL 38 00	中世纪晚期	Huggins,1976
多宁顿公园	SK 42 25	中世纪晚期	Bent,1978
赖辛堡	TF 66 24	16 世纪	Jones,Reilly and Pipe,1997
波特切斯特	SU 62 04	16—17 世纪	Eastham,1985
伦敦阿尔德盖特	TQ 33 81	1670—1700 年	Armitage and West,1984
诺顿小修道院	SJ 55 85	后中世纪	Greene,1989
约克郡阿尔德瓦克	SE 60 52	后中世纪	O'Connor,1984a
伦敦萨瑟克	TQ 32 80	后中世纪	Locker,1988
赫尔皇后街	TA 10 28	后中世纪晚期	Scott,1993
根西岛都尔门坟茔	WV358831		Kendrick,1928
红梅尔利特尔波特	TL 64 86		Harrison,1980a

注:* 表示不能确定是疣鼻天鹅还是大天鹅。

灰鹤在剑桥郡沼泽地的出现并不奇怪。虽然在大约 1 600 年
的时间里,它没有在英国繁殖,但是其曾经的地位已经得到了广泛
承认。丰富的文献证据,包括亨利八世时期对其的法律保护,大量
的相关地名,以及考古学记录都证明了这一物种曾经广泛存在
(Boisseau and Yalden,1999)。其骨骼比其他湿地鸟类要长得多,几
乎是不可能被错认的。人们过去对其地位曾有过一些困惑,可能
是因为在灭绝之后,这一名称被转移到苍鹭上。白鹳是另一种生
活在类似栖息地的长腿物种,但非常罕见。它似乎也已经灭绝很
久了——1416 年著名的爱丁堡巢穴,可能是最后一个,甚至是唯一

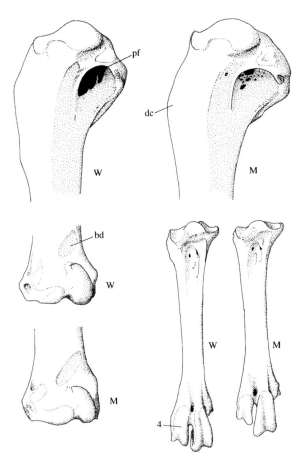

图 4.3　天鹅骨骼鉴定。大天鹅(W)和疣鼻天鹅(M)体型相近,但是两者大部分较大的骨骼都是比较容易鉴定的。例如,大天鹅肱骨头上的气窝(pf)较深,肱三角肌脊较长但不显著;远端的前臂肌凹(bd,前臂肌附着处)结构更复杂。与它们经常被驯养的习性相关,第四趾滑车更宽(4),整个跗蹠骨更长(见图1.7)

一个有记录的巢穴。当然,自 1984 年以来,已经有一两对灰鹤在英国繁殖,这是受欢迎的本土物种的回归,另外有报道称,据说有一对白鹳在约克郡筑巢。

诺斯科特(1980)提出过一种古怪的观点,认为东盎格鲁的沼泽(曾经)基底更加丰富,因此鸟类骨骼保存效果更好,而萨默赛特郡的沼泽则偏酸性,因此没有相应的动物群保存。这种说法忽略了许多年前从格拉斯顿伯里湖村（Andrews，1917）和 5 千米外的梅尔湖村（Gray，1966）发掘出的大量鸟类。这两处都是稍晚的铁器时代遗址，发现的动物群在某种程度上反映了当时农业的发达程度，如出现了家禽的早期记录（原鸡，Harrison，1987b；原始的挖掘报告似乎没有将它们列入鸟类名单中），很大程度上支持了来自东益格鲁沼泽的结论。

　　较早被发现和挖掘的格拉斯顿伯里湖村，位于现在的小镇以北 1.5 千米处，坐落在一个小山上，俯瞰北边平坦的沼泽地。湖村于 1892 年首次被发现，从那时起开始挖掘，一直到 1907 年。这是一个典型的沼泽内人工岛住宅区，1892 年发现的堆积表明，有 89 个以原木和灌木为基底的小屋。原木的最下面一层大多是桤木，间隔为 15—35 厘米，第二层与其呈直角放置，顶部是一层灌木。生活区的地面用黏土铺成，当小屋在重力影响下慢慢下沉到泥里时，又会铺上新的黏土层。凸出的黏土壁炉也是一项特色，顶端有时还覆盖着石灰石。至少其中一些小屋之间有石路相连。整个村子周围是立柱做成的栅栏，大部分是桤木，有时也有一些桦树和橡树，通常只有一排，只偶尔在一些地方有两三排甚至是四排的情况。遗址的东边是一个堤道，开有沟槽的橡木板与在凹槽中的木板和栈桥构成了精心设计的复杂结构，很多石板被木条编在一起形成一边，另一边是榫卯连接的橡树板，这使考古学家更加确认该遗址曾经位于水上。这些居民利用地理位置，将大部分垃圾越过栅栏倾倒在浅水区，为考古学家提供了一个非常丰富的宝库。琥珀、玻璃珠、铁制镰刀、锯子、木质把手都还在的鹤嘴锄、铜戒指、鹿角梳、勺和碗，甚至是木制的手犁和独木舟，都有发现。这些泥炭中也保存了大量骨骼，特别是羊骨（尽管这是一处湿地遗址——这些羊可能生活在附近干燥的山丘上）。

　　位于格拉斯顿伯里西北约 6 千米处的梅尔，是 1895 年在对前者进行发掘时发现的，并于 1896 年绘制了地图，但挖掘工作一度被推迟,直到之前的发掘完成。地图上显示它实际上是 2 个定居点——西梅尔和东梅尔,两者之间的距离大约为 200 米。对西梅尔的挖掘开始于 1910 年,一直持续到 1933 年。挖掘仅限于西梅尔的东部,包括 40 个土丘(即棚屋遗址);挖掘工作仅能在每年最干燥的 8—9 月进行,即便如此,在 3 个非常潮湿的夏天也只能暂停。与格拉斯顿伯里相比,这一遗址看起来处于更干燥的沼泽边缘地带,靠北边的小屋(沼泽更深处)有着和格拉斯顿伯里一样的橡木板和灌木组成的地基,其他大多数小屋的黏土层都是直接铺在泥炭上。这里没有栅栏,没有栈桥,也没有堤道(至少在挖掘出来的部分没有),大部分考古标本都是在小屋地面上发现的,被夹在定期添加的黏土中。大量考古资料被发现,其中大部分与格拉斯顿伯里极为相似。例如,有 155 颗琥珀、黑玉或玻璃制成的珠子,368 块处理过的骨骼和 282 个加工过的鹿角,以及 1 469 块燧石,其中还有燧石箭头——尽管也有铁制器具发现。1939—1945 年的战争,以及后来监工[亚瑟·布利德(Arthur Bulleid)]和挖掘者[哈罗德·圣乔治·格雷(Harold St George Gray)]的去世都推迟了挖掘工作相关报告的完成,所以最终的报告直到 1948 年、1953 年和 1966 年才发表。即便如此,感觉第三卷也是被匆忙赶出以完成这一系列,因为其中并没有关于食物骨骼的报告。

这两处遗址都发现了大型鸟类动物群:梅尔发现了 58 种(Bate,1966),格拉斯顿伯里发现了 37 种(Andrews,1917),而且大部分鉴定结果最近都被重新检查过(Harrison,1980a,1987b)。在这两个地点,占据主导地位的都是水生鸟类,那里一定曾经存在过非常广阔的开放水域。安德鲁斯(1917)认为至少有 5 个独立的卷羽鹈鹕个体,并对 19 块骨骼进行了测量,最终证明了是卷羽鹈鹕而非欧洲白鹈鹕。此外,他还强调,其中一些骨骼来自幼年个体(实际上是一些来自剑桥沼泽的标本),这表明它们是在当地繁殖的。其他物种包括小䴙䴘、麻鸦、苍鹭、普通鸬鹚、灰鹤、黑水鸡、白骨顶、疣鼻天鹅、大天鹅，以及一系列的鸭科成员——绿头鸭、赤颈凫、针尾鸭、斑背潜鸭（Scaup）、凤头潜鸭、红头潜鸭和斑头秋沙鸭。令人惊讶的是，雁形目的标本很少，只有一两块骨骼，种不能确定。猛禽和食腐动物中的白尾海雕、白头鹞、红鸢和仓鸮都有发现。[安德鲁斯（1917）提到的关于长脚秧鸡、苍鹰、绿翅鸭、琵嘴鸭、鹊鸭和红胸秋沙鸭的记录，被哈里森（1980a）重新鉴定为上述名单中的其他物种，但哈里森并不能获得安德鲁斯发表的全部标本。] 陆生鸟类较少，可能有麦鹟、乌鸦、秃鼻乌鸦和欧歌鸫。一枚䴓形目肱骨（推测是普通䴓，因为它是唯一在英国繁殖的物种）的发现说明当地人曾经在布里斯托尔海峡附近的岛屿上捕捉海鸟。然而，大多数海生物种的缺失——如过去在兰迪岛常见的北极海鹦——意味着他们只是捕捉当地的水鸟，而不会去更远的地方打猎，因此这一䴓形目可能是迷路而来的。大多数情况下，格拉斯顿伯里的居民大概是以饲养在附近门迪普丘陵上的羊为食，因为牛、马、猪和山羊也有发现，所以这些鸟大概是被当作饮食的一种调剂，并不是主要的食物来源。梅尔的情况与之相似，同样发现了一个大型水生鸟类动物群，但是没有鹈鹕。（后来，在格拉斯顿伯里遗址的威勒尔公园和土丘遗址的挖掘中发现了卷羽鹈鹕；Darvill and Coy，1985。）动物群包括白嘴潜鸟、红喉潜鸟、小䴙䴘、凤头䴙䴘、普通鸬鹚、苍鹭、麻鸦、黑水鸡、白骨顶、普通秧鸡、灰鹤、美洲鹤（Whooper）、比尤克斯天鹅、疣鼻天鹅、黑雁、白额雁、灰雁以及一系列鸭科成员——翘鼻麻鸭、绿翅鸭、白眉鸭、绿头鸭、赤颈凫、赤膀鸭、针尾鸭、琵嘴鸭、斑背潜鸭、凤头潜鸭、红头潜鸭、鹊鸭、斑头秋沙鸭和普通秋沙鸭。发现的捕食者比格拉斯顿伯里更多，包括游隼、鹗、白头鹞、乌灰鹞（Montague's Harriers）、红鸢、白尾海雕、金雕、普通鵟（？），或许还有雕鸮在英国的最晚记录（表 3.2）——因为只发现了一枚破损尺骨的骨干部分，所以贝特（1966）不能确定这一鉴定结果是否正确。（猫头鹰尺骨的独有特征是呈三角形的横切面,但试图重新获得这块骨头来检查的尝试失败了。)更多的海生和陆栖物种也被发现——前者可能有憨鲣鸟、银鸥和大黑背鸥,后者可能有灰山鹑、黑琴鸡、秃鼻乌鸦和欧歌鸫。剑桥郡沼泽的哈德纳姆是另一个铁器时代的遗址,发现了包括卷羽鹈鹕(图4.5),以及苍鹭、鹤、疣鼻天鹅、绿头鸭、白骨顶、黑水鸡在内的湿地动物群(Evans and Serjeantson,1988)。哈德纳姆发现的鹈鹕的肱骨上面有刻痕,表明它是被吃掉的,而鹤是一只几乎成熟的幼崽,这无疑证明了它们是在当地繁殖的。

总的来说,这些青铜时代和铁器时代的沼泽遗址告诉我们,曾经有一个更广阔的栖息地存在,从达比(Darby)的地图来看,其面积可能有大约8 427平方千米。其中近一半的面积(约3 164平方千米)在东安格利亚的芬兰区,覆盖了剑桥郡北部和林肯郡南部的大部分地区。萨默塞特平原区、罗姆尼沼泽、佩文西平原、亨伯沼泽地以及皮克林河谷在罗马时期也存在着大量的沼泽(图4.4)。这一栖息地的消失在很久以前就开始了,所以很难想象其全貌。这里至少有过三次排水,第一次早在罗马时期就开始了,而且几乎没有直接证据保留下来(Rackham,1986)。公元1086年调查清册中记录了当时定居点的模式,沼泽周围有一些罗马式的路堤,尤其是在林肯郡南部(Darby and Versey,1975),但从地图总体上来看,这种主要在沼泽周边,很少侵入其中的定居模式说明,诺曼时期的英国南部仍然保留大部分沼泽。到了1540年,当格拉斯顿伯里修道院被亨利八世解散的时候,修道院在梅尔有一个约200公顷的湖,那里饲养着41对天鹅(Bulleid and Gray,1948)。麻鸦和白头鹞的出现显示有大量芦苇地的存在,可能还有大的鳗鱼种群。如今的英国观鸟者可能认为普通鸬鹚属于海生物种,但它们以前经常在合适的淡水中筑巢;其他发现普通鸬鹚的淡水考古遗址包括铁器时代约克郡的罗梅乌尔湖(Harrison,1980a)、米斯郡拉戈尔的一个早期基督教的聚居区(Stelfox,1938)和伦敦中世纪的巴纳德城堡

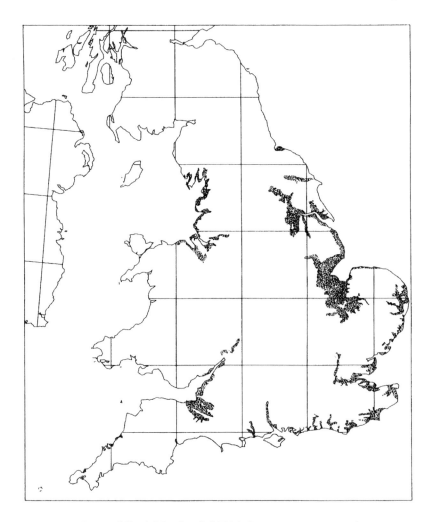

图 4.4　英格兰沼泽区曾经的范围(参考 Darby and Versey, 1957)

(Bramwell, 1975a)。它们现在正返回内陆地区如利亚河谷和阿伯顿水库等地,这让垂钓者感到很烦恼。斯图尔特(2004)指出,欧洲湿地中栖息着一种体型稍小,头部呈白色的类型,被认为是普通鸬鹚的一个亚种(普通鸬鹚欧亚亚种),已经在荷兰广泛传播,为现在英格兰东南部的种群扩张做出了大量贡献(Carss and Ekins, 2002)。间或的发现证实了荷兰种群向这些新的内陆殖民地的进入,同时也展示了本土海洋种群的贡献(Newson et al.,2007)。这些沼泽中也发现了海狸,如哈德纳姆、韦兰浅滩采石场、梅尔和格拉斯顿伯里的记录,后两个地点中甚至还发现了水獭。这两种动物都是由于皮毛而被猎杀,而哈德纳姆和韦兰发现的许多海狸骨骼上都有切痕,证明了这类贸易的存在(Evans and Serjeantson,1988;Albarella et al.,未出版)。斯图尔特(2004)的结论是,过度捕杀导致普通鸬鹚在这一内陆动物群中的消失,就像海狸可能被猎杀直至灭绝一样。很难对猎杀和排水的相对影响进行量化,但是现在沼泽区动物群的规模已经严重减少。

尽管得出了这样的结论,但值得注意的是,在英国,许多欧洲沼泽动物群中更偏南方的物种并没有相关化石发现,当然化石的缺失并不能证明它们一定不存在。目前,小苇鳽(Little Bittern)、草鹭(Purple Heron)和小白鹭(Little Egret)生活于荷兰的北海地区,但从没有在英国的考古遗址中出现过,更不用说更偏南方的物种,如火烈鸟(Flamingo)、大白鹭(Great White Egret)和牛背鹭(Cattle Egret)。如果伯恩(Bourne,2003)认为小白鹭曾经在芬兰区繁殖的说法是正确的,并且考虑到他所报道的被吃掉的数量,那么它们从没有在中世纪的考古遗址发现过这一事实就很奇怪。很可能它们的骨骼和与之体型大小相似的麻鳽混在一起而无法分辨(图4.5),因为英国考古学家不太可能有白鹭的参考骨骼,而且可能也不指望能找到它。小白鹭从1996年(又)开始在英国南部和爱尔兰南部筑巢(Mead,2000)。

考古学记录中另外还有三种更稀有的沼泽地物种——白琵鹭(Spoonbill)、夜鹭和侏鸬鹚(虽然没有在上面讨论的铁器时代遗址中出现)(表4.5)。其中的两种——夜鹭和白琵鹭目前在荷兰附近繁殖,而侏鸬鹚生活在巴尔干地区。据记载,直到17世纪,白琵鹭还在英国南部的一些地方繁殖——1602年在彭布罗克郡,1650年在东安格利亚。它的存在某种程度上被忽视了,因为被早期的

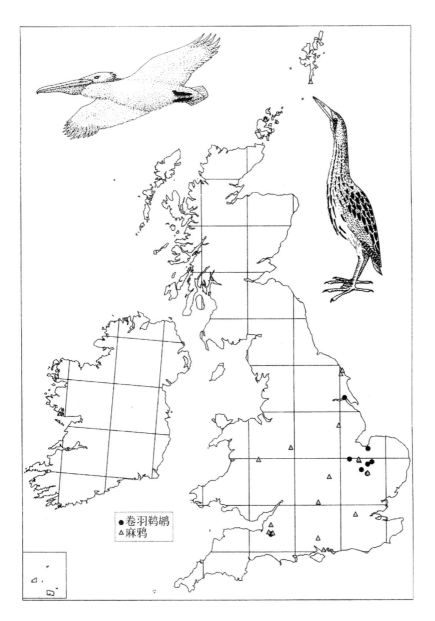

图 4.5　与过去较大的沼泽范围相关联,卷羽鹈鹕和麻鸦在考古学记录中显示出较广的分布(见表 4.5)

表4.5　考古学记录中沼泽鸟类的记录汇总

物种	遗址	参考坐标网格	时代	参考文献
卷羽鹈鹕	金斯林港	TF6120	?	Forbes et al.，1958
	伯韦尔沼泽	TL5967	青铜时代	Northcote，1980
	本特沼泽	TL6087	?	Harmer，1897；Forbes et al.，1958
	费特威尔沼泽	TL6992	?	Forbes et al.，1958
	赫尔	TA1030	?	Newton，1928；Forbes et al.，1958
	格拉斯顿伯里威勒尔公园	ST4938	铁器时代	Coy，1991
	格拉斯顿伯里湖村	ST4938	铁器时代	Andrews，1917；Harrison，1980a，1987b
	哈德纳姆	TL4675	铁器时代	Evans and Serjeantson，1988
鹈鹕科	格拉斯顿伯里土丘遗址	ST4938	中世纪?	Darvill and Coy，1985
麻鸦	萨默赛特郡阿维林洞	ST4758	晚更新世	Davies，1921；Newton，1921b，1922，1924b；Jackson，1962；Tyrberg，1998
	奥克尼群岛劳赛岛	HY4030	后冰期	Bramwell，1960a
	斯塔卡遗址	TA0281	中石器时代	Northcote，1980；Harrison，1980a
	劳赛岛拉姆齐圆丘	HY4028	新石器时代	Davidson and Henshall，1989
	伯韦尔沼泽	TL5967	青铜时代	Northcote，1980
	贾尔索夫	HU3909	青铜时代	Platt，1933a，1956
	格拉斯顿伯里湖村	ST4938	铁器时代	Andrews，1917；Harrison，1980a，1987b
	梅尔湖区	ST4442	铁器时代	Gray，1966；Harrison，1987b
	温纳尔高地	SU5029	不列颠行省时期	Maltby，1985
	格兰福德	TL4195	罗马时代	Maltby and Coy，1982；Parker，1988
	格兰福德	TL4098	罗马时代中期	Stallibrass，1982
	波特切斯特	SU6204	撒克逊时期早期至撒克逊时期中期	Eastham，1976

续表

物种	遗址	参考坐标网格	时代	参考文献
麻鸦	牛津皇后街	SP5106	撒克逊时期	Wilson, Allison and Jones, 1983
	贾尔索夫	HU3909	9 世纪	Platt, 1956
	亨多门	SO2198	撒克逊至诺曼时期	Browne, 2000
	斯塔福德城堡	SJ9223	12 世纪	Sadler, 2007
	斯卡伯勒城堡厨房	TA0589	12—13 世纪	Weinstock, 2002
	林肯郡福莱克森盖特	SK9771	中世纪	O'Connor, 1982
	斯卡伯勒城堡厨房	TA0589	13—15 世纪	Weinstock, 2002
	伦敦贝纳德城堡	TQ3280	1520 年	Bramwell, 1975a
夜鹭	伦敦墙	TQ2979	罗马时代	Harrison, 1980a
	格林尼治	TQ3777	1560—1635 年	West, 1995
侏鸬鹚	阿宾登	SU4947	15—16 世纪	Bramwell and Wilson, 1979; Cowles, 1981
白琵鹭	南安普顿布谷巷	SU4213	14 世纪	Bramwell, 1975c
	赖辛堡	TF6624	中世纪	Jones, Reilly and Pipe, 1997
白头鹞	利默里克郡戈尔湖	R 6441	?	D'Arcy, 1999
	格拉斯顿伯里湖村	ST4938	铁器时代	Harrison, 1980a, 1987b
	霍尔藤山	TL4150	铁器时代	Jones, 个人评论
	梅尔湖区	ST4442	铁器时代	Gray, 1966; Harrison, 1987b
	巴林德里人工岛	N 2239	基督教早期	Stelfox, 1942
	伦敦威斯敏斯特教堂	TQ2979	撒克逊时期	West, 1991
	弗利克斯伯勒	SE8715	8—9 世纪	Dobney et al., 2007
	弗利克斯伯勒	SE8715	10 世纪	Dobney et al., 2007
	都柏林伍兹码头	O 1535	10—11 世纪	D'Arcy, 1999
	都柏林菲山伯大街	O 1535	10—11 世纪	O'Sullivan, 1999
	贝弗利潜伏巷	TA0440	11—13 世纪	Scott, 1991
	波特切斯特	SU6204	1100—1200 年	Eastham, 1977
	法科姆内瑟顿	SU3555	中世纪	Sadler, 1990
	贝弗利多米尼加修道院	TA0440	中世纪	Gilchrist, 1986, 1996
	波特切斯特	SU6204	16—17 世纪	Eastham, 1985

报道称为 shoveller 或 shovellard,导致了与琵嘴鸭的混淆。威尔士的记录中提到的在树中筑巢的 shovellard,应该就是白琵鹭,而不是琵嘴鸭。最近几年东安格利亚地区的规律性夏季繁殖中,至少有过两次育种尝试。两处白琵鹭的记录都来自中世纪。关于夜鹭的考古学记录有两条,一条是来自伦敦城墙的罗马时期记录(Harrison,1980a),另一条是格林尼治皇家海军船坞场的伊丽莎白时代或斯图亚特王朝早期的记录(West,1995)。伯恩(2003)提出了一个有力证据,在中世纪和都铎式的宴会上都提到过的,曾经困扰过去鸟类学家的 Brewes 和 Brues(中杓鹬还是膆鹬?Gurney,1921),实际上就是夜鹭。

一个侏鸬鹚个体发现于 14 世纪的阿宾登,是两枚不会被错认的腕掌骨,由唐·布拉姆韦尔鉴定,而后又经格雷厄姆·考尔斯确认(Bramwell and Wilson,1979;Cowles,1981)。当然,这一地点的时代明显晚于湖村的铁器时代,而且可以肯定已经进行过大量排水。这是该物种在欧洲西北部考古遗址的唯一记录,它的意义难以评估。这是否表明在中世纪牛津附近可以种植葡萄的温暖期使这一物种进行了有限的、局部的繁殖? 当然,也许这是被早期旅行者从巴尔干半岛带回家的一种外来动物?(Stewart,2004)

结论

从新石器时代起,沿海和沼泽地鸟类的考古学记录都非常好:大多是经过精心挖掘的遗址,骨骼保存完好,大多数情况下,骨骼都经过了仔细的检查或重新核对和保存。它们记录了不列颠群岛鸟类动物群的一些主要种类的消失,包括一些意想不到的种类(卷羽鹈鹕、侏鸬鹚)和一些更被人熟悉的种类(大海雀、鹤)。其中也包含历史记录中一些无法解释的转变和空白。我们已习惯于相信,在过去的 150 年里,暴雪鹱以圣基尔达海滩为中心,扩散到不列颠群岛周围。但考古学记录清楚表明,暴雪鹱和鹤一样,是另一个从以前的迫害中归来的物种。相反,历史记录明确显示,大量的小白鹭和夜鹭曾在英格兰东部繁殖,如果真是这样,考古学记录并没有给予证实。显然,这里有一些有趣的假设需要进一步调查研究。

第五章

我来,我见,我征服

铁器时代的英国

据说,尤利乌斯·恺撒曾有一句名言:我来,我见,我征服。尽管他在公元前 54 年和 53 年两次来到英国,但他短暂的旅程几乎连英格兰南部都没有征服,直到公元 43 年,克劳狄乌斯(Claudius)才发动侵略并最终征服了英格兰。然而,恺撒关于派遣军队去当地人的土地上收割玉米,带牲畜撤退,以及行军所经过的耕地的记述,进一步强调了农业传播的广泛程度。铁器时代,他所入侵的英国南部兴盛凯尔特文化,农业经济发达,按照规律间隔建立的山丘堡垒组成网络。因此,从前广阔林地以及夹杂空地的景观面貌(如我们在第三章中推断的中石器时代的景象)已经转变成为一个偶有树林的农田景观。从公元 43 年克劳狄乌斯入侵英格兰开始,到阿格里科拉(Agricola)在公元 78 年征服北威尔士,罗马人在英国南部殖民统治了近 400 年,留下了大量的考古遗址,发现了大量的鸟类动物群(Parker,1988)。虽然曾有侵略者侵入北部的安东尼墙,但苏格兰从未被征服过,爱尔兰也几乎没有被入侵过。我们可以将苏格兰和爱尔兰同时代的遗址作为罗马时期的参考,尽管这从历史观点上来说显然是不够准确的。

最大的铁器时代动物群来自芬兰区遗址,如第三章讨论过的格拉斯顿伯里。然而,在英格兰南部的干旱地区遗址中也发现了一些保存很好,并且明显反映农业景观的动物群。位于汉普郡安多弗南部唐斯丘陵上代恩博里的高山堡垒是其中最大之一(Coy,1984a;Serjeantson,1991)。发现的农庄鸟类每种都只有少量骨骼,包括金鸻、凤头麦鸡、鹌鹑、欧亚云雀、长脚秧鸡、欧椋鸟和斑尾林鸽,尽管最后两种鸟类的发现说明附近应该有供它们筑巢的树存在。松鸦的发现显然说明了有森林存在,另外还有普通鵟、红隼、红鸢、寒鸦、秃鼻乌鸦和小嘴乌鸦,它们在附近的树上筑巢,但在农田里觅食。乌鸫、欧歌鸫、白眉歌鸫和伯劳科的一些种类的发现,指示森林边缘可能存在着矮小的灌木。更引人注目的是英格兰南部荒野和湿地鸟类的发现——荒野鸟类包括红松鸡、黑琴鸡,也许还有长耳鸮,湿地鸟类包括苍鹭、比尤克斯天鹅、灰雁、黑雁、绿头鸭、绿翅鸭、赤颈凫、赤膀鸭、普通秋沙鸭、凤头潜鸭和三趾鸥。新森林西南 20 千米是一片荒野,其在当时的面积可能会更大,以东 5千米就是特斯特河山谷,以南 25 千米是索伦特海峡。所有这些物种发现的化石都很少,只有一两块骨骼,比如游隼,只发现了一块非常独特的头骨。然而,最引人注目的是大量渡鸦骨骼的发现,占鸟类骨骼总数的 67%(798 块中的 533 块)(Coy,1984a)。渡鸦经常被报道发现于英格兰南部怀利的铁器时代遗址(Harrison,1980a),其他发现地还有古萨哲万圣(Harcourt,1979a)、布伦斯顿圣安德鲁斯(Coy,1982)、班伯里(Bramwell,1970)、梅登堡(Armour-Chelu,1991)以及庞德伯里和佩尼兰德(Ashdown,1993)。考虑到它们特殊的体型,即使在雀形目中也很特别,因此,骨骼不太可能会被忽视,可以很容易地辨认出来。但这些都不能解释这一物种在代恩博里的巨大数量以及在铁器时代遗址的普遍存在,其中可能隐藏着与文化有关的原因。在代恩博里和温科博里发现的完整渡鸦骨架,显然是被小心埋在坑底的。推测它们可能具有一些象征意义,也许是象征冥界。从鸟类学角度来看,这提醒人们,在 19世纪的捕杀将其分布限制在西部之前,渡鸦在英格兰的数量之多和生活范围之广。

英格兰南部其他铁器时代遗址发现的鸟类也展示了农田景观,尽管还是有一些林地的存在,但这些动物群都很小,提供的信息也没有湿地遗址那么丰富。温纳尔高地发现的欧亚云雀以及一些鸫类(Maltby,1985)和梅登堡发现的田鸫(Armour-Chelu,1991)一样,显示有农田存在。班伯里(Bramwell,1970)发现的欧鸽和秃鼻乌鸦说明有树木繁茂的农田,松鸦说明有林地,而渡鸦可以是任何类型——但在这一离巴斯较远的内陆地区还发现了黑海番鸭,这似乎是不可能的。代恩博里、阿宾登、霍尔藤山、斯劳特福德以及史前圆形石塔发现的家麻雀与认为当地有谷物耕作的想法相吻合,另外还有两条青铜时代早期麻雀属的记录,可能也是这一种(庞德伯里的波特恩)。正如埃里克森等(1997)提出的,该物种与家马一同抵达北欧,甚至要早于家鸡。多尔切斯特城外庞德伯里发现的海鸥、赤颈凫和大杓鹬反映了附近弗罗米河潮湿的冲积平原(Buckland-Wright,1987)。米斯郡的纽格莱奇墓的一个几乎同时期的遗址里也发现了一个小型的鸟类动物群,包括林地种(丘鹬、苍鹰、乌鸫、林岩鹨、绿金翅)、湿地种(普通秧鸡、白鹡鸰)以及农庄种(灰山鹑、椋鸟、欧歌鸫)(Van Wijngaarden-Bakker,1974,1986)。

在英国北部,海鸟在考古遗址(主要是沿海的)中的保存状况必然要好于陆生鸟类。最重要的 3 处铁器时代遗址是在奥克尼群岛的布岛(Bramwell,1987)、斯凯尔(Allison,1997b)和豪岛(Bramwell,1994),分别发现了 44 个、30 个,以及令人印象深刻的 113 个物种。物种的丰富数量证明了埋藏这些遗址的贝壳砂提供的良好保护。凯思内斯北部海岸、克罗斯柯克的史前圆形石塔发现了 26 个物种（MacCartney，1984），其中主要是海鸟。憨鲣鸟、普通鸬鹚、欧鸬鹚、海鸦、黑海鸽、小海雀、刀嘴海雀和北极海鹦在奥克尼地区的 3 处遗址都有发现，其中的 5 种（不包括黑海鸽、小海雀、北极海鹦）在克罗斯柯克也有发现。暴雪鹱和大海雀在克罗斯柯克、豪岛和斯凯尔都有发现，后者的数量更多。白嘴潜鸟发现于克罗斯柯克、布岛和豪岛，普通鹱发现于克罗斯柯克。同时一系列涉禽（凤头麦鸡、灰斑鸻、金鸻、大杓鹬、中杓鹬、蛎鹬、青脚鹬、红脚鹬、黑腹滨鹬、扇尾沙锥、丘鹬），鸭科［包括欧绒鸭（Eider）、黑海番鸭、斑脸海番鸭、绿翅鸭、赤颈凫、斑头秋沙鸭、普通秋沙鸭和秋沙鸭］以及其他的海鸟［各种各样的海鸥、大贼鸥（Great Skua）、白嘴端燕鸥（Sandwich Tern）］也有发现。猛禽数量较少，但白尾海雕在斯凯尔和豪岛都有发现，金雕、毛脚鵟、红鸢、红隼和游隼发现于豪岛，灰背隼发现于布岛和豪岛，令人惊讶的是，虽然奥克尼群岛上树木稀少，苍鹰却在豪岛和斯凯尔都有发现。普通鵟是克罗斯柯克发现的唯一一种猛禽。豪岛发现了鹤的幼体骨骼，这无疑证明了其在当地繁殖。尽管海鸟是绝大多数，但也有一些陆生物种被发现，特别是红松鸡在 4 个地点都有发现，黑琴鸡只发现于克罗斯柯克。在豪岛还有一些不同寻常的发现（对考古遗址来说），如黍鹀、芦鹀、雪鹀、太平鸟、灰伯劳（Great Grey Shrike）和鹪鹩。家燕、欧亚云雀、欧椋鸟以及各种鸫类（乌鸫、环颈鸫、欧歌鸫、白眉歌鸫、槲鸫）和渡鸦都是动物群中的常见种类。还有一只也许是被风吹来的迷路的灰林鸮，它和苍鹰一样，看起来都是不太可能会在奥克尼群岛出现的种类。短耳鸮是更加令人期待的发现，因为其现在仍然是那里的常规繁殖者，并且以（在新石器时代被引进的）奥克尼田鼠为食。布岛还发现了预料中的欧亚云雀、白眉歌鸫和渡鸦，同时也发现了红嘴山鸦，这是这一物种在不列颠群岛仅有的 15 条考古记录之一，而鹌鹑的发现说明了这种小型迁徙猎禽的分布是多么广泛。

早期驯化

恺撒还提到了动物群历史中的另一个重要细节,他说英国的凯尔特人饲养母鸡、鹅和野兔,尽管他们不吃这些。这就引出了我们鸟类种群研究的一个重要方面,即英国的鸟类动物群被引进的外来物种所改变的程度。向任何鸟类学家询问英国最常见的鸟类是什么,他(或她,但通常是他)可能会回答说是鹪鹩,根据吉本斯等(1993)的统计,其数目约为 710 万对。他也可能(尤其是在经历了一个寒冷的冬天之后,因为鹪鹩很容易受寒冷天气影响)会建议说是苍头燕雀(540 万对)或乌鸫(440 万对)。而正确的答案当然是家鸡,在 6 月时,家鸡约有 1.55 亿个成年个体,但成对的少得多,大约有 1.17 亿只是食用鸡,2 900 万只是蛋鸡,100 万只是育种库存。以其生产速度来衡量,每年约有 8.77 亿个个体被宰杀吃掉。鹅、鸭和鸽子在过去也很常见,现在则明显变少(火鸡、鸭子和鹅总共大约有 1 000 万只),虽然推测它们的驯化过程也是一件很有趣的事,但关于这一点的记录很少。

家鸡

奇怪的是,这种最常见的鸟类并没有一个令人满意的专门名称。它们经常被称为小鸡,但这一名称严格意义上是指第一年的年轻雌性个体;它们还会被称为母鸡和公鸡,但是它们的英文单词其实可以用于称呼任何一种鸟类的雌性和雄性;它们有时还会被称为家鸡(严格意义上讲,Fowl 是盎格鲁-撒克逊人对鸟类的称呼,比如 Fowlmere 意为鸟之湖),是东南亚的原生物种。原鸡属有 4 个野生种,分别是印度西南部的灰原鸡(Grey Jungle Fowl)、斯里兰卡的黑原鸡(Black Jungle Fowl)、爪哇岛的绿原鸡(Green Jungle Fowl)以及印度、缅甸和东南亚的红原鸡(Red Jungle Fowl)。最后一个已经被确认为家鸡的主要祖先,通常也会直接用 *"Gallus gallus"* 来称呼家鸡。然而,这一情况现在已经被规范了,因为国际动物命名法委员会(ICZN,2003,2027号决议)认为,为了区分明晰和避免混乱,野生的哺乳动物和昆虫应该保留独立的专门名称来与被驯养的后代相区别(所以狗被叫作"*Canis familiaris*",而狼被叫作"*Canis lupus*",即使我们知道不管是从生物学还是历史上来看,它们都是同一物种)。但当驯养动物的命名在分类学上的优先级高于其野生型时,就会引起特别的混乱(Gentry et al.,2003)——把灰狼称为"*Canis familiaris*"是没有任何意义的。虽然这一决议并没有正式包括家鸡,但基于同样的原因,用"*G. domesticus*"来称呼驯养的鸡是明智的。这样使以下问题的讨论更加容易,比如红原鸡是否是家鸡的唯一祖先?演化过程是否涉及其他物种?以及是否已经有不同的种群涉及——也就是说,家鸡的驯化过程是只发生过一次还是多次?也许是发生在不同的地方,来自不同的种族或物种。现在已经有了很好的考古学和遗传学证据来解决这个问题。

佐伊纳(Zeuner,1963)认为,最早的家鸡记录来自公元前2000年印度河流域的摩亨佐-达罗遗址[现在属于巴基斯坦,但莫蒂默爵士(Sir Mortimer)率队发掘时还属于印度]。在当时,这无疑是该物种在考古遗址中的最早记录,而且超出了红原鸡的自然分布范围,所以有理由认为是被驯养的。事实上,任何物种在其自然分布范围之外的考古环境中的出现,通常会被认为是驯化行为存在的可信标志(例如,在约旦河谷贝达发现的驯养的山羊,或者确实属于欧洲的绵羊和山羊)。而当韦斯特和周(1988)对这一问题重新进行研究时,他们意识到中国的考古学家已经发现了更早的证据。他们报道的最早的遗址为公元前5935年的裴李岗,以及公元前5405年的磁山,二者都位于中国北方的黄河流域。此外,他们列出的18条中国考古记录中,有16条要早于摩亨佐-达罗遗址,而且都在红原鸡的自然分布范围以北很远的地方。这意味着家鸡的驯化可能发生在中国南部的某个地方,也许是泰国或者越南(然而,那里还没有发现考古遗址），然后这些母鸡被向北带入中国。

幸运的是，基因证据证实了这种说法，即家鸡首先在东南亚被驯化。文仁等（Fumihito et al.，1994，1996）研究了原鸡属不同种类之间，它们与家鸡之间，以及家鸡与被认为是红原鸡的五个亚种中的三种之间的关系。他们的研究结果充分证实，家鸡起源于红原鸡，而且发现于泰国的原鸡指名亚种显然是它的唯一祖先。即使是在有两个野生原鸡亚种——原鸡指名亚种和原鸡印尼亚种的苏门答腊，当地家鸡与泰国的原鸡指名亚种的关系也比与苏门答腊的原鸡指名亚种更接近。

家鸡从东南亚向欧洲传播的过程仍需要进一步讨论。很明显，它们迅速向北扩散到中国。那么它们又是如何向西方传播的呢？当摩亨佐-达罗被认为是最早的出现地点时，人们很自然地推测这一物种首先进入已经有了漫长农耕历史的中东，然后到达地中海地区。然而，韦斯特和周（1988）也指出，我们现在已经知道，在许多更靠西部的，时代早于摩亨佐-达罗的遗址都发现了鸡的骨骼，包括伊朗、土耳其、乌克兰和罗马尼亚的遗址，但并没有来自伊拉克、以色列或约旦这样早期驯化发生的典型地区的记录。那么看来家鸡可能是通过后来被称为丝绸之路的路线，从中国北方开始，经俄罗斯南部进入欧洲东南部和中东的东北部，尽管目前几乎没有沿这条路线的考古发现来证实这一理论。麦克唐纳（MacDonald，1992）认为，埃及附近最早的考古记录来自公元前2400年的叙利亚，而在埃及本地，直到公元前1567年—公元前1320年的第十七王朝（西维王朝）才有了相关的考古记录。虽然野生和驯养的水生鸟类在古埃及壁画中都有很好的体现，但是直到大约公元前1200年的拉美西斯王朝，家鸡才开始作为外来的进口物种在壁画中出现。家鸡在公元前300年开始在尼罗河谷地区流行（Houlihan，1996），所以它出现得很晚，也许是来自北方而非东方。因为很明显，家鸡在青铜时代就已经在欧洲东南部（希腊的克里特岛)建立了良好的地位,并且在铁器时代广泛传播于欧洲大部分地区,公元前500年到达意大利,公元前700年到达荷兰和波兰,公元前100年到达法国(West and Zhou,1988)。英国最早的记录来自铁器时代晚期的遗址,包括乌利(Cowles,1993)、科尔切斯特(Bate,1934)、古萨哲万圣(Harcourt,1979a)、艾尔斯伯里的阿什维尔庄园(Bramwell,1978a)、布里恩高地(Levitan,1990)、诺那岛(Turk,1971),以及克利夫兰的休里斯村庄(Rackham,1987)。所有这些遗址都在公元前200年—公元50年,与前面的假说相匹配,这解释了恺撒的言论,即它可能出现时间不长,但被高度重视,并不是普通的食物。在所有这些遗址中,都只发现了几块骨骼,这再一次与其新移民的身份相匹配。总的来说,铁器时代鸟类记录中的家鸡只有不到6%(表5.1)。值得注意的是,前面讨论过的奥克尼群岛的豪岛和斯凯尔,以及克罗斯柯克,都发现了家鸡,这表明驯养物种的传播速度非常快,甚至已经到了英国的最北部。

前几章中已经提到过,且在表5.1中也明确指出,另外还存在一些更早的考古学记录。对此有两种解释。一个是哈里森(1978)提出的,在伊普斯威奇间冰期,欧洲至少有一种野生的原鸡属存在,他将其命名为欧洲原鸡,它有可能在后冰期又再次出现了。蒂尔贝格(1998)对所有欧洲西部报道的早期原鸡属都持怀疑态度,尽管在晚更新世黎凡特和外高加索地区的发现的原鸡属的存在说明其很可能在间冰期早期就已经在欧洲南部出现了。不过鉴于这些记录大多时代含混不清以及欧洲其他地方可对比物种的缺失,一个更可能的解释是,这些其实都是由于某种原因被带进考古层的后期的家鸡骨骼,可能是由某种穴居哺乳动物,比如狐狸和狼(它们经常把大的猎物带回巢穴)或者獾(然而这里并不是),或者是骨骼本身由于重力原因,穿过松散的洞穴地面层向下渗透。大多数情况下,挖掘者会将这些骨骼当作侵入性元素而不予理会,他们这样做无疑是正确的。上面提到的遗址中,布里恩高地被认为

表 5.1　大不列颠群岛考古学记录出现的驯养鸟类（和环颈雉）统计表

物种	更新世	晚冰期	中石器时代	新石器时代	青铜时代	铁器时代	罗马时代	盎格鲁-诺曼时代	中世纪	后中世纪	共计
家鸡	2(0.4)	1(0.3)	3(1.5)	2(0.6)	3(0.2)	39(5.9)	259(14.8)	128(7.3)	305(13.3)	143(13.3)	900(10.1)
家鹅			1(0.5)	1(0.3)	1(0.6)	7(1.0)	75(4.3)	82(7.4)	137(6.3)	62(5.8)	369(4.1)
野生雁	25(4.6)	11(2.8)	7(3.4)	5(1.5)	9(5.0)	15(2.3)	27(1.5)	38(3.4)	26(1.1)	7(0.7)	179(2.0)
家鸭	1(0.2)					8(1.2)	44(2.5)	31(2.8)	65(2.8)	34(3.2)	187(2.1)
野生鸭	31(5.6)	20(5.0)	21(10.3)	7(2.0)	13(7.2)	48(7.2)	142(8.1)	63(5.7)	132(5.8)	56(5.2)	547(6.1)
家鸽	2(0.4)	1(0.3)				1(0.2)	35(2.0)	29(2.6)	50(2.2)	21(2.0)	138(1.5)
野生鸽	3(0.6)	11(2.8)	5(2.5)	2(0.6)	1(0.6)	10(1.5)	49(2.8)	30(2.7)	55(2.4)	12(1.1)	184(2.1)
孔雀						1(0.2)	2(0.1)	5(0.5)	21(0.9)	7(0.7)	35(0.4)
火鸡							2(0.1)		16(0.7)	26(2.4)	47(0.5)
环颈雉	2(0.4)	3(0.8)					8(0.5)	7(0.6)	27(1.2)	5(0.5)	58(0.6)
鸟类总量	539	398	203	344	181	664	1755	1108	2295	1075	8953

注：表中列出了每个种的数量以及在当时所占的比例，总数（最右侧栏）包括一些年代未定的记录。野生种也在其中以供比较；所有野生雁（灰雁、白额雁、豆雁、白额黑雁、黑雁）、野生鸭（绿头鸭、赤膀鸭、白眉鸭、绿翅鸭、赤颈凫、针尾鸭、琶嘴鸭），以及野生鸽（欧鸽、原鸽、斑尾林鸽）。

属于青铜时代,但是该遗址的年代和其中发现的个体的时代是不确定的——这一遗址中也发现了家鼠,它无疑是铁器时代的外来侵入物种(Levitan,1990;Yalden,1999)。对于这类事件的发生,詹姆斯·费希尔(1966)谈到了欺诈鸟(由很多种鸟类标本拼凑出的虚假发现——译者注)的问题。这里需要注意的是,早期家鸡的体型和环颈雉差不多,后来,体型较大的家鸡与黑琴鸡相近,而在现代,某些品种的大公鸡在体型上甚至能与雷鸟相比较。尽管一些形态特征使大多数骨骼可以被鉴别(Erbersdobler,1968,见第一章),但也必须考虑到在鉴定中出现错误的可能性(特别是在缺乏品种齐全的比较材料的早期挖掘中)。

与世界上其他地方一样,这里的家鸡的后续发展是成为一种越来越常见的动物,被用来产蛋和食用,还被用于体育项目(斗鸡)和宗教。帕克(1988)重新研究了86处罗马遗址中发现的鸟类遗骸,虽然其研究重点主要集中在野生物种上,但发现几乎所有这些地点都有家鸡出现。现在我们的数据库中大约有253处罗马遗址,而家鸡的记录有259条(有些遗址有多个层位),所以它们基本上无处不在。在这一时期的1 755条鸟类物种记录中,它们贡献了14.8%,远高于在铁器时代的流行程度,成为并一直是数量最多、最普遍的英国鸟类(表5.1)。

家鹅

有两个野生种为家鹅种群做出了贡献:一个是温带古北区(从冰岛和不列颠群岛到中国北部)常见的野生种——灰雁;另一个是中国常见的古北区东部种鸿雁(Swan Goose)。它们对家鹅种群的相对贡献,被驯化的时间和地点,以及现代家鹅的基因组成等问题受到的关注远远少于家鸡。基尔对已知的情况进行了回顾。大多数水禽,包括所有的雁类,即使是在野外,亲缘关系较近的种之间也可以进行交配;在圈养环境中,不同种类之间的杂交非常常见。

显然,现代遗传技术将在解释它们的历史方面发挥很大作用,但迄今为止在这个问题上几乎没有任何应用。不过,考古学证据也有一定的帮助。

欧洲的家鹅被认为是东部灰雁的后裔,因为所有欧洲家鹅都和后者一样有着粉红色的喙,西部的灰雁种群的喙为橙色(Kear, 1990)。这与古埃及的一处被基尔(1990)认为是对家鹅的早期描述是一致的:它具有东方灰雁的特征,又因为显然是在繁殖期(比自然分布范围更靠南),而被认为是家养的。然而,也有一些关于红胸黑雁、豆雁和白额雁的精美墓葬画,它们可能是在尼罗河三角洲越冬的野生种(Houlihan, 1996)。埃及雁(Egyptian Goose)在壁画中也有出现,它们曾经在古埃及被驯化,但后来被驯养的灰雁取代。这里还存在用各种各样的颜色描绘的关在笼子和围栏里的雁,说明这一物种已经被驯养。到公元前1450年—公元前1341年埃及第十八王朝时,这样的证据已经很常见且毋庸置疑(Albarella, 2005)。看起来似乎无论是家鹅,还是驯养它们的方法,都是从古埃及经由希腊和罗马传入欧洲。古希腊人认为鹅是家禽,因为在荷马史诗奥德赛的故事中,有一段描述是奥德修斯的妻子佩内洛普养了一小群鹅。驯养延续到罗马文化,对于罗马人来说,鹅是食物,同时对某些神来说又是神圣的(Toynbee, 1973)。公元前390年,当高卢人来袭时,狗没有叫,是罗马朱诺神庙的鹅发出很大叫声来警告罗马人。普林尼(Pliny)知道育肥鹅可以得到鹅肝,也知道白鹅作为食物和身上羽绒的价值。白鹅的选育清楚地表明它们确实是被驯养的。

灰雁是欧洲体型最大的雁,尽管豆雁可以与之相提并论。驯化的一个明显后果,就是体型较大,体重较重,飞行能力较差的个体被选育。因此,它们的腿骨会变得更长,更结实,以承受更大的体重,但翅膀的骨骼受到的影响较小。因为家鹅是受保护的,所以对飞行的需求较低,甚至可能会被用一些方法阻碍飞行,例如,剪掉翅膀上的羽毛(这是一种临时措施,到下一次换羽前有效),或者更一劳永逸的方法是剪断它们的翅膀(通过手术移除翅膀远端的骨骼和其上的羽毛)。因此,当身体其他部分骨骼变大时,翅膀的骨骼没有要变大的压力,它们的(绝对)大小可能保持不变,所以显得相对较小。因而,如果在考古遗址中发现了粗壮的鹅腿骨,那么可能表明驯养已经出现,但是需要一个足够大的(统计学上的)样本来证明这一点。在丹麦的海特哈布维京时代地层中发现的鹅的蹠骨的平均值比野生的灰雁的要宽 3 毫米,尽管前者的前肢骨骼更细;很明显,这些发现是家鹅(Reichstein and Pieper,1986)。然而,最早的家鹅与灰雁的骨骼是难以区分的。无论是在驯养出现之前还是之后,从中石器时代到新石器时代,野生灰雁和其他物种一样,一直在被猎杀。不同种类的野生雁在个体大小分布上有重叠,我们在表 5.1 中已经整理出来,并与家鹅比较。结果确实表明,铁器时代的家鹅数量不多,但在罗马时代则明显增长,这种数量增长一直持续到现代。事实上,这一整体发展模式与家鸡的情况非常类似,为恺撒大帝的言论增添了考古学的证据。英国家鹅在铁器时代的记录包括:英格兰的古萨哲万圣(Harcourt,1979a)、班伯里(Bramwell,1970)、西斯托(Crabtree,1989b)、霍尔藤山(Jones,个人评论)、苏格兰奥克尼群岛的豪岛(Bramwell,1994)、斯凯尔(Allison,1997b)和克罗斯柯克的史前圆形石塔(MacCartney,1984)。一些早期记录的鉴定也许是正确的,包括中石器时代的高夫洞穴(Harrison,1980a,1986)、新石器时代韦斯特雷的科特角(Harman,1997)和青铜时代的道尔洞穴(Bramwell,1960b),但也可能是像前面讨论过的虚假的侵入的家鸡记录,它们也可能是大型的野生灰雁。后来,家鹅在盎格鲁-撒克逊遗址中被大量发现,在中世纪时期,其数量甚至变得更加丰富(Allbarella,2005),直到 17世纪,随着火鸡变得越来越普遍,家鹅在圣诞晚餐中的地位才被取代。

我们不知道英国是否有任何关于鸿雁或中国鹅的考古记录，但怀疑它们隐藏在其他物种中。历史记录显示，直到18世纪末，它们才被引入西欧，比伊克在1797年曾图文并茂地描述过一只（Kear，1990）。考虑到中国人对家鸡驯养的了解，很可能至少早在鹅和鸭在地中海地区被驯养的时候，他们就开始驯养这两个物种了，但是中国的考古文献对我们来说是晦涩难懂的，我们并没有关于这些的详细记录。

家鸭

普遍认为，绿头鸭是所有家鸭的祖先［显然先决条件是，完全不同的南美的疣鼻栖鸭（Muscovy Duck）也被驯化了］。这种公鸭有着卷曲的尾羽，这也是所有驯养品种公鸭的特征。然而，绿头鸭广泛分布于整个古北区，从西边的冰岛、爱尔兰和西班牙，到日本北部和东部的堪察加半岛。它也在新北区，从阿拉斯加到拉布拉多的范围内繁殖。虽然这一物种不在埃及、伊拉克或中国繁殖，但会在这三个国家越冬。因此，它有可能会在（或者不在）旧大陆的任何一个经典的早期农业中心被驯化。与家鹅相比，有更多的基因证据可以帮助了解家鸭驯化的历史，但是大部分的争论还是需要文件记录和考古证据的支持。

基尔（1990）认为，鸭被驯养的时间只有鹅的一半，而且并不被埃及人、亚述人或巴比伦文明所知，同样也不被犹太人或古希腊人所知。她认为，是西方的罗马人和东方的马来人开始了鸭的驯养。她进一步指出，直到1363年，家鸭才被列入伦敦的家禽交易名单（被写作"驯养的绿头鸭"），而绿翅鸭早在1274年就被列入其中，这意味着家鸭很可能是后来才进入英国农场的。但也许与此相矛盾的是，霍利亨（1996）称，第十八王朝时期（公元前1550年—公元前1307年），埃及人在农庄里饲养家鸭和家鹅，用以作为对野外采集的家禽的补充。汤因比（1973）报道了瓦罗（Varro）和科卢梅拉

(Columella)关于养鸭的建议,但目前还不清楚这些是否属于商业化养殖。他们的描述听起来更像是饲养宠物或笼鸟,而不是用于食用的动物。

在研究鸭尤其是家鸭的考古学记录的过程中,鉴定带来的问题比在雁形目中更让人困扰。绿头鸭比其他大多数鸭子的体型都要大,当然也比其他所有钻水鸭(鸭属)大,但与欧绒鸭和翘鼻麻鸭相接近(不过,它们的大多数骨骼在解剖学特征上都有所区别;Woelfle,1967)。体型的进一步增加使家鸭变得更加独特,但在部分残骸上仍然存在问题,如表5.1中许多被归为家鸭的记录,实际上当时考古学家给出的鉴定结果都是"家鸭/绿头鸭"。来自铁器时代的家鸭范例发现于格拉斯顿伯里湖村(Andrews,1917;Harrison,1980a,1987b)、古萨哲万圣(Harcourt,1979a)、奥克尼群岛的豪岛(Bramwell,1994)以及阿宾登的阿什维尔贸易区(Bramwell,1978a)。同时代较不明确的发现来自龙比(Harman,1996a)和米奇尔德弗森林(Coy,1987a)。罗马时期,发现了大量家鸭(至少17条)和绿头鸭(19条)的记录,似乎可以肯定,家鸭在罗马时代的英国很常见。阿尔巴雷拉(2005)指出,在罗马时期遗址中,鸭的骨骼(野生或疑似家养的)比鹅的骨骼更加常见。表5.1中的统计数据也表明,在铁器时代—罗马时代的过渡期间,与鸡和鹅一样,鸭的记录确实有所增加。此外,铁器时代家鸭的鉴定结果有力地支持了以下观点:在罗马人到来之前,家鸭就和家鸡和家鹅一样,已经成为农场动物的一员,尽管规模较小。看起来似乎驯养家禽的概念已经从凯尔特世界传播到了整个英国。需要注意的是,在表5.1中,从铁器时代到罗马时代,家鸡、家鹅和家鸭的数量都有明显增加,但都没有在诺曼时期或中世纪时期表现出急剧增加。显然,这与基尔(1990)的观点相矛盾,她认为直到中世纪时绿头鸭才被驯化,但阿尔巴雷拉(2005)发现,盎格鲁-撒克逊遗址中鸭骨骼的数量比鹅的要少得多,而且在中世纪遗址中也是如此。

也许在罗马时代和盎格鲁-撒克逊时代的过渡时期,鸭的驯养行为曾经一度消失,后来又重新出现。另一种观点认为,这些实际上是某种野鸭(无疑主要是绿头鸭),而我们所描述的实际上是一种日益增长的采集野鸟的风气(Albarella and Thomas,2002),这也许与鹰猎的风靡和遗址地位较高有关。这一观点同样适用于鹅的记录。现在已经有了足够多的来自不同地点的记录,可用于核查数据,检验其作为家鸭的可靠性,以及它们相对于其他物种的丰度。

那么关于家鸭祖先,我们从遗传证据中得到了什么帮助呢?到目前为止,还没有定论,但是希托苏吉等(Hitosugi et al.,2007)指出,亚洲东南部和东北部的家鸭之间存在巨大差异。他们认为,距今大约 3 000 年的时候,中国地区就开始出现了鸭的驯化,并且肯定地表示印度跑鸭和康贝尔鸭等品种与东南亚的鸭有关,台湾和日本的品种则属于不同的支系。目前亟须关于欧洲古老品种的信息,如埃尔兹伯里鸭和宠物鸭。

家鸽

考古学家和鸟类学家都在使用的术语"鸽子",是带有迷惑性的。Domestic Dove 或 Domestic Pigeon 通常是指人工驯养的原鸽。罗马人确实驯化了原鸽,将其用作食物、宠物和传信工具(Toynbee,1973)。瓦罗和科卢梅拉曾经给出了一些饲养和育肥鸽子的注意事项,并报道说一座房子最多可以饲养 5 000 只鸽子。这听起来的确像是商业化生产。然而,看起来非常像我们现在熟悉的灰斑鸠的家养环鸽(Barbary Dove)也已被驯化了许多个世纪并且还出现在罗马的镶嵌画中。考古学家们并不总是明确说明他们提到的"家鸽"的含义,有些记录实际上更增加了不确定性——"家/原鸽"和"家/欧鸽"实际上是原鸽(或欧鸽)大小的鸽属成员,而不是斑鸠属。文献中约有 38 条记录仅能被鉴定为"某种斑鸠",另外 29 条被认为是"斑鸠或鸽子"。然而,我们的记录中仅有 3 条可归于斑鸠属的记录，另外 2 条是长期生存于当地的原生欧斑鸠（Turtle Dove），尽管唐·布拉姆韦尔（1985b）从格洛斯特（Gloucesterde）的罗马时代巴恩斯利公园鉴定出了一件可能是家养环鸽的骨骼。在没有反对证据的情况下，为了编制表 5.1，我们假设，考古学家报道的所有不能确定是斑鸠还是鸽子的记录都是原鸽大小的动物（即使体型增大的家鸽也比斑尾林鸽小得多，但与欧鸽在体型分布上完全重叠。欧鸽和原鸽在考古学标本上也不能被轻易区分开，它们体型大小相同，形态差异很小；Fick，1974）。

假设这些怀疑并不能压倒现有的证据，我们能从表 5.1 所示的考古记录中得到些什么信息呢？考虑到合理样本的所有时期，野鸽占鸟类记录的 2%—3%；在 184 条记录中，86 条是斑尾林鸽，98 条是原鸽或欧鸽。然而，从罗马时代起，还有另外 2%—3% 的部分看起来是家鸽。其中只有 4 条较早的记录：1 条是得文思时期（更新世）鉴定为家鸽的发现（德比郡的兰加斯洞穴；Mullins，1913），但这一鉴定很可能是一个跨地层的"假象"；来自可可戴尔洞穴的伊普斯威奇时期（更新世）的记录和梅林洞穴的晚冰期记录（Harrison，1980a）实际上是需要谨慎对待的"某种鸽子"；铁器时代来自奥克尼斯凯尔的"某种斑鸠"的记录也是如此（Allison，1997b）。换句话说，只有我们对记录谨慎整理，这些数据才会作为"家鸽"，被纳入表 5.1 中。这些数据表明，与其他家禽一样，家鸽确实是英国的早期引进品种，尽管时代稍晚，是罗马时代而不是铁器时代。

其他罗马引进物种

罗马的马赛克镶嵌画中出现的另外三种猎禽，是在罗马时代被人熟知的鸟类——环颈雉、蓝孔雀和珍珠鸡。

在英国和欧洲西部，环颈雉作为野生鸟类的地位一直存在争议。它从来就不是一种农场鸟类，但现在其野生鸟类的地位已被确立，在体育庄园以商业规模繁殖。汤因比（1973）认为，公元前 5

世纪—公元前 4 世纪时,环颈雉已经被希腊人所熟知,显然在托勒密八世时期(公元前 145 年—公元前 116 年)的埃及就已经开始了人工驯养。很多罗马作者重申了该物种起源于费西斯河附近的科尔基斯的观点,这也是环颈雉俗名和学名的来源。在现在的格鲁吉亚,费西斯河(现在叫里奥尼河)流入黑海东端,其附近原属沿海地区的科尔基斯,现已从土耳其延伸到格鲁吉亚。汤因比(1973)在利比亚萨布拉塔(Sabratha)的查士丁尼教堂发现了一幅保存极好的罗马马赛克镶嵌画,上面明显有一只雄性环颈雉,另外还有一只可能因为具有长尾而被汤因比错误鉴定为鹦鹉的鸟(长尾小鹦鹉也常常出现在罗马马赛克镶嵌画中),但它实际上应为一只雌性环颈雉。看起来环颈雉的原生分布范围从外高加索地区向东延伸,经过苏联地区,直到中国、韩国和日本北部(Cramp et al.,1977—1994;Tyrberg,1998)。尽管克兰普等(1980)将土耳其、色雷斯和保加利亚东南部也加入其原生分布范围,但如果它出现得如此之近,希腊人和罗马人似乎不太可能认为它是科尔基斯的本地物种。当然,它也不是西欧的原生物种,更不用说大不列颠群岛了。那么它究竟是何时来到这里的呢?现在普遍认为是诺曼人引进了环颈雉(Fitter,1959;Lever,1977;Cramp et al.,1980)。这一观点认同了洛(1933),他对早期的罗马人引进说持反对意见。他论证了之前在西尔切斯特发现的被认为是不列颠行省时期的环颈雉骨骼实际上是家鸡,还检查了约克、圣奥尔本斯以及什鲁斯伯里附近发现的被认为是罗马时代的环颈雉骨骼,认为这些实际上也属于家鸡,并断言尚没有确定的有关环颈雉的罗马遗迹。但是,70 年后的证据又是如何的呢?

对明显的环颈雉记录的简要回顾显示,只有 8 条可能属于罗马时代,其中包括曾被认为是鉴定错误的锡尔切斯特发现的骨骼,而来自斯塔德兰(King,1965)的骨骼在一组骨骼内被发现,其中还包括被现代的而非罗马时代的狐狸带来的火鸡。可能的有效记录包括巴恩斯利公园（Bramwell，1985b）、昆顿（Field，1999）、哈丁斯通（Gilmore，1969）、拉蒂默（Hamilton-Dyer，1971）、科尔切斯特（Luff，1982，1993），也许还有莱德利的巴罗丘陵（罗马时代/撒克逊时代；Barclay and Halpin，1998）。鉴于罗马遗址的丰富性，这些只是很少的记录。巴恩斯利公园的发现十分有意思，因为环颈雉和家鸡的记录都很多，分别有 8 条和 12 条。其结果显示环颈雉可能在那里被当作食物饲养。考虑到罗马人确实知道并且食用环颈雉，这一时期发现的几条记录似乎很有可能证实这一猜想，但是并不能确定这种鸟类本身已经在罗马的乡村生活。在接下来的撒克逊时期，环颈雉同样稀有或缺失，仅在约克郡的费希尔门（O'Connor，1991）、林肯郡（Cowles，1973；Dobney et al.，1996）、刘易斯（Bedwin，1975）有所发现，另外还有前面提到过的时代未定的莱德利巴罗丘陵发现的标本。后期的发现与之相比十分惊人，诺曼时期或更晚的中世纪时期至少有 27 条记录。有一系列的记录尤其有趣，这些记录似乎属于盎格鲁-撒克逊/盎格鲁-斯堪的纳维亚晚期，或诺曼-亨多曼早期（Brown，1988，2000），位于约克郡的科珀盖特（O'Connor，1989）、贾尔索夫（Platt，1956）和弗利克斯伯勒（Dobney and Jaques，2002）。总的来说，诺曼-中世纪时期以及撒克逊-诺曼晚期记录的增加，确实支持了这样一种观点，即这一物种在英国的出现并不是因为罗马人，而更可能是由早期诺曼人在 9—10 世纪引入。

　　蓝孔雀，原产于印度和东南亚，被罗马人熟知，因为在马赛克镶嵌画、硬币和烹饪器皿上都有它的身影（Toynbee，1973）。最初，它被饲养以供娱乐，后来又成为一种珍贵的食物。蓝孔雀最初并不为古埃及人所知，但它似乎于希腊—罗马时期，在托勒密二世统治时（285—246 年）被引进（Houlihan，1996）。英国唯一罗马时期的记录来自波特切斯特（Eastham，1975）和大斯塔顿（Bramwell，1967）。如表 5.1 所示，这是另一个在中世纪出现频率变得更高的引进物种。珍珠鸡原产于非洲，虽然现在在北非十分罕见，并在埃及已经灭绝,但它曾与环颈雉一起出现在利比亚萨布拉塔的查士丁尼教堂的马赛克镶嵌画中。罗马人的畜牧业记录清楚地表明了他们对珍珠鸡的熟悉程度(Toynbee,1973),但当时或之后在英国都没有珍珠鸡存在的考古记录。麦克唐纳(1992)没有列出任何珍珠鸡在非洲或欧洲的早期记录,他指出,在将本地珍珠鸡作为家禽之前,西非似乎就已经开始引进家鸡了。勒夫(1982)确实提到过一个来自德国西部萨尔堡罗马营地的考古标本。据说它可能是在中世纪被葡萄牙人从西非带到了欧洲,但首次引入英国的时间似乎并不能确定,可能不会早于 17 世纪。

可能早在 4 000 年前,火鸡就在墨西哥被驯化,然后于 16 世纪传入欧洲。其进入英国是在 1525 年和 1532 年之间,莎士比亚曾经提到过 2 次(虽然不是珍珠鸡)。比较特殊的是,火鸡被驯化后又被带到新英格兰时,那里已经出现了不同亚种的野生火鸡。我们的数据库中有 46 条记录,大多年代都可以确定,它们都如所预期的那样,属于中世纪晚期或后中世纪。有 4 条洞穴记录例外,没有精确的测年记录("年代未知"或是"晚更新世—全新世"),分别是斯莱戈郡的斯莱戈洞穴、科克郡的普克城堡洞穴、萨默塞特郡的阿维林洞和克莱尔郡的地下墓穴,另外还有 2 条更加麻烦的记录,来自斯塔福德郡奥斯莫洞穴的"不列颠行省"(Bramwell,1954)和肯特郡的"罗马时代"的凯斯顿(Locker,1991)。很明显,这些可能是错误的鉴定或是跨地层的"欺骗者",它们以某种方式进入原本不属于的考古层,或许是由于狐狸或其他掘穴动物,或许是由于多孔碎石沉积物的特性。

罗马时代英国的野生鸟类

我们数据库内来自罗马时期遗址的 1 755 条鸟类记录中,有 413 条(23%)是前面讨论过的 4 种驯养鸟类——鸡、鸭、鹅和鸽子。其余是大量的野生物种记录。帕克(1988)首先仔细检查了这些记录并确定它们对罗马人的功用,从中得到了一些关于罗马时代英国鸟类动物群的线索。他总结了来自86处遗址的94条物种记录,以及一些额外的物种集合(鸻、小型涉禽、鸦科、山雀、小型雀形目、雀类/鸫),这些记录可能与其他地点精确鉴定的物种相吻合。我们的清单内容更加充实,记录了大约244个地点(图5.1)发现的

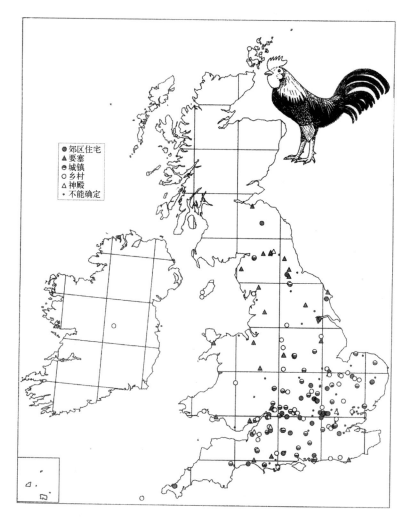

图5.1 大不列颠群岛罗马时代考古遗址。大部分毫无意外的位于英格兰,但其他地区还有一些同时期遗址存在,包括威尔士和苏格兰南部的一些真正的罗马遗址

136 个物种(不包括诸如"乌鸦/秃鼻乌鸦"之类的集合),尽管这些遗址都被认为属于"罗马时期",其中还有一些皮克特和爱尔兰的地点,特别是我们认为属于同一时期的巴林德里。最大的动物群发现于奥斯莫鹰巢洞穴,这是一个乡村遗址,其中杂居生活着以小型猎物为食的仓鸮和捕食更大猎物的金雕。短暂的不列颠行省时期形成了多达 63 种的物种多样性,尽管这一遗址可能从不列颠行省时代延续到了盎格鲁-撒克逊时代;我们首先假定整个动物群都属于罗马时代,在更传统的罗马遗址中,调查了一系列郊区住宅、堡垒和城镇。其中许多只发现了少量鸟类骨骼,通常无法准确鉴定(鸫、燕雀、鸭)。那些发现了最大的动物群的遗址里有以下内容(表 5.2)。

表 5.2　一些罗马遗址和罗马时代遗址发现的野生鸟类动物群的多样性

遗址	类型	物种数量	参考文献
罗克斯特	要塞	30,包括疣鼻天鹅、渡鸦、普通秧鸡	Meddens,1987
乌雷神庙	庙宇	24,包括白尾海雕、疣鼻天鹅、渡鸦	Cowles,1993
斯通纳村	营地	19,包括白尾海雕、鸢、渡鸦	Stallibrass,1996
西尔切斯特	城镇	22,包括大天鹅、鹤、鹳、渡鸦	Parker,1988
奥斯莫鹰巢	乡村	63,包括金雕、黑琴鸡、渡鸦	Bramwell et al.,1990
波特切斯特	要塞	16,包括白嘴潜鸟、渡鸦	Eastham,1975
伦敦墙	城镇	18,包括鹤、小白鹭、夜鹭	Harrison,1980a
伊尔切斯特	城镇	17,包括鸢、游隼、苍鹰	Levitan,1994a
海布里奇榆树农场	城镇	31,包括疣鼻天鹅、游隼、渡鸦	Johnstone and Albarella, 2002
弗洛塞斯特	郊区住宅	26,包括鸢、普通䴓、鹌鹑	Bramwell,1979b
法利	要塞	21,包括刀嘴海雀、海鸽、北极海鹦	Dobney et al.,2000

续表

遗址	类型	物种数量	参考文献
埃克塞特	城镇	19，包括鹤、大杜鹃、渡鸦	Maltby，1979a
多尔切斯特	城镇	23，包括鹤、长脚秧鸡、鸢、普通鵟	Maltby，1993
科尔切斯特	城镇	32，包括鹤、渡鸦、灰伯劳	Luff，1982，1993
贝德文森林城堡	郊区住宅	19，包括苍鹰、金鸻	Allison，1997a
卡莱尔安尼特维尔街	城镇	26，包括鸢、鹤、黑琴鸡	Allison，1991
滨海凯斯特	要塞	17，包括疣鼻天鹅、鹤、渡鸦	Harman，1993b
凯尔文特	要塞	18，包括鸢、渡鸦	Bramwell，1983d
卡利恩	要塞	15，包括白尾海雕、反嘴鹬、鹤、渡鸦	O'Connor，1986
巴克奎	皮克特	19，包括白嘴潜鸟、鹗、小海雀	Bramwell，1977b
格洛斯特郡巴恩斯利公园	郊区住宅	27，包括鹤、斑尾塍鹬	Bramwell，1985b

帕克（1988）发现最为常见的种类是渡鸦，现在仍然如此。其记录有 95 条，只有绿头鸭（75 条）出现的频率与之接近。很容易联想到这些渡鸦是生存于城镇和乡村边缘的拾荒者。其他显然同是食腐种类的大量发现记录，特别是白尾海雕（19 条）、红鸢（14 条）和普通鵟（19 条），也支持了这一观点。其他种类乌鸦的大量记录，包括 9 条小嘴乌鸦、18 条秃鼻乌鸦和 71 条"乌鸦/秃鼻乌鸦"或"鸦科某种"（这两者很难区分，尽管秃鼻乌鸦的平均体型较小，喙也更长更细），可能也支持了这一观点。另一方面，渡鸦具有象征意义（如前面讨论过的铁器时代遗址），很可能是作为饲养的宠物，而秃鼻乌鸦可能是被当作食物——毕竟在近代，秃鼻乌鸦派是一种常见的菜肴，也许现在仍然如此。

其他一些物种显然是被当作食物的。丘鹬的出现频率尤其惊人，在 68 个地点都有发现。共有 62 条记录的鸻科成员（包括 10 条凤头麦鸡、30 条金鸻、7 条灰斑鸻、以及 15 条不确定的"鸻科某种")也是一常规的食用物种。野生鸭和雁(如表5.1中总结)也很重要,尤其是前面提到的绿头鸭和绿翅鸭(49条记录),至少有几个罗马遗址已经报道了所期望发现的大多数物种,其中不仅包括数量较多的赤颈凫(16处遗址中发现)、赤膀鸭(5处)、白眉鸭(5处)、针尾鸭(4处)、红头潜鸭(4处)和琵嘴鸭(4处),还有一些较罕见的物种,如普通秋沙鸭和红胸秋沙鸭。一个值得注意的缺席者是欧绒鸭,它可能只在不列颠行省北部繁殖,但在当时的皮克特地区可能已经存在。白颊黑雁很常见,不仅在靠近其现代越冬地的卡莱尔和帕普卡斯尔的北部地区,而且在约克郡和格洛斯特也有发现。它们究竟是在塞文河湿地和亨伯河的河滩越冬,还是罗马人曾经有着大规模野禽交易,不得而知。卡莱尔、林肯、唐卡斯特和皮尔斯布里奇都发现了大天鹅,这可能反映了它们在索尔威河、亨伯河和蒂斯河的湿地和河滩上越冬,而在西尔切斯特和上波倍克这些疣鼻天鹅栖息的南方遗址中,也发现了大天鹅。疣鼻天鹅在8个地点有确实的记录发现,全部在英国南部——最北端的记录在约克郡(O'Connor,1985),然后是罗克斯特、海布里奇、滨海凯斯特、朗索普和伦敦的其他3个地方。在卡莱尔的安尼特维尔街,现在依然在索尔威河越冬的小型野雁,可能大部分是白颊黑雁,作为食物残留,其被发现的数量比家鸡还要多,这对于一个罗马遗址来说是不同寻常的(Allison,1991)。

其他一些可能是被当作食物的湿地鸟类也值得关注。有34条鹤的记录,其中31条被鉴定为灰鹤,另外3条为"某种鹤"——但是很难想象它们会是其他的什么种。它们广泛分布在英格兰各地,从北部的卡莱尔、纽斯特德、豪塞斯特兹、帕普卡斯尔和皮尔斯布里奇到西南部的埃克塞特以及东南部的伦敦和西尔切斯特。另外还有2条威尔士的记录(卡利恩和弗林特的潘特农场)和1条爱尔兰的记录——巴林德里人工岛,但苏格兰地区并没有发现明显同一时期的遗址。发现的鹤肯定是被食用的——卡莱尔发现的1

枚胫跗骨上有刻痕(Allison,1991),卡利恩发现的头骨则像罗马作家在烹饪方法中推荐的那样被移除了脑颅背面(Hamilton-Dyer,1993)。相比之下,英国只在西尔切斯特发现了 1 条罗马时期白鹳的记录(Newton,1905;Maltby,1984)。也许作为分布更偏南方的物种,白鹳在这里从来都不常见。有趣的是,在伦敦墙还发现了另一南方湿地物种——夜鹭的 1 条记录,另外还有 3 条麻鸦(2 条来自格兰福德的沼泽,1 条来自温彻斯特山谷和伊钦河谷附近的温纳尔高地)和 8 条苍鹭的记录,后者中的 7 条发现于英格兰南部,1 条同样来自巴林德里。体型更小的涉禽的出现频率也很高,大概是从泥滩、河口和其他湿地上采集而来的,尽管鉴定结果有时是不确定的。除了 7 条被记为"涉禽类"的记录,大杓鹬有 15 条,扇尾沙锥有 10 条,稀有的涉禽包括斑尾塍鹬(有 3 条记录,分别来自科尔切斯特、伊尔切斯特和伦敦墙)、黑尾塍鹬(2 条在科尔切斯特,1 条在巴恩斯利公园)、黑腹滨鹬(2 条分别是凯尔文特和科尔切斯特)以及青脚鹬(2 条分别是上波倍克和奥厄),另外还有反嘴鹬(Avocet,卡利恩)、红脚鹬(滨海凯斯特)、白腰草鹬(兰福德)、红腹滨鹬(洛杜努姆)和翻石鹬(巴克奎)各 1 条。作为湿草原另一特征鸟类的长脚秧鸡,5 条记录分别来自洛杜努姆、科尔切斯特、多尔切斯特、法莫和拉兹顿,反映了其栖息地特点和罗马人的食物偏好。

显然,在当时的英国南部,湿地仍然广泛存在。然而,农田无疑已经成为主要的栖息地,这在鸟类动物群中也有所反映。13 处遗址中都有发现的灰山鹑可能是另一种食用物种,另外 2 种典型的农田鸟类——家麻雀和欧椋鸟,分别发现于 10 个和 24 个地点,尽管大多数小型雀形目的记录严重不足。然而,经常被与草原和谷物种植区联系起来的欧亚云雀却只有 5 条记录。相比之下,乡村开放环境另一个明显指示是仓鸮的出现频率,据报道,仓鸮发现于 14 个地点,大部分在英格兰南部,但还有卡特里克和皮尔斯布里奇。与之相反的是,尽管早期(新石器时代的伦尼梅德大桥,铁器时代的豪岛和斯劳特福德）和许多后来的遗址都有很不错的灰林鸮的发现记录，但在这一时期并没有发现其遗迹。是因为罗马时期英国林地太过于缺乏，还是因为灰林鸮太过于稀少？当时的灰林鸮不太可能比现在更罕见，有趣的是，其他 2 种现在与之相比数量更加稀少的本土猫头鹰，却都有罗马时期的记录发现。短耳鸮发现于距离斯塔福德郡北部荒野不远的奥斯莫鹰巢洞穴（Bramwell et al. ,1990），长耳鸮发现于罗克斯特（Meddens,1987）。大范围开阔农田的另一个指示是菲斯伯恩罗马时期大鸨的发现（Eastham,1971），虽然这一重要的食用鸟类可能会像同一遗址发现的红腿石鸡（最近一个尚未发表的说法认为有关骨骼实际上是鹤）一样是被引进的。

如果说灰山鹑是大面积农田存在的一个很好的指征，那么沼泽地和灌木林地边缘环境的类似指征就是黑琴鸡。后者也有着很好的罗马时期记录，分别来自 12 处遗址。奥斯莫鹰巢洞穴发现了大量的黑琴鸡，它是同时期当地金雕的主要猎物，这也是这一物种最南端的分布。另外的记录，包括罗马时期卡莱尔的 4 条（Allison,1991, 2000；Stallibrass, 1993）、约克郡的 2 条（O'Connor, 1985；Parker,1988）以及来自唐卡斯特（Carrott et al. ,1997）、里布切斯特（Stallibrass and Nicholson,2000）、博多斯沃德（Izard,1997）、皮尔斯布里奇（Parker, 1988）和科布里奇（Bell, 1922）的记录。值得注意的是，与北方罗马军事基地遗址特别是哈德良城墙沿线的关联性，使得鉴定错误的可能性已被充分意识到，因为大部分遗址都是最近挖掘的。在卡莱尔，黑琴鸡的数量也很多。发现于萨默塞特郡伍基洞的松鸡的唯一记录（Balch and Troup,1910），在年代上不太确定，可能属于铁器时代（Parker,1988，因此忽略了这一记录），但至少这一基于喙部特征的鉴定结果是确定无疑的。与黑琴鸡的丰富记录相比，红松鸡只有 3 条记录（科布里奇：Bell,1922；格利特斯托顿：Parker,1988；奥斯莫鹰巢洞穴：Bramwell et al. ,1990），另外还有 2 条被记录为"某种松鸡"（卡特里克附近的索恩伯勒农场：Stallibrass，2002；赛特尔附近的维多利亚洞穴：Geikie，1881），很有可能就是红松鸡。在奥斯莫鹰巢洞穴，黑琴鸡的 39 条记录在数量上远远超过了红松鸡的 3 条，这与它们所指示的不同栖息地相匹配，似乎作为红松鸡主要栖息地的石楠荒野在当时的分布范围比现在小得多。

罗马人对小型鸟的烹饪兴趣是有据可查的。虽然小型鸟类经常被忽略，但 14 个地点都发现有乌鸫的鉴定结果是这种兴趣存在的有力证明。另外还要加上 8 条欧歌鸫、7 条白眉歌鸫、6 条槲鸫、3 条田鸫以及 25 条"某种鸫"的记录。它们大部分发现于郊区住宅（如弗洛塞斯特、贝德文）和军营（豪塞斯特兹、博多斯沃德），说明应为食物残余，少部分发现于其他遗址的别的物种，包括来自奥斯莫鹰巢的环颈鸫。发现的大量家麻雀和欧椋鸟可能是另一种饮食习惯的反映。

不能确定罗马人是否利用海鸟。帕克（1988）将他们在罗马行省遗址上仅有的细节与中世纪遗址挖掘中更好的发现相对比，他特别指出，两种现在数量很多的物种——红嘴鸥和北极海鹦并没有出现在他的罗马时期鸟类名单中。现在我们的名单上有两条这种海鸥的记录，一条来自罗马帝国行省外巴克奎的皮克特遗址（Bramwell，1977b），另一条来自法利信号站。多布尼等人（2000）认为当地人确实利用海鸟作为食物。这两个地点以及同时代马恩岛上的佩韦克洞穴也发现了北极海鹦的遗迹（Garrad，1972）。在法利和佩韦克洞穴中都发现了刀嘴海雀和海鸽。另外在上波倍克、奥厄、佩韦克湾以及绳孔湖也都有海鸽发现。一条罗马时期的大海雀记录也发现于佩韦克洞穴，而另一条同时代的小海雀发现于巴克奎。被认为可能是最后的海雀的黑海鸽也发现于巴克奎和法利。发现的其他海鸟记录包括欧鸬鹚（伯赛、多尔切斯特、法利、爱奥那岛、佩韦克湾、斯通纳）、普通鸬鹚（伯赛塞瓦尔、巴克奎、切斯特、法利、爱奥那岛、佩韦克湾）、鲣鸟（豪岛、巴克奎）、暴雪鹱（巴克奎、马恩岛上的海湾）、北极鸥（Glaucous Gull）／大黑背鸥（巴克奎）、银鸥／小黑背鸥（Lesser Black-backed Gull，伯赛塞瓦尔、豪岛、卡利恩、奇切斯特、龙比、绳湖洞、赛根杜）和海鸥（巴林德里、切姆斯福德、佩文西、庞德伯里）。很明显，其中的一些发现同样位于罗马帝国大不列颠行省之外，这对研究罗马人本身的饮食和其他偏好没有任何帮助。然而，多布尼等人（2000）指出，法利发现的物种组合对于一个罗马遗址来说是很不寻常的，另外，海鸽的肱骨上经鉴定有切割痕迹，而发现的普通鸬鹚的胫跗骨中的一枚上似乎带有割痕。因此，法利的当地人显然是食用海鸟的，尽管这显然不是罗马人的习惯。

结论

罗马时代数量众多的考古遗址发现了许多保存完好的鸟类骨骼，很好地记录了当时鸟类的生活。这些大多是被人熟知的鸟类动物群，少有例外。罗马人对野生鸟类的食用似乎尽管绝对数量很小，但范围很广，来自一系列不同的栖息地。农田鸟类确实已经存在，而作为英国铁器时代特征物种的渡鸦，其象征意义一直延续到罗马时代。罗马遗址记录了家禽日益增加的重要性，虽然这种驯养行为在罗马人到来之前就已经开始了，至少家鸡和家鹅在铁器时代晚期已经出现。在罗马时代，这两种鸟类最为丰富和普遍，随后，家鸭可能还有鸽子也加入农场中。有证据表明，罗马人在英国至少食用过环颈雉，并且也认识蓝孔雀。

第六章

僧侣、君主和神秘仪式

过去认为,公元410年左右罗马帝国的灭亡意味着任何有组织的公民生活的结束,农场和城镇被遗弃,许多农田再次成为林地。而最近的一些发现表明,虽然大多数城镇被废弃了,而且似乎盎格鲁-撒克逊的新移民更喜欢在农场和小村庄定居,但农业依然存在,乡村仍然以农业生产为主。由于八牛犁的使用,撒克逊农民可以挖开之前难以处理的深层黏土,将农田的范围扩展到以前树木繁茂的山谷和低地。然而,他们的到来引起的最显著的结果是社会秩序和语言的彻底改变,至少在英国的大部分地区如此。罗马时期大不列颠行省的凯尔特部落社会消失了,取而代之的是我们至今(或直到1974年)仍认可的现代郡县、庄园和教区,以及大部分地名。有时河流还保留着它们的凯尔特语名字,如阿文河、德文特河、乌兹河,但定居点的凯尔特语或罗马语的名字很少保留下来,至于环境景观就更少了。这对历史博物学家而言有着有趣的影响,通常情况下,环境景观,有时也包括定居点,会被赋予和动物相关的名字,可能对哺乳动物来说尤为常见:以狼、獾、狐狸、赤鹿、狍命名的地方很多;以海狸命名的比较罕见;似乎没有发现以熊来命名的情况（Yalden，1999）。与野生哺乳动物相比，驯养的哺乳动物出现得更加频繁，这一情况强调了早期撒克逊人确实是农民这一事实。研究地名对鸟类学家来说同样有用，展示了我们对英国鸟类命名最早的了解。

地名中的鸟类

自 1924 年以来，英国地名协会（EPNS）的学者们一直在收集现代地名的早期拼写，以推测它们的原始含义，其研究成果已经发表在一系列郡县志特刊上。随着研究的推进，这些成果变得愈加详细。20 世纪 20—30 年代的早期成果集中在城镇、村庄、庄园和农场等主要的定居点，随后的研究开始包括一些次要景观，甚至是田地的名字。到目前为止，该系列出版了 80 卷，但并未涵盖所有县郡，特别是新移民可能只是早期在那里定居的东部的一些郡（肯特郡、萨福克郡、诺福克郡、林肯郡），并且只包括了部分，或者根本没有。对于那些覆盖较全的郡县来说，对地名的提取可以帮助人们得到更完整的动物列表，但这些必然会偏向于更为人所知的郡县。这样的列表也偏重于英语地名，虽然也有关于爱尔兰、曼克斯、苏格兰和威尔士地名的书籍，但是它们的覆盖范围并不像英国地名协会那么完整。幸运的是，有一些资料虽然集中于主要的定居点，但是提供了更多的覆盖整个英格兰地区（Ekwall，1960）或不列颠群岛（Mills，2003）的信息。许多地方以人名命名，这对本书来说意义不大，因为有时人本身会采用动物的名字，这也是严重混乱的来源。更有趣的情况是，某个地点以邻近的环境景观特征来命名，这是盖尔林和科尔（Cole）（2000）对英格兰进行的一项研究，他们的成果开创了鸟类地名研究的多样性和平衡性（表 6.1）。

大多数地名是由景观特征加上一个修饰语构成，修饰语有时是一个形容词，更多时候是一个属格形的名词，或是同位语，表 6.1是一系列示例。一个明显的例子是林肯郡的克兰威尔（Cranwell），而另一个隐晦的例子是诺森伯兰郡的特兰维尔(Tranwell),这两个名字的含义相同,只是后者源于古斯堪的那维亚语(ON)的 trani,意为鹤,而不是古英语(OE)的 cran。据推测,在某个时候,当地的人们可能只在一个特殊地点经常见到鹤有规律地出现,可能是在一处泉水附近。需要注意的是,名字通常具有生态意义——鹤与泉水或沼泽联系在一起,而鹰和渡鸦则与悬崖和山谷一同出现。盖尔林和科尔(2000)整理的所有与鸟类有关的地名的系统清单中,有 201 个地名与野生鸟类有关(表 6.1),而与野生哺乳动物相关的有 164 个。另外有 32 个可能与家禽有关的名字,也可能不是,包括 16 个与鹅有关的和 6 个与鸭有关的,它们可能是野生的或是驯养的。还有 4 个名字提到了"hen",6 个提到了"cock",它们可能指的是家鸡,但也可能是其他任何鸟类的雌性和雄性。

表 6.1 源于鸟类的英国地名

地点	郡县	NGR	旧地名	含义
Algrave	德比郡	SK4545	OE ule, graef	猫头鹰出没的树林
Amberden	埃塞克斯郡	TL5530	OE amer, denu	鹀之山谷
Ambrosden	牛津郡	SP6109	OE amer, dun	鹀之山
Anmer	诺福克郡	TF7429	OE ened, mere	鸭之湖
Andwell	汉普郡	SU6952	OE ened, well	鸭之泉
Areley Kings	伍斯特郡	SO8070	OE earn, leah	鹰之野
Arley	沃里克郡	SP2890	OE earn, leah	鹰之野
Arley	伍斯特郡	SO7680	OE earn, leah	鹰之野
Arley	柴郡	SJ6780	OE earn, leah	鹰之野
Arley	兰开夏郡	SD5327	OE earn, leah	鹰之野
Arley	兰开夏郡	SD6707	OE earn, leah	鹰之野
Arncliff	北约克郡	SD9371	OE earn, clif	鹰之崖

续表

地点	郡县	NGR	旧地名	含义
Arncliff	西约克郡	SD9356	OE earn, clif	鹰之崖
Arnecliffe	北约克郡	SD9371	OE earn, clif	鹰之崖
Arnewas	HNT	TL0997	OE earn, waesse	鹰之沼泽
Arnewood	汉普郡	SZ2895	OE earn, wudu	鹰之林
Arnold	诺丁汉郡	SK5945	OE earn, halh	鹰之角
Arnold	东约克郡	TA1241	OE earn, halh	鹰之角
Birdbrook	埃塞克斯郡	TL7041	OE bridd, broc	鹰之角
? Birdshall	东约克郡	SE8165	OE bridd, halh	鹰之角
? Bonsall	德比郡	SK2758	ME bunting, OE halh	鸦之角
Bridgemere	柴郡	SJ7145	OE bridd, mere	鸟之湖
Buntingford	赫特福德郡	TL3629	ME bunting, ford	鸦之浅滩
? Buntsgrove (now Birchgrove)	萨塞克斯郡	TQ4029	ME bunting, OE graef	鸦之园
Caber	坎布里亚郡	NY5646	ON ca, berg	寒鸦之山
Cabourne	林肯郡	TA1301	OE ca, burna	寒鸦之溪
Carnforth	兰开夏郡	SD4970	OE cran, ford	鹤之浅滩
Cavill	东约克郡	SE7730	OE ca, field	寒鸦之野
Cawood	兰开夏郡	TF2230	OE ca, wudu	寒鸦之林
Cawood	西约克郡	SE5737	OE ca, wudu	寒鸦之林
Chickney	埃塞克斯郡	TL5728	OE cicen, eg	鸡之岛
? Chignall	埃塞克斯郡	TL6709	OE cicen, halh	鸡之角落
? Coggeshall	埃塞克斯郡	TL8522	OE cocc, halh	鸡之角落
Cookridge	西约克郡	SE2540	OE cucu, ric	杜鹃带
Cople	贝德福德郡	TL1048	OE cocc, pol	杜鹃池塘
Cornbrook	兰开夏郡	SJ8295	OE corn, broc	鹤之溪
Corney	坎布里亚郡	SD1191	OE corn, eg	鹤之岛
Corney	赫特福德郡	TL3530	OE corn, eg	鹤之岛

续表

地点	郡县	NGR	旧地名	含义
Cornforth	达勒姆郡	NZ3034	OE *corn*, *ford*	鹤之浅滩
Cornsay	杜伦郡	NZ1443	OE *corn*, *hoh*	鹤之高地
Cornwell	牛津郡	SP2727	OE *corn*, *well*	鹤之泉
Cornwood	德文郡	SX6059	OE *corn*, *wudu*	鹤之林
Coxwold	北约克郡	SE5377	OE *cucu*, *wald*	杜鹃森林
Crakemarsh	斯塔福德郡	SK0936	ON *craka*, OE *mersc*	乌鸦沼泽
Crakehall	北约克郡	SE2490	ON *craka*, OE *halh*	乌鸦角落
Crakehill	北约克郡	SE4273	ON *craka*, OE *halh*	乌鸦角落
Cranage	柴郡	SJ7568	OE *crawena*, *laecc*	乌鸦池塘
Cranborne	多赛特郡	SU0513	OE *cran*, *burna*	鹤之溪
Cranbourne	汉普郡	SU9272	OE *cran*, *burna*	鹤之溪
Cranbrook	肯特郡	TQ7735	OE *cran*, *broc*	鹤之溪
Cranfeld	贝德福德郡	SP9542	OE *cran*, *feld*	鹤之野
Cranford	北安普敦郡	SP9277	OE *cran*, *ford*	鹤之浅滩
Cranford	伦敦	TQ1077	OE *cran*, *ford*	鹤之浅滩
Cranoe	莱斯特郡	SP7695	OE *crawena*, *hoh*	乌鸦踵
Cransford	萨福克郡	TM3164	OE *cran*, *ford*	鹤之浅滩
Cranshaw	兰开夏郡	SJ4885	OE *cran*, *sceaga*	鹤之林
Cranmere	什罗普郡	SO7597	OE *cran*, *mere*	鹤之湖
Cranmore	萨默赛特郡	ST6843	OE *cran*, *mere*	鹤之湖
Cranwell	林肯郡	TF0349	OE *cran*, *well*	鹤之泉
Cranwich	诺福克郡	TL7795	OE *cran*, *wisc*	鹤之湿地草原
Crawley	白金汉郡	SP7011	OE *crawe*, *leah*	鸦之野
Crawley	埃塞克斯郡	TL4440	OE *crawe*, *leah*	鸦之野
Crawley	汉普郡	SU4234	OE *crawe*, *leah*	鸦之野
Crawley	牛津郡	SP3312	OE *crawe*, *leah*	鸦之野
Crawley	萨塞克斯郡	TQ2636	OE *crawe*, *leah*	鸦之野

地点	郡县	NGR	旧地名	含义
Crawshaw	兰开夏郡	SD6951	OE *crawe*, *sceaga*	鸦之林
Creacombe	德文郡	SS8119	OE *craw*, *cumb*	鸦之山谷
Cromer	诺福克郡	TQ2142	OE *crawe*, *mere*	鸦之湖
Cronkshaw	兰开夏郡	SD8133	OE *cranuc*, *sceaga*	鹤之林
Cronkston	德比郡	SK1165	OE *cranuc*, *dun*	鹤之山
Crowell	牛津郡	SU7499	OE *craw*, *well*	鸦之泉
Crowborough	萨塞克斯郡	TQ5130	OE *craw*, *beorg*	鸦之山
Crowcombe	萨默赛特郡	ST1336	OE *craw*, *cumb*	鸦之山谷
Crowholt	柴郡	SJ9067	OE *crawe*, *holt*	鸦之林
Crowhurst	萨塞克斯郡	TQ7512	OE *crawe*, *hyrst*	鸦之林丘
Crowhurst	萨里郡	TQ3947	OE *crawe*, *hyrst*	鸦之林丘
Crowmarsh	牛津郡	SU6189	OE *craw*, *mersc*	鸦之沼泽
Croydon	坎布里亚郡	TL3149	OE *crawe*, *denu*	鸦之山谷
Croydon	萨默赛特郡	SS9740	OE *crawe*, *dun*	鸦之山
Cucket Nook	北约克郡	NZ8413	OE *cucu*, *wald*	杜鹃森林
Cuckfield	萨塞克斯郡	TQ3024	OE *cucu*, *feld*	杜鹃野
Cuxwold	林肯郡	TA1701	OE *cucu*, *wald* ?	杜鹃森林
Duffield	德比郡	SK3443	OE *dufe*, *feld*	斑鸠野
Duffield	东约克郡	SE6733	OE *dufe*, *feld*	斑鸠野
Dukinfield	柴郡	SJ9497	OE *ducena*, *feld*	斑鸠野
Dunkenshaw	兰开夏郡	SD5755	OE *dunnoc*, *sceaga*	雀之林
Dunnockshaw	兰开夏郡	SD8127	OE *dunnoc*, *sceaga*	雀之林
Earley	伯克郡	SU7571	OE *earn*, *leah*	鹰之野
Earnley	萨塞克斯郡	SZ8096	OE *earn*, *leah*	鹰之野
Earnwood	什罗普郡	SO7478	OE *earn*, *wudu*	鹰之林
Eldmire	北约克郡	SE4274	OE *elf tu*, *mere*	天鹅湖
Elveden	萨福克郡	TL8279	OE *elf tu*, *denu*	天鹅谷

续表

地点	郡县	NGR	旧地名	含义
Enborne	伯克郡	SU4365	OE *ened, burna*	鸭之溪
Enford	威尔特郡	SU1351	OE *ened, ford*	鸭之浅滩
Enmore	萨默赛特郡	ST2335	OE *ened, mere*	鸭之湖
Eridge	萨塞克斯郡	TQ5535	OE *earn, hrycg*	鹰之脊
Exbourne	德文郡	SS6002	OE *geac, burna*	杜鹃溪
Finborough	萨福克郡	TM0157	OE *fina, beorg*	斑点啄木鸟之山
Finburgh	沃里克郡	SP3372	OE *fina, beorg*	斑点啄木鸟之山
Finchfeld	斯塔福德郡	SO8897	OE *finc, feld*	雀之野
Finchhale	达勒姆郡	NZ2947	OE *finc, halh*	雀之角落
Finchley	伦敦	TQ2890	OE *finc, leah*	雀之野
Finkley	汉普郡	SU3848	OE *f nc, leah*	雀之野
Finmere	牛津郡	SP6333	OE *f na, mere*	斑点啄木鸟之湖
Foulden	诺福克郡	TL7699	OE *fugol, dun*	鸟之山
Foulness	埃塞克斯郡	TR0494	OE *fugol, naess*	鸟之涎
Fowlmere	坎布里亚郡	TL4245	OE *fugol, mere*	鸟之湖
Fulbourn	坎布里亚郡	TL5256	OE *fugol, burna*	鸟之溪
Fulmer	白金汉郡	SU9985	OE *fugol, mere*	鸟之湖
Gaisgill	西约克郡	NY6405	ON *gas, gil*	雁之涧
Gazegill	西约克郡	SD8246	ON *gas, gil*	雁之涧
Gledholt	西约克郡	SE1416	OE *gleoda, holt*	鸢之林
Gledholt	西约克郡	SE0910	OE *gleoda, holt*	鸢之林
Glydwish	萨塞克斯郡	TQ6923	OE *gleoda, wisc*	鸢之沼泽
Goosewell	德文郡	SS5547	OE *gos, wella*	雁之泉
Goosey	伯克郡	SU3591	OE *gos, eg*	雁之岛
Gosfeld	埃塞克斯郡	TL7829	OE *gos, feld*	雁之野
Gosford	德文郡	SY0997	OE *gos, ford*	雁之浅滩
Gosford	牛津郡	SP4913	OE *gos, ford*	雁之浅滩

地点	郡县	NGR	旧地名	含义
Gosford	沃里克郡	SP3478	OE gos，ford	雁之浅滩
Gosforth	坎布里亚郡	NY0603	OE gos，ford	雁之浅滩
Gosforth	诺森伯兰郡	NZ2467	OE gos，ford	雁之浅滩
Hampole	西约克郡	SE5010	OE hana，pol	公鸡池塘
Handforth	柴郡	SJ8883	OE han，ford	公鸡浅滩
Hanford	斯塔福德郡	SJ8642	OE han，ford	公鸡浅滩
Hannah	林肯郡	TF5079	OE hana，eg	公鸡岛
Hanney	伯克郡	SU4193	OE hana，eg	公鸡岛
Hanwell	伦敦	SP434 3	OE hana，wella	公鸡泉
? Hanwood	什罗普郡	SJ4409	OE hana，or han，wudu	公鸡石？林？
? Hauxwell	北约克郡	SE1595	OE hafoc，wella	鹰之泉
Hawkhill	诺森伯兰郡	NU2212	OE hafoc，hyll	鹰之山
Hawkhurst	肯特郡	TQ7630	OE hafoc，hyrst	鹰之林丘
Hawkridge	伯克郡	SU5472	OE hafoc，hrycg	鹰之脊
Hawkridge	萨默赛特郡	SS8630	OE hafoc，hrycg	鹰之脊
Hawkeridge	威尔特郡	ST8653	OE hafoc，hrycg	鹰之脊
Hawkedon	萨福克郡	TL7952	OE hafoc，dun	鹰之山
Hawkwell	诺森伯兰郡	NZ0771	OE hafoc，wella	鹰之泉
Hawkwell	萨默赛特郡	SS8725	OE hafoc，wella	鹰之泉
Hawridge	白金汉郡	SP9405	OE hafoc，hrycg	鹰之
Haycrust	什罗普郡		OE hafoc，hyrst	鹰之林丘
Hendred	伯克郡	SU4688	OE henn，rith	野鸟之溪
Henhurst	肯特郡	TQ6669	OE henn，hyrst	鸟之林丘
Henhull	柴郡	SJ6453	OE henn，hyll	母鸡山
Henmarsh	格洛斯特郡	SP2035	OE henn，mersc	野鸟沼泽
Hinnegar	格洛斯特郡	ST8086	OE henn，hangra	鸟之架

续表

地点	郡县	NGR	旧地名	含义
Howler's Heath	格洛斯特郡	SO7435	OE ule，hlid	鸮坡
Iltney	埃塞克斯郡	TL8804	OE elfitu，eg	天鹅岛
Kaber	WML	NY7911	ON ca，berg	寒鸦之山
Kidbrooke	肯特郡	TQ4076	OE cyta，broc	鸢溪
Kidbrooke	萨塞克斯郡	TQ4134	OE cyta，broc	鸢溪
Kigbeare	德文郡	SX5496	OE ca，bearu	寒鸦之林
Kitnor（ = Culbone）	萨默赛特郡	SS8348	OE cyta，ora	鸢岸
Larkbeare	德文郡	SX9291	OE lawerce，bearu	之林
Larkbeare	德文郡	SY0697	OE lawerce，bearu	之林
Ockeridge	伍斯特郡	SO7762	OE hafoc，hrycg	鹰之脊
Oldberrow	沃里克郡	SP1165	OE ule，beorg	鸮山
Ousden	萨福克郡	TL7359	OE ule，denu	鸮之谷
Peamore	德文郡	SX9188	OE pawa，mere	蓝孔雀湖
Pinchbeak	林肯郡	TF2425	OE finc，baec	雀脊？
Pitshanger	伦敦	TQ1687	OE pyttel，hangra	红隼架
Poundon	白金汉郡	SP6425	OE pawan，dun	蓝孔雀山
Pudlestone	HFE	SO5659	OE pyttel，dun	红隼山
Purleigh	埃塞克斯郡	TL8301	OE pur，leah	黑腹滨鹬？之野
Purley	伯克郡	SU6676	OE pur，leah	黑腹滨鹬？之野
Putney	伦敦	TQ2274	OE puttoc，hyth	鸢落之地
Rainow	柴郡	SJ9575	OE hrafn，hoh	渡鸦高地
Raincliff	东约克郡	TA1475	OE hrafn，clif	渡鸦之崖
Raincliffe	北约克郡	TA0182	OE hrafn，clif	渡鸦之崖
Ravendale	林肯郡	TA2300	ON hrafn，dalr	渡鸦之谷
Ravenfield	西约克郡	SK4895	OE hraefn，feld	渡鸦之野
Ravenscliffe	德比郡	SK1950	OE hrafn，clif	渡鸦之崖
Ravensdale	德比郡	SK1773	ON hrafn，dalr	渡鸦之谷

地点	郡县	NGR	旧地名	含义
Ravensden	贝德福德郡	TL0754	OE hraefn, denu	渡鸦之谷
Raven's Hall	坎布里亚郡	TL6554	OE hraefn, holt	渡鸦之林
Ravensty	兰开夏郡	SD3190	ON hrafn, stigr	渡鸦小路
? Ravensworth	北约克郡	NZ1407	ON hrafn, vath	渡鸦浅滩
Rawerholt	亨廷登郡	TL2596	OE hragra, holt	苍鹭之林
Rawreth	埃塞克斯郡	TQ7793	OE hragra, rith	鹭之溪
Renscombe	多赛特郡	SY9677	OE hraefn, cumb	渡鸦之谷
Rockbeare	德文郡	SY0294	OE hroca, bearu	乌鸦之林
Rockbourne	汉普郡	SU1118	OE hroc, burna	乌鸦之溪
Rockford	汉普郡	SU1508	OE hroc, ford	乌鸦浅滩
Rockwell	白金汉郡	SU7988	OE hroca, holt	鸦之林
Roockabear	德文郡	SS5230	OE hroca, bearu	鸦之林
Roockbear	德文郡	SS6041	OE hroca, bearu	鸦之林
Rookhope	达勒姆郡	NY9342	OE hroca, hop	乌鸦山谷
Rookwith	北约克郡	SE2086	ON hrokr, vithr	乌鸦之林
Roxhill	贝德福德郡	SP9743	OE wrocc, hyll	秃鹰? 之山
Roxton	贝德福德郡	TL1554	OE hroca, dun	乌鸦之山
Roxwell	埃塞克斯郡	TL6408	OE hroc, well	乌鸦之泉
Ruckholt Farm	埃塞克斯郡	TQ3886	OE hroca, holt	鸦之林
Ruckler's Green	赫特福德郡	TL0604	OE hroca, holt	鸦之林
Saniger	格洛斯特郡	SO6701	OE swan, hangra	天鹅架
Scargill	北约克郡	SD9771	ON skraki, gil	秋沙鸭之涧
Snitterfi eld	沃里克郡	SP2159	OE snite, feld	鹬之野
Snydale	西约克郡	SE4020	OE snite, halh	鹬之角落
Spexhall	萨福克郡	TM3780	OE speot, halh	绿啄木鸟角落
Stinchcombe	格洛斯特郡	ST7298	OE stint, cumb	鹬之山谷
Stinsford	多赛特郡	SY7191	OE stint, ford	鹬之浅滩
Sudbroooke	林肯郡	TF0276	OE sucga, broc	麻雀溪

续表

地点	郡县	NGR	旧地名	含义
Sugnall	斯塔福德郡	SJ7930	OE sucga, hyll	麻雀山
Sugwas	HRE	SO4541	OE sucga, waesse	麻雀沼泽
Swalcliff	牛津郡	SP3738	OE swealwe, clif	燕子崖
Swalecliffe	肯特郡	TR1367	OE swealwe, clif	燕子崖
Swallowcliffe	威尔特郡	ST9626	OE swealwe, clif	燕子崖
Swalwell	达勒姆郡	NZ2062	OE swealwe, well	燕子崖
Swanbourne	白金汉郡	SP8027	OE swan, burna	天鹅溪
Swanmore	汉普郡	SU5816	OE swan, mere	天鹅湖
Tarnacre	兰开夏郡	SD4742	ON trani, akr	鹤田
Tivetshall	诺福克郡	TM1787	OE tewhit, halh	田凫角落
Tranwell	诺森伯兰郡	NZ1883	ON trani, OE wella	鹤之泉
Trenholme	北约克郡	NZ4502	ON trani, holmr	鹤岛
Ulcombe	肯特郡	TQ8449	OE ule, cumb	鸮之谷
Ullenhall	沃里克郡	SP1267	OE ule, halh	鸮角
? Warmfield	西约克郡	SE3720	OE wraenna, feld	鹪鹩或马田
Wraxhall	多赛特郡	ST5601	OE wrocc, halh	秃鹰? 角落
Wraxhall	萨默赛特郡	ST5936	OE wrocc, halh	秃鹰? 角落
Wraxhall	威尔特郡	ST8174	OE wrocc, halh	秃鹰? 角落
Wraxhall	威尔特郡	ST8364	OE wrocc, halh	秃鹰? 角落
Wroxhall	怀特岛	SZ5579	OE wrocc, halh	秃鹰? 角落
Wroxhall	沃里克郡	SP2271	OE wrocc, halh	秃鹰? 角落
Yagdon	什罗普郡	SJ4619	OE geac, dun	杜鹃
Yarnscombe	德文郡	SS5523	OE earn, cumb	鹰之谷
Yarner	德文郡	SX7778	OE earn, ofer	鹰之脊
Yarnfield	斯塔福德郡	SJ8632	OE earn, feld	鹰之野

注:样本来自英国各地,这些鸟类地名与景观特征有关(Gelling and Cole, 2000)。对一些物种来说,从现有文献中可以提取出更全面的清单(Boisseau and Yalden, 1999; Gelling, 1987; Moore, 2002),但它们的地理覆盖范围并不均衡。一些地名不能确定是来自鸟类名称还是同样或相似的人名,以"(or pn? 或者人名)"标记。(ME = Middle English 中世纪英语; OE = Old English 古英语; ON = Old Norse 古斯堪的那维亚语。)

在野生鸟类中,鹤是最常见的。通常的词根是 *cran*,或是斯堪的纳维亚语中的同义词 *trani*,但有时并不那么明显:坎布里亚郡的 Corney,源自古英语的 *corn*,*eg* 意为鹤之岛——德语中的词根 *cran* 变换为 *corn*,而兰开夏郡的 Cronkshaw 则看上去好像是从现代德语的 *kranich* 转变而来。布瓦索和亚尔登(1999)列出了 225 个与鹤相关的地名的详细信息(图 6.1),并讨论其含义。许多地名记录,包括米尔斯(2003)在提到关于"鹤或者鹭"的地名时,都是相当谨慎的。这意味着我们的盎格鲁-撒克逊祖先们并不清楚这两个物种之间的区别,但他们在实际应用中,明确地把 *cran* 同拉丁语的 *grus*,*hragra* 同拉丁语的 *ardea* 等同起来。在后来有插图说明的手稿中,两者之间的区别也很明显。这一点在 1400 年左右,大概是在多塞特完成的《舍伯恩弥撒》(*Sherborne Missal*)中尤其明显(Yapp,1982b;Backhouse,2001),书中描述了 *heyrun*,是一只长腿灰色的鸟,具有白色顶冠,还有两幅画描绘了(尽管没有命名)鹤的模样,以密实的次级飞羽和颈背红斑为特征。混乱的出现,是因为近年来许多国家,尤其是东安格利亚地区,有把苍鹭称为鹤的传统。正如格林诺克(Greenoak,1979)所指出的,约翰·克莱尔(John Clare)在《牧羊人日记》(*The Shepherd's Calendar*)中这样描述苍鹭:

> 远在孤独的鹤之上
> 再次寂寞的摇摆,解冻堤坝
> 发出刺耳的忧郁哭泣
> 无生气的天空中狂野的旅程

鹤作为一种繁殖鸟类在英国已经灭绝了很久,似乎有一种现象很常见,即当两个相似的物种都不经常出现的时候,其中灭绝物种的名字会被转移到另一个物种上。亚尔登(1999)指出了一个类似的案例,在 10 世纪的字典中,拉丁语的 *castor* 和 *fiber* 被正确地识

别为 *befer* 海狸,但到了 15 世纪,当这个名字的主人不再是一个被人所熟悉的英国物种时,它们分别等同于獾和水獭。似乎没有理由怀疑,当盎格鲁-撒克逊人把这个地方命名为克兰菲尔德时,他们知道自己说的是鹤,而不是苍鹭。他们偶尔也会注意到苍鹭,艾塞克斯的荣若斯(古英语 *hragra*,*rith* = heron stream 鹭溪)和亨廷顿郡的拉沃霍尔特(古英语 *hragra*,*holt* = heron wood 鹭林)是表 6.1 中提到的两个例子,而拉沃霍尔特中的 holt 很可能是指当地苍鹭的巢穴。然而,这些鸟显然没有鹤那么引人注目。亚普(1981a)讨论了另一个名称迁移的案例。他注意到,8 世纪时,盎格鲁-撒克逊人将拉丁语 *fasianus* 翻译为 *wórhana*,而后在 11 世纪又出现时,这个例子已被(误)用作证据,证明在被诺曼人征服之前,环颈雉就已经被英国人所知。推测翻译者可能不知道拉丁语 *tetrao*,而尝试了一个意思相近的词。正如亚普所指出的,*wórhana* 和德语中的 *Auerhuhn* 指的是同一种鸟,也就是松鸡。埃克沃尔(1936)已经对萨默塞特的地名 Woodspring(1086 年为 *Worsprinc*)和 Worle(*worleah*,松鸡林)做出了基本相同的鉴定。然而,当环颈雉出现的时候,松鸡已经在英格兰南部灭绝,这就成为另一个名称被转移到一个生态特征相似的动物身上的案例。

在表 6.1 中,白尾海雕和渡鸦的出现频率仅次于鹤,也是相当引人注目的鸟类。Erne 现在很少被当作俗名提起,但如果使用的话,就是指白尾海雕。目前还不清楚盎格鲁-撒克逊人区分白尾海雕和金雕的严格程度,格林诺克(1979)报道了最近在现代方言中,erne 被用于指代这两个物种的使用情况。似乎可以肯定的是,在盎格鲁-撒克逊时期的英格兰,大多数或所有地名中的 ernes 实际上指的都是白尾海雕,它们更有可能出现在低地和淡水附近,有时在悬崖上筑巢,但通常是在大树上(Yalden,2007)。公元 937 年的盎格鲁-撒克逊编年史中,对布伦南堡战役的结束是这样描述的:敌对的威尔士人/苏格兰人/爱尔兰军队的死尸留在战场上,被渡

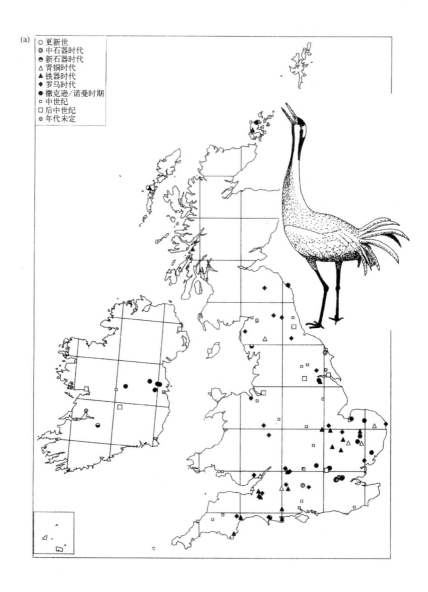

(a)

更新世
中石器时代
新石器时代
青铜时代
铁器时代
罗马时代
撒克逊/诺曼时期
中世纪
后中世纪
年代未定

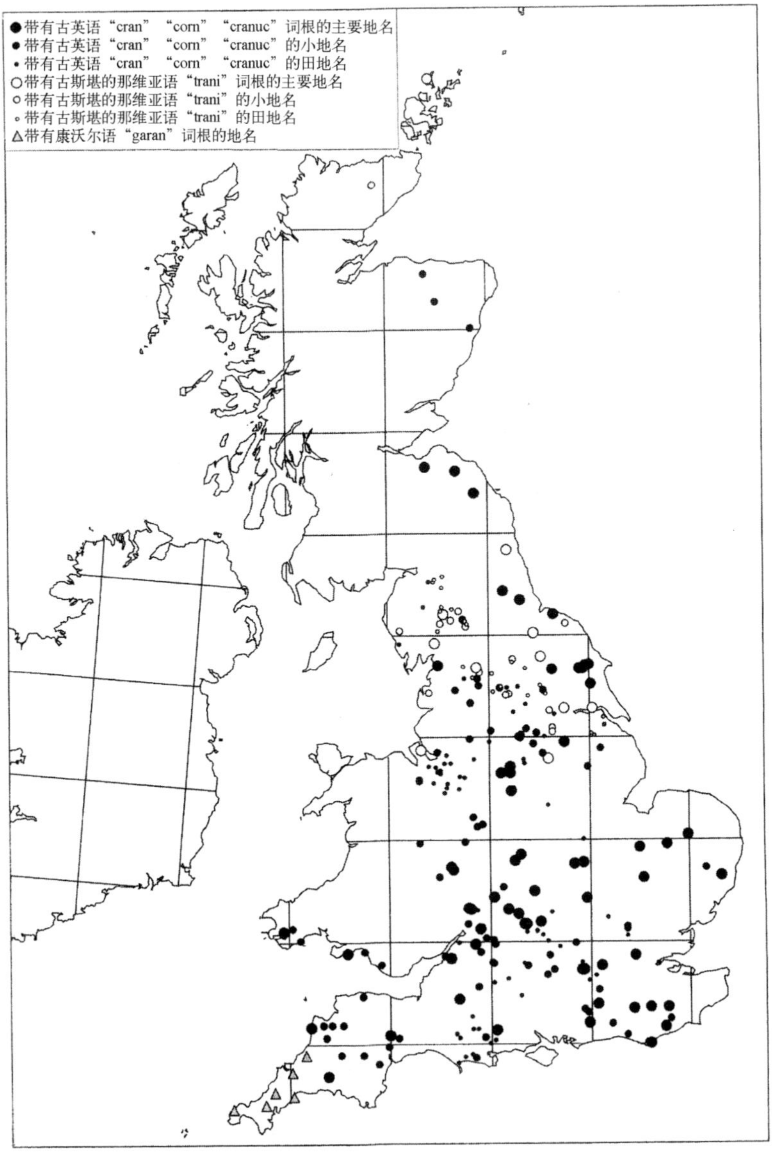

图 6.1 发现鹤的考古学遗址（a）以及与鹤相关的地名（b）的分布（Boisseau and Yalden, 1999）

鸦、白尾海雕和狼吃掉。虽然这可能是一个传奇故事的传统类型结尾,但它确实意味着那些听过这个故事的人对白尾海雕这个"传说之鹰"比较熟悉。和苏格兰一样,从北美到欧洲,金雕无处不在,它们是高地物种,不太喜欢以腐肉为食。盖尔林(1987)总结了33个源自古英语 earn 的主要地名,它们通常变形为 Arn-或者 Yarn-(德文郡的 Yarner 是古英语的 earn, ofer,意为鹰岭;德文郡的 Yarnscombe 是古英语的 earn, cumb,意为鹰之谷)。一个更完整的包括次要地点的名单,有53个地名(图6.2)。正如盖尔林(1987)所指出的,其中许多都位于宽阔的河谷中,适合大型食鱼鸟类生活。

有关渡鸦的地名问题要比那些源于 cran 或 earn 的更为棘手,因为古英语中的 Hraefn 和古斯堪的纳维亚语中的 Hrafn 都被证明也是人名。米尔斯(2003)以莱斯特和贝德福德的莱文斯顿(Ravenstone)为例,其意为 Hraefn's tun,即一个名叫 Hraefn 的人的农场,因为鸟不能拥有农庄、村庄或城镇(尽管它们可能会在那里频繁出现)。最早的英国国王颁布的《土地志》(Domesday Book,1086)中分别有 Ravenestun 和 Raveneston,这些可能都是定居点("tun"是现代"小镇"一词的前身)。与之相对的是,人们不太可能居住在悬崖上,因此像拉文克利夫(Ravencliffe,德比郡)、拉姆斯克里夫(Ramscliff,威尔特郡),以及雨崖(Raincliff,约克郡)这样的地名肯定是源于鸟类。盖尔林和科尔(2000)研究的样本中有16个源自渡鸦的地名,但 P. G. 穆尔提供的完整名单中包括400多个地名(图6.3)。也许更令人惊讶的是,小嘴乌鸦的出现频率比渡鸦要高,而在表6.1中,秃鼻乌鸦和渡鸦一样多,虽然前者更不引人注目。一般来说,大型黑色鸟类可能具有重要的象征意义,与神和来世相关,或作为一种征兆。一些与乌鸦有关的地名看起来像是指鹤(柴郡的英语 Cranage 是古英语 crawena, lae,意为乌鸦的沼泽;莱斯特郡的英语 Cranoe 是古英语 crawena, hoh,意为乌鸦的脚跟,意思是脚跟形状的山丘），这说明需要研究地名的原始拼写以了解其基本含义，而不是匆忙作出草率的解释。

作为一个群体，猛禽在地名中也占有相当大的比例，尽管它们的鸟类学解释有时是难以理解的。霍克里奇（Hawkridge）看起来很容易理解（古英语 hafoc，hrycg 是 hawk ridge，意为鹰岭），因为老鹰经常翱翔在山脊上，但是这里是指苍鹰还是雀鹰，或者这是对任意一种大型猛禽的普遍称呼还不确定。古英语 cyta 在现代指鸢，但在盎格鲁-撒克逊时期，古英语 cyta 是拉丁语 buteo，指 buzzard，意为普通鵟；Kitnor 是萨默塞特郡的卡德莫尔的旧称，cyta ora 是 kite bank，可能意为曾经有秃鹰生存的海岸。相对的，西约克郡的格莱霍尔特（Gledholt）和谢菲尔德的盖莱德莱斯（Gleadless），都包括现代英语的"glider"，以及方言中 glead 的词根，这在不同郡县通常含意不同，可能为鸢或鹞（Greenoak，1979），似乎最恰当的解释是源于鸢，因为鹞并不是林地鸟类（gleoda，holt 是 kite wood，意为鸢出没的森林；gleoda，leah 是 kite clearing，意为鸢出现的空地）。德比郡奔宁路上的 Glead Hill 最初是否源于鸢或鹞是一个有争议的问题，但盎格鲁-撒克逊语词汇表确实显示古英语 gleada 即拉丁语中的 milvus，意为鸢。英格兰北部 gleada 的使用更加频繁，而在英格兰南部 cyta 更为常见，可见一些地方性差异似乎早已确立。名词 puttoc 也作为 puttock 的现代方言名称出现，用于鸢和普通鵟；在地名中，它出现在伦敦的帕特尼（puttoc，hyth 是 hawk's/kite's landing-place，意为鹰/鸢的降落地），但鸢是否经常在这里觅食也不得而知。pyttel 和 wrocc，这两个盎格鲁-撒克逊猛禽的名字引发了一些讨论和不确定。在盎格鲁-撒克逊语词汇表中，bleripyttel 等同于拉丁文 soricarius，mushafoc 也被认为是 siricarius，暗示这两种情况可能都是指鹰。方言 mousehawk 在北方的一些郡县被用于称呼红隼，尽管其他的猛禽，特别是普通鵟，可以被描述为"mouse-hawks"，但 pyttel 和 mushafoc 似乎是用于红隼的术语（Greenoak，1979）。基特

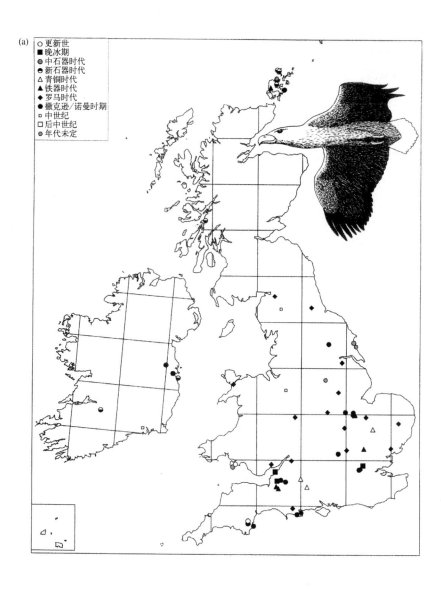

(a)

更新世
晚冰期
中石器时代
新石器时代
青铜时代
铁器时代
罗马时代
撒克逊/诺曼时期
中世纪
后中世纪
年代未定

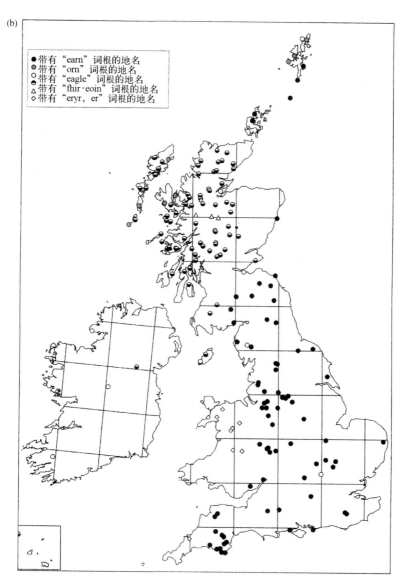

图 6.2　发现白尾海雕的考古学遗址(a)以及与其相关的地名(b)的分布(Yalden, 2007)

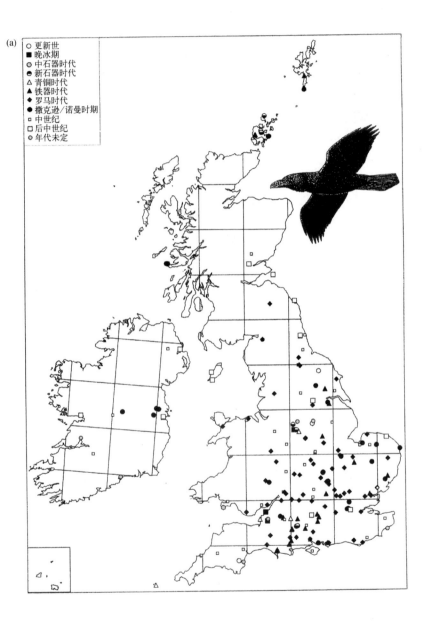

(a)
更新世
晚冰期
中石器时代
新石器时代
青铜时代
铁器时代
罗马时代
撒克逊/诺曼时期
中世纪
后中世纪
年代未定

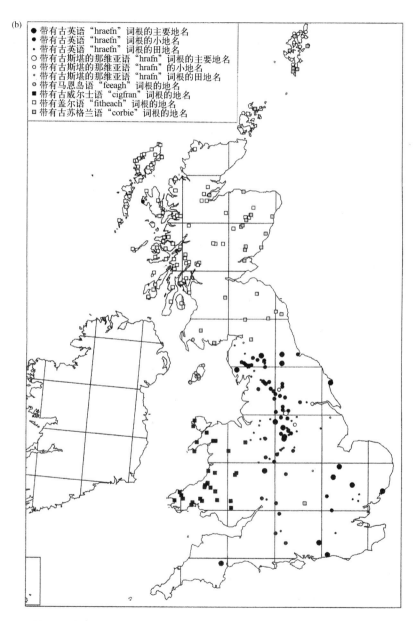

(b)
● 带有古英语"hraefn"词根的主要地名
● 带有古英语"hraefn"词根的小地名
• 带有古英语"hraefn"词根的田地名
○ 带有古斯堪的那维亚语"hrafn"词根的主要地名
○ 带有古斯堪的那维亚语"hrafn"的小地名
• 带有古斯堪的那维亚语"hrafn"词根的田地名
◎ 带有马恩岛语"feeagh"词根的地名
■ 带有威尔士语"cigfran"词根的地名
□ 带有盖尔语"fitheach"词根的地名
□ 带有古苏格兰语"corbie"词根的地名

图 6.3 发现渡鸦的考古学遗址(a)以及与其相关的地名(b)的分布(部分基于 Boisseau,1995;Moore,2002)

森（1998）对 *bleripyttel* 提出了另一个或许更好的建议，他认为 *bleri* 指一种白色的火焰，并指出臀部上的白色斑块是雌性白尾鹞的特征，在棕色的雌性和未成年个体身上特别明显。*wrocc* 这个词并没有出现在词汇表中，但它被用来解释一系列的地名［贝德福德郡的洛克斯希尔（Roxhill）等］，它们似乎指的是偏远的地方，而不是人类定居点（古英语 *halh*，*nook*，是 hollow，意为空洞的地方）。埃克沃尔（1936）的观点得到了广泛的认同，他推测它可能指的是一种猛禽，也许是普通鵟，尽管没有任何其他证据可以证明。一位挪威动物学家朋友告诉我，在挪威西部的一些地区，方言 *våk* 有时被拼写为 *vråk*，用于称呼普通鵟，而 *vråk* 则是现代瑞典语中对普通鵟的称呼（Per Terje Smiseth，个人评论；Cramp et al.，1977—1994）。尽管在怀特岛古斯堪的纳维亚语使用的可能性也许比不上英格兰北部，但似乎显示出一些古老的共同词根。虽然基特森（1998）认为其可能是指白头鹞，因为 *halh* 通常意味着两条河流之间的角落或高地在沼泽区的投影，但这些地方似乎并不真正符合这一概念。例如，怀特岛确实位于两条溪流之间，但在文特诺之上的丘陵地较高，不太可能出现沼泽或白头鹞。也许，由于这个名字在词汇表中缺失了，它代表了一种对大多数人来说更罕见的更不熟悉的更陌生的物种。我想到了蜂鹰（瑞典语 *bivråk*），而且这些遗址似乎都是南方的，但这不过是我们的猜测而已。

wrocc 并不是唯一一个没有被人满意地识别出来的古语。伯克郡的珀利（Purley）和艾塞克斯的珀利（Purleigh）中的 *pur*，被认为是源于某种水鸟，但麻鸦、鸬鹚、燕鸥和红嘴鸥都有可能。基特森（1998）认为最初的含义是黑腹滨鹬，purring 可能是对在沼泽中过冬的种群发出的声音或雄性的歌声的一种拟声。艾塞克斯湿地可能是一个适合黑腹滨鹬生活的地方，但伯克郡的泰晤士河畔不是那么合适。约克郡的斯卡吉尔（Scargill）中的 *skraki* 在盖尔林和科尔（2000）的研究中没有得到解释，挪威语的 *skrike* 和瑞典语的

skrika 可能意为松鸦(Per Terje Smiseth,个人评论,HBWP),但米尔斯(2003)认为秋沙鸭(瑞典语 *skrake*)的解释可能更加合适。沃夫河上狭窄的沟壑,更适合松鸡还是秋沙鸭,这是一个有争议的问题。

在一些地名中,古英语 *amer* 即鹀 bunting 的出现是一个有趣的提示,暗示了黄鹀的词根。帕森斯等(Parsons et al.,1996)认为,应该会出现比目前公认的更多含有 *amer* 的地名。直到最近,像安伯利(Amberley,萨塞克斯郡和格洛斯特郡)这样的名字,一直被假定为指一个不知名的人,*ambre*、*ambra* 或者 *amber*,但是有人认为在 *amer* 中插入一个 *b*,可能是英语演化的结果。古英语 *stint* 可能是指任何小型涉禽,但考虑到斯汀康比(Stinchcombe)和斯汀斯福德(Stinsford)的内陆位置,似乎其很可能是指矶鹬(Common Sandpiper)。啄木鸟的两个名字和天鹅的两个名字之间的区别很有趣,通常认为,绿(古英语 *speot*)啄木鸟和斑点(古英语 *fina*)啄木鸟之间的差异已经被注意到。那么对"野生"天鹅和疣鼻天鹅来说也是如此吗?阿尔弗里克大主教词汇(Wright,1884)将古英语 *swan* 对应于拉丁语 *olor*,意为疣鼻天鹅,而古英语 *ylfete* 则对应于拉丁语 *cignus*。表 6.1 中列出的名字含有 *swan* 的地点位于英格兰南部,更可能是(至少现在是)疣鼻天鹅的栖息地,而名字含有 *elfete* 的地点则包括比大天鹅越冬的更偏北的地方,基特森(1997)也作出了相同的推论。

表 6.1 中源于母鸡、公鸡、鹅和蓝孔雀的地名非常少,这或许表明家禽在盎格鲁-撒克逊经济中只占一小部分,或者它们并不是当时农业生产的重要组成——似乎更多的名字来自家养哺乳动物。由伊恩·皮克尔斯(2002)编制的更全面的名单中包含 1 588 个源于鸟类特别是家禽的地名,其中有 576 个涉及鹅,有 685 个与家鸡有关(其中公鸡 417 个,母鸡 239 个,泛指的有 29 个),只有 179 个涉及鸭。另外,有 24 个是主要地名(容纳数百人的居住点、

教区、城镇),390 个是次要地点(农场、景观),田地名称多达 1 174
个。这表明了家禽与当地农业经济的相互联系符合我们对家禽在
其中不是那么重要的推测,但含有鹅的地名的绝对数量是一个有
趣的暗示,说明它们在当时的经济中可能至少与鸡一样重要。是
否有可以支持这一点的考古记录发现呢?

考古学中撒克逊时期的鸟类

盎格鲁-撒克逊人最早定居的地方之一是东盎格鲁人的小型
定居点,如西斯托和马金。他们最早的定居点被认为是小型农场
而不是城镇,可以追溯到 5 世纪。在西斯托,克拉布特里(1985,
1989a)记录了 431 块家鸡和家鹅的骨骼碎片,只占家养哺乳动物
骨骼数量(15 988 块)很小的一部分(2.6%)。然而,它们在各个层
位都很多,上溯到 5 世纪,鹅的骨骼几乎与家鸡一样多。鸡的骨骼
大小变化很大,小到与现代矮脚鸡和斗鸡差不多,大到有少量骨骼
在长度上与现代品种相当,但粗壮程度不同。这显然说明了选择
性育种的存在,即一些公鸡被手术阉割以获得更大的体型。这些
鹅的大部分骨骼的大小与家鹅或灰雁相近,尽管也有一些较小的
可能是白额雁的野雁骨骼被发现。至少发现了几个具有比野雁更
深的龙骨突的胸骨,这表明可能有养殖肉类存在,但它们的体型分
布与灰雁和家鹅都有重叠。虽然没有足够的信息证明所有这些发
现都是被驯养的,但其数量强烈暗示了这一点。还有几种野生物
种的骨头被发现,包括天鹅(种未知)、绿翅鸭和另一种野鸭(从大
小看可能是赤颈凫)、鹤、黑水鸡、苍鹭、灰斑鸻、凤头麦鸡、丘鹬、扇
尾沙锥、银鸥/小黑背鸥、海鸥、鸫科,包括欧歌鸫和欧椋鸟,其中大
部分可能都是被吃掉的。大多数种类只有一两枚骨骼发现,但发
现了 30 只鹤,有些上面还显示有屠宰痕迹。还有 1 只普通鵟,可能
是食腐者;1 只苍鹰,可能被用来捕捉一些野生鸟类。

诺福克郡北埃尔姆汉的撒克逊中期层位中也发现了以家鸡和

家鹅为主的鸟类动物群。布拉姆韦尔(1980a)分别鉴定出了 37 只家鸡和 18 只家鹅,另外还有野生绿头鸭和家鸭各 5 只,2 只鹤,白额雁、粉脚雁、白颊黑雁、黑雁、翘鼻麻鸭、绿翅鸭、赤颈凫、红鸢、雀鹰、普通鵟、金鸻、大杓鹬和斑尾林鸽各 1 只。他认为这一发现可以与罗马遗址中鹅遗骸稀少的情况相对比,并指出英格兰鹅养殖水平的提高可能要归功于撒克逊人。相比之下,撒克逊遗址发现的鸭从没有像鹅那样多(Albarella,2005)。在撒克逊时代中期,城镇得到了重新发展,在北埃尔姆汉,家鸡的数量逐渐超过了家鹅。在塞特福德,发现了 86 只鸡和 14 只鹅,同时还有 3 只绿头鸭,3 只赤颈凫,2 只蓝孔雀,灰雁、琵嘴鸭、红头潜鸭、鹤、蛎鹬和渡鸦各 1只(Jones,1984)。可能这时已经培养出了不同品种的鸡,因为在福莱克森盖特发现了大小不同的两种类型(O'Connor,1982),但这也可能是反映了阉割现象的存在,因为阉割会使腿变长。撒克逊城市遗址中发现的最大骨骼来自 Hamwic,这一地点现在更为人所熟知的名称是南安普顿(Bourdillon and Coy,1980)。有大约 46 904 枚骨骼被发现,包括 45 704 枚哺乳动物骨骼和 1 200 枚鸟类骨骼。另外一种划分方式是 46 823 枚驯养的鸟类和哺乳动物,而野生动物仅有 81 枚。这些鸟类骨骼被划分为约 101 个个体,包括 63 只家鸡、16 只家鹅。绿头鸭(3 只野生或驯养?)、绿翅鸭、赤颈凫(?)、丘鹬、欧椋鸟(2 只)、白眉歌鸫(?)和欧歌鸫可能是食用物种,另外还有可能是食腐者或家禽的捕食者的大黑背鸥(1 只)、银鸥/小黑背鸥(2 只)、小嘴乌鸦/冠小嘴乌鸦、寒鸦和普通鵟,令人惊讶的是,还发现了一枚非常有特点的白嘴潜鸟的肱骨。除了这一发现本身,更令人惊讶的是其骨骼上还有切割痕迹,这意味着它是被捕杀的,尽管不能确定是用于食用还是为了获得其羽毛。正如科伊(1997)所言,一般来讲,在撒克逊时期,大多数肉类都是由家养哺乳动物提供的,但野生鸟类以及家禽为饮食增添了多样性。不同的鸡/鹅比例,从 1.6∶1(在西斯托)到极端的 19.8∶1(在温彻斯特西郊)的范围可能反映出农村和城市地区之间,撒克逊早期和晚期遗址之间,以及遗址中的骨骼是由考古学家还是经常进行筛分的工作人员挑选出来的之间的差异。位于南安普敦的3个不同的撒克逊遗址的比例分别为2.7∶1,3.3∶1和3.6∶1,具有较高的一致性。也许最重要的结论是,这一动物群看起来与南安普敦地区现代鸟类观察者期望看到的并无不同,即使白嘴潜鸟在冬季的现代汉普郡海岸也会有少量记录。

波特切斯特东南仅23千米处,有一个"高地位"遗址,是在前罗马城堡旧址上建造的撒克逊礼堂或宫殿。撒克逊早期至中期的地层中发现了少量鸟类,主要是家鸡和疑似家鹅,它们的体型接近灰雁或豆雁,但存在很大差异,这表明可能存在选择性育种行为(Eastham,1976)。收集的骨骼中有9—11只鸡和8—9只鹅,另有麻鸦、绿头鸭、大杓鹬、石鸡和斑尾林鸽各1只。撒克逊晚期的层位中发现了更加丰富的动物群,有84—87个家鸡个体,39只鹅,虽然家禽再次占据了主导地位,但是野生物种的范围扩大了。另外,还发现了一些水生鸟类,包括再次出现的白嘴潜鸟、翘鼻麻鸭、绿头鸭、绿翅鸭、赤颈凫和针尾鸭,但大多只有一两个个体。而发现的涉禽种类的多样化和数量则更加令人惊讶,包括金鸻、黑腹滨鹬、红脚鹬、(黑尾?)塍鹬、大杓鹬、中杓鹬和丘鹬。至少有13只大杓鹬和2只中杓鹬的现象表明,这一动物群可能存在于秋季,那时中杓鹬迁徙途中会经过这里,而到了冬天,丘鹬会来到这里。除红脚鹬和塍鹬外,这些涉禽都不太可能会在当地繁殖。其他食用种类包括斑尾林鸽和原鸽/家鸽,而发现的6只燕鸥的遗留很难解释,因为这一种类并不常被食用。食腐动物发现有1只红鸢,2只银鸥,2只小嘴乌鸦和1只寒鸦。大量家鹅的发现肯定了撒克逊人对这一物种的偏好,而对涉禽的偏爱似乎是这一遗址高地位的标志(Eastham,1976)。

多布尼等人(1994)估计,在弗利克斯伯勒保存了数量非常丰富的鸟类骨骼,包括鹅 5 000 块,家鸡 4 700 块以及鹤 350 块,这意味着在 8—9 世纪的遗址中,人们对家鹅的重视程度更高。对该动物群更加全面的分析现已发表(Dobson et al.,2007),他们确认了大约 5 700 块家鸡骨骼,3 698 块家鹅骨骼,以及 846 块疑似白颊黑雁骨骼,另外还有 228 块鹤骨。这一丰富的鸟类动物群中还发现了其他湿地物种,如白头鹞、苍鹭、凤头麦鸡(?)、大杓鹬、黑雁、粉脚雁、绿头鸭和绿翅鸭。丘鹬(?)、黑琴鸡、鸽子以及一些涉禽也是一部分食物来源,此外,发现的猛禽包括红鸢(?)、普通鵟(?)、灰林鸮和仓鸮。其中最有趣的是鹅,因为这是通过分析 DNA 对考古学发现的鸟类进行鉴定的首个案例:白颊黑雁和粉脚雁的鉴定结果,以及三种不同基因型的家鹅的存在都得到了证实。有趣的是,野生灰雁似乎并没有被发现(灰雁体型较小,形态特殊,理论上而言对其进行鉴定并不困难)。家鹅和家鸡是这一遗址的主要食物,在某些层位的数量甚至超过了牛和猪(即使在食物重量供给上并没有那么重要)。

在盎格鲁-撒克逊时代考古学研究发现的较为稀有的物种中,值得注意的是 6—7 世纪韦洛克尼姆发现的鹌鹑(Hammon,2005)和福莱克森盖特发现的环颈雉(O'Connor,1982)。发现的鸦科骨骼通常比罗马时期要少得多,这可能是因为渡鸦失去了其象征意义。然而,发现于撒克逊晚期乔克巷的一枚渡鸦骨骼上留下了切割痕迹(痕迹在肱骨上,可能说明其被去除了羽毛;Coy,1981b)。撒克逊遗址很少有屠宰痕迹的报道,但在韦洛克尼姆发现的灰山鹑骨骼上有所发现(Hammon,2005)。与渡鸦一样,这些痕迹也位于翼骨上,可能也反映了羽毛的去除,即使没有直接证据,这些物种被食用的可能性也是非常大的。

在不列颠群岛外围,远超出撒克逊王国范围的地方,发现了差别很大的同时代动物群。在爱尔兰,斯特尔福克斯(1938)报道了一个发现于米斯郡拉戈尔河口的非常丰富的鸟类动物群。这也被认为是一个 8—10 世纪的皇家遗址。斯特尔福克斯得到了超过 1 000 件 鸟类骨骼,并有都柏林国家收藏馆大量的参考资料库协助鉴定。令人惊讶的是,176 块骨骼的家鸡并不是其中最多的。雁骨骼的数量更加丰富,但大部分属于白额雁(124 块)和白颊黑雁(202 块)。另外有一些可能属于黑雁(7 块),还有一些可能是豆雁(3 块)以及灰雁(56 块)骨骼。斯特尔福克斯没有发现家鹅的存在,推测它们早期可能并不存在于爱尔兰,并认为发现的最大的雁骨骼属于野生灰雁。发现的种类繁多的湿地鸟类物种包括红(或黑?)喉潜鸟、凤头䴙䴘、普通鸬鹚、鹤、鹭、白骨顶、黑水鸡、长脚秧鸡、小天鹅、大天鹅、绿头鸭、针尾鸭、白眉鸭、绿翅鸭、赤颈凫、斑背潜鸭、凤头潜鸭、鹊鸭以及红胸秋沙鸭,其中大部分可能都是被吃掉的。可能的食腐者包括白尾海雕、普通鵟、冠小嘴乌鸦/小嘴乌鸦、渡鸦,或者还有大型海鸥,也许是银鸥。该地区的其他物种还包括仓鸮、秃鼻乌鸦和红嘴山鸦。令人惊讶的是没有发现涉禽,不清楚是真的缺失,还是因为个体太小而没有被注意到,或者因为可用的参考系有限而难以鉴定,因为一般认为可能只会存在鸻科、丘鹬和大杓鹬。小型雀形目的缺乏确实反映了筛分的不足。即使如此,这也是一个相当丰富的动物群,引发了人们对从那时起鹤、白尾海雕以及(爱尔兰大部分地区的)长脚秧鸡和普通鵟消失的关注。在尚未公布的米斯郡雷斯敦发现的同时代遗址中,长脚秧鸡的数量要比家禽多得多,鸭比鹅或鸡更加普遍。发现的其他物种包括鹌鹑、鹤、苍鹰、丘鹬、扇尾沙锥、欧夜鹰和渡鸦(Murray and Hamilton-Dyer,2007)。都柏林伍兹码头发现的稍晚的(10—11 世纪)爱尔兰遗址中的鸟类动物群没有得到适当的记录,但达西(1999)报告称,发现了 58 只家鸡和 16 只鹅(野生和家养),还有 21 只渡鸦和 10 只普通鵟。猛禽也有丰富的发现,包括 7 只白尾海雕,4 只红鸢,游隼、鹗、白尾鹞、白头鹞各有 2 只,以及 1 只雀鹰。其他只发现了单个个体的物种包括红喉潜鸟、鹤、憨鲣鸟、欧鸬鹚、普通鸬鹚、大杓鹬、斑尾塍鹬、海鸦、大黑背鸥、三趾鸥、乌鸦、秃鼻乌鸦、寒鸦、2 只天鹅(种未定)、3 只鸭(种未定)和一些未鉴定的涉禽和其他骨骼。

　　另一个不同的动物群来自沿海遗址。凯里郡伊洛劳安的修道院(7—9 世纪)发现了家鸡、雁(种未定)、普通鸬鹚、欧鸬鹚、憨鲣鸟、塍鹬、扇尾沙锥、三趾鸥、海鸦、北极海鹦、斑尾林鸽、鸽子以及乌鸦,然而发现的鸟类骨骼中的 70% 都是普通䴉(Murray et al.,2004)。北方的苏格兰遗址同样发现了以海洋物种为主的鸟类动物群。奥克尼群岛的伯赛堡垒是一个维京时代遗址,艾利森指出,其中 60% 的鸟类遗骸是海鸟,家鸡非常稀少(305 块中仅有 4 块),大部分雁可能是家鹅,但也可能包括野生灰雁(Allison,1989;Allison and Rackham,1996)。普通䴉、欧鸬鹚、普通鸬鹚、憨鲣鸟、小海雀、大海雀、刀嘴海雀、黑海鸽、海鸦和北极海鹦是主要食用物种,另外还有鹤(?)、蛎鹬、大杓鹬、大黑背鸥、小黑背鸥和紫翅椋鸟。布拉姆韦尔(1977b)在巴克奎的诺斯(和皮克特)层位上得到了非常类似的观察结果:家鸡和雁很少,海鸟为这个居住区提供了大部分肉类。和伯赛堡垒一样,所有种类的海雀都有发现,还有暴雪䴉、普通䴉、憨鲣鸟、普通鸬鹚、欧鸬鹚,但物种名单要长得多。发现的其他海生物种有白嘴潜鸟、欧绒鸭和黑海番鸭,另外还有银鸥、小黑背鸥、大黑背鸥、红嘴鸥、疣鼻天鹅、大天鹅、翘鼻麻鸭、绿头鸭、绿翅鸭、赤颈凫、琵嘴鸭和鹊鸭等水禽,以及同样生活于淡水栖息地的鹤、普通秧鸡和长脚秧鸡。最令人意外的是红松鸡和黑琴鸡的发现,前者现在仍在奥克尼群岛繁殖,但后者现在已经不在那里出现了。布拉姆韦尔列举了许多涉禽,包括蛎鹬、金鸻、黑腹滨鹬、红腹滨鹬、青脚鹬、大杓鹬、中杓鹬、姬鹬(Jack Snipe)和矶鹬类,可能是灰瓣蹼鹬(Grey Phalarope),还有少量地栖鸟类,包括原鸽、环颈鸫/乌鸫、欧歌鸫/白眉歌鸫、乌鸦/秃鼻乌鸦和渡鸦。灰背隼和红隼与人类竞争体型较小的猎物。在迪尼斯的斯凯尔,艾利森（1997b）在维京时代的层位上发现了海雀的大多数种，包括小海雀和大海雀（虽然没有黑海鸽或北极海鹦），还有其他海鸟，如普通鹱（并非暴雪鹱）、欧鸬鹚、普通鸬鹚和憨鲣鸟。大型海鸥包括北极鸥、大黑背鸥、银鸥、小黑背鸥以及白喉潜鸟和红喉潜鸟都有发现。猛禽和食腐者有普通鵟、白尾海雕、渡鸦和短耳鸮。还发现了少量的红松鸡、家鸡和家鹅的骨骼，但海鸟数量显然更多。

如果说暴雪鹱在这些沿海动物群中的数量似乎比我们在现代知识引导下的预期要多得多（参见第四章），那么更令人惊讶的是一种圆尾鹱（Pterodroma）的发现（Serjeantson，2005）。它的骨骼已经在 3 个分散的地点发现，分别是外赫布里底群岛北乌斯特的乌达尔、内赫布里底群岛艾莱岛的基列兰农场，以及奥克尼群岛劳赛岛的布列塔尼斯。所有这些遗址都被认为可追溯至公元 1000 年，这段时间在其他地方被称为早期基督教时期（爱尔兰）或盎格鲁-撒克逊时期（英格兰）。发现的 11 块骨骼中，有部分上下颚、2 块乌喙骨、1 对胫跗骨、1 块尺骨、桡骨和 2 块破碎的股骨。总的来说，这些骨头至少代表了 6 个个体。将它们与所有北大西洋圆尾鹱仔细比较，戴尔·萨金特森认为它们是佛得角圆尾鹱（Madeira Petrel），这一物种只在马尼拉的布吉奥和佛得角群岛繁殖。在马尼拉岛高海拔地区繁殖的稀有的马尼拉圆尾鹱骨骼较小，百慕大生存的百慕大圆尾鹱与之体型相似，但乌喙骨更短。当然，这些都是稀有品种，可供比较的标本范围有限。鉴于这些物种在世界各地的稀有记录，发现的骨骼也有可能属于 1 个完全灭绝的物种，但最可信的鉴定结果是佛得角圆尾鹱。很明显瑞典的 2 个考古遗址也报道了相同的物种（Ericson and Tyrberg，2004）。有趣的是，乌达尔还发现了属于圆尾鹱属但体型比马德拉圆尾鹱还要小的种的一枚叉骨。目前还没有对其作出任何鉴定结果，还需要更多材料。

在更遥远的北部，普拉特（1956）简单介绍了设得兰群岛贾尔索夫遗址上发现的和奥克尼群岛类似的 9 世纪维京时代动物群，但并没有具体数目报道。发现的数量较多的鸟类中,有大黑背鸥、银鸥、欧鸬鹚、憨鲣鸟、普通鸬鹚和欧绒鸭。数量较少的种类包括海鸦、冠小嘴乌鸦、鹭、翘鼻麻鸭和红嘴鸥,而红喉潜鸟、琵嘴鸭、斑脸海番鸭、大天鹅、麻鳽、蛎鹬、三趾鸥、大杓鹬、白腰叉尾海燕(Leach's Petrel)、黑琴鸡、游隼、喜鹊和渡鸦也有发现。推测家鸭、家鹅、家鸡应该也是存在的,但数量不是很多。最近对设得兰群岛斯卡洛韦的史前圆形巨塔进行的挖掘中发现了一个类似的但规模较小的铁器时代晚期和维京时代(500—1000 年)的动物群,其中憨鲣鸟、北极海鹦以及家鸡的数量最多。此外,还发现了红喉潜鸟、苍鹭、普通鸬鹚、欧鸬鹚、疣鼻天鹅、灰雁、绿翅鸭、绿头鸭、大杓鹬、扇尾沙锥、斑尾塍鹬、海鸦、三趾鸥、银鸥、渡鸦和冠小嘴乌鸦(O'Sullivan,1998)。

诺曼时期的鸟类——城堡、宴会和鹰猎

诺曼底公爵威廉一世对英国的征服导致了一系列的相关变化。英格兰王国的城镇、自治区和郡县被保留下来并继续使用,但新语言的引入,带来了一些名称上的改变——在法语 aigle 的影响下,ernes 变成了老鹰的意思,盎格鲁-撒克逊语的 hragra 被 Heron 所取代(如法语中的 héron)。作为征服和统治阶层象征的城堡,同样也是经久不衰的,是可以进行大量考古调查的遗址,它们为研究野生鸟类出现的宴会提供了地点和证据。在这些宴会中,野生鸟类不仅被作为食物,还是一种地位的象征。放鹰捕猎是一种捕获野生鸟类的手段,在森林和公园鹰猎是国王和贵族的特权,也是另一种统治的象征(Rackham,1986;Yalden,1999)。关于国家、狩猎和宴会的组织的书面记录,以及被猎杀的野鸟和哺乳动物的间接记录,也始于诺曼底人的征服,始于 1086 年的《英国土地志》这一卓越记录。

《英国土地志》本质上是一份纳税申报,统治者试图查明他和

他之下的贵族拥有什么,以及他可以得到多少税收。因此,土地志主要是一份领地和所有权的清单,关注点集中在农业财富,即耕地面积、犁和使用它们的村民的数量。然而,可以提供柴火、建筑用木材以及猪的饲养用地的林地,作为一种重要经济来源,也被很好地记录下来。拉克姆(1986)估计英格兰的森林覆盖率只有 15%,且分布不规律。就像现在一样,维尔德地区的森林覆盖率很高,但英格兰中部地区和芬兰区的大片地区树林十分缺乏。就当前的目的而言,关注点主要在米德兰西部一些郡县的林地,它们有着英国最早的严谨的鸟类学书面记录。鹰的巢穴,通常用短语 airae accipitru 来描述,即 hawk's eyries,紧挨在森林入口处,在白金汉郡(1 处)、柴郡(24 处)、格洛斯特郡(2 处)、赫里福德郡(1 处)、兰开夏郡(并未列举)、什罗普郡(3 处)、萨里(1 处)、伍斯特郡(2 处)以及北威尔士(4 处)都有。在萨里郡的林普斯菲尔德,词组 nidi accipitris 指代鹰巢。accipitris 的使用,意味着指的是鹰而不是隼,这也与林地环境相关联[令人惊讶的是,《英国土地志》中没有 airae falcones,尽管亚普(1982a)指出,中世纪早期记录中已经将鹰和隼区别开来]。而且,这些肯定是指苍鹰,而不是雀鹰,因为这种过于稀疏的分布,不太可能是数量众多的雀鹰。只有柴郡似乎已经有了一个相当完整的清单,这些巢穴都集中在树木更加茂盛的森林中心和郡县东部。这里的 24 对,每对拥有的面积约为 50 平方千米,大约与现代苍鹰的领地规模相当,而相同面积的林地则可以有大约 1 300 对雀鹰生存,数量太多以至于容易被忽略。

考古学中的鹰猎

罗马人显然并没有沉迷于鹰猎,汤因比(1973)并没有给出任何关于他们饲养、驯鹰的迹象。他们可能会像使用猫头鹰那样将它们当作诱饵,正如西西里一幅 4 世纪的马赛克镶嵌画上的狩猎场景中展示的那样,一名男子正手持猎鹰(Wilson,1983)。到了撒克逊时代末期,鹰猎已经开始在英格兰流行,在 11 世纪埃弗里克大主教的讨论会上,有捕鸟人问他是如何捕捉鸟类的,他回答说使用网、诱网、粘鸟胶、口哨、鹰(古英语文本中是 *hafoce*,在拉丁文中为 *accipitre*)和陷阱(Garmonsway,1947;Swanton,1975)。当被问及他是如何喂养鹰时,大主教回答说,冬天它们自己养活自己,也为他打猎,但在春天被放飞,秋天带回幼鸟并驯养它们。然而,诺曼人和后来的国王们完全沉迷于鹰猎。亚普(1982a)讨论了《圣奥尔本著作集》(*Boke of St. Albans*)中的虚假信息如为不同社会等级的人分派相应的猛禽(从皇帝的鹰到圣水牧师的雄雀鹰),并指出其中隐含的内部矛盾以及在鸟类学研究中毫无意义(表 6.2)。例如,一个自由民几乎买不起一只苍鹰,尽管腓特烈二世确实使用它们;虽然秃鹫和鸢以及鹰一起被分配给皇帝,但它们都不是用于鹰猎的鸟;修道院院长和主教不在分配列表中,游隼至少出现过 3 次。认为 15 世纪的饲鹰者可以区分兰纳隼(Lanner)、猎隼(Saker)和游隼的观点是 19 世纪知识的一种投射,而这实际上可能是不太现实的,事实上,在腓特烈二世关于猎鹰的记载中,saker 和 lanner 在当时仅仅是游隼的别名(Yapp,1983)。

表 6.2　圣奥尔本著作集中给出的鹰猎猛禽分配

君主	鹰、秃鹰(?)、鸢(?)
国王	矛隼和它的雄鹰(如雄性)
王子	驯服的猎鹰和雄鹰
公爵	岩石上的猎鹰
伯爵	游隼
男爵(勋爵)	杂种鹰
骑士	游隼(雄性)
乡绅	兰纳隼
夫人	灰背隼
年轻人(年轻的侍从、首脑的侍从、未成年人)	燕隼

续表

自由民（绅士、贫穷的绅士、穷人）	苍鹰
穷人（绅士、自由民）	雄鹰（可能是指苍鹰）
牧师	雀鹰
圣水牧师	雄雀鹰
无赖	红隼

注：该表据称可以追溯到1486年，但可能是后来的仿造品（参考 Yapp，1982a，表1），括号里的内容为不同版本。

从更确凿的证据来看，在描绘鹰猎场景的鸟类插图手稿中，亚普（1981b）指出，要从粗糙的图画中仅仅区分鹰和隼也很困难。在较好的插图中，只有一幅看起来似乎是游隼，另外五幅则清楚地显示是苍鹰。亚普还指出了中世纪词汇表中名字使用的混乱程度——鹰（短翼）和隼（长翼）通常是不同的（如 *accipite* 是 *hafoc*，*herodius* 或 *falco* 是 *wealhafoc*，Welsh hawk 指威尔士鹰），而物种则不然。拉丁语 *peregrinus* 既可用于燕隼，也可用于游隼，甚至有时苍鹰和雀鹰也会被混淆。正如他所言，游隼在英格兰南部很少见，而在一个树木繁茂的乡村，苍鹰更加常见。《英国土地志》对它们的关注清楚地表明了其重要性，腓特烈二世和后来对鹰的描述也都强调了游隼和苍鹰作为主要捕猎者的价值。那么考古记录是如何阐述这种解释的呢？

表6.3总结了主要猛禽种类的考古记录。如上所述，如果鹰猎在中世纪时是一种更加频繁的运动，那么苍鹰遗留的数量应该比游隼的要多得多，而且从诺曼时代起，两者的数量都应该有显著增加。很明显，自始至终游隼的数量的确少于苍鹰。同样显而易见的是，在铁器时代和罗马时代，当城镇开始提供腐食栖息地时，食腐动物是常见的生态群体，其他物种和用于鹰猎的物种一样多，但从盎格鲁-撒克逊时代起，这种情况发生了改变。中世纪时期，雀鹰数量的急剧增加尤为显著，同时苍鹰和游隼数量的增加也十

分明显。食腐者,特别是红鸢和普通鵟的数量,在中世纪时期似乎也很高,这可能是反映了较差的卫生状况。然而,也有文献证据表明,矛隼有时会和红鸢发生冲突,因此它们的发现可能是鹰猎重要性的另一个指示(Dobney and Jaques,2002)。鹰猎中的一项技术就是,在红鸢的视野内释放一只腿上系着狐尾的雕鸮,红鸢就会俯冲下来埋伏攻击雕鸮以抢夺猎物,此时,猎隼又被释放来攻击红鸢(Salvin and Brodrick,1855)。英国的中世纪考古中没有发现雕鸮(一个有力的观点认为它们在那之前就已经绝迹了),但灰林鸮出奇频繁地出现。也许它们是当地使用的替代品,尽管它们本身也被用来诱骗较小的鸟类接近网或粘鸟胶。也可能红鸢和普通鵟本身就用于鹰猎,因为鸢可以防止猎禽或水禽过早起飞,普通鵟作为一个更加强壮的物种,可被新手用于鹰猎(Dobney and Jaques,2002)。矛隼在英国很少见,尽管有时会作为冬候鸟出现。以前它们在挪威、冰岛或格陵兰被用于鹰猎。在英国只有两处可能的考古记录,一处肯定不是用于鹰猎,因为来自彭布罗克郡晚冰川遗址波特洞穴的是一个不能确定的游隼/矛隼(David,1991),但另一处来自温彻斯特高地位遗址的发现,可能是用于鹰猎(Serjeantson,2006)。肯特郡国王埃塞尔伯特(748—755 年)一封记录良好的信件显示,他向德国的圣波尼斐斯求购两只鹰用于猎鹤,我们这里猜测他寻找的是矛隼,尽管游隼也会攻击鹤(Salvin and Brodrick,1855;Dobney and Jaques,2002)。贝叶挂毯展示的是国王哈罗德外出鹰猎,携带的似乎是一只苍鹰。显然,英国的鹰猎始于撒克逊时期,在诺曼时代之前,用于鹰猎的物种数量的增加也证实了这一点(表6.3)。

在考古遗址中发现猛禽的事实本身并不一定表明它们就是被用于鹰猎的,尽管这种情况与该理论相符。其他的一些事实也是如此。大多数情况下,发现猛禽的遗址都有着较高的地位,包括城堡和修道院。例如,拉赫尔(Loughor)、赖辛堡、贝纳德城堡以及法

表 6.3　考古学记录中的猛禽

物种	更新世	晚冰期	中石器时代	新石器时代	钟杯时代	铁器时代	罗马时代	盎格鲁－撒克逊时代	诺曼时代	中世纪	后中世纪
红鸢	1		1	1		4	14	11	2	28	9
鹗	2	2		1		1	1	2		1	
普通鵟	2		6	5	2	12	19	19	5	33	7
毛脚鵟											
苍鹰	1	3	3	3		5	3	6	6	11	2
雀鹰		4	4				3	9	3	17	7
白尾海雕	3	5	5	7	3	7	18	6	4	4	
白腹鹞						1	1	4			1
马灰鹞						1					
白头鹞	1		1			3		6	1	3	1
金雕	1	4		1		2	1	1		3	
游隼	2	1	2	3	2	4	6	5	2	6	2
红隼	5	12	1	3	2	3		2		5	4
燕隼	1	1	1						1	1	
灰背隼		4	1			2	2		2	2	
食腐者共计	7	9	12	14	5	25	54	37	7	68	16
参与鹰猎者共计	4	9	12	14	5	25	54	37	7	68	16
其他种类共计	6	15	2	4	2	10	8	14	1	8	7

注：此表展示了发现每个物种的遗址的数量。可以发现各表行数据差别较大，这是因为一些历史时期发现的遗址较其他时间段多。考虑到鹰猎对记录累积的影响，将可能用于鹰猎的鸟（苍鹰、雀鹰、游隼、灰背隼、红隼）与可能的食腐种类（红鸢、普通鵟、金雕、白尾海雕）以及其他种类（鹗、毛脚鵟、白腹鹞、马灰鹞、白头鹞、燕隼）在表格底部进行对比。

科姆内瑟顿、伊尔切斯特、贝弗利和金斯林都发现了游隼,而发现苍鹰的地点包括斯塔福德郡的斯卡伯勒、波特切斯特的亨多门城堡、赖辛堡,以及伊尔切斯特的贝特修道院、法科姆内瑟顿、金斯林、诺威奇和约克郡。最需要强调的是,在亨多门城堡发现的苍鹰骨骼上有一个模糊的绿色斑点,布朗认为(2000)这可能表示有鹰环存在,而查理森(Cherryson,2002)在另外两个地点赫丁厄姆城堡和比格尔斯韦德也发现了鹰环(但没有骨头)。在法科姆内瑟顿的一个坑中发现了几乎完整的苍鹰、雀鹰和游隼的骨架,证明了它们被用于鹰猎(Sadler,1990)。在这些地点通常会同时发现某些"高级"的猎物,特别是鹤、苍鹭和麻鸭,这些都是鹰或隼的猎物。在伦敦的贝纳德城堡,赛克斯(Sykes,2004)调查的所有六种可能指示高地位的物种都有发现,包括苍鹭、麻鸭、灰鹤、疣鼻天鹅、灰山鹑、丘鹬以及相伴随的游隼(Bramwell,1975)。其中,夜行性的丘鹬很少被鹰猎杀,但通常可以通过专门的捕网,在它们黎明或傍晚进行求偶飞行时捕捉。无论是疣鼻天鹅还是大天鹅,它们的体型即使对苍鹰来说也太大了,它们会被用箭捕杀,或者(对疣鼻天鹅来说)在夏末因为换羽而失去飞行能力时被捕获。鹰猎通常被用来捕捉其他四种鸟类。正如萨金特森(2006)所记载的那样,在诺曼时代后期的考古遗址中,可能以鹰猎方式被捕杀的野生鸟类(不包括鹅和鸡)如鹄类、百灵科和涉禽类的数量变得越来越多。

在发现游隼的 13 处盎格鲁-撒克逊、诺曼或中世纪时期的遗址中(表 6.4),有 7 处也发现了鹤的骨骼,6 处发现了鹭的骨骼。此外,其中的 6 处还发现了丘鹬遗骸。这些巧合确实证实了这些遗址的高地位,但可能并不能证明鹰猎行为的存在。然而,这两种情况都是显著的重合(游隼和鹤的重合次数比预期的偶然发生的要多,同样,游隼和鹭也是如此)。有趣的是,几乎所有这些发现游隼的遗址都位于英格兰南部和东部,远远超出其繁殖范围,这是另一条表明它们可能是被狩猎而来的重要线索,只有设得兰群岛的贾尔索夫和高尔半岛基地的卢格尔城堡被认为可能处于其自然繁殖范围之内。

表 6.4　盎格鲁-撒克逊时代到中世纪时期游隼、苍鹰以及其"高地位"猎物的发现记录

遗址	盎格鲁-撒克逊时代	诺曼时代	中世纪	共计
游隼	5	2	6	13
苍鹰	6	3	14	23
灰鹤	19	5	34	58
苍鹭	14	3	22	39
麻鸦	4	—	5	9
黑琴鸡	7	—	11	18
遗址总数	46	9	144	199

注:记录与该时期发现的遗址总数对比。遗址总数为近似值,因为有一些遗址跨越了一系列时代。

在发现苍鹰的 23 个地点中,9 个发现了鹤,6 个发现了鹭,但这些情况,并没有超过预期的偶然巧合的数值。或许苍鹰并不习惯于捕捉这些猎物(它们可能在捕捉松鸡、野兔或其他野鸟时更有用),而苍鹭的飞行速度甚至可以超过游隼,因此飞行速度较慢的苍鹰会觉得捕捉它们很困难。与游隼相比,苍鹰在英国任何森林相对茂密的地区都可能发现,很难建立地理分布区域。它们的遗址遍布英国南部。

鹤、白尾海雕、夜鹭和其他中世纪鸟类

鹤是猎鹰的猎物,这一认知促使我们考虑它们在中世纪英国的地位和分布,以及曾经与它们共同生活但现已消失的其他物种。关于这些神秘物种,中世纪的记录能告诉我们什么呢? 在当时,它们是普遍存在的,还是衰退迹象已现?

根据考古学记录,鹤的数量在盎格鲁-撒克逊时期到中世纪,

显然还有很多,且分布广泛。早期有 60 条记录,而后又发现了 59
条,另外还有 8 条较晚的记录(7 条不能确定时代,表 6.5),但是保
持广泛分布(图 6.4)。它们在更新世和晚冰期遗址的缺失很有趣。
这可能反映了它们更喜欢开放潮湿的沼泽地区(而非冰冻地区),
以及它们的较大体型阻止了穴居猛禽将其遗骸搬运到这些遗址。
从中石器时代到近代,人类显然一直在捕猎它们,而其遗体是后来
所有野生鸟类中发现频率最高的种类之一。中世纪时代后期,鹤
在较高地位遗址中的数量相对较多,在村庄发现的数量很少或不
存在(Albarella and Thomas,2002;Sykes,2004),但这种差异在盎格
鲁-撒克逊时期到中世纪早期并不明显。在它们仍然很普遍时,似
乎每个人都以其作为食物。在许多情况下,鹤骨骼本身带有切割
痕迹,这与它们在餐饮、烹饪和为高阶级宴会定制的游戏的报道中
经常被提到的内容相符。赛克斯(2007)称,林肯郡发现的跗蹠骨远
端显示这一个体显然经过了非常仔细地剥皮。正如她所说的那样,
脚踝处以下没有肉,在这个位置切割腿部会比较容易,表明这是精心
准备的高档菜肴。亨利三世在 1251 年的圣诞晚餐有 115 只鹤、2 100
只鹬鸪、290 只环颈雉、395 只天鹅、7 000 只母鸡和 120 只蓝孔雀
(Rackham,1986)。鹤作为一种食用物种也会被圈养起来,它们相当
容易被喂食,或者说是像鹅一样被强制喂食。它们可能被饲养以供
给鹰猎,或者食用(Yapp,1982a)。到中世纪末期,它们明显变得稀
少,正如考古遗址动物群中的发现所显示的那样(Sykes,2004)。1534
年,为了保护它们的蛋,亨利八世规定了每只蛋 20 美元的罚款,这是
侵权行为中数额最高的罚款。关于其繁殖,也许它们在英格兰的最
后一次出现是格尼(1921)报道的 1542 年 6 月在诺福克发现的一个
年轻个体,还有另一份不太确切的报告,同样是在 16 世纪,即 1544
年威廉·特纳(William Turner)在英格兰发现了一个年轻个体
(Boisseau and Yalden,1999)。17 世纪的第三次沼泽排水很可能导
致了其最后繁殖栖息地的最终丧失。在此之后的菜单中,鹤仍然

有所出现,但它们本来就是从斯堪的纳维亚迁徙而来的越冬鸟类,其在圣诞节宴会上的出现也说明了这一点。最新的考古记录是后中世纪的,可能表明人类对这些越冬鸟类的食用,包括鹤、鹭和麻鸦的菜单通常也会有 Brewes。对这一物种的鉴定一直难以确定,但伯恩(2003)认为,Brewes 指的是夜鹭(Night Herons)。这些菜单中还列出了白鹭,推测可能是小白鹭,令人惊讶的是,这一物种并没有出现在中世纪的考古记录中,虽然有证据表明两者都是进口的,但鉴于其数量,它们应该已经开始在英国繁殖(也见第四章)。小白鹭和麻鸦的胫骨长度完全重叠,似乎可能由于可以参考的骨骼较少,导致白鹭被考古学家忽视或错误鉴定。

表6.5　不列颠群岛上灰鹤的考古学记录

遗址	参考坐标网格	时代	参考文献
+伊尔福德	TQ 45 85	伊普斯威奇冰期	Harrison and Cowles,1977
哈尼克尼沼泽	TQ 36 86	更新世/全新世	Harrison,1980a
萨彻姆	SU 50 66	中石器时代	King,1962
斯卡尔	TA 02 81	中石器时代	Fraser and King,1954;Harrison,1987a
丰比	SD 26 96	新石器时代	Roberts et al.,1996
多赛特芒特普莱森特	SY 71 89	新石器时代	Harcourt,1971b
利默里克郡戈尔湖	R 64 41	新石器时代/青铜时代	D'Arcy,1999
夏普哈登代尔采石场	NY 58 14	钟杯时代	Allison,1988b
巴顿梅尔	TL 91 66	青铜时代	Fisher,1966
伯韦尔沼泽	TL 59 67	青铜时代	Northcote,1980
韦斯特米斯郡巴林德里人工岛	N 22 39	青铜时代	Stelfox,1942
科克郡巴利卡登	W 98 64	青铜时代	Harkness,1871;Newton,1923
诺威奇	TG 23 08	青铜时代	Bell,1922
艾拉岛阿德纳韦	NR 28 74	青铜时代	Harman,1983
卡尔迪特	ST 48 88	青铜时代	McCormick et al.,1997

续表

遗址	参考坐标网格	时代	参考文献
* 布里恩高地	ST 29 58	青铜时代	Levitan, 1990
西哈林米可摩尔山	TL 87 95	铁器时代早期	Clarke and Fell, 1953
加拉纳赫邓安费乌林	NM 82 26	铁器时代	Ritchie, 1974
+ 梅尔湖区	ST 44 42	铁器时代	Gray, 1966；Harrison, 1987b
东梅尔	ST 45 41	铁器时代	Levine, 1986
奥克尼豪岛	HY 27 10	铁器时代	Bramwell, 1994
+ 格拉斯顿伯里湖村	ST 49 38	铁器时代	Andrews, 1917；Harrison, 1980a, 1987b
+ 朗索普	TL 15 97	铁器时代	King, 1987
彼得伯勒芬格特猫之泉	TL 20 98	铁器时代	Biddick, 1984
古萨哲万圣	SU 00 10	铁器时代	Harcourt, 1979a
布伦斯顿圣安德鲁斯	SU 15 58	铁器时代	Coy, 1982
奥厄的克列福尔	SZ 00 86	铁器时代	Coy, 1981a
龙比	SE 90 12	铁器时代	Harman, 1996a
哈登汉姆	TL 46 75	铁器时代	Evans and Serjeantson, 1988
* 西斯托	TL 81 70	铁器时代	Crabtree, 1989b
德文郡伍德伯里	SX 84 51	铁器时代	Harrison, 1980a, 1987b
韦克利	SP 95 99	铁器时代	Jones, 1978
北尤伊斯特岛	NF 80 70	铁器时代	Hallen, 1994
* 伯格	TM 22 52	铁器时代	Jones et al. , 1988
霍尔藤山	TL418507	铁器时代	R. Jones，个人评论
* 约克郡布莱克街 9 号	SE 60 52	罗马时代早期	O'Connor, 1987b
* 伍斯特锡得伯里	SO 68 85	罗马时代早期	Scott, 1992b
* 卡莱尔巷道区	NY 39 56	罗马时代早期	Connell and Davis，未发表
埃克塞特	TL 11 07	罗马时代	Parker, 1988；Locker, 1990
科尔切斯特	TL 99 25	罗马时代	Luff, 1982, 1993
克莱顿派克	SU 19 99	罗马时代	Locker，未发表；Parker, 1988
埃克塞特	SX 9192	罗马时代	Bell, 1915；Maltby, 1979；Bidwell, 1980

遗址	参考坐标网格	时代	参考文献
林肯	SK 97 91	罗马时代	Cowles,1973；Dobney et al.,1996
锡尔伯里山	SU 10 68	罗马时代	Gardner,1997
洛杜努姆	TL 98 25	罗马时代	Luff,1982,1985
卡利恩	ST 33 90	罗马时代	Hamilton-Dyer,1993
卡莱尔阿内特维尔街	NY 39 56	罗马时代阶段3	Allison,1991
伦敦圣米尔德里德	TQ 32 80	罗马时代	Bramwell,1975f；Parker,1988
卡莱尔阿内特维尔街	NY 39 56	罗马时代阶段5	Allison,1991
纽斯特德	NT 57 34	罗马时代	Ewart,1911；Parker,1988
帕普卡斯尔	NY 10 31	罗马时代	Mainland and Stallibrass,1990
豪塞斯特兹	NY 78 69	罗马时代	Gidney,1996
约克布莱克大街	SE 60 52	罗马时代	Allison,1986；Parker,1988
约克科洛尼亚	SE 60 52	罗马时代	O'Connor；Parker,1988
约克教堂	SE 60 52	罗马时代	Allison,1986；Parker,1988
希普顿索普	SE 81 38	罗马时代	Mainland and Stallibrass,1990
格洛斯特郡巴恩斯利公园	SP 08 06	罗马时代	Bramwell,1985
科布里奇	NY 98 64	罗马时代	Bell,1922；Parker,1988
多尔切斯特	SY 68 90	罗马时代	Maltby,1993
萨默赛特郡伍基洞	ST 53 47	罗马时代	Balch and Troup,1910
马克西普朗特农场	TF 11 08	罗马时代	Harman,1993a
滨海凯斯特	TF 11 08	罗马时代	Harman,1993b
龙比	SE 90 12	罗马时代	Harman,1996a
弗林特潘特农场	SJ 25 72	罗马时代	King and Westley,1989
西尔切斯特	SU 64 62	罗马时代	Newton,1906b；Maltby,1984；Parker,1988
罗克斯特	SJ 56 08	罗马时代	Meddens,1987；Parker,1988

续表

遗址	参考坐标网格	时代	参考文献
伦敦墙	TQ 29 79	罗马时代	Harrison,1980a;Parker,1988
切斯特	SJ 40 66	罗马时代	Fisher,未发表;Parker,1988
韦斯特米斯郡巴林德里人工岛	N 22 39	基督教早期	Stelfox,1942
圣奥尔本修道院	TL 14 07	撒克逊时代早期/中期	Crabtree,1983,未发表
圣奥尔本修道院	TL 14 07	撒克逊时代中期	Crabtree,1983,未发表
伊普斯威奇圣彼得大街	TM 16 44	撒克逊时代	Crabtree,1994
沃顿艾尔斯伯里	SP 82 13	撒克逊时代	Bramwell,1976b
伊普斯威奇圣尼古拉斯大街	TM 16 44	撒克逊时代	Crabtree,1994
伊普斯威奇巴特市场/圣斯特凡巷	TM 16 44	撒克逊时代	Crabtree,1994
+ 伦敦巴金修道院	TQ 29 79	撒克逊时代	West,1994
伦敦威斯敏斯特教堂	TQ 30 79	撒克逊时代	West,1994
*西斯托	TL 81 70	盎格鲁-撒克逊时期	Crabtree,1985,1989a
伊普斯威奇	TM 16 44	盎格鲁-撒克逊时期	Jones and Serjeantson,1983
弗利克斯伯勒	SE 87 15	盎格鲁-撒克逊时期	Dobney et al.,1994
北埃尔姆汉公元	TF 98 20	盎格鲁-撒克逊时期	Bramwell,1980a
伦敦绍特花园	TQ 30 81	盎格鲁-撒克逊时期	Stewart,个人评论（引自Boisseau and Yalden,1999）
塞特福德	TL 87 83	盎格鲁-撒克逊时期	Jones,1984,1993
米斯郡雷斯敦	O 04 51	6—7 世纪	Murray and Hamilton-Dyer,2007
*弗利克斯伯勒	SE 87 15	7 世纪	Dobney et al.,2007

续表

遗址	参考坐标网格	时代	参考文献
*弗利克斯伯勒	SE 87 15	7—8 世纪	Dobney et al. ,2007
*弗利克斯伯勒	SE 87 15	8—9 世纪	Dobney et al. ,2007
*弗利克斯伯勒	SE 87 15	9 世纪	Dobney et al. ,2007
*弗利克斯伯勒	SE 87 15	10 世纪	Dobney et al. ,2007
拉戈尔	N 98 52	基督教晚期	Stelfox,1938;Henken,1950
巴克奎	HY 36 27	诺斯时代	Bramwell,1977b
伯赛堡垒	HY 23 28	维京时代	Allison,1989
约克科珀盖特	SE 60 52	盎格鲁-斯堪的纳维亚	O'Connor,1989
赖辛堡	TF 66 24	撒克逊-诺曼	Jones et al. ,1997
梅努斯城堡	N 934375	前盎格鲁-诺曼	Hamilton-Dyer,个人评论
特里姆城堡	N 79 56	盎格鲁-诺曼	Hamilton-Dyer,个人评论
林迪斯法恩霍利岛	N 79 56	850—1100 年	Allison et al. ,1985
约克明斯特康杜比尼亚	SE60 25	9—11 世纪	Rackham,1995
都柏林菲山伯大街	O 15 35	10—11 世纪	O'Sullivan,1999
都柏林城堡	O 15 35	10 世纪	McCarthy,1995
牛津圣埃布斯	SP 51 06	11—12 世纪	Wilson et al. ,1989
约克议会街	SE 60 52	11—13 世纪	Carrott et al. ,1995
贝弗利潜伏巷	TA 04 40	11—13 世纪	Scott,1991
斯塔福德城堡	SJ 92 23	11 世纪	Sadler,2007
都柏林伍兹码头	O 15 35	10—11 世纪	D'Arcy,1999
斯塔福德城堡	SJ 92 23	12 世纪	Sadler,2007
斯卡伯勒城堡厨房	TA 05 89	12—13 世纪	Weinstock,2002b
约克丹纳街	SE 60 52	12—13 世纪	O'Connor, 1988;O'Connor and Bond,1999
斯卡伯勒城堡	TA 05 89	13 世纪	Weinstock,2002b

续表

遗址	参考坐标网格	时代	参考文献
都柏林城堡	O 15 35	13 世纪	McCarthy, 1995
诺威奇龙殿	TM 23 08	13—14 世纪	Murray and Albarella, 2005
金斯林	TF 61 20	13—14 世纪	Bramwell, 1977a
都柏林谷物市场	O 15 34	13—15 世纪	Hamilton-Dyer, 个人评论
巴特尔修道院	TQ 74 15	中世纪	Hare, 1985
切斯特多米尼加修道院	SJ 40 66	中世纪	Morris, 1990
朗斯顿城堡	SX 33 84	中世纪	Albarella and Davies, 1996
纽卡斯尔码头	NZ 25 64	中世纪	Allison, 1987, 1988
贝弗利伊斯特布拉克	TA 03 39	中世纪	Scott, 1984, 1992a
都柏林布莱克巷	O 15 34	中世纪	Hamilton-Dyer, 个人评论
克朗麦克诺伊斯	N 01 30	中世纪	Hamilton-Dyer, 个人评论
卡莱尔南部巷	NY 39 55	中世纪	Allison, 2000
约克沃尔姆盖特	SE 60 52	中世纪	O'Connor, 1984b
沃尔顿修道院	SE 46 48	中世纪	Newton, 1923
林肯福莱克森盖特	SK 97 71	中世纪	O'Connor, 1982
北安普顿圣彼得大街	SP 75 61	中世纪	Bramwell, 1979e
艾尔斯伯里沃尔顿	SP 82 13	中世纪	Bramwell, 1976b
西格拉摩根郡拉赫尔城堡	SS 57 98	中世纪	Brothwell, 1993
戈尔韦	M 29 24	中世纪	Hamilton-Dyer, 个人评论
约克	SE 60 52	中世纪	O'Connor, 1985
*卡莱尔费舍尔大街	NY 39 56	中世纪	Rackham, 1980
*莱斯特奥斯汀修道院	SK 58 06	中世纪	Thawley, 1981
南安普顿杜鹃巷	SU 42 13	14 世纪	Bramwell, 1975c
南安普顿韦斯特盖特	SU 42 13	14—15 世纪	Coy, 1980b
温彻斯特	SU 48 29	14—15 世纪	Coy, 1984b
*纽卡斯尔女王大街	NZ 25 63	14—16 世纪	Rackham, 1988

续表

遗址	参考坐标网格	时代	参考文献
奥克汉普顿城堡	SX 58 95	晚中世纪	Maltby,1982
伦敦贝纳德城堡	TQ 32 80	1500 年	Bramwell,1975a
伦敦贝纳德城堡	TQ 32 80	1520 年	Bramwell,1975a
蒂珀雷里郡罗斯克里城堡	S 13 89	17 世纪	McCarthy,1995
赖辛堡	TF 66 24	后中世纪	Jones et al.,1997
金斯兰利	TL 06 02	后中世纪	Locker,1977
卡里克弗格斯	J 4187	后中世纪	Hamilton-Dyer,个人评论
皮尔马恩岛	SC 24 84	后中世纪	Fisher,2002
诺顿小修道院	SJ 55 85	后中世纪	Greene,1989
*达勒姆大教堂	NY 27 42	后中世纪	Gidney,1995a
*卧莫斯利伍德大厅	SE 53 19	后中世纪	Mulville,1995
戈尔韦	M 29 24	后中世纪	Hamilton-Dyer,个人评论
*赫尔地方法院	TA 10 28	后中世纪晚期	Carrott et al.,1995
约克	SE 60 52	现代	O'Connor,1985
伦敦坎农街	TQ 32 80	未知	Stewart,个人评论（引自 Boisseau and Yalden,1999）
伦敦柏罗高街	TQ 32 79	未知	Stewart,个人评论（引自 Boisseau and Yalden,1999）
伦敦仰光街	TQ 33 80	未知	Stewart,个人评论（引自 Boisseau and Yalden,1999）
克莱尔郡地下墓穴	R 33 73	未知	Newton,1906a
剑桥沼泽	TL 4 6	未知	Harrison,1980a
伦敦东齐阿普	TQ 33 80	未知	Stewart,个人评论（引自 Boisseau and Yalden,1999）

注:标记"＋"的是欧洲灰鹤,但这并不是一个独立的物种。标记"＊"的是鹤属某种,但不能判定具体是哪一种。

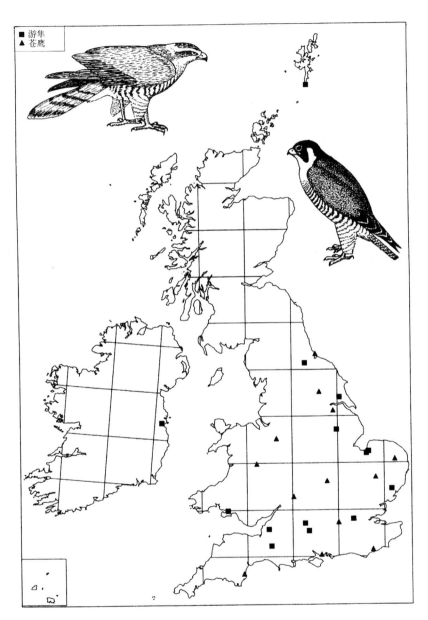

图 6.4 发现游隼和苍鹰的英国中世纪遗址分布(表 6.3、6.4)

与鹤相比，与其生态类似但分布更偏向于南欧的白鹳，只在 11 个地点有所发现。进一步与鹤对比，有 2 条更新世洞穴记录，分别来自威尔峭壁的针孔洞穴和罗宾汉洞穴（Jenkinson and Bramwell，1984；Jenkinson，1984）。有 1 条最被人熟悉的记录非常可疑，哈里森（1987a）认为斯塔卡发现的中石器时代的记录（Fraser and King，1954）其实根本不是白鹳。青铜时代有 2 处发现（扎尔邵弗：Platt，1933a，1956；诺那岛：Turk，1971，1978），铁器时代有 2 处（龙比：Harman，1996a；霍尔藤山：Jones，个人评论），之后是罗马时代（西尔切斯特：Newton，1908；Maltby，1984）和撒克逊时代（威斯敏斯特教堂：West，1991）的记录，然后是 1 条中世纪的记录，在牛津的圣埃布斯（Wilson et al.，1989）。这种情况有些奇怪，因为有记录显示，15 世纪时，该物种仍在爱丁堡繁殖。预计应该有更多的，特别是来自英国较温暖时期和更南部的记录出现。推测其稀有性解释了为什么这一物种不被用作鹰猎中的猎物，也没有成为宴会食物。与此可能有关的是，瑞典也没有发现白鹳的考古记录（虽然发现过几条黑鹳的记录）：它被认为是一个分布始终更偏南方的物种（Ericson and Tyrberg，2004）。

另一种被食用甚至更为著名的昔日本土物种是大鸨。众所周知，它曾经栖息于开阔低地，分布于威尔特郡、萨福克郡、诺福克郡等其他地方。和白鹳一样，这个物种的有趣之处在于，其在考古学发现中非常罕见。除了晚冰川时期的记录（见第三章），它仅发现于罗马时期的菲斯伯恩（Eastham，1971）和伦敦中世纪贝纳德城堡（Bramwell，1975a）。考虑到记载中的中世纪宴会上的食用数量——在亨利八世 1539 年 10 月的菜单中有四打，其被发现的频率应该更高。虽然亚普（1982a）在中世纪欧洲可能被圈养的鸟类中没有提及它，但它可能是一种进口的食物。它必须依靠人类开垦的开放农田，在树木繁茂的中石器时代不太可能在英国出现。但它可能一直不是很常见，或许是难以捕捉。如果菲斯伯恩标本的鉴定是正确的(有说法认为它实际上是鹤骨),那么罗马时代的农田的开放程度可能对大鸨来说是足够的,或者这一物种可能是进口的,且只在具有开放的田地环境的中世纪时代的英国才出现。与之相关的是,大鸨并没有原生的古英语(盎格鲁-撒克逊)名称。最近的各种报道,特别是那些考虑最近或现在重新引入计划的报告,都暗示它曾经很常见(Waters and Waters,2005),但考古记录显示,事实上并非如此。有趣的是,瑞典没有发现其考古记录,埃里克森和蒂尔贝格(2004)认为它只在 1780—1860 年在瑞典生活。19 世纪关于大鸨在英格兰消失的详细记录显示,过度捕杀确实存在,但是开放土地的封闭以及树篱和地产森林的种植,使环境不再适合这一物种生存(参见第七章)。

就英格兰而言,另一个考古学记录结束于中世纪时代的有趣物种是松鸡。有趣之处就在于,爱尔兰还生存有一个良好的,基本上同时代的种群(表6.6)。松鸡在苏格兰的历史比较为人所熟知。普遍认为,作为其主要食物和加里东森林的主要组成部分的苏格兰松的出现,使这一物种在那里存活下来。此外,松鸡在 18 世纪后期的灭绝与当时的森林砍伐相关,而 1835 年的重新引入是在又一次针叶树的大量重新种植之后。考虑到爱尔兰林地的稀缺性以及英格兰以落叶林地为主的环境,松鸡似乎不可能在两地存活下来。因此,其丰富的考古记录和最后记录出现之晚一样令人惊讶。花粉记录确实表明在中石器时代,奔宁山脉和北约克沼泽区的上坡周围存在少量松树林,在爱尔兰可能还要更多一些,但目前尚不清楚这种情况持续了多久。值得注意的是,松鸡在英国的后期记录大多在北部,而在爱尔兰的发现则分布得更为广泛。从盎格鲁-撒克逊时代到中世纪时代的连续记录,以及约克郡、戈尔韦和卡里克弗格斯的后中世纪记录都支持这一观点,即该物种在历史时期,在除苏格兰地区以外的其他地方也广泛生存。吉拉尔德斯·坎贝西斯(Giraldus Cambrensis)因为在 14 世纪说在爱尔兰有 *pavones sylvestres*, wood peacock 而被人嘲笑, 但对于不熟悉松鸡的人来说, 这并不是对这种鸟的不好描述。迪恩 (Deane, 1979) 坚持认为, 松鸡从来没有在爱尔兰生存过, 特别是它还没有爱尔兰盖尔语的名字。霍尔 (Hall, 1982) 反驳说, 它被称为森林中的鸡——*coileach feadha* [苏格兰盖尔语 *capall coille*, 即树林之中的马, 可能是其现代名称的来源, 这里的马, 就像在马蝇 (horsefly) 和田野伞菌 (horsemushroom) 中的 horse 一样, 是一种对体型大小的描述]。最早于 1982 年在桑德尔山, 以及最近在都柏林和其他地方发现的考古遗迹, 明确地解决了这个问题。此外, 后来的记录证实了霍尔 (1982) 收集的晚期文学和烹饪记录, 暗示直到 18 世纪早期, 松鸡还生存于爱尔兰西部。查尔斯·史密斯博士 (1749) 在描述科克郡时提到:"因为我们的树林被毁坏, 这种鸟在英格兰已经消失, 在爱尔兰也已经很少出现。"(D'Arcy, 1999) 看起来, 松鸡本身在英格兰留下的记忆并没有多到足够被早期鸟类学家列为英国本地物种, 维路格比 (Willughby, 1676) 在评论鸟类微妙的味道和稀有性时, 也证实了其在英格兰的消失 (D'Arcy, 1999)。

表 6.6　不列颠群岛上松鸡的考古学记录

遗址	参考坐标网格	时代	参考文献
肯特郡天鹅谷	TQ 60 74	伍尔斯顿冰期	Harrison, 1979, 1985
约克郡柯克代尔洞穴	SE 67 85	更新世	Bramwell, 1971a
德比郡拉文克利夫洞穴	SK17 73	更新世—后冰期	Harrison, 1980a
肯特洞穴	SX 93 64	晚冰期—冰后期	Bell, 1915, 1922; Bramwell, 1960b, 1971a
蒂斯代尔洞穴裂隙	NY 86 31	弗兰德间冰期	Simms, 1974; Bramwell, 1971a
克雷斯维尔	SK 53 74	距今 10—7 000 年	Bramwell, 1971a
威顿磨坊石棚	SK 09 56	中石器时代	Bramwell, 1976a
德比郡道尔洞穴	SK 07 67	中石器时代	Bramwell, 1971a

续表

遗址	参考坐标网格	时代	参考文献
科尔雷因桑德尔山	C 86 32	中石器时代	Van Wijngaarden-Bakker,1985
德比郡狐狸洞	SK 10 66	新石器时代	Bramwell,1971a,1978c
萨瑟兰恩博	NH 82 92	新石器时代	Henshall and Ritchie,1995
德文郡石楠烧洞	NY 99 39	青铜时代?	Harrison,1980a
萨默赛特郡伍基洞	ST 53 47	罗马时代	Balch and Troup, 1910; Bramwell,1971a
达勒姆萨德勒街	NZ 27 42	盎格鲁-撒克逊时期	Rackham,1979a
约克	SE 60 52	盎格鲁-撒克逊时期	O'Connor,1985b
都柏林菲山伯大街	O 15 35	10—11 世纪	O'Sullivan,1999
都柏林城堡	O 15 35	10 世纪	McCarthy,1995
莱斯特圣彼得	SK 58 04	12 世纪	Gidney,1991a,1993
韦克斯福德	T 05 23	12 世纪	D'Arcy,1999
沃特福德	S 60 12	12 世纪	D'Arcy,1999
约克丹纳街	SE 60 52	12—13 世纪	O'Connor and Bond,1999
都柏林城堡	O 15 35	13 世纪	McCarthy,1995
沃特福德	S 60 12	13 世纪	D'Arcy,1999
米斯郡特里姆城堡	N 79 56	盎格鲁-诺曼时期	Hamilton-Dyer,个人评论
戈尔韦	M 29 24	后中世纪	Hamilton-Dyer,个人评论
安特里姆卡里克弗格斯	J 4187	后中世纪	Hamilton-Dyer,个人评论
约克阿尔德瓦克	SE 60 52	后中世纪	O'Connor,1984a

　　另一个具有丰富考古记录的物种在这一点上也值得讨论。上面提到过,白尾海雕在盎格鲁-撒克逊移民中广为人知,它的名字被用来命名了英格兰的许多地方。与只有 15 条记录的金雕相比(见表6.3),有 58 条记录的白尾海雕分布得更为广泛,可能更加常见(或至少人类更容易获得)(Yalden,2007)。考古学记录证明,这种情况直到罗马时代还是如此,但从盎格鲁-撒克逊时代开始,其

数量变得稀少,在中世纪时期,白尾海雕的分布被限制在更北和更西的范围(表 6.7)。在其现代分布范围以外但历史范围内的沃特福德和南特威奇发现了少数中世纪记录,它们表明白尾海雕最后应该出现在苏格兰群岛的某个地方。据说 1787 年在湖区发现了其在英格兰已知的最晚巢穴(Love,983),因此最新发现的来自坎布里亚郡的记录就变得很有意思,尽管 18 世纪在普利茅斯附近的怀特岛、兰迪岛和马恩岛上发现的其他巢穴都证明了它曾经广泛的分布范围。它们遭受了过度捕杀,在 1894 年,白尾海雕被厄谢尔(Ussher)描述为"在梅奥和克里仍有一对或两对生存",最后一个巢穴发现于 1898 年。其在苏格兰也同样因受到迫害而灭绝,1916 年,最后一个巢穴发现于斯凯岛(Love,1983)。

表 6.7　大不列颠群岛白尾海雕的考古学记录

遗址	参考坐标网格	时代	参考文献
克利夫登沃顿	ST 42 74	伊普斯威奇间冰期(?)	Reynolds, 1907; Palmer and Hinton, 1928
托尔纽顿洞穴	SX 81 67	伍尔斯顿冰期	Harrison, 1980a, 1980b, 1987b
切达士兵洞	ST 46 54	中得文思冰期/晚德文思冰期早期	Harrison, 1988
高尔半岛猫洞	SS 53 90	德文思冰期	Harrison, 1980a
伦敦盆地	TQ 2 7	晚德文思冰期	Harrison, 1985
萨默赛特郡沃顿洞	ST 41 72	晚冰期	Reynolds, 1907
埃塞克斯郡沃尔瑟姆斯托	TQ 37 88	晚冰期	Harrison and Walker, 1977; Bell, 1922
切达士兵洞	ST 46 54	晚冰期	Harrison, 1988
奥克尼劳赛岛	HY 40 30	后冰期	Bramwell, 1960a
教堂洞	SK 53 74	弗兰德冰期	Jenkinson, 1984
霍恩锡	TA 21 47	全新世	Bell, 1922
斯基普西	TA 16 55	中石器时代	Sheppard, 1922

续表

遗址	参考坐标网格	时代	参考文献
高尔半岛艾农港洞穴	SS 47 85	距今 9 000—6 000 年	Harrison,1987b
卡丁米尔湾	NM 84 29	距今 5000 年	Hamilton-Dyer and McCormick,1993
利默里克郡戈尔湖	R 64 41	新石器时代	D'Arcy,1999
奥克尼群岛诺特兰带	HY 42 49	新石器时代	Armour-Chelu,1988
劳赛岛拉姆齐圆丘	HY 40 28	新石器时代	Davidson and Henshal,1989
艾斯比斯特	HY 40 18	新石器时代	Bramwell,1983a
韦斯特雷科特角	HY 46 47	新石器时代	Harman,1997
都柏林达尔基岛	O 27 26	新石器时代	Hatting,1968
伯韦尔沼泽	TL 59 67	青铜时代	Northcote,1980
波特恩	ST 99 59	青铜时代	Locker,2000
巨石阵	SU 13 41	青铜时代	Maltby,1990
龙比	SE 90 12	铁器时代	Harman,1996a
梅尔湖区	ST 44 42	铁器时代	Gray,1966
格拉斯顿伯里湖村	ST 49 38	铁器时代	Andrews, 1917;Harrison,1980a,1987b
迪尼斯斯凯尔	HY 58 06	铁器时代	Allison,1997b
奥克尼群岛豪岛	HY 27 10	铁器时代	Bramwell,1994
彼得伯勒芬格特猫之泉	TL 20 98	铁器时代	Biddick,1984
卡莱尔巷道区	NY 39 56	罗马时代早期	Connell and Davis,未发表
莱斯特高街	SK 58 04	罗马时代	Baxter, 1993;Mulkeen and O'Connor,1997
斯坦尼克雷德兰兹农场	SP 96 70	罗马时代	Davis,1997
格洛斯特郡乌莱神社	ST 78 99	罗马时代	Cowles,1993
奥厄	SZ 00 85	罗马时代	Coy,1987b
剑桥斯通纳	TL 44 93	罗马时代	Stallibrass,1996
伦敦比林斯盖茨建筑	TQ 32 80	罗马时代	Cowles,1980a;Parker,1988
伦敦萨瑟克	TQ 31 79	罗马时代	Cowles,1980b;Parker,1988
卡利恩	ST 33 90	罗马时代	Hamilton-Dyer,1993b

遗址	参考坐标网格	时代	参考文献
洛杜努姆	TL 98 25	罗马时代	Luff, 1982, 1985; Parker, 1988
龙本宁顿	SK 82 47	罗马时代	Harman, 1994
龙比	SE 90 12	罗马时代	Harman, 1996a
托尔帕德尔大厅	SY 81 94	罗马时代	Hamilton-Dyer, 1999
朗索普	TL 15 97	罗马时代	King, 1987
温彻斯特	NZ 21 31	罗马时代	Mulkeen and O'Connor, 1997
赛共提恩	SH 48 64	罗马时代	O'Connor, 1993; Mulkeen and O'Connor, 1997
邓斯特布尔	TL 01 21	罗马时代	Jones and Horne, 1981; Parker, 1988
德罗伊特威奇	SO 89 63	罗马时代	Cowles, 1980; Parker, 1988
斯科尔迪克尔堡	TM 16 80	罗马时代晚期	Baker, 1998
约克敏斯特东南	SE 60 52	5—8 世纪	Rackham, 1995
拉戈尔	N 98 52	基督教晚期	Stelfox, 1938; Hencken, 1950
约克科珀盖特	SE 60 52	盎格鲁-斯堪的纳维亚	O'Connor, 1989
迪尼斯斯凯尔	HY 58 06	维京时代	Allison, 1997b
约克敏斯特康杜比尼亚	SE 60 52	9—10 世纪	Rackham, 1995
都柏林伍兹码头	O 15 35	10—11 世纪	D'Arcy, 1999
南特威奇	SJ 65 52	中世纪	Fisher, 1986
沃特福德	S 60 12	中世纪	D'Arcy, 1999
爱奥那岛修道院	NM 28 24	中世纪	Coy and Hamilton-Dyer, 1993
坎布里亚布鲁厄姆城堡	NY 53 28	14—16 世纪	Gidney, 1992c

　　总体而言,野生鸟类的多样性从盎格鲁-撒克逊时代到诺曼底时代再到中世纪后期似乎一直在增加(Albarella and Thomas, 2002)。鹭、丘鹬、灰山鹑以及天鹅在中世纪晚期的在册量显著增加(Sykes,2004)。形成这一现象的部分原因在于天鹅越来越多地

被饲养在公园里,成为驯养鸟类(MacGregor,1996)。另一方面,公园为鹑类提供了一个合适的栖息地,经济林也为捕捉丘鹬提供了合适的场所。野生(或在某些情况下是驯养的)鸟类的这种数量增加不太可能反映出它们在乡村真正的数量增加,但反映了它们作为社会地位象征的重要性的增强。

早期文学艺术作品中的鸟类

有关中世纪早期鸟类生活的第三条线索来自早期僧侣对圣经、诗篇和赞美诗的解读,以及君主对狩猎艺术的描述。几乎与此同时出现的中世纪动物寓言集,有时基于事实,有时以传说为基础,大体上也可称之为早期鸟类学的研究提供一个有趣的角度。

图解圣经以及类似的宗教作品在质量上各不相同,这似乎与艺术能力无关,可能更多是与风格有关。在大多数时候,象征圣约翰的老鹰,以及象征圣灵的鸽子频繁出现。对其他鸟类的描绘比较少见。幸运的是,亚普(1982a,1982b,1983,1987)深入地研究了这些作品,他对手稿中鸟类的描述值得特别关注(Yapp,1981b)。插图并不总是能很容易辨认出来,其上很少有我们在现代田野指南中期望得到的细节。也不能对它们的准确度抱有太高期望:在大多数情况下,它们主要用于附带的装饰,并且很少作为主题被描述。即便如此,有些物种还是比较容易分辨的,或是因为附带的文字,或是因为它们自身非常独特。正如前面提到的,鹤是一个熟悉的主题。"浓密"的次级飞羽是一个非常明显的特征,并且大多数还表现出成年个体头顶的红色特征。(圣经中)托比特被鸟粪致盲的故事的插图上有一只燕子飞向了一个特别的巢,尽管巢看起来既像是金腰燕(Red-rumped Swallow)又像是白腹毛脚燕的,但鸟经常被描绘为一只(家)燕(Yapp,1981b)。有些圣经经文提到了鸟,特别是创世纪时亚当命名鸟类,以及启示录中描述的天启发生时,鸟被一名天使召唤,被邀请来享用被诅咒的人的尸体盛宴。圣诗集和赞美诗集提供了年度的启应祷文,并且通常参照特定的季节习俗来为某些月份绘制插图。鹰猎经常代表 5 月。

《舍伯恩弥撒》中包括一年中每一天大量的祈祷内容,亚普(1982b)特别提到了其中描绘的各种鸟类。这本书是由多塞特郡本笃修会修道院的院长罗伯特·布鲁宁(Brunyng)在 1385—1415 年创作的,而后由一位我们知之甚少的名叫约翰·沃斯(John Whas)的抄写员写下,插图由多米尼克修道士约翰·西费尔瓦(John Siferwas)绘制。在众多装饰中,彩色绘制的鸟有 48 只,其中 41 只还标注有中世纪英语名字。亚普(1981b,1982b)仅研究了其中一些,或者仅仅依赖单色复制的,巴克豪斯(2001)提供了一个比较完整的补充。有些种类在其他插图手稿中也有所展现(鹤、雌蓝孔雀、雄蓝孔雀、环颈雉、欧亚鸲、红额金翅雀),但还有一些种类是独一无二的,如未成年的憨鲣鸟、翘鼻麻鸭、海鸥/黑水鸡、银喉长尾山雀、普通鸬鹚以及白颊黑雁。还有一些只有少量插图,比如田鹬、灰伯劳、绿啄木鸟和翠鸟。欧亚云雀、鹊鸲、煤山雀、雌雄家麻雀、苍头燕雀、红腹灰雀(Bullfinch)、乌鸫、鹌鹑、丘鹬以及扇尾沙锥也有发现。有些错误比较明显,如 grene fynch 显然是红额金翅雀,而具有白色臀部的 linet 可能是燕雀(虽然有黄色的喙,但其身上的条纹数目不像是黄嘴朱顶雀)。仍然存在一些未解之谜。一只鸟被标识为 morcoc,它有着短尾和长喙,侧面有醒目的 Z 型图案。它应该是一只普通秧鸡,它的名字看起来与 more hen 成对,这让人联想起鹌鹑曾被认为是雌性欧亚鸲,而大山雀和蓝山雀也曾被认为是同一物种的两性(《舍伯恩弥撒》中的 mose cok 和 mose hen)。更让人疑惑的是 vinene coc 和 fyne hen。它们都是黑白相间的鸟,头上有一些红色,vinene coc(虽然 fyne hen 不是)有着和啄木鸟一样的对趾型的脚(两个脚趾向前,两个脚趾向后),这使人想到(见表 6.1)斑点啄木鸟的古英语名 fina。大斑啄木鸟和小斑啄木鸟是否也曾经被认为是同一物种的两性? 亚普(1982b)认为,西费尔瓦可能有一位来自北方的助手,作品中的一些种类,比如黑雁、未成年的憨鲣鸟、田鹨以及灰伯劳都会让人联想到其北部根源。

中世纪的动物寓言集是拉丁语的关于"已知"的哺乳动物和鸟类的记录,其中涉及的动物有些是真实的,有些是虚构的。因此,独角兽和凤凰同狼和鹰一样被对待。其起源可以追溯到 4 世纪亚历山大时期希腊的《博物学家》(*Physiologus*),但增加了一些新的知识。不幸的是,因为原有的希腊名字的含义丢失了,有些旧知识也同时丢失了。因此,我们转译为 Coot 的 *fulica*,等同于早期拉丁版的《博物学家》中的 *erodios*。然而,拉丁化的 *herodius* 后来成为隼在中世纪的名称,或者专指矛隼,而 *fulica* 是一种在湖泊或大海中间筑巢的鸟,后来成了白骨顶。唯一一种始终如一列出的水鸟是 *pelicanus*,它可能是《博物学家》的原作者熟悉的鹈鹕。在中世纪时期的北欧,鹈鹕已经成为一种神话中的鸟,它会杀死自己的幼鸟,然后通过啄食自己的乳房来使它们重生。相应的,插图有时会显示其用钩状的喙进行这样的行为。正如我们现在认为的那样,拉丁语的 *coturnix* 意为鹌鹑,显然是一个拟声的名字,但到了中世纪,不知为什么成了大杓鹬,而插图上向下弯曲的喙和长长的腿也清楚地说明了这一点。寓言集中大约列出、描述并说明了的 65 种鸟类中,*grus*、*ciconia*、*ardea*、*milvus*、*accipiter*、*corvus*、*pica*、*graculus*、*passer*、*alauda*、*hirundo* 和 *merula* 具有较为熟悉的现代含义(鹤、白鹳、鹭、鸢、鹰、乌鸦或渡鸦、喜鹊、松鸦、麻雀、欧亚云雀、燕子和乌鸫);驯养或半驯养的 *gallus*、*pavo*、*fasianus*、*anser*、*anas*、*olor* 和 *psittacu* 也是广为人知的。最能说明问题的是亚普(1987)关于《博物学家》中希腊语的 *epops* 的评论,*epops* 后来被拉丁化为 *epopus* 或 *upupa*,均为表示戴胜的拟声词。这是欧洲南部一种常见的鸟类,在法国和意大利的动物寓言集中都有很好的插图,有着典型的粉红色、黑色和白色的羽毛,以及独特的冠羽。然而,英国的动物寓言集对不确定的鸟类的绘制不是很好,显然它不是一个当地人熟悉的物种,尽管事实上在较为温暖的时期,这种鸟有可能在当地存在。对于同样陌生的秃鹫,英国的动物寓言集同样不确定,且对猫头鹰也非常困惑。最初的《博物学家》中只有一只猫头鹰——nocticorax,等同于后来寓言集中的 noctua。然而,最近的《动物寓言集》试图对四个物种进行区分——noctua(等同于 nycticorax)、strix、bubo 和 ulula。最初的 noctua 是指英国中世纪作家或插画家并不熟悉的纵纹腹小鸮(Little Owl),而 bubo(这里指雕鸮)也不为人所知。有时,noctua 被描绘为长有小耳朵,而 bubo 不是。据说 strix 和 bubo 是指它们的叫声,这可能意味着是试图区分鸣角鸮(仓鸮?)和叫声是雕鸮的猫头鹰(灰林鸮?),但插图对此毫无帮助(Yapp,1987)。小型鸟类也相当混乱。新疆歌鸲(Nightingale)经常在插图中出现,有时被等同于 acredula。Ficedula(字面意义上为"fig-eater",即食无花果者)可能被用来指一种或多种莺,但这些插图没有任何帮助。一个动物寓言似乎在名字 ciconia 之下描述了一只黑斑蝗莺(Grasshopper Warbler),下面还有一段文字,说其由于制造出来的叮叮当当的声音而得名,这大概是指鹳鸟的叮叮声。正如亚普所言,这同样很好地描述了这种莺的叫声。

结论

英国鸟类的考古学提供了一种直接的但非常零散和选择性的记录:偏向于记录体型较大的,用于食用的或其他与人类利益相关的物种。中世纪遗址,特别是那些高地位的遗址中存在大量野生鸟类,在更有魅力的物种中,鹤、白尾海雕和松鸡分布广泛。《动物寓言集》和地名一样,代表了不列颠群岛鸟类生活记录方面的第一次尝试。然而,到中世纪时期,对英国鸟类恰当的书面记录已经开始,并且这种直接记录逐渐取代了模糊的替代性记录。因此有必要适时回过头来对原来的记录重新进行研究。

第七章

从伊丽莎白到维多利亚

英国鸟类名录

《鸟类手册》(*The Shell Bird Book*, Fisher, 1966)的有趣之处之一就是其中关于英国鸟类名单列表汇编过程的描述。费希尔认为,最早的鸟类名单汇编可能可以追溯到一首盎格鲁-撒克逊时期的诗歌《海员》(*The Seafarer*)。

盎格鲁-撒克逊语的原文如下:

Paer ic ne gehyrde　　　　　butan hlimman sae,

iscaldne waeg　　　　　　　hwilum yfelte song.

Dyde ic me to gomene　　　　ganetes hleoþor

& huilpen sweg　　　　　　fore hleahtor wera

maew singende　　　　　　fore medodrince

stormas þaer stanclifu beotan　　þaer him stearn oncaeð

isigfeþera;　　　　　　　　ful oft taet earn bigael

urigfetra . . .

他是这样翻译的：

没有任何其他声音，只有大海在激荡，
冰冷的波浪，回响天鹅之歌，
什么吸引了我，是憨鲣鸟的喧嚣，
还有为人们的笑声而战栗的中杓鹬，
这是海鸥的歌唱，而不是蜂蜜酒，
风暴叫嚣着，燕鸥给予回应，
冰冷的羽毛，是悲鸣的白尾海雕，
漫天飞舞……

他认为这首诗描述的是公元 685 年之前，巴斯岩（一处已知的早期憨鲣鸟繁殖场，名称源于 Morus bassanus）附近春日的场景，普通燕鸥和中杓鹬返回北方繁殖，大天鹅也向北飞去，其他种类在悬崖上筑巢定居。他认为这是英国鸟类名单的首次出现，虽然其中提到的海鸥和燕鸥的具体种类尚不明确，更不用说 huilpe（可能是中杓鹬、大杓鹬，或者其他涉禽）。中杓鹬的叫声比大杓鹬更像颤音，他认为 medodrince 就像海鸥的名字一样，是一种对拟声的尝试。早期圣徒们带来了其他一些鸟类，如公元 530 年，因为肯蒂格恩（后来的圣蒙哥），驯养的欧亚鸲又重新开始在这里生活，这可能是有记录的第一种英国鸟类（在恺撒提到家鸡和家鹅之后）。公元 570 年，圣哥伦比亚在爱奥那岛上，使迁徙的鹤恢复了健康的种群规模，大约 1 个世纪之后，圣卡斯伯特报道，白尾海雕、小嘴乌鸦和欧绒鸭在法恩群岛上也重新恢复了（是否与前面提到的诗歌《海员》同时代仍存疑），圣阿德姆之谜中提到的斑尾林鸽、新疆歌鸲、燕子和苍头燕雀，以及圣古斯拉克在大约公元 700 年沼泽后退时注意到的杜鹃（Cuckoo）、燕子和渡鸦，都在当时约 16 个物种的名录中。在 8 和 9 世纪,盎格鲁-撒克逊语词汇表为鸟类的拉丁语名称给出了相应的翻译,大约有 70 个物种,其中包括家禽和诸如 *pawe*(蓝孔雀)、*earngeap*(秃鹰)和 *geolna*(朱鹭)这样的外来种。更有趣的补充是 *hegesugge*(林岩鹨)、*swertling*[可能是黑顶林莺,正如基特森(1997)提到的,*swert* 与德语中的 *swart* 一样,意为黑色]、*colmase*(煤山雀)、*snite*、*wudecocc* 和 *hulfestre*(鸻科)。名单中大概能辨认出 57 种英国野生鸟类。相关地名(见第六章)显示这一数字可能应该更多,因此在撒克逊时代大约有 60 或 70 种鸟类被识别。1183—1186 年,吉拉尔德斯·坎贝西斯在爱尔兰旅行时提到了松鸡、燕隼和灰背隼。他用同一个名字——*martinetas* 来称呼河乌和翠鸟,造成了有趣的混乱。它们被描述为矮小的鹌鹑样鸟类,会跳进水中捕鱼,羽毛颜色多样,背部黑白相间,或者胸部、喙和腿呈红色,但是背部和翅膀上是闪闪发亮的绿色(Yapp,1981b)。

杰佛雷·乔叟(Geoffrey Chaucer,1340—1400)提到了大约 43 种野生英国鸟类(表 7.1),其中有种机警的天使——伯劳鸟(可能是灰伯劳而不是红背伯劳)。另外,他增加了 4 个物种,使这个名单中的数目达到了 100 种。他也许不像费希尔(1966)认为的那样,是一位原创的或精确的鸟类学家,比如《玫瑰传奇诗集》(*Romaunt of the Rose*)是从法语作品翻译而来的,里面原本就有一些鸟的名字,他翻译时可能并不能完全理解,虽然他确实花了很多时间研究法语。他可能把 Popinjay(通常是指鹦鹉,但这里可能是指欧洲绿啄木鸟)和 Wodewal(后来通常是指欧洲绿啄木鸟,但最初,也就是说在这里指的是金黄鹂;Lockwood,1993)搞混了。尽管如此,如表 7.1 所示,他还是描述了很多种鸟类,用一种非常有想象力的方式,将鸟类真实的和假想的(如动物寓言集中那样)特征结合起来。因此,在他的故事中,鹭是鳗鱼的敌人,燕子是杀害酿蜜的蜜蜂的凶手,新疆歌鸲唤醒春天的绿叶,欧亚鸫是温顺的,就像英国的欧亚鸫从未改变。另一方面,他笔下有憎恶通奸的鹳,骄傲的天鹅,预示着疾病的猫头鹰,聪明的渡鸦,言语谨慎的乌鸦,怯懦的鸢。乔叟提供的名单中的鸟与第六章中讨论过的《舍伯恩弥撒》中展示和命名的鸟几乎是同时代的(Yapp,1982b;Backhouse,2001),他使用的一些名字还在其中出现过,特别是用来称呼伯劳的 Waryangle。

表 7.1 乔叟提到的野生鸟类

Alp(Bull finch)	红腹灰雀	RR 658
Bitore(Bittern)	麻鸦	WB 972
Bosarde(Buzzard)	普通鵟	RR 4033
Chalaundre(Calandra Lark)	草原百灵	RR 81,663,914
Chough,Cow(Jackdaw)	寒鸦	PF 345,WB
Cokkow(Cuckoo)	杜鹃	7 refs,inc. PF 358,498,505,etc
Colver,Wodedowe(Wood Pigeon)	林鸽	LGW 2319,Th 770
Cormeraunt	鸬鹚	PF 362
Crane	鹤	PF 344
Crowe	乌鸦	4 refs,inc. PF 345,363
Eagle(and Tercel Eagle-male)	鹰(雄鹰)	22 refs,inc. PF 330,332,373,393 etc
Faucon peregryn(Peregrine Falcon)	游隼	Sq 428
Feldefare	田鸫	PF 364,RR 5510,TC iii:861
Goldfynch	金翅雀	Co 4367
Goshauk	雀鹰	PF 335,Th 1928
Heroun,Heronsewe	苍鹭	Fkl 1197,PF 346,Sq 68
Heysoge(Hedge Sparrow)	林岩鹨	PF 612
Jay	松鸦	6 refs,inc. PF 356
Kyte	鸢	5 refs,inc. PF 349,Kn 1179
Lapwynge	凤头麦鸡	PF 347
Larke,Laverokkes((Sky)larks)	(欧亚)云雀	9 refs,inc. PF 340,RR 662
Mavys,Mavise(Song Thrush)	欧歌鸫	RR 619,665

续表

Merlioun(Merlin)	灰背隼	PF 339,611
Nyghtyngale	新疆歌鸲	15 refs,inc. PF 351.
Partridge	山鹑	HF iii:302,Prol 359
Oule(Barn? Tawny Owl?)	仓鸮(?)灰林鸮(?)	8 refs,inc. PF 434
Quayle	鹌鹑	Cl 1206,PF 339,RR 7259
Papejay,Popingeie(both Parrot and Green Woodpecker)	鹦鹉和绿啄木鸟	6 refs,inc. PF 359,RR 81,913,Th 767
Pye(Magpie)	喜鹊	10 refs,inc. PF 345
Raven	渡鸦	4 refs,inc. PF 363
Roddok(Robin)	欧亚鸲	PF 349
Roke(Rook)	秃鼻乌鸦	HF iii:1516
Sparwe(Sparrow)	麻雀	PF 351,Prol 626,Sum 1804
Sperhauk	白尾鹞	6 refs,inc. PF 338,569
Swan	天鹅	7 refs,inc PF 342
Stare(Starling)	紫翅椋鸟	PF 348
Stork	鹳	PF 361
Swalwe(Swallow)	燕子	3 refs,inc. PF 353
Terin(Serin?)	欧洲(?)丝雀	RR 665
Thrustel,Thrustelcok(Mistle Thrush) 1963	槲鸫	5 refs,inc. PF 364,RR 665,T 1959,
Turtil(Turtle Dove)	欧斑鸠	8 refs,inc PF 355,510,577,583
Tydif(Great Tit)	大山雀	LGW 154
Waryangle[(Great Grey?)Shrike]	灰(?)伯劳	FT 1408
Wodewales(Golden Orioles?)	金黄鹂(?)	RR 658

注:按照费希尔(1977)的拼写,附乔叟作品中的页码(大多来自 Harrison,1956)。行号源于 Co(库克的故事)、Fkl(富兰克林的故事)、FT(修士的故事)、HF(声誉之宫)、Kn(骑士的故事)、LGW(贤妇传说)、PF(白鸟议会)、Prol(总序)、RR(玫瑰传奇)、Sq(乡绅的故事)、Su(召唤师的故事)、TC(特洛伊罗斯与克丽西达)、Th(索帕斯爵士的故事)、WB(巴斯妇人的故事)。他还提到一些家禽,包括母鸡、公鸡、公鸭、鹅、蓝孔雀、鸽子、鸣禽以及鹰。

到中世纪末期,大约 1500 年的时候,根据费希尔的计算,名单中的物种数目已经达到了 118 个。大约也是在这个时候,严谨的鸟类学相关作品开始出现了。1544 年,威廉·特纳在科隆出版的拉丁语《图说鸟类》(*Avium Praecipuarum*),被费希尔认为是第一本印刷出版的鸟类相关书籍。后来成为韦尔斯大教堂院长的特纳,作为一名牧师的生活是不稳定的,他在科隆和其他地方的经历是流放和自我放逐的结果,就像过去的传教士一般的苦修。在《图说鸟类》中,他试图鉴定普林尼和亚里士多德(Aristotle)所提到的鸟类(Curney,1921)。他描述了在东盎格鲁的鹭巢中筑巢的普通鸬鹚,提到了在英格兰筑巢的白苍鹭(推测是小白鹭),他知道燕隼会在冬天消失,而游隼和毛隼在英格兰很难见到,白头鹞捕捉鸭子和白骨顶,但是白尾鹞,像它们的名字展示的那样,是家禽的重要掠夺者。他似乎把苍鹰和雀鹰弄混了,他说后者捕捉"鸠、鸽、鹧鸪和体型更大的鸟",这听起来更像是对前者的描述(Curney,1921)。他报道说,英国的(红)鸢比德国的(黑)鸢体型更大,数量也更多,它们的体色往往更白,可能会抢夺儿童手里的面包,妇女手中的鱼,以及灌木篱下晒干的亚麻布。显然,它们在当时的英国仍然很常见,这与早些时候,即在 1496—1497 年的冬天,威尼斯大使卡佩罗(Capello)对伦敦的鸢和渡鸦数量的评论相吻合。费希尔认为,特纳识别了 130 种物种,其中一些是驯养的,另外一些是欧洲的。在他的名单中,可能有 105 种野生英国鸟类,不过其中还包括目前身份不明的海鸥和灰雁各 2 种。在这些物种中,有 15 种似乎是第一次被发现,其中包括一些难以鉴别的物种,如森林云雀、草地鹨、灰白喉林莺(Whitethroat)、燕雀,以及 2 种鹬。

和乔叟一样,威廉·莎士比亚(William Shakespeare,1564—1616)在他的戏剧和诗歌中也频繁提到鸟类,大约有 50 个英国的野生种(表 7.2)。和乔叟相似的还有一点是,他的诗歌中间接提到了外来的和动物寓言集中的以及真实存在的鸟——鸵鸟、鹦鹉、鹈鹕,以及狮鹫和凤凰(Harting,1864;Acobas,1993)。他使用的鸟类典故以鹰猎用鸟、食用种以及熟悉的鸣禽为主。因此,提及猛禽大约有108次,其中包括35次未列入表7.2具体说明的鹰或隼。除了野生的鸭、雁、鹬鸻、鹌鹑和环颈雉,还有31处提到公鸡,38处提到鹅,1处提到珍珠鸡,5处提到火鸡。鸣禽的引用包括29处欧亚云雀和30处新疆歌鸲或其同义词Philomel,但人们比较熟悉的一些笼养鸟令人惊讶地不在其中,如红额金翅雀、赤胸朱顶雀和金丝雀(Canary)。这里也存在类似的准确观察和神话幻想,或者说是动物寓言集内容的混合使用。他笔下的麻雀,部分源于《圣经》(一只麻雀的死亡),部分源于流行——一种好色的鸟,但同时是一种流行的笼养鸟和宠物。物种并不总是很明显。尽管在《李尔王》(King Lear)中,柯尼什红嘴山鸦在多佛的场景中多有提及,红嘴山鸦和寒鸦肯定都是指寒鸦。夜行的乌鸦或夜行的渡鸦指的是在夜间活动,且有着乌鸦一样叫声的夜鹭?还是阿科巴斯所认为的麻鸦(在诗歌中,如在沼泽里,叫声通常与麻鸦联系在一起)?"脸色苍白的笨蛋"这一描述听起来更像是越冬的鹏鹋,而不是潜鸟。他在《威尼斯商人》(Merchant of Venice)中提到邪恶而刺耳的声音,是最早将斜颈Wryneck作为英国鸟类的比喻之一,其在春天的时候会发出刺耳的声音。在外来鸟类中,他在《暴风雨》(The Tempest)中提到的Scamels或Sea-mells是最吸引人的地方之一。根据格林诺克(1979)的观点,在诺福克郡,scamel这个名字被用于斑尾鹬,而sea-mell的另一种读音听起来像sea-mall,是一种表示海鸥的方言(Lockwood,1993)。然而,阿科巴斯(1993)提出了一个令人信服的观点,他认为,这可能是指同时代的百慕大圆尾鹱。

表7.2 莎士比亚提到的鸟

Barnacle（Goose）	（白颊黑）雁	1	TMP"and all be turned to barnacles or apes"
（Corn）Bunting	（黍）鹀	1	AWW"I took this lark for a bunting"
Buzzard	普通鵟	4	SHR"O slow-winged turtle, shall a buzzard take thee"
Cormorant	普通鸬鹚	4	LLL"When, spite of cormorant devouring Time"
Chough（Jackdaw?）	寒鸦（?）	8	MAC"By maggot-pies, and choughs, and rooks, brought forth"
Crow	乌鸦	36	2H6"And made a prey for carrion kites and crows"
Cuckoo	杜鹃	22	MND"The plainsong cuckoo grey"
Daw（Jackdaw）	寒鸦	8	1H6"Good faith, I am no wiser than a daw"
Dive-dapper（Dabchick）	小䴙䴘	1	VEN"Like a dive-dapper peering through a wave"
Turtle（Dove）	欧斑鸠	14	WIV"We'll teach him to tell turtles from jays"
（Domestic）Dove	驯养的鸽子	46	WT"As soft as dove's down and as white as it"
Duck（Mallard?）	绿头（?）鸭	11	1H4"Worse than a struck fowl or a hurt wild duck"
Eagle	鹰	40	CYM"I chose an eagle, And did avoid a puttock"
Estridge（? Goshawk）	苍鹰（?）	2	1H4"The dove will peck the estridge; and I see still"
Eyas-musket（Sparrowhawk）	雀鹰	1	WIV"How now, my eyas-musket, what news with you?"
Finch（Chaffinch?）	苍头燕雀	2	MND"The finch, the sparrow, and the lark"
（Grey-lag?）Goose	灰（?）雁	6	MND"As wild geese that the creeping fowler eye"
Halcyon（Kingfisher?）	翠鸟（?）	2	LR"Renege, affirm, and turn their halcyon beaks"
Handsaw（young Heron）	苍鹭幼体	1	HAM"I know a hawk from a handsaw"

Hedge-sparrow	林岩鹨	3	LR "The hedge-sparrow fed the cuckoo so long"
Jay	松鸦	5	SHR "What, is the jay more precious than the lark?"
(Red)Kite	红(?)鸢	18	2H6 "To guard the chicken from a hungry kite"
Puttock(Kite/Buzzard)	鸢/普通鵟	3	2H6 "Who finds the partridge in a puttock's nest"
Lapwing	凤头麦鸡	4	ERR "Far from her nest, the lapwing cries away"
Lark(Skylark)	欧亚云雀	29	SON "Like to the lark at break of day arising"
Loon(Grebe?)	鹏䴔(?)	1	MAC "The devil damn thee black, thow cream-faced loon"
Martlet(House Martin)	白腹毛脚燕	2	MV "the martlet, builds in the weather on the outside wall"
Nightingale(Philomel)	夜莺	30	ROM "It was the nightingale and not the lark"
Night-Heron?	夜鹭(?)	2	3H6 "The night-crow cried, aboding luckless time"
Osprey	鹗	2	COR "As is the osprey to the fish, who takes it"
Ousel(Blackbird)	乌鸫	2	MND "The ousel cock, so black of hue"
(Barn)Owl	仓鸮	⫽36	2H6 "The time when screech-owls cry, and ban-dogs howl"
(Tawny)Owl	灰林(?)鸮	⫽	LLL "Then nightly sings the staring owl, To-who; Tu-whit, to who"
Partridge	山鹑	2	ADO "and then there's a partridge wing saved"
Pheasant	环颈雉	2	WT "None sir, I have no pheasant, cock or hen"
Pie(Magpie)	喜鹊	5	3H6 "And chattering pies in dismal discords sung"

续表

Pigeon	鸽子	15	AYL "Which he will put on us, as pigeons feed their young"
Quail	鹌鹑	2	TRO "an honest fellow enough, and one that loves quails"
Raven	渡鸦	31	JN "As doth a raven on a sick-fall'n beast"
Rook	秃鼻乌鸦	8	MAC "Makes wing to th'rooky wood"
Robin (Ruddock)	欧亚鸲	3	TGV "to relish a love-song, like a robin-redbreast"
Snipe	扇尾沙锥	1	OTH "If I would time expend with such a snipe"
Sparrow	麻雀	12	MM "Sparrows must not build in his house-eaves"
Staniel (Kestrel)	红隼	1	TN "And with what wing the staniel checks at it"
Starling	紫翅椋鸟	1	1H4 "Nay, I'll have a starling shall be taught to speak"
Swallow	燕子	7	WT "That comes before the swallow dares"
(? Mute) Swan	疣鼻(?)天鹅	17	TIT "Can never turn the swan's black legs to white"
Tercel (male Peregrine)	雄性游隼	2	TRO "the falcon as the tercel, for all the ducks i'th'river"
Throstle (Song Thrush)	欧歌鸫	3	MND "The throstle with his note so true"
Wagtail	鹡鸰	1	LR "Spare my grey beard, you wagtail"
Woodcock	丘鹬	10	HAM "Ay, springes to catch woodcocks"
Wren	鹪鹩	10	TN "Look where the youngest wren of nine comes"
Wryneck	蚁䴕	1	MV "And the vile squealing of the wry-necked fife"

注：莎士比亚作品中提到的英国野生鸟类（Acobas，1993），以上是每一种提到的次数。AWW（《终成眷属》）、COR（《科利奥兰纳斯》）、CYM（《辛白林》）、ERR（《错误的喜剧》）、HAM（《哈姆雷特》）、LLL（《爱的徒劳》）、LR（《李尔王》）、MAC（《麦克白》）、MM（《一报还一报》）、MND（《仲夏夜之梦》）、ROM（《罗密欧与朱丽叶》）、SHR（《驯悍记》）、SON（《莎士比亚十四行诗》）、TIT（《泰特斯安特洛尼克斯》）、TMP（《暴风雨》）、TN（《第十二夜》）、VEN（《维纳斯和阿多尼斯》）、WIV（《温莎巧妇》）、WT（《冬天的故事》）、1H4（《亨利四世》第一部分）、1H6、2H6、3H6（《亨利六世》前三部分）。

到了 1600 年,在莎士比亚的一生结束时,英国的鸟类名单已经达到了 150 种(Fisher,1966)。

接下来的一个世纪里,约翰·雷(John Ray,1627—1705)和他的同伴弗朗西斯·维路格比(Francis Willughby,1635—1672)在 1658—1671 年进行了一系列的植物学和鸟类学的野外考察,足迹遍及英格兰、威尔士和苏格兰南部的大多数郡县。1663—1664 年,他们还经过荷兰和德国,到达奥地利、意大利和法国(Gurney,1921)。他们的旅行成果写成《鸟类学》(The Ornithologia)一书,于 1676 年以拉丁文出版,两年后以英文出版。这项工作由维路格比开始,并在其 37 岁早逝之后由他的朋友雷完成,这本书是对已知的英国鸟类的严谨汇总,以良好的野外工作、收集的标本和野外笔记为基础,为英国鸟类名单增加了 33 个新物种(Fisher,1966)。他们区分了灰鹡鸰(Grey Wagtail)和黄鹡鸰(Yellow Wagtail),棕柳莺和林柳莺,白腰朱顶雀(Redpoll)和黄嘴朱顶雀,沼泽山雀(Marsh Tit)和煤山雀(Coal Tit)。雷的笔记相当准确地鉴定出俄罗斯大使送给查尔斯二世的鹈鹕是卷羽鹈鹕,而不是白鹈鹕(White Pelican)(Fisher,1966)。雷准确地描述了 1661 年在巴斯岩见到的塘鹅,它的四个脚趾由蹼联在一起,羽毛不同于有白色斑点的成年个体,而是未成年的黑色,还指出它们吃的是有新鲜气味和味道的鲱鱼和鲭鱼。他次年在康沃尔郡观察到塘鹅捕鱼,但没能获得标本。令人惊讶的是,他没有意识到这是同一物种,并且似乎将它们(推测是未成年个体)与贼鸥(Gurney,1921)弄混了。20 世纪末,马丁在 1697 年对圣基尔达的著名访问使暴雪鹱被列入英国的鸟类名单,并推动了对大海雀可能的繁殖季节的描述。

雷制作的鸟类名录似乎是以林奈(Linnaeus)在《自然系统》(Systema Naturae)的一系列版本中所列的科学名单为基础,其中第 10 版可以追溯到 1758 年,被认为是科学动物命名法的开始。费希尔指出,在那个时候,英国鸟类名单已经增加到 214 种。常年最受欢迎的《塞尔伯恩自然史》(*The Natural History of Selbourne*; White, 1789)获得了非凡成功,观鸟也许是从这个时候开始的。吉尔伯特·怀特(1720—1793)在定居塞尔伯恩之前,在英格兰南部广泛游历,从德文郡到萨塞克斯再到拉特兰郡,都有亲属和朋友。他写给戴恩斯·巴林顿(Daines Barrington)和托马斯·彭南特(Thomas Pennant)的信件中包含的信息大多来自他在塞尔伯恩当地和周围地区的观察。他通过鸣声辨别欧柳莺、棕柳莺、林柳莺以及较小的灰白喉林莺,他研究燕子的迁徙或冬眠的尝试,对雌性老渡鸦在巨大的橡木被砍倒的时候紧紧地坐在巢中的描述,以及对塞尔伯恩周围的鸟类数量及其栖息地的描述,催生了一代又一代好奇的观鸟者。他在一生中,区分了水蒲苇莺(Sedge Warbler)和苇莺,树麻雀和家麻雀,树鹨鸽和石鹨和草地鹨,以及大黑背鸥和小黑背鸥。

到白色世纪结束时,英国的鸟类名单又增加了 40 种,达到 240 种。英国繁殖的鸟类已经被识别得差不多了。1804 年,乔治·蒙塔古(George Montagu)区分了黄道眉鹀(Cirl Bunting)和黄鹀,1802 年,又从白尾鹞中辨别出了以他的名字命名的新种,并鉴定出了红燕鸥(Roseate Tern)。他还识别出了鸥嘴燕鸥(Gullbilled Tern)、姬田鸡(Little Crake)和小鸥(Little Gull)。1817 年,维洛特(Veillot)描述了白腰叉尾海燕,1818 年,威廉·布洛克(William Bullock)在圣基尔达采集到这一海燕的标本后,这一物种被认可并被列入英国鸟类名单。1819 年,瑙曼(Naumann)最终解决了北极燕鸥和普通燕鸥的区分问题,1824 年亚雷尔识别出小天鹅,1871 年布莱思(Blyth)从湿地苇莺中分辨出了苇莺,1897 年沼泽山雀和褐头山雀(Willow Tit)被区别开来(Fisher,1966)。到了 1900 年,英国的鸟类名单已经有了 380 个物种,随着标本收集、写作和交流的结合,大多数郡县都有了当地出版的鸟类志。20 世纪新加入名单的大多数物种都来自遥远的地方,这要归功于新一代观鸟者敏锐的眼睛和耳朵或者雾网,因此并没有特别显著的鸟类学意义。目前的名单上约有 573 个物种,但其中大约 230 种是繁殖物种,43 种是常规迁徙或越冬的物种。大约有 300 种是来自远方的流浪者,其中包括来自北美但不太可能在这里繁殖的 105 种(BOU,1998)。话虽如此,一些预期中的和一些新的被认为不会在这里繁殖的物种也被添加进来。许多预期的繁殖种都是以前在这里繁殖过,在迫害减轻或栖息地恢复后回归[鹤、反嘴鹬(Avocet)、白鹭、黑尾塍鹬、白尾海雕、鹗、苍鹰、鸲蝗莺(Savi's Warbler)]。其他的一些种在这里繁殖之前,至少都出现了一些可能会移民到这里的迹象,比如作为迁徙者出现,或是出现单独的雄性个体[金眶鸻(Little Ringed Plover)、蓝喉歌鸲(Bluethroat)、宽尾树莺(Cetti's Warbler)、血雀(Scarlet Finch)、欧洲丝雀]。1954 年,灰斑鸠在诺福克的出现在现在看来似乎没什么值得注意的,但在当时引起了人们相当大的兴趣。欧洲圈已经记录了灰斑鸠向西北部的传播,但在英国很少被人们接受或期待。也许斑腹矶鹬(Spotted Sandpiper)和斑嘴巨䴙䴘(Pied-billed Grebe)筑巢的尝试可能更加引人注目,以及最近斑胸滨鹬(Pectoral Sandpiper)成功的尝试,说明在动物学中,即使是不太可能的和意想不到的事情也有可能发生。

鸟类的得到与失去

也许伊丽莎白一世统治时期最具鸟类学意义的事件是 1566 年《Grayne 保护法》(*The Act for the Preservation of Grayne*)的通过。里面不仅规定了捕杀许多物种(包括哺乳动物和鸟类)的法律责任,还要求教会管理人员为猎杀得到的首级支付报酬。对报酬等级也有详细的说明,这可能反映了所列物种的稀有程度。由于这些款项必须列入清单,这一法案还促成了教会管理者账户的建立,记录了早期的捕杀情况,可能还导致了后来猎场看守进行的过度捕杀。从生态学角度上看,这些清单并不合理。虽然"红嘴山鸦或者秃鼻乌鸦"是 1 便士 3 个头,而紫翅椋鸟是 1 便士 12 个头,但潜在的农业害虫的捕食者也被列在名单上。奇怪的是,大鼠和小鼠被列入这一清单,但被认为是仓库或田地里谷物的严重破坏者的麻雀不在其中。洛夫格罗夫(2007)在评论这一奇怪的遗漏时指出,直到17世纪末,麻雀才真正开始大量繁殖,并对谷物造成危害。典型的忽略任何标点符号的法律惯例使得所涉及物种的种类难以确定。红嘴山鸦在当时是指寒鸦(不要与康沃尔郡的红嘴山鸦混淆),而Martyn Hawke大概是燕隼(没有其他种类可以捕猎岩燕),Ringtail Kite(雌性或年轻个体)和Furze Kite(雄性)可能都是指白尾鹞。Moldkyttes所指代的种类还不能确定(Mole-kites?因为以大量鼹鼠为食的也许是普通鵟),但Woodwall指的是啄木鸟。Iron(也许是指雄性白尾海雕,参见Harting,1864)是否与鹗一样罕见或普遍?为什么喜鹊会出现两次,并且价格不同?虽然乡下的鸢和渡鸦会遭到捕杀,但同一法案的后续部分提出,不为在任何城镇或城市2英里内被杀死的个体付款,这表明它们对处理公共环境卫生的作用仍然是被承认的。对鸦科的捕杀并没有扩大打扰到筑巢的老鹰、流浪天鹅、鹭、白鹭或者琵嘴鸭(即琵鹭)。流浪天鹅与皇家天鹅大概含义不同,这些是用来鹰猎或食用的。

看起来这项法案是未来几个世纪对猛禽捕杀愈演愈烈以及后来的英国鸟类种类流失的法律推手,但还有几个相关的变化也是导致这一后果的必要原因——为了改善农业生产进行的沼泽排水、围垦以及森林砍伐。随之而来的是体育产业的兴起和由此出现的职业猎场看守。

第三章(表3.3)中提到,以莎草花粉为依据,估计石器时代英国沼泽面积可能达到17 851平方千米;在第四章中,按照另一种不同的方式,对达比和维西(1975)的地图进行评估,在诺曼时代,约3 164平方千米的沼泽占据了东安格利亚大部分地区,这表明在整个英格兰地区,沼泽的面积为8 427平方千米,大约是中石器时代的一半。然而,根据林肯郡的土地志,沿海定居点沿着斯维内的淤泥地,梅尔避难所,从北部的索尔特弗利特到南部的斯凯格内斯,然后是一条平行于沃什湾的海岸线,从兰格尔南部到斯伯丁,再向东到达朗萨顿,这意味着至少有一个长期存在的海湾。这可能反映了拉克姆(1986)曾提及的经常会被忽视的罗马人的早期排水系统。他们挖掘了一条从剑桥到林肯郡长达140千米的排水沟——汽车渠——用来汇集从高地流向西部的小河流,或许同时还为内陆航运提供了更便捷的路线(Darby,1983)。他们所建的大部分排水工程似乎已经消失了,但中世纪早期对芬兰区进行了再建设,沃什湾周围大部分道路都建造了大量新海堤,也许早期的罗马土木工程也得到了重建,拉克姆称之为第二次排水。正如达比(1983)记录的那样,二次排水涉及的洪泛地面积更小,包括海向盐沼地和内陆向沼泽的侵蚀,1086—1334年淤泥地增加了5—10倍。然后在第三次排水中,相关人员挖掘了旧的(1637年)和新的(1651年)贝德福德河,将大乌斯河同剑河与小乌斯河同金斯林连接起来。排干大部分南方泥炭沼泽,使得更加集约化的农业生产取代了依靠捕捉鳗鱼、捕杀水鸟和夏季在草地上放牧的沼泽上的生活方式和生态。随着沼泽和草地的消失,苍鹭、白鹭以及其他400多年来供应皇室贵族宴会的鸟类的最后遗留也消失了。

同样的农业压力导致了公共土地的圈占和中世纪农业带状开放田野的终结。尽管通常认为这些变化与18世纪和约翰·克莱尔的抗议活动有关,但其中许多变化早在之前的几个世纪就已经发生了。对于圈占的投诉可以追溯到15、16和17世纪,但是,正如达比(1976)所示,米德兰地带[拉克姆(1986)绘制的乡村规划]以外的英格兰大部分地区在1700年就已经被圈占了。议会圈地将这一进程扩展到米德兰地带。1700—1903年约有2 837项法案通过,其中82%在1760—1820年,这些法案改变了这些郡县的农业生产和景观。土地必须测绘,所有权确定并重新分配,必须开辟新的道路,这可能都需要六七年的时间(Darby,1976)。新建立的所有制必须"妥善充分地考虑利益的分配"。大部分可耕地被转化为牧场,从开放的整体化的乡村模式,变成一种新道路、沟渠特别是树篱交织得更加私密和碎片化的居住区,这必然会对在开放栖息地生存的鸟类如大鸨和石鸻产生重大负面影响。对以树篱作为栖息地的物种毫无疑问的积极影响并不能对此给予补偿,而且这种影响也更不显著或不容易被注意到。洛夫格罗夫(2007)认为,农业集约化程度越高,麻雀的数量也越多,就越会成为农业生产的一大危害。他还记录了其受到迫害的程度,并推测1700—1930年有多达1亿只麻雀被捕杀。

这一时期的森林砍伐并没有那么戏剧性的变化,其程度是有争议的。毫无疑问,采矿业(矿坑支柱)、金属冶炼和玻璃制造(木炭)以及制革(橡树皮)带来的工业压力随着人口本身和这些行业的扩张而增加(Darby,1976)。议会的调查,尤其是约翰·伊夫林(John Evelyn)在1664年的调查结果显示,曾有人抱怨说,支撑造船的木材仍有不足,还强烈主张保留的皇家森林像私人庄园一样增加种植。另一方面,拉克姆(1986)指出,林地会再生,维尔德的铁匠在转而使用焦炭之前,已经从事了好几个世纪的打铁活动,然而当地的树林一直存在,而且现在的维尔德仍然和英格兰的任何其他地方一样,保持着良好的森林覆盖。他认为相对于其他成本,造船用木材的价格变化不大,尽管抱怨最厉害的海军部尤其节俭。农业压力似乎再次成为林地消失的主要原因,而并非木材的过度使用。拉克姆指出,处于农业改良中心的诺福克地区,当地树木从未繁茂过,1600—1790年,当地中世纪森林损失了总量的75%,比其他任何郡县都要严重。虽然看起来在18世纪伊夫林的劝导和对建设庄园和庄园林业的强调带来了林地面积的日益扩大,但1700年英格兰的林地覆盖率跌至低谷。在苏格兰高地,林地最终衰落,50年后树木种植风潮分阶段出现,因此森林覆盖率的最低值在1750年左右出现,随后的半个世纪,大规模的植树活动开始了

（Smout，2003）。

　　庄园私有林地和猎场看守相辅相成。在英国的低地，一些主要的狩猎对象如环颈雉、斑尾林鸽和丘鹬，都与林地有关。鹧鸪和欧洲野兔依赖于农田，但喜欢以树篱遮蔽为巢穴、隐蔽处以及替代的觅食地。在苏格兰，赤鹿虽然夏季可以在开放的荒野上生存，但在冬季需要山谷林地提供的避难所和草料。随着土地的私有化和圈占，保护其上的野生动物成为一个可行的前景。从法律上来说，英国的野生动物在活着的时候不属于任何人，但在死亡后归属于地主，这在很大程度上是通过重新定义一些狩猎物种来克服的。即使现在，《野生动物和乡村法》也不承认环颈雉、鹧鸪或者红松鸡为受保护或有害的鸟类，因为它们是猎物。1671 年的《狩猎法》只允许年租金收入超过 100 英镑的土地所有者进行狩猎。因此，最富有的 16 000 名地主有权杀死猎物，而另外 30 万人则没有（Tapper，1992）。他们能够雇佣猎场看守来保护他们的庄园及内部的猎物，而这一行业似乎在 1800 年已经开始了，只是 1831 年的狩猎法使其合法化（Allen，1978）。1911 年的时候，从事这一行业的人数最高峰达到 23 000 人，但是现在，在两次世界大战和巨大的社会变革之后，只有大约 2 500 人（Tapper，1992）。射击的加强证明运动庄园的维护也需要技术进步。19 世纪 30 年代，撞击式雷帽取代了燧发枪，熔融铅液倒入制弹塔所制成的改进的标准化圆形铅弹，以及 1861 年法国第一批后膛霰弹枪的出现都在其中发挥了作用（Allen，1978；Tapper，1992）。

　　猎物的获得和保护也借鉴了为科学和艺术收集标本而改进的技术。动物标本剥制术的发展也是必要的。在这方面，法国人似乎再一次走在了英国人前面。在巴黎，资产损益表在 1750 年左右就包括一些栩栩如生的鸟类标本，但是用盐、胡椒和明矾保存鸟类皮毛的方法直到 1763 年才在英国匿名出版（Allen，1978）。1750年左右，法国人发现砷可以作为一种有效的皮肤保护剂，但这一方法直到 1800 年左右才传到英国（Morris，1993）。英国现存最早的成功剥制标本的例子似乎是保存于 1702 年的里士满公爵夫人处的非洲灰鹦鹉（Morris，1981），以及可能由吉尔伯特·怀特保存于 1791 年的锡嘴雀（Morris，1990）。然而，这些标本只是部分剥制，去除了内脏，没有剥皮。直到大约 1820 年以后，随着法国技术的进一步引进，将标本剥皮并通过颅骨后部移除脑部的做法才开始普及。1900 年左右，标本剥制业的规模达到最大，广泛供给包括家养宠物在内的公共场所，有竞争力的收藏家珍藏的稀有珍品，以及公共博物馆的代表性藏品（Morris，1993）。博物馆研究皮肤，因此皮被剥下，被制成立体标本，虽然没有正式安装，但同样依靠使用砷防腐剂得以成功保存，所以现存的最早的科学收藏品同样可以追溯到 19 世纪初的同一时期。除了皮肤收集，还有用于私人和科学收藏的蛋的收集。艾伦（1978）报道了伦敦的约翰·马廷（John Martyn）试图通过将蛋煮熟的方式来保存，但后来 1724 年的报告称它们可能会炸裂。因此，现存的最早的蛋标本比皮肤的要稍古老一些。维路格比在 17 世纪 60 年代收集的一些蛋现在还保存在沃拉斯顿大厅（Gurney，1921）。

这些 18—19 世纪多样的变化对不同鸟类有着不同程度的影响。将许多物种的灭绝归咎于收藏家和收集行为，甚至是动物标本制造者，以及谴责猎场看守的蓄意捕杀导致许多物种消失已经成为一种流行。毫无疑问，他们的确参与其中，但在很多情况下，他们只是加剧了栖息地变化造成的损失。一些更好的案例值得更仔细的研究，可以为现代保护科学提供明显的经验教训。如果栖息地丧失是主要原因，那么只有逆转这一变化才是行之有效的。鹤和松鸡的消失很可能是由于狩猎活动的加剧，但栖息地减少显然是其数量下降的主要原因（见第六章）。如果现在或曾经过度捕杀是造成物种衰退的主要原因，那么保护性立法的妥善执行就至关重要。白尾海雕和苍鹰在 19 世纪显然没有失去其栖息地，但确实遭到了过度捕杀。

大鸨

大鸨的命运就是一个明显的例子。诺福克和萨福克最后的种群都曾经遭到严重捕杀，诺福克郡沃尔瑟姆和塞特福德的猎场看守乔治·特纳（George Turner）被史蒂文森（Stevenson）指控导致大鸨灭绝（Stevenson，1870）。诚然，特纳是最后的大鸨种群走向灭绝的重要推手，他在饵料站设置大口径野禽枪，曾在 1812 年一枪杀死了 7 只。另一方面，在这一时期，大鸨似乎已经缩减到只有 2 个种群，即萨福克伊明赫姆周围的"塞特福德种群"和诺福克的"斯瓦夫汉种群"。这 2 个种群的衰落是有据可查的，特纳和其他人的过度捕杀在其中影响很大，但这似乎只是长期衰落的最后阶段。

事实上，大鸨在英国从未广泛分布或普遍存在过（Osborne，2005）。目前只发现了 5 条考古学记录，其中 3 条来自当时仍然是开放环境的（第三章）晚冰期或中石器时代（可能是早期）。有 1 条来自菲什伯恩宫的罗马时期记录（Eastham，1971），说明可能是进口的食用物种，而不是原生物种（虽然有传言说这实际上可能是一个被错误鉴别的鹤类，两者都属于鹤形目）。大鸨似乎没有盎格鲁-撒克逊语的名字，也没有任何插图手稿或其他资料显示其早期在英国存在（Yapp，1981b，1982a）。而后在 1520 年左右，伦敦的贝纳德城堡发现了一条中世纪晚期的记录，这似乎证实了当地人对该物种表现出的烹饪兴趣，如 1520—1548 年在诺福克汉斯坦顿大厅发现的被带到莱斯特兰奇（Lestrange）家族的 9 只大鸨的记录（Gurney，1921）。这些大多是雄性个体，其中至少有 4 只是被弩杀死的。1537 年 7 月 25 日带来的 2 只大鸨的幼年个体，很明显地表明了它们当时是在当地繁殖的。

最近沃特斯和沃特斯（2005）对 18—19 世纪的可用信息进行了一次详细的回顾，可以证明，尽管大鸨在出现时十分醒目，但其数量从来都不曾非常丰富。在苏格兰唯一可能的繁殖记录是早期博伊斯（Boece）在 1526 年左右提出的，他认为大鸨在东洛锡安和贝里克郡的默西河的沿岸低地繁殖。格尼（1921）引用了穆菲特（Muffet）在 1595 年的一段话，"6 只在小麦地里睡觉，增重……轻而易举……"，这可能是穆菲特居住的威尔特郡威尔顿附近索尔兹伯里平原上的景象。吉尔伯特·怀特仅有 4 次提及了大鸨：1770年 10 月 8 日写给巴林顿的第七封信中，提及"（布莱顿）布赖特赫尔姆斯通附近的开阔丘陵地上有大鸨"；1770 年 2 月 13 日写到"在索尔兹伯里平原（查尔顿和法菲尔德之间）上见到了大鸨，远远望去，像小鹿一样"；1773 年 12 月 15 日写到"一些大鸨在芬登教区繁殖"（位于布莱顿以西 15 千米处的南唐斯丘陵）；1787 年 11 月 16日，写到"马车夫告诉我们，大约 12 年前，他曾在该农场（在法菲尔德和温顿之间，靠近汉普郡的安多佛）见过大鸨，一次是一群，约有18 只，还有一次只有 2 只"。他如此孜孜不倦地记录下每一个事件，表明了当时大鸨在这些南方郡县的稀缺性。在这之后似乎没有了萨塞克斯的记录。来自威尔特郡的其他记录（Thomas，2000），包括约翰·奥布里（John Aubrey）在 17 世纪对其特别是在巨石阵和拉文顿附近丰富数量的早期描述；18 世纪 60 年代，在温特斯洛小屋附近有一个约有 25 只的种群；1788 年在提尔沙德发现了 3只，1785—1786 年在奇滕巴姆附近发现了一些；1800 年在提尔沙德附近有 2 只；1801 年在厄普埃文附近有 1 只；1803 年和 1804 年，在埃姆斯伯里附近发现的单独个体，被认为是威尔特郡的最后 1 只，另外还有 4 只几乎属于同一时期来自其他地点的描述较少的记录。据称，伯克郡的最后 1 条记录发现于 1802 年的兰伯恩丘陵（Jones，1966）。吉尔伯特·怀特在世时，大鸨在约克郡仍然存在，1720 年，有 2 只在旺斯福德被杀害并出售，另有 1 只于 1792 年 10月在鲁德斯通的丘陵上被捕杀。1808 年，有 11 只在博罗的斯莱德米尔附近被捕杀，1811 年在弗利克斯顿沃德发现的 5 只中的 3 只也是同样的结局。约克郡唯一已知的 1 枚蛋是 1810 年在北道尔顿发现的。大鸨在弗利克斯顿亨曼比里顿地区的北部荒野中苟延残喘，约克郡的最后记录可能是 1835 年左右稍微偏西的狐狸洞的发现（Nelson，1907）。大约在同一时间，它们从林肯郡的荒野中消失了——诺福克和萨福克郡的小种群也是如此。

1812 年，萨福克郡的种群有 40 只，但在特纳和其他人的过度捕杀下，数量减少到 24 只，之后是 15 只，最后只剩下 2 只雌性个体。1832 年发现于伊明赫姆的荒野的一个雌性个体和同年夏天在塞特福德郡沃伦边缘发现的巢穴也许是其最后的记录（Stevenson，1870）。在诺福克的威斯泰克附近，1819 年发现了 19 只，1820 年有 27 只，到 1833 年，它们似乎迁移到了大马辛厄姆荒野，数量下降到只有 3 只雌性及产下的 5 枚卵（两个为 c/2，1 个为 c/1）。由于没有发现雄性个体，它们被认为应该是不育的。1838 年被射杀的可能是最后 2 个个体，1 个在靠近骑士城堡的德辛厄姆，另外 1 个在斯瓦夫汉沼泽附近的莱克斯汉姆。可能有个体在 1843 年或 1845 年出现过，但上面提到的是最后一批英国本土种群（Stevenson，1870；Stevenson and Southwell，1890）。

在 19 世纪初的英国，大鸨主要的神秘之处之一是在秋冬之际的行踪。它们是否春季从英国迁徙而出，返回繁殖地？沃特斯和沃特斯（2005）对这些讨论进行了总结。现代研究的所有证据均显示，大鸨并非迁徙鸟类，尽管它们是优秀的漫游者，尤其是在寒冷的冬天。它们在秋季的消失以及越冬地的不确定，都在暗示，这一物种的分布实际上十分稀疏，能够躲藏在意想不到的地点或栖息地。

当然，大鸨仍然偶尔会作为移民或流浪飞鸟在英国出现，尤其是在其家乡是寒冷的冬天的时候。例如，1871 年有一次，然后是在 1962 年和 1963 年冬季之后（1963 年 3 月 28 日，在诺福克郡的电力线下发现一死亡个体），还有一次是在 1981 年（1981 年 12 月在肯特郡发现了 1—3 只）。最引人注意的是 1987 年 1 月 16 日—3 月 7

日在萨福克郡出现的一个 5—9 只个体的种群。然而,由于受到整个欧洲农业发展变化的影响,进一步发现的机会变得更少(Osborne,2005)。2004 年开始,大家对从俄罗斯进口幼年个体的重新引进计划抱以期待。然而这项计划能否成功,部分取决于大鸨为什么在 19 世纪灭绝。记录显示,只有稀疏分布的种群生活在少数几个受欢迎的地区,如索尔兹伯里平原、萨福克郡腹地、诺福克、林肯郡和约克郡荒野,与曾被认为的大量或广泛存在的状态相去甚远(图 7.1)。看起来重新引进只能维持现有种群,任何捕杀都可能是灾难性的。对于寿命很长且一窝只有 2 枚蛋的鸟类,重新引进的数量不会很多。施拉布(Shrubb,2003)认为,栖息地的丧失,以及在其偏好的开放栖息地放置树篱和植树对它们的影响是决定性的。正如几乎同时期的一种说法所言:在拿破仑战争期间,对伯克郡草原的耕作被认为是导致大鸨在当地消失的最重要的原因(Jones,1966),而当地和诺福克郡对作物更彻底的手工除草也被认为是有害的(Stevenson,1870)。在诺福克郡,大鸨通常在其中筑巢的黑麦变成更加精心培育的小麦,这被认为造成了很大伤害,而更彻底地用手或马锄除草,意味着其巢穴总是能被找到。在腹地种植的树篱和断树也使它们的栖息地发生了改变。一些早期记录显示,牧场圈占后带来的变化对其食用的谷物,特别是小麦,可能也是非常有害的。然而,索尔兹伯里平原上仍然树木稀少,是目前重新引入的目标区域(Osborne,2005)。现代谷物生产可能过于密集,洒出的粮食不足以供给成年个体,昆虫也不足以供给幼崽,而现代道路的密度,实际上使人类压力也要大得多。幸运的是,人们对荒野和野生的鸟类的兴趣也更大了。过度捕杀显然是导致其最后衰退的主要因素。几乎所有后期记录都提到了被射杀的大鸨,很少有个体能逃脱这种命运。有了更多的善意,以及所需要的立法支持,至少这种悲伤的结局不应该再重复。

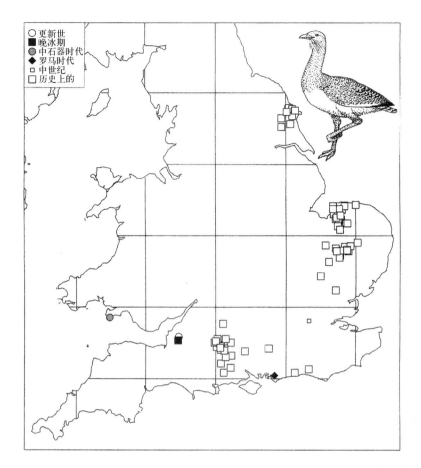

图 7.1 大鸨在英国的历史分布。考古学记录已在文中列出,此为历史上各郡县鸟类动物群的繁殖地点分布(1750—1850)

大海雀

至少在伊比利亚半岛和俄罗斯南部仍有大鸨可以被用于重新引进项目。而古北区的大海雀或大海燕,作为一种稀有的,历史上只在英国繁殖过的鸟类,在过去的 400 年中已经灭绝了,成为最悲哀、最彻底以及最不可挽回的损失。关于其在不列颠群岛上可能的繁殖地点的历史记录似乎只有 3 条(Fuller,1999)。正如马丁在

1698 年记录的那样,大海雀在圣基尔达岛上繁殖,根据岛上居民的描述,这一物种 5 月初到达,6 月中旬离开(现代日历中的 5 月中旬到 6 月下旬),只在陆地上停留大约 6 周的时间。据估计,孵化大约持续 39 天,大海雀的幼鸟与刀嘴海雀和海鸦一样,在很短的时间内就可以离巢,大概只有 9 天(Fuller, 1999)。尽管现存有大约 75 个发育完全的(大部分是成年个体,至少有 2 只是未成年个体)皮肤标本,但没有幼鸟保存下来。接下来的一个世纪,它们可能继续在圣基尔达岛繁殖,因为 1821 年曾捕捉到一只,而最后一只大海雀在 1840 年被捕杀。1816 年,奥克尼群岛的帕帕韦斯特雷岛上发现了一对,其中一只最终被捕杀(目前仍然保存在特林的英国自然历史博物馆中)。因为帕帕韦斯特雷岛本身并不适合大海雀生存,推测沙洲附近的小岛可能是一个繁殖地点。最后,一幅约 1652 年的显示其居住在该地区的旧图画的细微证据显示,它们也许在马恩岛南部的卡夫马恩岛周围繁殖。如表 7.3 所示,这得到了来自马恩岛的考古证据的支持,帕帕韦斯特雷岛也是如此,该物种比其他大多数英国鸟类具有更长且广泛的亚化石记录。鉴于其优秀的游泳和潜水能力,这些可能实际上记录了其繁殖行为,因为只有当它在很短的繁殖期中出现在陆地上时,才容易被猎杀,当然,生病或躲避风暴除外。从时间上来看,最早的记录开始于博克斯格罗伍(参见第三章),最晚的是马恩岛,这与历史记录显示的灭绝时间相当吻合。英国新石器时代和铁器时代的大多数海鸟占主要地位的遗址中都有这一物种的身影,这表明它在早期应当是一种规律分布的,甚至可能是数量丰富的鸟类。从地理位置上看,大多数遗址来自苏格兰群岛(图 7.2),这并不意外,而在豪岛,有未成年个体的骨骼发现,证实当地是另一个早期繁殖地(Bramwell, 1994)。在那里的几个层位都有发现,这意味着当地是一个长期繁殖地。帕帕韦斯特雷岛的霍沃尔小山上,至少发现了四个成年个体和一个未成年个体,再次证实附近应该有一个繁殖地存在(Bramwell,

1983c)。奥龙赛岛上似乎也发现了大量遗骸(Grigson and Mellars，1987；Grigson，个人评论)，虽然大多数遗址只发现了少量遗骨。萨金特森(2001)分析了这些记录，指出大海雀的骨骼在发现的所有鸟类骨骼中所占的比例从新石器时代和铁器时代一些遗址中的14%或更多下降到古斯堪的纳维亚时期的不超过2%—3%。

表7.3 大不列颠群岛大海雀的考古学记录(例图7.2)

遗址	参考坐标格网	年代	参考文献
博克斯格罗伍	SU 91 08	克罗默尔间冰期	Harrison and Stewart,1999
泽西岛圣布雷拉德湾	WV6147	晚更新世	Bell,1992；Tyrberg,1998
爱尔兰巴利纳内特拉洞穴	X 10 95	晚更新世—全新世	Bell, 1915, 1922；Tyrberg, 1998
奥龙赛岛的卡斯特尔-南-吉力安	NR 35 88	中石器时代	Grieve,1882
阿盖尔郡里斯加	NM 61 60	中石器时代	MacDonald, 1921；Lacaille, 1954
萨瑟兰郡恩博	NH 82 92	新石器时代	Clarke, 1965；Henshall and Ritchie,1995
奥龙赛岛	NR 35 88	新石器时代	Henderson-Bishop, 1913；Bramwell,1987
劳赛岛拉姆齐圆丘	HY 40 28	新石器时代	Davidson and Henshall, 1989
帕帕韦斯特雷岛霍沃尔小山	HY 48 51	新石器时代	Bramwell,1983c
奥克尼桑代岛托夫特角	HY 76 47	新石器时代	Serjeantson,2001
雷伊克诺克斯坦格	NC 95 65	新石器时代	Finlay,1996
奥克尼群岛诺特兰带	HY 42 49	新石器时代	Armour-Chelu,1988
奥克尼群岛桑代岛托夫特角	HY 76 47	新石器时代晚期	Serjeantson,2001
奥克尼群岛桑代岛托夫特角	HY 76 47	青铜时代早期	Serjeantson,2001
苏格兰埃尔塞圆形巨塔	ND 38 52	青铜时代	Harrison,1980a

续表

遗址	参考坐标格网	年代	参考文献
斯卡洛韦	HU 40 39	铁器时代早期	O'Sullivan,1998
奥克尼群岛桑代岛托夫特角	HY 76 47	铁器时代早期	Serjeantson,2001
设得兰群岛史前圆形石塔	HU 390111	铁器时代	Nicholson,2003
北尤伊斯特岛索勒斯	NF 81 74	铁器时代	Finlay,1991
克罗斯柯克	ND 02 70	铁器时代早期	MacCartney,1984
路易斯涅普	NB 09 36	铁器时代	Serjeantson,2001
迪尼斯斯凯尔	HY 58 06	铁器时代	Allison,1997b
奥克尼群岛豪岛	HY 27 10	铁器时代	Bramwell,1994
北尤伊斯特岛乌达尔XI-XII	NF 78 82	铁器时代早期	Serjeantson,2001
桑代岛6号池	HY 61 37	铁器时代早期	Serjeantson,2001
设得兰群岛的贾尔索夫	HU 39 09	铁器时代	Platt,1933a,1956
锡利群岛哈兰吉丘陵	SV 91 12	罗马时代	Locker,1999
马恩岛佩韦克湾	SC 20 67	公元90年	Garrad,1972
巴克奎	HY 36 27	诺斯时代	Bramwell,1977b
桑代岛7号池	HY 61 37	诺斯时代	Serjeantson,2001
奥克尼群岛纽华克湾	ND 56 04	诺斯时代	Serjeantson,2001
迪尼斯斯凯尔	HY 58 06	维京时代	Allison,1997b
伯赛堡垒	HY 23 28	维京时代	Allison,1989
林迪斯法恩	NU 13 41	中世纪	O'Sullivan and Young,1995
邓巴城堡公园	NT 66 79	中世纪	Smith,2000
桑代岛8号池	HY 61 37	中世纪	Serjeantson,2001
马恩岛卡斯尔敦	SC 26 67	17世纪	Fisher,1996
多尼戈尔罗萨彭纳	C 10 38	全新世	Bell,1922
安特里姆怀特帕克湾	D 02 45	后冰期	D'Arcy,1999
奥克尼群岛劳赛岛	HY 40 30	后冰期	Bramwell,1960a
惠特本克里登山	NZ 39 64		Jackson,1953

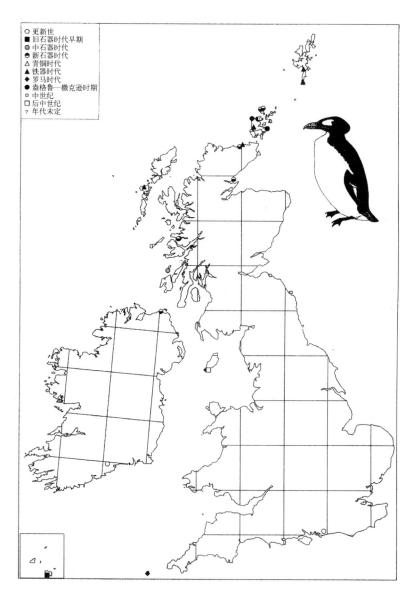

图 7.2 大海雀在英国的历史分布(数据见表 7.3)

松鸡

　　松鸡曾经的广泛分布在古生物学和考古学记录中都有详细记载（参见第六章,表6.5）,共有27条,尽管必须承认,里面可能混淆有其他鸟类(如火鸡、蓝孔雀、环颈雉)。事实上,松鸡不仅是最大的鸡形目鸟类,而且因为骨骼保存得相当完好,在形态上很容易与雉类相区别。火鸡和蓝孔雀的体型要大得多,环颈雉的体型与雌性松鸡差不多。考古学记录证实,至少到中世纪时期,它还生存于英格兰北部,并直到那时,还在爱尔兰地区广泛分布。威洛比(Willoughby)认为,松鸡现在仍在爱尔兰生存,但1650年左右在英格兰消失了。似乎是16—17世纪两国的森林砍伐导致了它们的灭绝。在威尔士,虽然既没有考古学发现,也没有太多的历史记录,但是彭南特(1778)认为它们以前曾经存在过,而且直到1760年,还在蒂珀雷里郡出现(Pennant,1776)。在苏格兰,虽然明显衰落,但它仍然是一种广为人知的鸟类。18世纪70年代,这一种类似乎已经在因弗内斯郡灭绝,最后一只于1785年在阿伯丁郡被射杀(Holloway,1996)。然而,早在1621年,它们就已经获得了一些法律保护,这意味着这一物种当时的数量就已经很稀少并且持续减少。这种减少与同时期林地的减少非常吻合,看起来任何捕杀可能都是导致数量减少的一个次要的和额外的原因。几乎同时伴随的还有苏格兰其他三种林地物种的濒临灭绝——赤鹿,狍和红松鼠(Yalden,1999)。伴随着18世纪中期种植的新针叶树的成林,即栖息地的恢复,松鸡在1837—1838年重新引入获得成功这一事实说明,在这一灭绝事件中,主要原因是生境丧失而非过度捕杀。随着1772、1790和1844年的重新引进,红松鼠种群在这一时期也有所恢复。同样,狍于1828年进入南部高地,并在1840—1845年进入南部高原。这些变化都反映了林地面积的日益增加。

猛禽

总的来说,猛禽比其他鸟类遭受到的捕杀要多得多,对于其在19世纪的衰减,栖息地的丧失只是其中的一个因素。可以想象,与其他猛禽相比,白头鹞特殊的栖息地的丧失带来的影响更大,也许森林砍伐造成了胡蜂和黄蜂的减少,因此蜂鹰的数量也少了。对于大多数物种而言,在18—19世纪,圈占和植树造林可以提供更多的栖息地,但大多数物种在19世纪衰减得最快。郡县鸟类志以及收藏家和标本制作者的记录都证明了这一点。N. W. 穆尔(1957)描绘了普通鵟的衰落:这一物种在1800年仍然存在并且分布广泛,到1865年已经从大多数英格兰低地消失,在苏格兰东部和苏格兰低地稀疏分布,只在英格兰东南部、威尔士和边界地区,英格兰西部和苏格兰西北部保持良好的繁殖状态(图7.3)。到了1915年,只在1865年大量存在的地方生存。由开明的首席护林员(新森林的副监测人)杰拉德·拉塞尔斯(Gerald Lascelles)积极保护下的新森林则是一个有趣而又具有启发性的例外(Tubbs,1974)。利用最近的关于郡县鸟类动物群繁殖的报告,可以描述其他两种以前广泛分布的物种——红鸢和(作为名义上的猛禽)渡鸦类似的数量减少的情况,史蒂文·邦德(1988)报道的一个未发表项目总结了《维多利亚郡县史》(*Victoria County Histories*)和其他地区性作品。1800年,每个郡县都有渡鸦繁殖(图7.4),另外除了5个郡(伦敦、米德尔塞克斯、萨里、蒙默思郡、格拉摩根郡),也都有红鸢存在(图7.5)。到1865年,渡鸦已经从20个英格兰郡中消失了,红鸢也在很多地方消失了,包括38个英格兰的,24个苏格兰的以及8个威尔士的。这巨大损失可能反映了2个物种不同的弱点和筑巢习性。到了1900年,红鸢只存活于英格兰的1个郡和威尔士的4个郡中,但渡鸦仍坚持生存于33个郡(16个在威尔士,10个在苏格兰,还有7个在英格兰)(图7.4)。苍鹰受到的影响更为

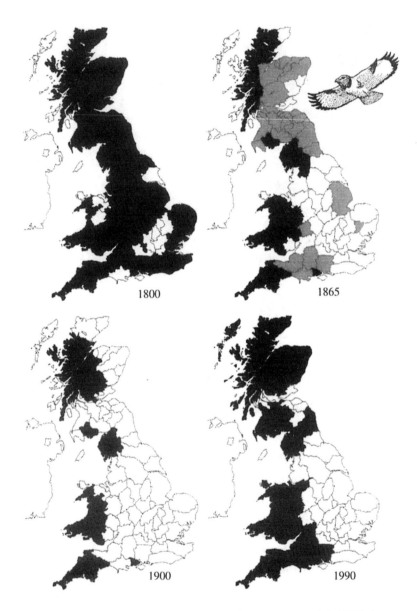

图 7.3　1800—1900 年普通鵟繁殖分布的下降（Moore, 1957），灰色阴影代表 1865 年的稀有、衰退或不能确定。现有分布（1990）基于吉本斯等（1993）

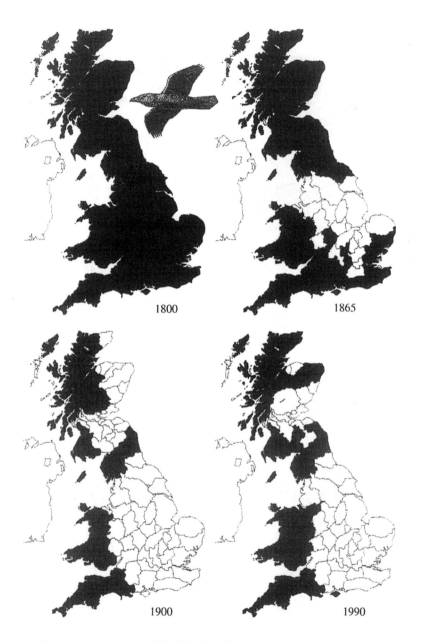

图 7.4　1800—1900 年渡鸦繁殖分布的下降（Bond，1988；Holloway，1996）。现有分布（1990）基于吉本斯等（1993）

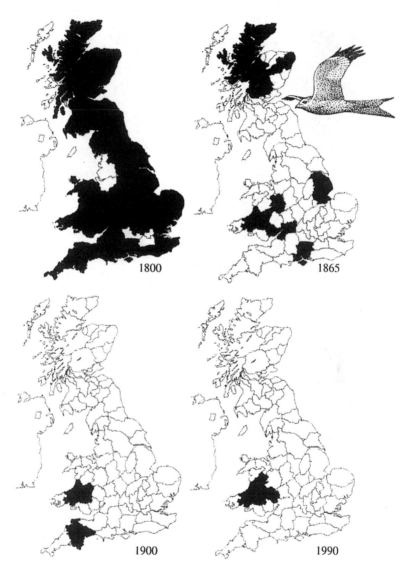

图 7.5　1800—1900 年红鸢繁殖分布的下降（Bond，1988；Holloway，1996）。现有分布（1990）基于吉本斯等（1993）。在这之后的英格兰南部和苏格兰的重新引进使种群有了轻微的扩张，2007 年的分布范围有了显著扩大

严重——和鹗以及白尾海雕一样,它们被捕杀直至灭绝。到了1800年,英格兰南部和威尔士的大部分地区都已经没有了苍鹰的踪迹,与曾经在鹰猎流行的年代被小心翼翼地使用相比,这是一个可悲的衰落。即使在苏格兰,它们也是呈零散片状分布。到1900年,其可能只在格洛斯特郡繁殖,但到1914年,已经从当地消失了(Bond,1988)。泰斯赫斯特(1920)、里奇(1920)和皮尔索尔(Pearsall)(1950)记录的捕杀可以佐证这一点。泰斯赫斯特记录了对苍鹰的捕杀开始于肯特郡,集中发生在1676—1690年,仅仅14年间,滕特登教区内有432只红鸢被杀害。在苏格兰,捕杀稍晚开始,捕杀率在19世纪逐渐增加(表7.4),这也支持了前面提到的,猛禽数量在19世纪下降的最为严重。到1837—1840年,不但猎杀率增加,而且体型最大(也是最脆弱)的物种——鹰的数量已经变得很少了。加里河谷被杀害物种的更详细记录(Pearsall,1950)同样值得注意。不仅仅是体型更小更加常见(且与狩猎更不相关)的物种如红隼和猫头鹰,在当时遭到严重捕杀,甚至像矛隼、燕隼和蜂鹰这样的稀有品种,也会被猎杀。被怀疑是红脚隼的"Orange-footed Falcons"与红鸢和毛脚鵟一样,被大量捕杀。麦吉(McGhie,1999)为因弗内斯的主要标本制作者麦克弗森提交了一份20世纪猛禽数量下降的详细报告,其中的比较具有指导意义。很明显,最令人印象深刻的物种,如金雕和游隼,经常被上交,这与它们的相对丰度不成比例,而物种的广泛分布与19世纪的税费也形成鲜明对比。白尾海雕和红鸢已不复存在,毛脚鵟的数量也很低。它们在19世纪30年代真的数量更多吗? 还是被错误鉴定的普通鵟? 无论是哪种情况,当地物种都被捕杀濒临灭绝,而且捕杀的激烈程度足以使罕见的冬季来访个体被杀害。

表7.4　猎场看守对猛禽和其他物种的迫害

	迪赛德 1776—1786	萨瑟兰 1819—1826	萨瑟兰 1831—1834	加里河谷 1837—1840	因弗内斯 1912—1969
鹰	70	295	171	42	
鹰和鸢	2 520	1 115	1 055	1 379	
渡鸦和乌鸦	1 347	1 962	936R	1 906	
每年选择性捕杀	394	482	721	1 109	
金雕				15	161
白尾海雕				27	—
鹗				18	2
苍鹰				63	—
红鸢				275	
白尾鹞				63	11
白头鹞				5	1
马灰鹞				—	1
游隼				98	131
燕隼				11	1
毛隼				6	7
红脚隼？				7	—
灰背隼				78	30
红隼				462	43
普通鵟				385	108
毛脚鵟				371	8
蜂鹰				3	1
渡鸦				475	?
冠小嘴乌鸦				1 431	?
短耳鸮				71	15
长耳鸮				35	49

续表

	迪赛德 1776—1786	萨瑟兰 1819—1826	萨瑟兰 1831—1834	加里河谷 1837—1840	因弗内斯 1912—1969
灰林鸮				3	81
仓鸮				—	52
雪鸮					3

注：数据来自 1776—1786 年 5 个迪赛德教区（布雷马、克拉西、格伦穆克、塔洛克、格伦加登）。1819—1826 年萨瑟兰的朗威尔和沙边庄园以及 1831—1834 年萨瑟兰公爵夫人的庄园的数据来自里奇（1920）。1837—1840 年加里河谷的数据来自皮尔索尔（1950）。较新的 1912—1969 年的数据来自因弗内斯标本剥制专家麦吉（1999）。

塔珀（1992）的研究结果表明，1911 年，英国低地的大部分地区，猎场看守的密度高于每 1 000 公顷 0.8 人，全国普查人数最高有 23 056 人。只有 4 个郡（凯思内斯郡、萨瑟兰郡、卡迪根郡、卡马森郡）猎场看守的密度低于每 1 000 公顷 0.4 人。需要注意的是，其中最后 2 个郡正是红鸢（和鸡貂）在英国仅存的 2 个郡。到 1951 年人口普查时，只有 4 391 名看守，且只有 4 个郡（汉普郡、伯克郡、贝德福德、诺福克）看守的密度高于每 1 000 公顷 0.4 人。普遍认为，一个管理良好的猎场需要的看守密度为每 1 000 公顷 2.5 人，因此在 1911 年，整个诺福克郡都保持着良好的管理状态。这些数字的另一种解读方式是，假设 1911 年的 2.3 万名看守每人照看 400 公顷，英国 9.2 万平方千米或者约占整个土地面积的 40% 的范围将保持状态良好。猎场看守确实对掠食者的数量产生了严重的抑制作用，这一点从以下事实也可以看出：两次世界大战期间和之后，看守的人数减少，猛禽的数量发生了缓慢但稳步的回升。洛夫格罗夫（2007）对最近 4 个世纪的猛禽捕杀进行了更彻底的调查，进一步强化了这一理论的可信性。

结论

从大约 1600 年开始，考古遗迹获取的鸟类动物群的不完整记录迅速过渡到依赖文献证据的记录。因此，这些记录不仅变得越来越详细，而且越来越被有能力的鸟类学家所熟知并讨论。同样是在这一时期，英国不断增加的人口对鸟类的直接影响越来越大，无论好坏。1600 年只有 500 万人口，1700 年有 675 万，1800 年有 1 025 万，但到 1900 年，我们已经有了 3 750 万，到了 2000 年达到 5 500 万（McEvedy and Jones, 1978）。英国现存的已知有记载的鸟类物种从 1600 年大约 150 个增加到 1900 年 380 个，目前已经超过 570 个，尽管繁殖种类的数目还不到其中的一半。过去 150 年左右，鸟类物种的得到和失去在鸟类动物群的近代历史中占据重要的地位。逐渐增加的人口数量与不断变化的鸟类动物群之间的相互作用是第八章的主题。

现在和未来

20 世纪的鸟类

20 世纪的鸟类历史已经被比我们更优秀的作者详尽地记录下来;每个物种都有自己的历史,正如它们有着自己的生态特征,因此试图对这样优秀的记录进行详细的回顾是毫无意义的。另一方面,一些更广泛的趋势似乎更加值得讨论,因为首先这些趋势导致了现在动物群的面貌,以及我们对该面貌的响应,其次我们对可控的、近期发生的事件的看法会影响未来事件的走向。食物供应是包括人类在内的任何动物种群规模的主要制约因素,如施拉布(2003)总结的,对于许多鸟类来说,为确保人类自己食物供应而进行的农业变革,已经成了决定它们食物供应的主要因素。马不再被作为役用动物,也就意味着燕麦不再被作为农作物,而且混合轮转农业系统转变为在国家范围内东部耕作和西部牧区的两极化系统(Tapper,1992;Shrubb,2003)。这一压力(特别是补贴的存在),促使高地上的绵羊,东部低地上的小麦,西部低地上的牛以及相关的青贮饲料的数量增加,也见证了农田面积变广,树篱减少,杂草减少,昆虫减少,以及冬天休耕地的丧失。以种子为食的农田鸟类,特别是鸦、雀,尤其是麻雀,数量下降也就不足为奇了,因为沼泽被排干用于种植谷物和饲料,导致原本栖息于沼泽草甸的涉禽和黄鹡鸰数量下降。对于高地鸟类而言,绵羊过度放牧的影响尚未得到充分证实,但石楠荒野的减少以及随之而来的红松鸡数量的减少是确定的(Hudson,1992;Fuller and Gough,1999)。目前还不清楚环颈鸫等物种的数量下降是否与之有关,也不清楚高地的草地鹨和布谷鸟寄生虫的数量是否也因此而减少。在 20 世纪的大部分时间里,由于试图在木材和纸浆方面自给自足而导致的英国林地面积的增加,给荒野鸟类带来了第二次压力,其结果是外来针叶树的大面积种植,尤其是现在占林地面积的 26% 的锡特卡云杉。这对于一部分森林鸟类来说是十分有利的,特别是黄雀(Siskin)、交嘴雀和煤山雀。此外,将绵羊和鹿排除在外的早期种植阶段对于短耳鸮、长耳鸮、白尾鹞、野鹟和黑琴鸡等许多物种来说,都提供了极好但存在时间较短的栖息地。其中很大一部分原因是不恰当的税收制度鼓励在完全不适合的土地上种植树木,因为种植林地可以减税,且在树木收获之前不用支付税款。有些树木始终没有被收获。这一税收制度结束于 1988 年,当时的总理尼格尔·劳森(Nigel Lawson)迅速终结了这种土地滥用的情况,但对苏格兰北部的一些郡县已经造成了严重损害(Marren,2002)。斯特劳德等(Stroud et al.,1987)估计,在该地区筑巢的金雕的 19%,以及黑腹滨鹬和青脚鹬的 17%,共计 1 833 对 涉禽,已经在造林活动中消失了。

乡村娱乐作用的增加对鸟类造成的影响很不容易界定。一方面,它鼓励了更多的人对鸟类和其他野生动物产生兴趣,也使人们有了更方便的途径来进行更好的研究。另一方面,在地面筑巢的鸟类非常容易受到干扰,甚至被践踏,尤其是大约每 22 人就会有1 个人带着 1 只狗。环颈鸻(Kentish Plover)很可能是这些压力的早期受害者。这一物种曾经只在英格兰东南部呈相当边缘的分布,而那些沙滩也正是战后最受早期度假者欢迎的地方。剑鸻是另一种在海滩筑巢的鸟,由于受休闲活动程度的限制,其分布范围只在南部(Pienkowski,1984)。一些海滩筑巢物种的巢穴比较密集,可以通过派人在关键时刻看守来进行保护。即便如此,近年来白额燕鸥的生存状态仍然很脆弱,一些种群已经消失。而其他一些种类,如鸻科鸟,它们筑巢分散,依靠伪装掩饰来保护巢穴和幼鸟,也不可能通过这种方式来进行保护。在高地,越来越多的徒步旅行者对一些筑巢的涉禽和其他鸟类构成威胁。奔宁路作为适于步行的长路,在夏季高峰期的周末每天可接待 500 人次,金鸻从道路两侧后退约 150 米,失去了大约 25% 的筑巢栖息地。幸运的是,石板铺设的道路降低了干扰程度,并且丢失的栖息地的大部分已经恢复(Finney et al.,2005)。欧夜鹰是另一种看起来容易受到干扰的地面筑巢物种,英格兰南部的荒地本来是其最喜欢的栖息地,但因为遛狗的人和其他人数量太多,它们也最终在这片荒地上消失(Liley and Clarke,2003)。波纹林莺也生活在这里,在以金雀花为主要植被的栖息地上繁殖良好,但在受到很多干扰的石楠为主要植被的栖息地上,繁殖期会推迟,最长达到 30 天(Murison et al.,2007)。

观念的改变

19 世纪对掠食者的迫害,尤其是对珍稀动物的迫害,很快被一种对野生动物尤其是鸟类更加宽容的态度所取代。很难知道到底是什么力量推动了这种变化的产生,但毫无疑问的是,1914—1918年战争造成的社会动荡在其中发挥了至关重要的作用,使很多猎场看守退出了与野生鸟类的直接对抗。1911 年人口普查显示,猎场看守人数峰值为 23 036,而在 1921 年,这个数字减少到约 1 400(Tapper,1992)。然而,人们对如此众多的野生动物被捕杀的反应可以追溯到更早以前。例如,19 世纪 40 年代曾有人为了保护最后的大鸨,做出无望的努力。1876 年,一雄性个体出现在霍克沃尔德,曾有人试图保护它并想要为其放飞一只配偶(Stevenson and Southwold,1890)。同样,19 世纪 80 年代,一名庄园主克兰茨曾经试图保护岛之湖上的鹬免受偷蛋贼的袭击(Lambert,2001)。令人难以置信的是,现在大不列颠群岛中总数量达到 6 000 对且在大部分低地水域中经常看见的凤头䴙䴘,在 19 世纪 60 年代曾经减少到只有约 32 对,而且仅存在于柴郡的几个受到严格保护的区域。䴙䴘被射杀以获得其胸部密实的羽毛,即"䴙䴘毛",用来制作时髦女士的手套。另外,繁殖期的白鹭数以百计的被捕杀,为淑女们的帽子提供优雅的羽毛。1891 年,人们建立鸟类保护协会以反对这种暴行,而后在 1904 年成立英国皇家鸟类保护协会(RSPB),由 3 位女性发起,其中最为著名的是后来的波特兰公爵夫人。这是欧洲最大的鸟类慈善机构,现拥有会员超过 100 万,员工超过 1 000 人,并拥有 140 个且总面积达 11. 15 万公顷的鸟类保护区(Marren,2002)。这一组织致力于保护拥有羽毛的鸟类,使其免受关于美丽羽毛的贪婪交易的伤害。全国托管协会(National Trust)的规模更大,成员超过 300 万。这一组织成立于 1893 年,主要是为了管理建筑和园林遗产,也很早就成为重要野生动物遗址如威肯沼泽、布莱克尼角和博士山的所有者。这一组织具有非常特殊的法律地位,它可以根据特殊的税收安排,以国家的名义接收房产和土地,以代替所有者向政府缴纳遗产税,因此,它成为沿海、荒地和高地等大面积栖息地的所有者。这些栖息地虽然并非都是公开的鸟类保护区,但事实上对许多物种来说都是很重要的。此外,这一组织详细规定禁止任何破坏植物或包括鸟类在内的动物生命的行为,实际上其广泛的领地越来越多地被管理为一系列大型自然保护区。

1939—1945 年的战争结束之后,随着 1949 年自然保护协会的成立,保护鸟类和其他野生动物成为政府的一项正式职责。除了拥有并管理国家自然保护区,以及向政府提供更广泛的关于野生动物保护的建议,最初的自然保护协会还会开展一些必要的生态研究以了解如何管理野生动物保护区。随后出于政治动机,这一组织进行改革,于1973年拆分并入陆地生态学研究所(ITE)〔现为生态与水文中心(CEH)的一部分〕,成为自然保护委员会(NCC),而后又有一部分在1989年进入国家机构(英格兰自然署、苏格兰自然遗产署、威尔士乡村委员会)。目前还不清楚鸟类保护是否从这些变化中受益。而更重要的是1954年《鸟类保护法案》的通过,之后又被纳入1981年的《野生动物和乡村法案》,最终对几乎所有种类的鸟类,包括其蛋和巢,给予了法律保护。对绝大多数最为稀有的物种(数量少于100对的,再加上一些明显遭到过度捕杀的物种,包括仓鸮、翠鸟和游隼)给予了特殊保护(更高额的罚款),而少数有害物种被排除在外,一些猎禽在繁殖季节也会受到保护,但在特定的狩猎季节被允许捕杀。年龄足够大的人会铭记这一时刻,这是将掏鸟窝作为少年时代的爱好的正式终结,将珍稀鸟类纳入保护范围无疑是该法令的成功之一,尽管对鸟蛋收集者的起诉仍然是侵权的主要表现。在狩猎场饲养区对猛禽的非法捕杀是另一主要的违法行为。政府机构在这些法律方面的执行力一直不高,RSPB则要出色得多,这要归功于其拥有的自己的犯罪调查小组。

RSPB的成员非常关心鸟类,尽管可能其中有些人对它们知之甚少。然而,RSPB的1 000多名专业人员中,包括全英国甚至可能是全世界范围内最优秀的鸟类学家。他们还有一个良性的竞争对手——英国鸟类学信托基金会(BTO),这是一个规模小得多的慈善机构,会员约1.1万人,员工400人,但其会员和工作人员都是优秀的田野鸟类学家。这些志愿者会在一年中的任何时候定期外出,清点鸟类数量,检查巢箱,并填写鸟巢记录卡、环志鸟类来研究它们的去向以及在当地生活的时间,并参加各种地图册计划。BTO和RSPB越来越多地合作进行调查并分析结果。例如,对筑巢海鸟的周期性数量观察,就聚集了来自所有可能机构的鸟类学家,通过合作以实现最大程度覆盖。这是英国自然保护的显著成功案例之一,许多志愿者愿意并能够为专业鸟类学家设想的日益复杂的调查做出贡献。因此,我们制作了两个国家鸟类繁殖的图册(Sharrock,1976;Gibbons et al.,1993),一份是越冬鸟类的图册(Lack,1986),还有一份是总结鸟类数量振铃式恢复的迁徙图册(Wernham et al.,2002)。在本书写作过程中,一项计划从 2007 年持续到 2011 年,结合繁殖和越冬的图集的调研工作正在进行中。另外,还有从 1927 年开始的,持续进行的对鹭巢数量的年度计数,每隔十年对繁殖期游隼数目的统计已经进行了五次,还有从 1962 年开始的,对常见繁殖鸟类数目年度索引的编写。

第三个组织更加专业,致力于对沿海越冬和湿地鸟类,特别是鸭、雁和涉禽的定期统计。这一机构在彼得·斯科特爵士富有远见的努力下建立,最初是塞文河野生动植物信托基金,现在更名为野生鸟类和湿地信托基金,拥有 12 个以湿地鸟类为主的保护区(不仅包括最初在斯林布里奇的鸟类保护区,还包括阿伦德尔绍斯波特附近的天鹅湖、彼得伯勒附近的维尔尼以及最近在哈默史密斯桥附近的伦敦湿地中心)。鸭子、雁和天鹅是这一机构的主要关注点,但总的来说,机构仍以保护湿地为主,在每年冬季的每月至少 1 次的湿地鸟类调查(WeBS)中,与 BTO 和 RSPB 的会员和工作人员合作,以实现对所有河口、湖泊以及其他湿地的全面覆盖。

冬季湿地鸟类数量的定期统计需要一定的奉献精神,每年冬天的每个月都需要在附近的湖泊或河口对鸟类进行计数。可以说,成为一名自信的完全授权的独立鸟类环志者可能需要大约 3 年的训练,且这一工作需要的仔细程度丝毫不逊于前,因为需要对不同的种类,每隔 3 或 4 天记录 1 次巢穴,以追踪它们是否成功(或失败)。当某一特定的广场或湖泊的冬季调查结果可能为零时,需要更加仔细,因为这一结果必须得到证明,而不应是推断而来。繁殖鸟类调查组织(BBS)的调查人员,对常见的繁殖鸟类进行监测,覆盖了 2 250 个 1 000 米见方的区域,每个繁殖季节进行 2 次。每年约有 2 000 名鸟类环志者对大约 85 万只鸟进行环志,据 2003 年报告,有 1.1 万只被回收(Clarke et al.,2005)。2004 年,大约 750 个活跃的鸟巢发现者提交给 BTO 超过 3.1 万张鸟巢记录卡,记录了 170 个物种的筑巢尝试。在冬季的每月,通常是预先确定的日期,大约有 3 400 个湿地计数区域被至少同样多的 WeBS 的工作人员调查。1993 年的繁殖地图集涉及 92 346 个小时的定时访问,以及由此产生的超过 3 万条的记录,另外还有 23 万条来自非定时访问的记录(Gibbons et al.,1993)。投入这些项目的志愿者规模非常庞大,同时园林鸟类调查(园林鸟类观察,GBW)的参与者作出的努力也不应被忽视,约有 1.26 万名参与者每周报告他们花园中出现的物种,并且为贡献的机会付费。尽管有一些专门的城市鸟类学家做了最大的努力,已经绘制了伦敦市内和皇家公园的鸟类地图,但大多数鸟类学家更喜欢在乡村统计鸟类数目,城市鸟类经常被忽视。在编制表 8.6 时,最难确定的是不列颠群岛野生鸽群的数量,这些野鸽不仅被视为重要的有害物种,也是城市中游隼种群的重要猎物。相关部门给这些 GBW 贡献者的问卷调查提供了一个有趣的解决方法,即询问他们在 2000 年记录的鸟巢的种类和数量。结果表明一些郊区和城市的鸟类种群数量被严重低估了——如雨燕种群数量可能高达 39.5 万对,而不是吉本斯等人(1993)估计的 8 万对(Bland et al.,2004)。

业余爱好者进行野外撒网式的记录,并与专业人员合作,构思和设计调查问卷,收集并解释数据,而后根据这些数据撰写论文和书籍。这种合作的鸟类学研究方式令科学界羡慕不已,因为通过一个完全专业化的组织来提供这样的服务将花费巨大的资金,而且很难形成这种由庞大的业余爱好者网络提供的广泛覆盖。格林伍德和卡特(Carter)(2003)估计,业余爱好者对监测的投入大约是每年 150 万工时,而专业人员的投入大约是 1.3 万个工作日(以 8 小时每日计算,相当于 10.4 万工时,但专业鸟类研究人员不太可能将每个工作日的时间全部用于观测)。保守地说,业余爱好者的野外工作时间是专业人员的 14 倍。根据伊顿等(Eaton et al., 2006)所做的另一项估计,主要监测调查项目(鸟类繁殖、水鸟、湿地鸟类、天鹅和雁)涉及 6 020 名志愿者调查员和 74 160 个工时,除此之外,还有鸟类环志、鸟巢记录、园林鸟类调查以及专项调查。以每小时 25 英镑的价值计算,这代表了 180 万英镑的研究预算。但需要引起关注,同时也是困扰许多爱好者团体的一点是这些项目所依赖的主要力量的老龄化。许多年轻的(和一些年龄较大的)观鸟者(也许是鸟类学家)似乎更愿意去追逐稀有种类,而不愿意投入这些调查所需的常规监测工作。他们的鸟类鉴定技能是毋庸置疑的,但是他们所沉迷的事情更像是集邮。更重要的问题是,他们对珍稀物种的热情可能会导致其被骚扰,甚至是死亡(据说曾经发生过观察研究稀有鸟类的人追逐田鸡时,导致其被践踏而死,这样的悲剧不会只发生一次)。一个观察研究稀有鸟类的人可能在上一个周末还在锡利群岛上,但如果现在发达的电话和互联网通讯告诉他稀有鸟类出现在费尔岛,那么同样发达的交通工具就可以让他在下一个周末赶到那里。希望观察研究稀有鸟类的人或其中一些人,在追逐稀缺物种之外,可以将技能应用到常规调查中,成为现在老一辈人更适合的接班人。

因此,现在有很多努力投入鸟类保护以及检测其成功和失败的日常监测中。20 世纪后期,一个毋庸置疑的成功是猛禽从维多利亚时代遭受过度捕杀,以及后来 1957 年到 20 世纪 60 年代中期由有机氯农药引起的严重问题中恢复过来。现在很难想象,雀鹰在 1965 年曾经从英国东南部的大部分地区完全消失。游隼的数量在 1955 年恢复到约 550 对,在战争时期,由于对信鸽的影响而遭到捕杀,数量锐减至约 350 对,其中大部分无法繁殖。幸运的是,作为自然保护协会首席科学家的德里克·拉特克利夫（Derek Ratcliffe），在 ITE 的诺曼·穆尔（Norman Moore）等人的帮助下，首先记录了其数量的下降和繁殖失败，而后又证明了含有机氯的农药会使蛋壳变薄。最终，法律禁止使用含氯农药。当他撰写关于游隼的专著的第一版时（Ratcliffe，1980），他认为不列颠群岛最多可以容纳约 750 对游隼。而最近的一次普查记录（2002）显示，游隼数量大约是 1 700 对，这真是非常了不起的发展。

目前鸟类动物群的平衡

按照吉本斯等人（1993）绘制的鸟类分布图，结合布朗和格莱斯（Grice）（2005）的分析，有 208 种鸟类在不列颠群岛定期繁殖，另外还有 12 种于 1988—1991 年存在不定期或少数个体在此地繁殖的情况［如果将不列颠群岛的定义外延到包括英吉利海峡群岛在内的话，那么还要加上短趾旋木雀（Short-toed Treecreeper），即有 13 种］。另外还有 32 个物种会在此越冬，但并不在这里繁殖。不过至少还有 1 个物种——小白鹭，自 1996 年首次在英国繁殖以来，已经成为这里的常规繁殖者，到了 2002 年，数量已达到约 150 对。1997 年开始，这一物种也在爱尔兰繁殖。另外还有几个物种也加入至少偶尔在此地繁殖的名单中［如疣鼻栖鸭、白琵鹭、雕鸮、戴胜、黄喉蜂虎（European Bee-eater）、蓝喉鸲；Brown and Grice，表 2.9］。自吉本斯等人（1993）的估算以来，一些物种的丰度确实发生了变化，对于其他物种来说，现在可以通过更精细的普查或更好的方法来获得更准确的数量估计。我们没有采用更新的数据，而是倾向于保留采用一组全面而广泛使用的数据，这些数据涵盖了整个不列颠群岛［更新的数据，如贝克等（2006）所统计的数据包括 GB 或 UK，而不只是整个群岛］。这一数据用了三种不同的指标，即数量上的丰度、普遍性和生物量来研究英国鸟类的总体丰度以及相对丰度，这是很有启发性的。

　　1993 年的数据表明,约有 220 种、1.67 亿只鸟在春季的不列颠群岛上繁殖(或是 1988—1991 年在此地繁殖),野生鸟类提供了 22 988 吨的春季生物量(详细数据见表 8.6)。从数值上看,排名前 30 位的物种中有 26 种是雀形目,只有 4 种属于非雀形目,其中海鸟(海鸦、暴雪鹱)分别位于第 28 位和第 29 位(表 8.1)。鹪鹩的数量最多,有近 2 000 万只,其次是苍头燕雀、乌鸫和欧亚鸲,它们每种的数量都超过 1 000 万。其他 2 种非雀形目鸟类是排在第 7 位的斑尾林鸽和第 13 位的环颈雉。从生态学角度上看,这个名单也存在有趣之处。例如,这 30 个物种中,有 20 个是林地或林地边缘物种,即使不是用作觅食栖息地,至少也需要树木来筑巢。野外开放环境鸟类(草地鹨、欧亚云雀)有 2 种,树篱或灌木种类有 4 种,农田鸟类有 2 种(麻雀、家燕),海鸟也只有 2 种。这是否反映了我们现在的乡村环境(森林覆盖程度不高!)或者动物群起源的历史背景? 显然,由于林地面积只占乡村面积的 10% 左右,这更可能是代表了 8 000 年前的林地遗留(见第三章),而不是现有的生境状态。

表 8.1　不列颠群岛上数量最多的 30 种野生繁殖鸟类(丰度降序排列)

物种	个体数目	重量(千克)	生物量(千克)	采样方	普遍性
鹪鹩	19 800 000	0.010	196 020	3 748	0.971 5
苍头燕雀	15 000 000	0.020	300 000	3 564	0.923 8
乌鸫	12 400 000	0.095	1 178 000	3 654	0.947 1
欧亚鸲	12 200 000	0.019	235 460	3 610	0.935 7
家麻雀	9 400 000	0.027	253 800	3 440	0.891 7
蓝山雀	8 800 000	0.012	101 200	3 424	0.887 5
斑尾林鸽	6 420 000	0.524	3 364 080	3 469	0.899 2
欧柳莺	6 260 000	0.009	53 836	3 539	0.917 3
林岩鹨	5 620 000	0.021	119 706	3 472	0.899 9

续表

物种	个体数目	重量（千克）	生物量（千克）	采样方	普遍性
草地鹨	5 600 000	0.020	112 000	3 497	0.906 4
欧亚云雀	5 140 000	0.038	195 320	3 669	0.951 0
大山雀	4 040 000	0.019	76 760	3 340	0.865 7
环颈雉	3 100 000	1.131	4 061 000	3 123	0.809 5
紫翅椋鸟	2 920 000	0.082	239 440	3 591	0.930 8
黄鹀	2 800 000	0.027	74 200	2 814	0.729 4
欧歌鸫	2 760 000	0.060	165 600	3 581	11.928 2
秃鼻乌鸦	2 750 000	0.488	1 342 000	3 156	0.818 0
棕柳莺	1 860 000	0.008	14 880	2 949	0.764 4
喜鹊	1 820 000	0.237	431 340	2 992	0.760 0
戴菊	1 720 000	0.006	9 804	9 189	0.826 6
家燕	1 640 000	0.019	31 160	9 622	0.938 8
小嘴乌鸦	1 620 000	0.570	923 400	2 653	0.687 7
灰白喉林莺	1 560 000	0.016	25 428	2 824	0.732 0
绿金翅	1 380 000	0.028	38 364	3 150	0.816 5
赤胸朱顶雀	1 300 000	0.015	19 890	3 065	0.794 5
黑顶林莺	1 240 000	0.018	21 700	2 417	0.626 5
寒鸦	1 200 000	0.246	295 200	3 290	0.852 8
海鸦	1 200 000	1.002	1 202 400	274	0.071 0
暴雪鹱	1 142 000	0.808	922 736	716	0.185 6
芦鹀	1 100 000	0.018	20 130	3 023	0.783 6

注：参照吉本斯等（1993）绘制的表 9；必要时引用它们的范围的平均值；领土数量乘以 2，繁殖的雄性或雌性数量增加一倍，假定（可疑的）性别比例为偶数。个体重量来源较多，大部分来自希克林（1983）和 HBWP：对于二态的物种，使用两性重量的平均值。由此产生的生物量一栏不能完全匹配，尽管在普遍性一栏中匹配较好。需要注意的是，雀形目占据了此表格。

统计分布普遍性的表格(表 8.2)也同样主要被雀形目鸟类占据,其中大多数同时也是数量最多的物种。然而排名也有一些有趣的变化,一些分布非常广泛的物种在这些岛屿上却很稀疏。因此,排在第 4 位的白鹡鸰,第 15 位的绿头鸭,第 19 位的红隼,第 23 位的煤山雀的分布范围都比它们的丰度所显示的要广泛得多。从这个角度来看,最极端的例子是苍鹭,其在全国范围内并不算是数量很多的物种,但分布很广。相反,在丰度统计中排名靠前的海鸦和暴雪鹱,由于分布范围很窄,在这张表中甚至都没有出现。

表 8.2　不列颠群岛按照普遍性降序排列的 30 种野生繁殖鸟类

物种	个体数目	重量(千克)	生物量(千克)	采样方	普遍性
鹪鹩	19 800 000	0.010	196 020	3 748	0.971 5
欧亚云雀	5 140 000	0.038	195 320	3 669	0.951 0
乌鸫	12 400 000	0.095	1 178 000	3654	0.947 1
白鹡鸰	860 000	0.022	18 920	3 640	0.943 5
家燕	9 400 000	0.019	178 600	3 622	0.938 8
欧亚鸲	12 200 000	0.019	235 460	3 610	0.935 7
紫翅椋鸟	2 920 000	0.082	239 440	3 591	0.930 8
欧歌鸫	2 760 000	0.060	165 600	3 581	0.928 2
苍头燕雀	15 000 000	0.020	300 000	3 564	0.923 8
欧柳莺	6 260 000	0.009	53 836	3 539	0.917 3
草地鹨	5 600 000	0.020	112 000	3 497	0.906 4
林岩鹨	5 620 000	0.021	119 706	3 472	0.899 9
斑尾林鸽	6 420 000	0.524	3 364 080	3 469	0.899 2
家麻雀	9 400 000	0.027	253 800	3 440	0.891 7
绿头鸭	246 000	1.785	439 110	3 437	0.890 9
蓝山雀	8 800 000	0.012	101 200	3 424	0.887 5
大山雀	4 040 000	0.019	76 760	3 340	0.865 7
红隼	120 000	0.202	24 240	3 298	0.854 8

物种	个体数目	重量(千克)	生物量(千克)	采样方	普遍性
寒鸦	1 200 000	0.246	295 200	3 290	0.852 8
穗鹀	640 000	0.130	83 200	3 264	0.846 0
白腹毛脚燕	960 000	0.018	17 280	3 217	0.833 9
戴菊	1 720 000	0.006	9 804	3 189	0.826 6
煤山雀	176 000	0.009	1 602	3 170	0.821 7
秃鼻乌鸦	2 750 000	0.488	1 342 000	3 156	0.818 0
绿金翅	1 380 000	0.028	38 364	3 150	0.816 5
杜鹃	347 000	0.114	39 558	3 136	0.812 9
苍鹭	27 900	1.361	37 972	3 129	0.811 0
环颈雉	3 100 000	1.131	4 061 000	3 123	0.809 5
斑鸫	310 000	0.015	4 650	3 117	0.807 9
赤胸朱顶雀	1 300 000	0.015	19 890	3 065	0.794 5

注:参照吉本斯等(1993)的表9;必要时使用它们的数量平均估计。个体重量有多个来源,大部分来自希克林(1983)和HBWP。30 种中又有 25 种是雀形目。

与前面两个指标相比,生物量排名看起来差别很大(表 8.3)。排名靠前的物种中非雀形目超过一半(30 种中的 17 种),此外,其中许多是分布范围非常有限的大型海鸟,它们甚至没有在统计丰度或分布普遍性的表格中出现。排名第 4 位的海鸦和第 8 位的暴雪鹱出现在丰度表中,另外还有欧鲣鸟(第 6 位)、三趾鸥、银鸥、北极海鹦、普通鹭和欧鸬鹚。最重要的是,表 8.3 中排在首位的是引进的环颈雉,同样是外来物种的加拿大雁(Canada Goose)却位于第 23 位。本表中的疣鼻天鹅和野鸽的排名可能反映了它们过去和现在的半驯养状态。然而,这些都不足以与最丰富的鸟类相媲美。如果我们假设每只家鸡的个体重量为 2 千克[这一重量接近产蛋的品种,如 Warren 和黑岩鸡(Black Rock),这些品种构成了驯养种群,但对于肉鸡和烤肉用鸡来说,这是一个非常保守的估计,大约只是 6 月种群平均体重的 75%——见第五章],1.55 亿个个体的生物量至少会达到 31 万吨,这是所有野生鸟类加在一起的总量的 13 倍。但这种比例失调并不像哺乳动物那样严重,在哺乳动物中,家畜中有蹄类动物的生物量比所有野生哺乳动物(外来的和本土的)高出约 21.5 倍(Yalden,2003)。外来鸟类的贡献也并非如此不成比例。外来野生哺乳动物的生物量超过了本地物种,但严格意义上的外来鸟类只占不列颠群岛野生鸟类总生物量的 17%(大部分是上述的环颈雉)。为什么鸟类动物群和哺乳动物动物群的平衡差异如此之大?这是一个有趣的动物学难题,要归于一个相关的谜题,即体型相当的鸟类与哺乳动物相比,数量要少得多(Greenwood et al.,1996)。要说明和解决这一难题,需要进行详细的阐述。

表 8.3 不列颠群岛按照生物量降序排列的 30 种野生繁殖鸟类

物种	个体数目	重量(千克)	生物量(千克)	采样方	普遍性
环颈雉	3 100 000	1.131	4 061 000	3 123	0.809 5
斑尾林鸽	6 420 000	0.524	3 364 080	3 469	0.899 1
秃鼻乌鸦	2 750 000	0.488	1 342 000	3 156	0.818 0
海鸦	1 200 000	1.002	1 202 400	274	0.071 0
乌鸫	12 400 000	0.095	1 178 000	3 654	0.947 1
憨鲣鸟	373 000	3.010	1 122 730	24	0.006 2
小嘴乌鸦	1 620 000	0.570	923 400	2 653	0.687 7
暴雪鹱	1 142 000	0.808	922 736	716	0.185 6
冠小嘴乌鸦	900 000	0.570	513 000	1 657	0.429 4
疣鼻天鹅	45 900	10.750	493 425	2 141	0.555 0
绿头鸭	246 000	1.785	439 110	3 437	0.890 9
喜鹊	1 820 000	0.237	431 340	2 932	0.756 0
三趾鸥	1 087 200	0.387	420 746	315	0.081 6
银鸥	411 400	0.951	391 241	904	0.234 3
北极海鹦	941 000	0.395	371 695	181	0.046 9

续表

物种	个体数目	重量（千克）	生物量（千克）	采样方	普遍性
红松鸡	560 000	0.651	364 560	1 086	0.281 5
苍头燕雀	15 000 000	0.020	300 000	3 564	0.923 8
寒鸦	1 200 000	0.246	295 200	3 290	0.852 8
家麻雀	9 400 000	0.027	253 800	3 440	0.891 7
普通鵟	550 000	0.453	249 150	38	0.009 9
紫翅椋鸟	2 920 000	0.082	239 440	3 591	0.930 8
欧亚鸲	12 200 000	0.019	235 460	3 610	0.935 7
加拿大雁	60 140	3.780	227 329	1 215	0.314 9
欧鸽	540 000	0.400	216 000	2 190	0.567 7
鹪鹩	19 800 000	0.010	196 020	9 748	0.971 5
欧亚云雀	5 140 000	0.038	195 320	3 669	0.951 0
黑水鸡	630 000	0.299	188 370	2 758	0.714 9
欧鸬鹚	95 000	1.814	172 330	520	0.134 8
欧歌鸫	2 760 000	0.060	165 600	3 581	0.928 2
原鸽/野鸽	400 000	0.400	160 000	2 443	0.633 2

注：参照吉本斯等（1993）的表9；必要时使用它们丰度值的平均值。个体重量来自多个来源，大部分来自希克林（1983）和HBWP。这一次，非雀形目种类变得更加重要，反映了它们对不列颠群岛生态的重要影响。

　　体型较大的动物（包括鸟类或哺乳动物）的个体数目，自然比体型较小的更加稀少。那么会少多少呢？有理论观点认为，丰度上的差异可能在 -2/3 到 -3/4，用数学方式表示，为 Mass$^{-0.67}$ 或 Mass$^{-0.75}$。这些数值仅仅是从表面积与体积的关系（2/3）或是从体型大小与代谢率（3/4）之间的关系中推导而来。将这些数据绘制在对数坐标图上（图8.1），可以得到一条斜率为2/3或3/4的下行的直线。根据经验，陆生哺乳动物（不包括蝙蝠和驯养物种）生成的方程为 log（丰度）- log（体重）$^{-0.62}$，而留鸟为 log（丰度）- log（体重）$^{-0.79}$。然而，在相同体重下，哺乳动物的平均丰度比留鸟多

45 倍(Greenwood et al.,1996)。这一深奥的理论最好用一些例子来说明。像苍头燕雀这样丰度较高的野生鸟类,大约有 1 500 万个个体,但这一数量远远少于与之体型相似的普通田鼠,后者为 7 500 万只。而从这一方程的另一端来看,即使是数目非常丰富,大约有 310 万的环颈雉,也无法与体型稍大的兔子相比,后者数量估计为 3 750 万只。没有一种野生哺乳动物仅以几百只的规模存在(但在鸟类中,这种情况很多,如金雕的数量稳定在 430 对上下,更不用说鹤只有 1—3 对)。考虑到大约有 200 种繁殖鸟类,但只有约 60 种陆生哺乳动物(包括蝙蝠,但不包括海豹或鲸鱼),一种可能的解释是,与哺乳动物相比,每种鸟类都占据较小的"生态位"。这一观点暗示,在一个自然景观中,鸟类作为一个群体应该和哺乳动物作出同样的贡献,但这显然不是事实,而且也没有任何明显的理由认为应该如此。

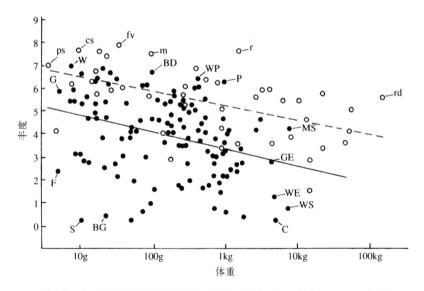

图 8.1　大不列颠所有陆地鸟类(实心圆点)和陆地哺乳动物(空心圆圈)个体体重与丰度的对数图。斜率相同,但哺乳动物丰度的平均数量是鸟类的 45 倍。异常值被标出:乌鸫(BD)、燕雀(BG)、鹤(C)、火冠戴菊(F)、戴菊(G)、金雕(GE)、疣鼻天鹅(MS)、环颈雉(P)、欧洲丝雀(S)、鸲鹩(W)、白尾海雕(WE)、斑尾林鸽(WP)、大天鹅(WS)。另有鼩鼱(cs)、黑田鼠(fv)、鼹鼠(m)、姬鼩鼱(ps)、兔(r)和赤鹿(rd)

　　飞行是鸟类的明显特征,同样具有这种能力的蝙蝠的数量规模似乎与鸟类相似,因此,这很容易让人认为,这种充满活力的运动方式可能需要非常多的能量,以至于这两者的数量比陆生哺乳动物要少得多。然而,鼩鼱(shrew)的代谢率也非常高,这意味着在一年中,它们比冬季冬眠且夏天行动迟缓的蝙蝠消耗的能量更多。两种生态上相当的食虫鸟类欧亚鸲和白腹毛脚燕可能代表了两种极端类型——一种是非迁徙鸟类,经常短距离飞行,并在寒冷的冬季停留在原地(能量消耗较多),一种是迁徙鸟类,生命中大部分时间在飞行中度过(需要消耗很多能量),但可以避开寒冷的天气,这两者消耗的能量与鼩鼱相当(表8.4)。

表8.4　四种食虫脊椎动物理想化的年能量消耗

欧亚鸲		
夏季白天,跳跃	667.1 J/hr x 182 d x 14 hr	1 699.8 kJ
夏季夜晚,休息	1 293.6 J/hr x 182 d x 8 hr	1 883.5 kJ
夏季,跳跃	1 980.0 J/hr x 182 d x 1 hr	360.3 kJ
冬季白天,休息	1 519.7. J/hr x 183 d x 6hr	1 668.6 kJ
冬季夜晚,休息	1 180.4 J/hr x 183 d x 16 hr	3 456.2 kJ
冬季,跳跃	2 499.5 J/hr x 183 d x 1 hr	457.4 kJ
飞行	25 600 J/hr x 365 d x 1 hr	9 344.0 kJ
年总量		**18 869.8 kJ**
白腹毛脚燕		
育幼	3 233.2 J/hr x 85 d x 24 hr	274.8 kJ
降落	1 596.1 J/hr x 280 d x 6 hr	2 681.4 kJ
飞行	7 449.5 J/hr x 280 d x 6 hr	12 515.1 kJ
栖息	806.2 J/hr x 280 d x 12 hr	2 708.8 kJ
年总量		**18 180.1 kJ**

鹀鹀		
活动,夏季,幼年	2 133.8 J/hr x 120 d x 13 hr	3 328.7 kJ
休息,夏季,幼年	1 268.6 J/hr x 120 d x 11 hr	1 674.6 kJ
活动,冬季,幼年	2 169.5 J/hr x 120 d x 13 hr	3 384.4 kJ
休息,冬季,幼年	1 210.8 J/hr x 120 d x 11 hr	1 598.3 kJ
活动,春季,成年	3 176.6 J/hr x 125 d x 13 hr	5 162.0 kJ
休息,春季,成年	1 829.1 J/hr x 125 d x 11 hr	2 515.0 kJ
年总量		**17 663.0 kJ**
伏翼		
冬季懒散	21.6 J/hr x 183 d x 23.6 hr	93.3 kJ
冬季醒来	5 400 J/hr x 183 d x 0.3 hr	296.5 kJ
活跃,起飞前	1 980.0 J/hr x 182 d x 1 hr	360.4 kJ
活跃,起飞后	1 288.8 J/hr x 182 d x 1 hr	235.9 kJ
飞行	4 032 J/hr x 182 d x 4 hr	2 953.3 kJ
夏季,懒散/休息	216 J/hr x 182 d x 18 hr	707.6 kJ
年总量		**4 629.0 kJ**

参考:
欧亚鸲:Tatner and Bryant,1986。
白腹毛脚燕:Bryant and Westerterp,1980。
鹀鹀:Genoud,1985。
(温度分别在 15、5、10 摄氏度,体重分别是 8、7、11 克)
伏翼:Speakman and Racey,1991;Jone Speakman,个人评论。

注:之所以选择这些物种,是因为已经有了详细的研究——包括日常活动和能量使用,对后者的研究大多基于双标水。比较有些失真,因为 5 克重的伏翼属太轻了,它们的飞行消耗比更大的鸟类(20 克左右)要少得多,一个 20 克的蝙蝠每年的飞行消耗约为 6 700 千焦(Speakman and Thomas,2003)。对于欧亚鸲来说,它的飞行消耗是家燕的 3 倍,因为它们飞行时间更短,包括多次起飞和降落。

鸟类这一群体,主要以一些分散的资源为食,如种子和浆果,昆虫和蠕虫,或其他鸟类、哺乳动物和鱼类等。食草种类很少——消化牧草需要较长的消化道,还需要利用细菌和原生动物来帮助消化大型植物叶子,而这些很难与适于飞行的身体结构相适应。

英国鸟类动物群中最明显的食草物种是雁和松鸡。相比之下,许多哺乳动物,如啮齿类、兔形目和有蹄类都是食草动物,它们有着相对较长的消化道,而其他种类和大多数鸟类一样,是以谷物、昆虫以及肉类为食。鸟类具有的飞行能力可能使它们比陆地哺乳动物能更有效地利用这些分散的资源。与之相对的,陆生哺乳动物可能更擅于利用大量大块的食物。这一假设很难验证,但也存在一些明显的矛盾。举例来说,如果说像雀科鸣禽这样的鸟类能够很好地利用以种子植物为代表的分散性资源(在空间和时间上),那么有着相似食物来源的木鼠的数量(英国范围内估计有 3.85 亿只)为什么可以远远超出苍头燕雀(1.08 亿只)或绿金翅(106万)? 一个可能具有启发性的案例是萨默斯(Summers)对红松鼠和交嘴雀摄食生态的比较,这两种动物都以加里东松林中的欧洲赤松球果中的种子为食。红松鼠喜欢食用松树林连续分布区域内的树木结出的较大球果的种子,而交嘴雀可以利用远离森林腹地的零星树木。它们取食的球果数量更多,但体积更小,也更适合于它们较小的喙。全国范围内,一般认为体型更大的红松鼠有 16 万只(Harris et al. ,1995),这一数量远远超过苏格兰交嘴雀的 1 500 只,尽管可能与外来物种入侵后的交嘴雀的总数相当(Knox and Gibbons et al. ,1993)。可能有人认为,肉食性的哺乳动物和鸟类同样摄取分散和难以捕捉的猎物,那么应该适用于同样的回归方程。在此基础上,一只体重 200 克的肉食性鸟类,如红隼,至少应该与体型相似的白鼬一样多,但事实上,它们的数量分别约为 10 万只和 46 万只。同样,鼩鼱的数量约为 4 170 万只,远远超过同样是食虫的且重量均为 8—10 克的鹪鹩,后者数量仅约为 1 980 万只。

与外来哺乳动物相比,外来鸟类的贡献较小,这应当是对鸟类动物群的较大体量(可供入侵的空余生态位较少)和哺乳动物群种群平衡较差的反映。不仅是因为英吉利海峡与北海的相连限制了入侵英国的哺乳动物物种的数量,而且自那时以来,哺乳动物遭受的灭绝也相当严重,猞猁、狼、棕熊、根田鼠、海狸、麋鹿、野猪的消失在哺乳动物群中造成的生态位空缺远远超过了环颈鸽、黑浮鸥(Black Tern)、榛鸡、侏鸬鹚、大海雀、白琵鹭、雕鸮、白鹳、大鸨以及卷羽鹈鹕的消失在鸟类动物群中造成的影响(Greenwood et al., 1996;Yalden,1999)。虽然没有一种外来哺乳动物明显地填补了以上灭绝物种所留下的生态位,但大型掠食者的缺乏确实使一些大型的食草动物(兔、野兔、黇鹿、梅花鹿、麂)的生存变得更加容易。外来鸟类(表8.5)的生态位值得引起注意,其中两种数量众多的猎禽很好地适应了过去几千年演变而来的农田环境,而另外两种观赏性猎禽和三种观赏性水禽很好地适应了英国南部的公园和新的森林景观。此外,在本土灰雁数量大大减少时,加拿大雁幸运地生存下来。作为异族成员的棕硬尾鸭(Ruddy Duck),已经找到了一个与其他英国潜鸭显著不同的空白生态位。与最常见的潜在竞争对手凤头潜鸭相比,它的饮食习惯可能更偏向于吃水下的植物,而不是动物。也许更令人惊讶的是纵纹腹小鸮的成功,它作为一个在洞穴中筑巢,有时以昆虫为食的昼行性捕食者,似乎可能与本地物种红隼会有直接的竞争。然而,后者通常在飞行中捕猎小型哺乳动物的行为方式可能会给在小灌木中栖木狩猎的竞争对手留下足够的生态空间。此外,红隼在高地和低地繁荣兴旺,而纵纹腹小鸮是一种低地鸟类,这可能反映了这一物种的地中海起源。环颈鹦鹉(Ring-necked Parakeet)同样出人意料的成功可能反映了生存于郊区的大型穴居鸟类与日益增多的喂鸟器之间的差距。1986年左右的严冬似乎大大削减了大曼彻斯特的种群数量,英格兰南部严峻的冬季是否会限制其在那里的种群扩张还有待观察,但其种群数量迅速增加的冬季是异常温和的。

表 8.5　英国引进（外来）鸟类的相关情况

物种	个体数目	重量（千克）	生物量（千克）	采样方	普遍性
环颈雉	3 100 000	1.131	4 061 000	3 123	0.809 9
红腿石鸡	180 000	0.484	87 120	1 226	0.317 8
加拿大雁	60 140	3.780	227 329	1 215	0.314 9
纵纹腹小鸮	18 000	0.168	3 024	1 228	0.318 3
鸳鸯	7 000	0.570	3 990	219	0.056 8
环颈鹦鹉	6 000	0.122	732	63	0.016 3
红腹锦鸡	1 500	0.700	1 050	47	0.012 2
棕硬尾鸭	1 180	0.560	6 618	300	0.077 8
埃及雁	775	1.863	1 444	87	0.022 6
白腹锦鸡	150	0.800	120	9	0.002 3
赤嘴潜鸭	100	1.157	116	13	0.003 4
总计	3 374 845		4 395 543		

注：参照吉本斯等（1993）的表 9；必要时使用它们丰度值的平均值。个体重量来自多个来源，大部分来自希克林（1983）和 HBWP。恢复或回归的本地物种（白尾海雕、苍鹰、松鸡、灰雁等）不在其中。

应该注意到的是，外来物种还有其他的贡献。目前在这个国家被猎杀的大部分环颈雉和红腿石鸡都是被圈养的，在狩猎季节之前的秋天放归到野外，而非野外繁殖。其数量已经达到了有争议的程度。在最近的秋季，多达 2 000 万只环颈雉被放归，当地密度高达每平方千米 350 只，其中约有 45% 在第一个冬季就被射杀（Tapper，1992）。在 20 世纪 80 年代，大约有 80 万只石鸡属的杂交鸟类（主要是由红腿石鸡和欧石鸡杂交而来）被放归。整体上来看，这为乡村鸟类的秋季生物量贡献了 2 238.4 万公斤，比表 8.5 中估计的外来鸟类的繁殖生物量多 5 倍。这一数字也接近于不列颠群岛繁殖鸟类的春季总生物量（表 8.6），尽管到春季的时候，它们中的大多数已经死亡并被吃掉多时。笼养鸟类的生物量是不确定的，而且其中的大多数并不会像野生鸟类一样出现。至少从

1840 年开始,虎皮鹦鹉(Budgerigar)就已经被引进,而金丝雀则还
要早得多。这两者和其他笼鸟的普及度很难量化,但在野外观察
到的稀有物种实际上来自笼养的可能性也仍然困扰着那些负责编
制"英国鸟类名录"的人。在考古环境中也可能会出现同样的问
题。中世纪后期的诺威奇遗址中发现的鹦鹉,体型与非洲灰鹦鹉
相近,被断定是某种宠物(Albarella et al.,1997),那么阿宾登发现
侏鹦鹉也会是宠物吗?

表 8.6 不列颠群岛繁殖鸟类的完整列表

物种	个体数目	重量(千克)	生物量(千克)	采样方	普遍性
环颈雉	3 100 000	1.131	3 506 100	3 123	0.809 5
斑尾林鸽	6 420 000	0.524	3 364 080	3 469	0.899 2
秃鼻乌鸦	2 750 000	0.488	1 342 000	3 156	0.818 0
海鸦	1 200 000	1.002	1 202 400	274	0.071 0
乌鸫	12 400 000	0.095	1 178 000	3 654	0.947 1
憨鲣鸟	373 000	3.010	1 122 730	24	0.006 2
小嘴乌鸦	1 620 000	0.570	923 400	2 653	0.687 7
暴雪鹱	1 142 000	0.808	922.736	716	0.185 6
冠小嘴乌鸦	900 000	0.570	513 000	1 657	0.429 5
疣鼻天鹅	45 900	10.750	493 425	2 141	0.555 0
绿头鸭	246 000	1.785	439 110	3 437	0.890 9
喜鹊	1 820 000	0.237	431 340	2 932	0.760 0
三趾鸥	1 087 200	0.387	420 746	315	0.081 6
银鸥	411 400	0.951	391.241	904	0.234 3
北极海鹦	941 000	0.395	371.695	181	0.046 9
红松鸡	560 000	0.651	364 560	1 086	0.281 5
苍头燕雀	15 000 000	0.020	300 000	3 564	0.923 8
寒鸦	1 200 000	0.246	295 200	3 290	0.852 8
家麻雀	9 400 000	0.027	253 800	3 440	0.891 7

物种	个体数目	重量	生物量	采样方	普遍性
普通鵟	550 000	0.453	249 150	38	0.009 9
紫翅椋鸟	2 920 000	0.082	239 440	3 591	0.930 8
欧亚鸲	12 200 000	0.019	235 460	3 610	0.935 7
加拿大雁	60 140	3.780	227. 329	1 215	0.314 9
欧鸽	540 000	0.400	216 000	2190	0.567 7
鷦鷯	19 800 000	0.010	196 020	3 748	0.971 5
欧亚云雀	5 140 000	0.038	195 320	3 669	0.951 0
黑水鸡	630 000	0.299	188. 370	2 758	0.714 9
欧鸬鹚	95 000	1.814	172. 330	520	0.134 8
欧歌鸫	2 760 000	0.060	165 600	3 581	0.928 2
原鸽/野鸽	400 000	0.400	160 000	2 443	0.633 2
欧绒鸭	64 600	2.229	143 993	533	0.138 2
小黑背鸥	177 400	0.765	135 711	525	0.136 1
林岩鹨	5 620 000	0.021	119 706	3 472	0.899 9
刀嘴海雀	182 000	0.620	112 840	301	0.078 0
草地鹨	5 600 000	0.020	112 000	3 497	0.906 4
红嘴鸥	402 400	0.276	111 062	816	0.211 5
灰山鹑	291 000	0.374	108 834	1 665	0.431 6
凤头麦鸡	466 000	0.228	106 248	2 833	0.734 3
蓝山雀	8 800 000	0.012	101 200	3 424	0.887 5
灰斑鸠	460 000	0.196	90 160	2 783	0.721 4
大黑背鸥	47 000	1.854	87 138	636	0.164 9
红腿石鸡	180 000	0.484	87 120	1 226	0.317 8
槲鸫	640 000	0.130	83 200	3 264	0.846 0
灰雁	22 700	3.465	78 656	741	0.192 1
大山雀	4 040 000	0.019	76 760	3 340	0.865 7
黄鹀	2 800 000	0.027	74 200	2 814	0.729 4

物种	个体数目	重量	生物量	采样方	普遍性
弯嘴滨鹬	95 000	0.725	68 875	2 564	0.664 6
海鸥	143 200	0.411	58 855	664	0.172 1
翘鼻麻鸭	48 850	1.152	56 275	1 142	0.296 0
松鸦	340 000	0.161	54 740	1 986	0.514 8
普通鸬鹚	23 400	2.319	54 265	272	0.070 5
欧柳莺	6 260 000	0.009	53 836	3 539	0.917 3
蛎鹬	83 000	0.519	43 077	1 979	0.513 0
杜鹃	347 000	0.114	39 558	3 136	0.812 9
绿金翅	1 380 000	0.028	38 364	3 150	0.816 5
苍鹭	27 900	1.361	37 972	3 129	0.811 0
白骨顶	54 600	0.668	36 473	1 963	0.508 8
家燕	1 640 000	0.019	31 160	3 622	0.938 8
黑琴鸡	25 000	1.202	30 050	432	0.112 0
普通鵟	33 000	0.875	28 875	1 637	0.424 3
灰白喉林莺	1 560 000	0.016	25 428	2 824	0.732 0
渡鸦	21 000	1.200	25 200	1 823	0.472 5
红隼	120 000	0.202	24 240	3 298	0.854 8
大贼鸥	15 800	1.415	22 357	97	0.025 1
灰林鸮	40 000	0.545	21 800	2 054	0.532 4
欧斑鸠	150 000	0.145	21 750	969	0.251 2
黑顶林莺	1 240 000	0.018	21000	2 417	0.626 5
芦鹀	1 100 000	0.018	20 130	3 029	0.783 6
赤胸朱顶雀	1 300 000	0.015	19 890	3 065	0.794 5
白鹡鸰	860 000	0.022	18 920	3 640	0.943 5
黍鹀	380 000	0.046	17 480	932	0.241 6
白腹毛脚燕	960 000	0.018	17 280	3 217	0.833 9
雀鹰	86 000	0.199	17 114	2 845	0.737 4

物种	个体数目	重量	生物量	采样方	普遍性
黑海鸽	40 000	0.413	16 520	473	0.122 6
棕柳莺	1 860 000	0.008	14 880	2 949	0.764 4
丘鹬	46 250	0.316	14 615	1 383	0.358 5
凤头潜鸭	18 750	0.698	13 088	1 739	0.450 8
红腹灰雀	580 000	0.022	12 644	3 010	0.780 2
凤头鹏鹛	12 150	1.036	12 587	1 117	0.289 5
红脚鹬	73 600	0.159	11 702	1 686	0.437 0
雷鸟	20 000	0.535	10 700	173	0.044 8
金鸻	46 000	0.229	10 534	814	0.211 0
黄雀	720 000	0.015	10 440	1 442	0.973 8
戴菊	1 720 000	0.006	9 804	3 189	0.826 6
扇尾沙锥	80 000	0.119	9 520	2 447	0.634 3
白嘴端燕鸥	36 800	0.242	8 906	81	0.021 0
北极燕鸥	93 000	0.094	8 042	375	0.097 2
红额金翅雀	550 000	0.016	8 580	2 972	0.770 3
普通秋沙鸭	5 400	1.500	8 100	676	0.175 2
水蒲苇莺	720 000	0.011	8 064	2 571	0.666 4
暴风海燕	320 000	0.025	8 064	68	0.017 6
普通楼燕	200 000	0.039	7 800	2 971	0.770 1
园林莺	400 480	0.018	7 169	1 939	0.501 0
灰沙燕	527 000	0.014	7 115	2 160	0.559 9
欧亚红尾鸲	420 000	0.015	6 090	1 338	0.346 8
红胸秋沙鸭	5 700	1.063	6 059	841	0.218 0
松鸡	2 000	2.900	5 800	66	0.017 1
普通鸫	260 000	0.022	5 720	1 270	0.329 2
欧洲绿啄木鸟	30 000	0.189	5 670	1 555	0.403 1
白腰朱顶雀	460 000	0.012	5 290	2 292	0.594 1

物种	个体数目	重量	生物量	采样方	普遍性
树麻雀	238 000	0.022	5 236	1 476	0.382 6
白腰叉尾海燕	110 000	0.045	4 895	11	0.002 9
小鹏鹕	24 000	0.201	4 824	1 613	0.418 1
红喉潜鸟	2 700	1.780	4 806	389	0.100 8
斑鸫	310 000	0.015	4 650	3 117	0.807 9
大斑啄木鸟	55 000	0.082	4 488	1 962	0.508 6
旋木雀	490 000	0.009	4 410	2 687	0.696 5
银喉长尾山雀	500 000	0.008	4 100	2 660	0.689 5
鸳鸯	7 000	0.570	3 990	219	0.056 8
燕鸥	32 000	0.116	3 712	535	0.138 7
金雕	840	4.383	3 682	408	0.105 8
麦鹟	134 000	0.026	3 484	2 175	0.563 8
林鹨	140 000	0022	3 080	1 529	0.396 3
纵纹腹小鸮	18 000	0.168	3 024	1 228	0.318 3
北极贼鸥	6 700	0.443	2 968	113	0.029 3
仓鸮	10 300	0.270	2 781	1 304	0.338 0
长耳鸮	9 400	0.280	2 632	676	0.175 2
游隼	2 930	0.898	2 630	1 338	0.346 8
河乌	34 750	0.065	2 259	1 738	0.450 5
石鹨	93 000	0.024	2 232	927	0.240 3
灰鹡鸰	112 000	0.019	2 128	2 796	0.724 7
黄嘴朱顶雀	137 000	0.015	2 110	711	0.184 3
矶鹬	36 600	0.057	2 075	1 737	0.450 2
白喉林莺	160 000	0.012	1 872	1 279	0.331 5
环颈鸻	17 040	0.109	1 857	573	0.148 5
琵嘴鸭	2 700	0.678	1 831	500	0.129 6
黄鹡鸰	100 000	0.017	1 700	1 050	0.272 2

续表

物种	个体数目	重量	生物量	采样方	普遍性
苇莺	120 090	0.014	1 681	812	0.210 5
煤山雀	176 000	0.009	1 602	3 170	0.821 7
埃及雁	775	1.863	1 444	87	0.022 6
短耳鸮	4 500	0.305	1 373	690	0.178 8
赤膀鸭	1 600	0.800	1 280	382	0.099 0
沼泽山雀	120 000	0.011	1 272	1 133	0.293 7
白颊黑雁	650	1.786	1 161	45	0.011 7
红腹锦鸡	1 500	0.700	1 050	47	0.012 2
斑姬鹟	75 000	0.014	1 013	735	0.190 5
黑腹滨鹬	18 650	0.047	884	638	0.165 4
黑喉石鹛	56 250	0016	872	1 611	0.417 6
绿翅鸭	2 590	0.323	837	1 335	0.346 0
黑喉潜鸟	300	2 740	822	201	0.052 1
野鹟	45 750	0.016	750	1 528	0.396 1
红嘴山鸦	2 290	0.324	742	256	0.066 4
环颈鹦鹉	6 000	0.122	732	63	0.016 3
红头潜鸭	860	0.828	712	500	0.129 6
白尾鹞	1 620	0.427	692	621	0.161 0
棕硬尾鸭	1 180	0.560	661	300	0.077 8
赤颈凫	800	0.700	560	385	0.099 8
鹌鹑	5 380	0.099	533	838	0.217 2
青脚鹬	2 700	0.192	518	244	0.063 2
锡嘴雀	9 500	0.054	513	315	0.081 6
褐头山雀	50 000	0.010	510	1 100	0.285 1
翠鸟	12 200	0.039	476	1 531	0.396 8
欧夜鹰	6 060	0.078	473	285	0.073 9
普通秧鸡	3 900	0.120	466	597	0.154 7

续表

物种	个体数目	重量	生物量	采样方	普遍性
黑斑蝗莺	32 000	0.013	426	1 598	0.414 2
长脚秧鸡	2 980	0.141	420	407	0.105 5
中杓鹬	930	0.449	418	83	0.021 5
苍鹰	400	1.004	402	237	0.061 4
黑海番鸭	340	1.079	367	67	0.017 4
林柳莺	34 460	0.010	341	1 298	0.336 4
白额燕鸥	5 640	0.057	321	146	0.037 8
燕隼	1 400	0.211	295	628	0.162 8
剑鸻	4 180	0.071	295	1 274	0.330 2
反嘴鹬	900	0.295	266	28	0.007 3
灰背隼	1 440	0.181	261	851	0.220 6
新疆歌鸲	11 000	0.022	243	457	0.118 5
鹗	144	1.528	220	170	0.044 1
小嘴鸻	1 790	0.106	190	99	0.025 7
红鸢	184	1.016	187	85	0.022 0
小斑啄木鸟	9 000	0.020	178	792	0.205 3
鹊鸭	190	0.895	170	186	0.048 2
石鸻	310	0.459	142	54	0.014 0
白腹锦鸡	150	0.800	120	9	0.002 3
赤嘴潜鸭	100	1.157	116	13	0.003 4
交嘴雀	2 500	0.046	115	919	0.238 2
红燕鸥	980	0.110	108	30	0.007 8
白尾海雕	22	4.792	105	9	0.002 3
白头鹞	190	0.403	77	121	0.031 4
大天鹅	8	9.350	75	51	0.013 2
金眶鸻	1 895	0.039	74	422	0.109 4
白眉鸭	160	0.359	57	146	0.037 8

物种	个体数目	重量	生物量	采样方	普遍性
针尾鸭	72	0.790	57	94	0.024 4
角鸊鷉	120	0.375	45	24	0.006 2
麻鸦	32	1.231	39	13	0.003 4
蜂鹰	60	0.626	38	27	0.007 0
斑尾塍鹬	72	0.305	22	68	0.017 6
波纹林莺	1 900	0.011	21	50	0.013 0
木百灵	700	0.029	20	73	0.018 9
凤头山雀	1 800	0.011	20	51	0.013 2
黑颈鸊鷉	54	0.281	15	35	0.009 1
宽尾树莺	900	0.014	13	89	0.023 1
文须雀	800	0.016	13	63	0.016 3
黄道眉鹀	458	0.024	11	32	0.008 3
鹤	2	5.440	11	2	0.000 5
白眉歌鸫	120	0.065	8	140	0.036 3
斑背潜鸭	6	1.146	7	21	0.005 4
雪鹀	170	0.034	6	42	0.010 9
田鹨	50	0.112	6	104	0.027 0
金黄鹂	80	0.069	5	45	0.011 7
赤颈鸊鷉	6	0.819	5	9	0.002 3
雪鸮	2	1.762	4	4	0.001 0
赭红尾鸲	200	0.017	9	103	0.026 7
斑胸田鸡	30	0.078	2	27	0.007 0
火冠戴菊	330	0.006	2	99	0.025 7
流苏鹬	10	0.156	2	42	0.010 9
红颈瓣蹼鹬	42	0.035	1	10	0.002 6
林鹨	12	0.062	1	8	0.002 1
鸲蝗莺	30	0.016	0	29	0.007 5

续表

物种	个体数目	重量	生物量	采样方	普遍性
蚁䴕	10	0.032	0	6	0.001 6
湿地苇莺	24	0.012	0	15	0.003 9
紫滨鹬	4	0.065	0	3	0.000 8
青脚滨鹬	6	0.026	0	3	0.000 8
鹦交嘴雀	2	0.052	0	2	0.000 5
燕雀	4	0.024	0	13	0.003 4
红背伯劳	2	0.030	0	15	0.003 9
欧洲丝雀	4	0.012	0	10	0.002 6
红色玫瑰雀	2	0.023	0	5	0.001 3
共计	166 718 680		22 987 788		

注:此表参照吉本斯等(1993)的表 9,以生物量贡献排序,必要时使用它们数量估值的平均值。个体重量来自多个数据源,大部分来自希克林(1983)和 HBWP。普遍性是每个物种所占被记录的共计 3 858 个采样方(10 * 10 平方千米)的比例。

未来的鸟类动物群

现在的流行观点认为,全球变暖是不可避免的,这一现象正在并且已经影响到我们的野生动植物。一些迁徙物种提前回归,许多物种的筑巢行为提前,在 4 天(紫翅椋鸟)到 17 天(喜鹊)之间(Mead,2000),天数不等。现在的问题是评估这会给我们的鸟类动物群带来什么样的变化? RSPB 的一条新闻(2005 年)发布了 10 个可能的新的外来物种。它们大多是南方物种,或者曾经作为候鸟或流浪飞鸟偶尔在不列颠群岛出现,甚至可能偶有繁殖,或者曾经是常规繁殖者,但现在已经消失了。1955 年,黄喉蜂虎曾在萨塞克斯筑巢;2002 年,在达勒姆引人注目地大规模出现;2005 年,还有一对试图在赫里福德郡繁殖。这说明如果夏天气候确实变暖,那么黄喉蜂虎很可能会成为一个常规物种,但这一物种成功与否可能取决于蜜蜂数量是否能持续丰富。不过,这一点目前似乎还不能确定。按照布朗和格莱斯（2005）的名单显示，同样色彩缤纷的南方物种戴胜偶尔也在英格兰出现，有 42 次。大多数年份都有超过 100 只的记录，通常是在春季，这显然超出了它们迁徙时通常的繁殖地，因此殖民化的可能性很明显。另一方面，1975 年和 1976 年异常温暖的夏季之后，1977 年筑巢的 4 对就再没有交配过，而布朗和格莱斯认为，与过去的 200 年中的任何时间相比，它们看起来并不可能在这里建立种群。黑翅长脚鹬（Black-winged Stilt）曾经成功繁殖了 2 次，分别是在 1945 年的诺丁汉郡和 1987 年的诺福克，但另外至少还有 3 次未能成功筑巢（1983 年的剑桥郡，1993 年的柴郡以及 2006 年的兰开夏）。考虑到其栖息地和分布与近亲反嘴鹬十分相似，而后者已经成功回归，那么这一物种更加成功的种群建立当然是可能的。食虫鸟类蚁䴕和红背伯劳，由于夏季气候变差和昆虫数量减少而消失，因此它们很可能随着温暖的夏季和农业发展使食物供应再现而回归。蚁䴕主要以蚂蚁为食，特别是黑蚂蚁，另外还有其他各种昆虫，因此会在古树的裂缝或树洞中筑巢，尤其是在果园（HBWP）。古老果园和草原的消失，以及与之相伴随的大量蚁丘的消失，可能已经无法挽回了。相比之下，红背伯劳需要大量的大型昆虫，如大黄蜂、蜻蜓和蜣螂，它们通常在飞行过程中觅食，有时也从地面上摄取。大黄蜂的数量要少得多，许多稀有物种已经从英格兰中部完全消失（Williams，1982）；作为蜻蜓栖息地的大多数农田池塘已经消失了；尽管我们对蜣螂种群的认知并不足以了解其数量下降的严重程度，但用于牲畜的伊维菌素杀虫剂的使用已经使蜣螂的数量大大减少。农田发生的变化可能会恢复其食物供应，而仅凭气候变化不太可能解决问题。湿地环境改善和气候变暖相结合，已经见证了小白鹭在英国南部的重现。牛背鹭和大白鹭是另外两种生态相关的物种，它们在西欧的分布范围已经扩大，并且更频繁地以流浪飞鸟的姿态出现。草鹭、夜鹭和小苇鳽虽然没有出现在 RSPB 的 10 个物种的名单上，但它们已经在荷兰筑巢,这些可能是早期人工湿地的殖民者,特别是荷兰的湿地保护似乎已经为我们带来了很多的殖民种。然而,目前小苇鳽在欧洲似乎是一个正在衰退的物种。振铃式复苏的证据表明,不列颠南部内陆的鸬鹚种群数量迅速增加,而白琵鹭越来越普遍。它们是另一个回归物种,1997 年、1998 年和 1999 年在东安格利亚的筑巢尝试都失败了,最终 1999 年在柴郡取得成功(Brown and Grice,2005)。RSPB 名单中列出的两种鸣禽是在英格兰南部偶有筑巢的金丝雀和也被称为 Zitting Cisticola 的棕扇尾莺(Fan-tailed Warbler)。后者是一种小型鸣禽,叫声尖利持续,音似"zit-zit-zit",这是在非洲成员繁多的扇尾莺属在欧洲的唯一代表。在 19 世纪,这一物种的分布范围局限在地中海地区,但在 20 世纪 20 年代经法国向北扩展,不过因为 1939—1940 年的严冬,又缩小到地中海地区。1945 年以后,其分布范围再度扩展,至少到达海峡沿岸,直到 1985—1986 年的又一个严冬,再次缩减至中心地带(HBWP)。现在其分布又在扩展,如果温和的冬天持续,它们很可能会穿过英吉利海峡,直到英格兰南部的丛状草原。

另外一部分外来物种,虽未被纳入 RSPB 名单,但可能会造成令人担忧的国际生物多样性减少问题。无论何时,似乎只要它们有可能像繁殖鸟类一样定居下来,就会被广泛接受,但其实不应该这样。这里应该是一个古北区西部鸟类动物群样貌,而外来物种污染会减少世界范围内的生物多样性。毕竟,海外旅行的一大乐趣就在于看到当地特有的动物群。没有一个英国的鸟类学家前往美国或新西兰是为了看到家麻雀或欧椋鸟的,相应的,美国鸟类学家到英国也不是为了看加拿大雁或棕硬尾鸭。更糟糕的情况是,这些外来物种很可能会取代我们的本地物种(灰雁就是本地物种),或者开始迁徙,并与濒临灭绝的古北区物种[例如棕硬尾鸭和白头硬尾鸭(White-headed Duck)]杂交。最糟糕的情况是,我们最终在全球范围内得到了一个与人类共存的"贫民窟鸟类动物群",

其中包括加拿大雁、绿头鸭、环颈雉、家麻雀、紫翅椋鸟、乌鸫和苍头燕雀。这与"贫民窟哺乳动物群"是相匹配的,后者包括兔子、褐鼠(或黑鼠)、家鼠、流浪猫、猪、小鹿、山羊和绵羊。另外最有可能加入的似乎是水禽,其中许多都圈养在野禽采集处,或从那里逃离[斑头雁(Bar-headed Goose)、疣鼻栖鸭、雪雁(Snow Goose?)],但其他猎禽[珍珠鸡、黑鹧鸪(Black Francolin)、蓝孔雀(?)]和鹦鹉也不能被忽视。1972—1977 年,锡利群岛上发现有一群野生的虎皮鹦鹉。另外,动物群中增加鸳鸯甚至环颈鹦鹉被视为一件良性事件,因为是以很少的代价增加了一种有吸引力的鸟类。也许是这样吧。正如基尔(2003)所指出的,英国林地巢洞普遍缺乏,仓鸮、灰林鸮、寒鸦、欧鸽和其他鸟类被驱逐可能并不是一件小事。我们已经设法消灭了不列颠群岛上的麝鼠和河狸鼠,如果美国水貂也追随它们而消失,大多数鸟类学家会为此而欢呼雀跃。那么,为什么他们如此强烈反对清除棕硬尾鸭的努力呢?

相反的问题是,哪些消失的鸟类可能会被帮助回归。早在1837—1838 年,松鸡已经回归,而 19 世纪 80 年代失去繁殖鸟类地位的苍鹰,在 20 世纪 60—70 年代,通过非官方的放飞计划回归,其中大部分是原本会被杀害的挪威个体。白尾海雕是官方重新引入计划中的一项,几次错误尝试之后,在 1975 年由 NCC(现在由RSPB 和 SNH 继续运营)开始了这一计划(Love,1983)。迁徙物种有更好的机会自然回归,就像鹗和反嘴鹬那样,而蚁䴕和红背伯劳可能仍在这一过程中。哪些考古记录中的物种有可能回归呢?最有可能的应该是雕鸮,像苍鹰一样,它们已经有个体从圈养种群中"跑"了出来,并在约克郡有规律的繁殖,尽管只有一对。奇怪的是,布朗和格莱斯(2005)编纂的令人印象深刻的《英国鸟类汇编》完全忽略了它们,米德(2000)认为,既然它们已经自然定居下来,那么应当得到充分的保护,但大多数鸟类学家认为这些逃跑的鸟类应该回归圈养。然而他们对待苍鹰、松鸡或海雕当然不会是这种态度！大鸨是另一个明显的候选者,也是目前积极的重新引入活动的主要对象(Osborne,2005)。那么卷羽鹈鹕和侏鸬鹚呢？它们目前的分布范围已经如此之远,而且我们遗留的湿地质量如此之差,以至于它们似乎再也不可能作为繁殖鸟类回归。另一方面,乌斯湖沼地牧草质量和数量的改善,已经见证了黑尾塍鹬的自然恢复,对长脚秧鸡的重新引入也在尝试中。鹤已经自然回归湖区,并迅速发现了其他情况改善的湿地,如莱肯希思。所以,湿地正在不断改善,RSPB 和其他机构为增加供麻鸦、泽鹞以及文须雀(Bearded Tit)栖息的芦苇地所做的艰苦尝试,可能会见证这种不太可能发生的事件。如果我们能让足够多的湿地恢复到良好的生态条件,鹤的分布至少应该像在撒克逊时代那样广泛。如果能在足够安静的地方创造出合适的沙滩,环颈鸻应该也能够回归。我们能否在英国南部创造出足够成熟的林地来吸引黑啄木鸟(或使之回归),或者像基尔(2003)认为的,作为其食物的蚂蚁过于稀缺的观点是正确的吗？

如果气候真的会持续变暖,那么北方或山区的物种也将会有所损失。一些非常罕见和偶见繁殖的物种[紫滨鹬(Purple Sandpiper)、青脚滨鹬(Temminck's Stint)、林鹬(Wood Sandpiper)、蓝喉歌鸲、白眉歌鸫、燕雀]显然是非常脆弱的。另外 3 个成熟的山地物种岩雷鸟、小嘴鸻和雪鹀也容易受到影响。其中,雪鹀只有 50 对左右的繁殖对,且只生活在最高的山上,显然是这三者中最脆弱的。雪鹀依靠搜寻后期积雪以寻找被寒冷冻晕的昆虫,这一习性必将增加其脆弱性。此外,雪鹀历史相当曲折,作为一种在高空稀薄地筑巢的物种,一直难以对数量进行准确普查,而且在 1920—1940 年的温暖期,雪鹀很少或根本没有筑巢。生活在高山上的小嘴鸻,数量也同样稀少且发展历史曲折,1930—1950 年它们的已知数量可能降至只有 50 对(Nethersole-Thompson,1973)。不过,在 20世纪 50 年代出现了复苏的迹象,内瑟索尔-汤普森认为当时大约有 75 对。到第一次编制繁殖地图集时,认为其数量约有 100 对,一些繁殖记录来自英格兰北部,甚至还有一条来自北威尔士,这是有史以来的第一次(Sharrock,1976)。大约也是在那个时候,爱尔兰出现了首条繁殖记录(1975 年),但后来并没有重复发现。在苏格兰的后续调查有了更多发现,它们在山丘上以较高密度繁殖(最高达每平方千米 9 对),也扩散到其他丘陵,因此第二次编制繁殖地图集时,认为其数量至少有 840 对,甚至可能有 950 对(Thompson and Whitfield,1993)。毫无疑问,这种增长一部分反映了对该物种的针对性研究,以及调查时对其可能的分布范围的更好覆盖,这也是调查者数量越来越多,机动性越来越好的结果。然而,尽管有了这些因素,英格兰北部地区的繁殖数量并没有增加,威尔士也没有进一步的繁殖报道。这种情况对比说明,苏格兰地区数字的变化包括了实际数量的增长。很可能是绵羊的过度放牧降低了这一物种在英格兰和威尔士的栖息地的适应性,过度放牧的草原替代了富含苔藓(砂藓属)的荒地,从而使大蚊的数量减少。在海拔较高的苏格兰山区,大多数冬季仍然有积雪覆盖,不适合羊群放牧,小嘴鸻可能不得不等待雪地融化,因此回归得相当晚,大约在 5 月中旬。全球变暖应该会对这一物种产生严重影响,其在 20 世纪 70—80 年代数量增加的原因被认为是一致的,可能与寒冷冬季的雪线延长有关。那么相应的,20 世纪 90 年代温和的冬季应该造成其数量的下降,但并没有相关报道出现。岩雷鸟同样是在中部高地海拔 700 米以上的高山上繁殖的品种,1800 年它从湖区的英国遗址上消失了,1900 年在南部高地也是如此。在苏格兰高地,其数量较前面提到的 2 个山区物种要丰富得多,1993 年的繁殖地图集中,估计其数量大约有 1 万对(Watson and Ray,1993),分布于 173 个采样方。自从上一张地图集绘制以来,其分布范围似乎没有减少多少,尽管这一地区性下降趋势已经引起注意。最明显的是,曾经在凯恩格姆滑雪场电缆车顶部岩雷鸟餐厅附近繁殖的岩雷鸟已经消失了,因为越来越多的游客来到山顶,被野餐食物残余吸引来的乌鸦和其他捕食鸟蛋和幼鸟的食肉动物消灭了这些岩雷鸟(Watson and Moss,2004)。在1968年和1969年有10个研究区域,其后数字持续下降,1978—1995年没有一处有繁殖记录。每年冬季都有少数迁移而来的成年个体尝试在这里繁殖,但通常死于大量电线和栅栏。作为繁殖鸟类,岩雷鸟似乎不大可能在不列颠群岛上完全消失,它们所筑巢和觅食的山地荒地,不太可能比为少量小嘴鸻和雪鹀提供栖息地和食物来源的富含苔藓的荒野以及其上的昆虫群落更容易消失。事实上,自从阿尔卑斯山和比利牛斯山脉末次冰期以来,它们忍受环境变化而幸存下来,而红松鸡(柳雷鸟)没有,这也表明岩雷鸟是一个坚强的物种,能够适应较大的气候变化!

其他那些依赖于夏季和秋季潮湿环境,特别是以蚯蚓作为食物的物种同样可能易受气候变化影响。在较干燥的夏季,人们经常关注英格兰东南部(为人类)的供水。欧歌鸫是数量下降最为严重的物种之一,过去的30年中,其数量下降的部分原因应归咎于干燥的土壤,而这一现象的出现不仅是由于降雨量较少(全球变暖造成的可能后果之一),还有农业排水的原因。潮湿沟渠和土地边缘对幼鸟食物供应的缺乏已被确定是其最大的问题之一(Gruar et al.,2003)。其他潮湿牧场物种如凤头麦鸡、大杓鹬、扇尾沙锥和黄鹡鸰,可能也同样会受到影响。鉴于它们在欧洲南部的广泛分布,这些鸟类不太可能完全不在英国繁殖,但它们从英格兰南部的退却看起来非常合理。然而,由于这些物种都向南进入地中海地区,或许它们的忍受力比这些悲观言论所认为的更强。海鸟显然不会在遥远的南方生活,而且已经出现了可能与全球变暖有关的令人担忧的繁殖失败迹象,对这一类群来说,英国海岸非常重要。暴雪鹱、憨鲣鸟、三趾鸥、北极燕鸥、北极海鹦、黑海鸽和刀嘴海雀等物种在不列颠群岛分布的北缘已经到达了其南部极限,或者在南部稍远处的布列塔尼群岛和海峡群岛。很明显,它们赖以生存的许多鱼类也是北方物种,生活在北部较冷的水域中——鳕鱼的稀缺一直是人类关注的问题,但同样是北方物种的鲱鱼、大沙鳗和沙鳗,在很多情况下是这些鸟类的主要食物来源。虽然人类的过度捕捞一直导致鳕鱼数量下降,但显然海水温度的不断上升也影响了鳕鱼的繁殖和补充,同时也必然会影响到其他北方鱼种。近年来,包括2005年,在一些南部地区,特别是北海的三趾鸥和燕鸥令人震惊的繁殖失败,似乎有可能是情况变化导致的结果。不过同样,目前尚不清楚有多少责任应该归咎于人类的过度捕捞,而不是温度变化。其他可能很脆弱的北方物种包括黑海番鸭、红颈瓣蹼鹬(Red-necked Phalarope)、北极贼鸥(Arctic Skua)、大贼鸥和中杓鹬,它们现在只生存于大不列颠群岛北部,数量相对较少。然而,对两幅鸟类繁殖地图变化的分析表明(Sharrock,1976;Gibbons et al.,1993),尽管南方物种的分布平均向北扩张了18—19千米,北方物种分布的南部边缘并没有向北退却(Thomas and Lennon,1999)。可能与南方物种相比,它们对气候变暖不是很敏感。另外,英国的地势(北部较高,因此较凉爽)减轻了全球变暖带来的影响。

猛禽的未来

RSPB列出的10个物种中,还有另外2个可能的外来定居者是猛禽,即黑鸢(Black Kite)和靴隼雕(Booted Eagle)。两者在欧洲西部已经相当普遍和广泛,且黑鸢作为迁徙物种,在不列颠群岛已经有了一定规律性的出现。尽管1866—1958年,黑鸢在英格兰只有4条记录,但现在每年都有发现,且1994年的记录多达31条(Brown and Grice,2005),反映了其在法国数量和分布范围的增加(HBWP)。靴隼雕不太可能是侵入者,但它在法国繁殖范围相当广泛。然而,猛禽的地位整体上是一个有争议的问题,或者可能是一系列有争议的问题,值得讨论。猛禽作为一个群体,一直是20

世纪后半叶保护成功的重要范例。19—20 世纪前半叶的过度捕杀（见第七章）之后，所有猛禽的数量都比栖息地或食物供应所能允许的数量更为稀少，在此期间，15 个物种中已有 6 个不再在英国繁殖（蜂鹰，灭绝于 1900—1911 年；白尾海雕，灭绝于 1916—1975 年；白头鹞，灭绝于 1898—1911 年；乌灰鹞，灭绝于 1974—1975 年；苍鹰，灭绝于 1883—1950 年；鹗，灭绝于 1916—1954 年；Galbraith et al.，2000）。另外有 2 个物种仅有小区域种群幸存下来：红鸢，1900—1935 年的不同时期，可能只有在威尔士的 2 对；白尾鹞，1920—1940 年，只在奥克尼有发现，数量减少到 30—50 对。其他 7 个物种在不同时期也表现出分布范围和种群数量的减少。对于一些种类来说，数量的最低谷并不是在面临过度捕杀的 1900—1950 年，而是出现在 20 世纪 50 年代末到 60 年代，即含有机氯的杀虫剂使用时期。DDT 是 1939—1945 年战争期间发明的一种杀虫剂，通过杀死蚊子和虱子等媒介，来控制疟疾和斑疹伤寒症的发病率，从 20 世纪 50 年代起开始进行商业化使用。养鸽子的人用这种杀虫剂来控制羽毛虱，但它很快被用于农业生产，来控制谷类作物害虫。人们经常忽略掉的一点是，这种化学物质之所以受到青睐，是因为使用剂量很低，在这种剂量下，它只对昆虫有效，对脊椎动物没有影响。当用实验室动物对这些效应进行实验测试时，人们没有充分认识到它在生态系统中的持久性。当时人们认为它的持久性如果真的存在的话，可能也是一种优点，因为对目标昆虫可以保持毒性。不幸的是，当这些昆虫被食虫鸣禽吃掉时，杀死昆虫的低剂量依然存在，而当这些鸣禽被雀鹰或燕隼等猛禽吃掉时，浓度就随着食物链累积下来。4 种专门以鸟类为食的猛禽，即雀鹰、燕隼、灰背隼和游隼，比以哺乳动物为食的红隼和秃鹰受到的危害要严重得多，另外在东南部低地农业地区的鸟类遭受的影响也比西北高地地区的鸟类严重得多。高水平的有毒物质直接杀害成年个体；更糟糕的是，较低水平的有毒物质被证明是鸟类激素模拟物，会影响富含钙质的蛋壳的分泌,因此即使有毒物质的剂量不足以杀死个体,也会严重影响其繁殖。这一点在野生鸟类游隼中得到了明确的记录,后来美洲隼的实验也证明了这一点(Ratcliffe,1980)。在种群水平上,游隼的最小值出现在1962—1963年,雀鹰几乎是在同一时间,但在某种程度上令人困惑的是,灰背隼的极小值出现在1980年左右。作为候鸟到达英国南部的燕隼,与杀虫剂相比,似乎是受到天气影响更多,在1900—1950年,其数量减少到50—70对,且分布范围被限制在英国南部阳光最为充沛的地区(Galbraith et al.,2000)。无论是由于不再使用杀虫剂还是夏季变得温暖,在过去的10年中,燕隼数量有了显著的增加,现在达到了500—900对,繁殖范围向北已经到达苏格兰南部。与此同时,鹗、雀鹰、普通鵟、白头鹞和游隼的数量也出现了惊人的回升。白尾海雕和苍鹰分别以官方和非官方的方式重新引入,威尔士红鸢的种群数量也终于摆脱了持续多年的可怕困境,并且成为英格兰一个重新引入且非常成功的种群,虽然在苏格兰还有些勉强。然而,白头鹞的数量增长情况并没有那么好,特别是在英格兰,遇到了和苏格兰红鸢一样的问题——持续的非法捕杀。游隼不仅成功地在沿海和山区悬崖重新移民,还成功定居在城市,雀鹰也成功生存于郊区和城市中心,它们的数量如此之多,甚至导致有人要求对其进行扑杀。

这里有四个独立的问题:从松鸡猎场上捕食松鸡、捕食其他猎禽、捕食信鸽以及捕食庭园鸟类。每一个问题都已经被鸟类学家详细研究并充分理解,但是他们的研究结果要么是不被接受,要么是不被利害关系人所接受。英国猛禽工作组对前三种情况进行了出色的总结(Galbraith et al.,2000),而许多研究已经对最后一个问题的各个方面进行了考虑。

第一个问题可能是最为尖锐的,因为涉及的松鸡猎场管理的猎场管理员和其他人经常无视对猛禽的法律保护。在松鸡猎场中,白尾鹞每年的繁殖成功率只有0.8只幼鸟/繁殖期雌鸟;在其他荒野上这一数值为2.4,且雌性的存活率更差。其他猛禽(普通鵟、红鸢、金雕)在松鸡猎场区域的育种成功率和生存率也较差。通常由RSPB提起的诉讼已经证实了一些直接和蓄意的迫害事件的存在;其他案件涉及在野外非法设置毒饵,这些毒饵可能针对的是狐狸和乌鸦,但同时也会杀害受保护的食腐鸟类。不幸的是,详细研究表明,就白尾鹞而言,打猎的利益也需要加以关注(Redpath and Thirgood,1997)。在英格兰与苏格兰交界处的兰霍姆庄园,受到保护的白尾鹞的数量从1992年的2只繁殖期的雌性增加到1997年的20只。1995—1996年,分别有8只和12只雌性白尾鹞筑巢,10月到次年3月期间,约有30%的成年红松鸡被猛禽杀死,更糟糕的是,在夏季,雌性白尾鹞捕杀了大约37%的松鸡幼崽来喂养自己的幼鸟。虽然松鸡繁殖种群的规模并未受到严重影响,但在秋季可供猎杀的松鸡数量减少了50%。随着白尾鹞数量的进一步增加,最终因为8月的松鸡数量过少而使捕猎活动被迫暂停,猎场管理员也失去了生计。矛盾的是,白尾鹞的数量与松鸡的数量并无相关——松鸡幼鸟只是雌白尾鹞喂养幼鸟的额外食物。事实上,白尾鹞的数量是由春天的普通田鼠和草地鹨的密度决定的,这些又取决于草地的质量而不是石楠。因此,一个管理良好的松鸡猎场(需要猎场管理员)主要被不同生长期的石楠覆盖,草地很少,黑田鼠或草地鹨很少,白尾鹞也就很少。当然,是过度放牧的羊群将石楠荒地转变为草原,在兰霍姆,1948—1988年石楠的覆盖率下降了48%。牧羊可以得到补贴,但是松鸡猎场会被征税。如果我们想要得到有着许多红松鸡和其他荒野鸟类以及适量的白尾鹞的管理良好的猎场,那么这种经济平衡必须改变。根据最近英国的ESA(Environmentally Sensitive Area,环境敏感区)计划,对石楠的管理要支付报酬,这是朝着正确方向迈出的一步。我们其他人都希望看到猛禽,但期望猎场独自承担由此带来的重大损失而不对其进行经济补偿是不合理的。对白尾鹞幼鸟进行补贴和对羊的过度放牧进行补贴一样合理。

对其他猎禽的捕食问题不算很严峻，因为现在大多数环颈雉都是圈养的，而并非取决于野外的成功繁殖，但是确保饲养的幼鸟安全地躲避灰林鸮、普通𫛭和红鸢（以及狐狸、松貂和其他哺乳动物）的劫掠还是十分必要的。过去，低地筑巢的猎禽，主要是环颈雉和灰山鹑，容易受到沿着树篱捕食鸟蛋和筑巢雌鸟的哺乳动物和鸦科动物的伤害。由于农业模式的变化，灰山鹑的数量大幅下降。可能需要猎杀狐狸和鸦科动物以确保灰山鹑繁殖成功，这是合法的（Tapper et al.，1999）；但农田中的猛禽在限制灰山鹑数量方面并没有什么作用，对其进行非法捕杀是完全没有道理的。非官方重新引进的苍鹰的重新定居可能带来的一个问题是黑琴鸡在各地数量严重减少。黑琴鸡很容易受到苍鹰以及其他掠食者的伤害，这一点已经得到了很好的证明。然而并没有证据显示，黑琴鸡的衰退是由被捕食造成的：看起来似乎主要是因为其所依赖的且作为食物的越橘和昆虫的消失，而这是由于羊和鹿的过度取食，另外可能还有集约化农业生产和林业对荒地边缘栖息地的影响。另一方面，有证据表明，低密度的黑琴鸡种群可能遭受"捕食者陷阱"，即由于有其他更丰富的猎物支持，即使捕食者种群很小，也可以杀死足够数量的稀有猎物，使之不能恢复，尤其是当这种稀有猎物特别受到掠食者的青睐或者容易受到伤害的时候。这一理论的经典范例就是由廷伯根（Tinbergen，1946）研究的荷兰雀鹰对林鹨的捕食。林鹨的数量相对稀缺，并不能支持一个雀鹰种群，林地中的雀鹰通常以数量更加丰富的苍头燕雀、蓝山雀和大山雀为食。由于林鹨会在暴露的树枝上唱歌，或者缓慢地降落到歌唱的位置，因此极易受到雀鹰的攻击，最后就从廷伯根研究的地点消失了。黑琴鸡的数量较少，也同样容易受到苍鹰的攻击。

游隼对信鸽的捕食也是一个有争议和困难的问题。矛盾的是,正是由于赛鸽运动员失去了太多的鸟而要求扑杀游隼,才使人们第一次注意到 1962 年剩下的游隼数量是如此稀少,繁殖的状况如此之差。在那个时候,很明显,游隼的捕食在鸽子的损失中扮演了一个重要角色,但是其他因素如天气,才是主要原因。大量信鸽的损失被归咎于更多数量的游隼,这引起了鸟类学家和环保主义者的谨慎怀疑。毫无疑问,游隼确实会捕杀赛鸽,监控游隼巢穴的人经常可以发现鸽子的脚环。但这些损失的规模与天气(包括磁暴),缺乏经验的鸟类自己迷失方向以及其他事故造成的损失相比较的结果还不是很清楚。英国猛禽工作组报告说,每年大约有 225 万只成鸽和 250 万只雏鸽参加比赛,成鸟赛季较早(4—7 月),而后是雏鸽赛季(7—9 月),每年累计约有 920 万鸽次比赛。一般认为,大约有 52% 的赛鸽因为各种情况而流失,但其中只有 7.5% 是被猛禽捕杀的(Galbraith et al. ,2000)。看起来湖区游隼数量的大幅增加,很大程度上归功于容易被捕捉的赛鸽在其喂养幼鸟时大量经过。因此,有两种方法可以在不捕杀游隼的情况下减少赛鸽损失:一是改变鸽子的比赛路线,避开最密集的游隼种群(尤其是在湖区和奔宁山脉之间的伊甸山谷放飞赛鸽的做法,似乎是过于莽撞了);二是可以改变比赛的时间,以避开游隼的繁殖季节这种关键时刻,尤其是那些未成年的经验不足的赛鸽。猎物来源在关键时刻减少,甚至可能会导致当地游隼巢穴数量的下降。与此同时,游隼已经开始进入城市,那里大量的野鸽提供了一个几乎没有人会反对的猎物基础,其中有许多是走失的赛鸽,而赛鸽中有 3.6% 仍然携带着赛鸽环,可以说,城市中的游隼和雀鹰确实对赛鸽构成了二次威胁。飞行训练可以提供另一种可预测和易受攻击的食物来源,尽管改变飞行训练时间会使猛禽的食物供应变得更难预测,但减少这种损失并不容易。

雀鹰和其他猛禽(包括喜鹊)对普通鸣禽的巢穴和幼鸟的影响经常被报刊和其他媒体记者引用为导致后者数量下降的主要原

因。而与之伴生的,是强调这些猛禽应该被消灭的建议。这是一个很有研究意义的问题,关于这一问题的科学证据非常清楚,但对于郊区的大多数人来说,显然没有理解,甚至可能无法理解。毫无疑问,一些鸣禽,特别是在花园环境中,欧歌鸫、家麻雀以及像黄鹂一样曾经常见的物种的数量已经下降。如果这是由猛禽捕食所造成,那么应该表现为成年个体存活率降低或者繁殖成功率较低,但这些都没有明显体现。此外,在雀鹰数量恢复期,许多主要猎物,包括欧亚鸲、乌鸫、蓝山雀和大山雀的数量都没有下降。信息量最大的研究来自牛津的威萨姆森林,在那里,大多数蓝山雀和大山雀都在巢箱中筑巢,已经被持续研究了 50 多年。因此,研究贯穿了雀鹰还很常见,后因有机氯中毒而消失(1964—1970 年),而后又再次回归(1971—1984 年)的全过程。在后两个阶段,320 公顷的森林中,大山雀种群的平均数量分别为 188 对和 206 对,并不存在明显差异;成年个体存活率也没有显著差异(Perrins and Greer,1980;Newton,1986)。在雀鹰离开英格兰东南部的前后时间里,一个范围更广的包括 20 种鸣禽种群大小的研究同样表明,雀鹰消失的时候,鸣禽的数量并没有特别增加,捕食者回归之后,也没有明显下降(Galbraith et al.,2000)。当捕食者消失时,更多的鸣禽在冬天因饥饿而死亡;当捕食者回归之后,更多个体被捕杀,但种群整体数量受到的影响很小。但这并不是说雀鹰的回归对威萨姆森林中的大山雀完全没有影响。现在它们在冬季的体重比以前轻约 1 克,这样就能更加灵活以避开捕食者(Gosler et al.,1995)。造成雀鹰在人类认知上的印象的一个原因是它们消失了太长时间;在伦敦地区,雀鹰在 1968—1972 年的鸟类繁殖图集中仅报道了 50 采样方,而在 1988—1994 年,有 579 个(859 个采样方中的 67%;Hewlett,2002)。它们作为花园鸟类的常见捕食者回归,即使在城市地区,也会在花园里喂鸟的时候出现,因此那里成为雀鹰狩猎的好地方,其数量也达到了最高点。喜鹊的情况与之相类似,从 20

世纪 60 年代以来,数量增加了 3 倍。1971 年,喜鹊首次发现于伦敦市中心(海德公园和摄政公园内分别发现了一对),现在它们几乎繁殖于每个广场、公园和公墓中(Hewlett,2002)。归功于众多的数量和熟悉程度,它们对鸣禽的捕杀非常引人注目,并令人憎恶。一项对曼彻斯特公园的乌鸫巢穴的研究表明,只有 7% 的幼鸟被成功养大,大多数鸟卵都被喜鹊吃掉了(假橡皮泥蛋上留有其喙痕;Groom,1993)。这样说来,乌鸫似乎应该像城市鸟类一样灭绝,但实际上它们和以前一样常见。问题在于,现在的公园对喜鹊来说是极好的栖息地(草坪用来捕捉昆虫,高大的树木可以安全地筑巢),而对乌鸫来说非常不利(没有树篱或灌木丛)。幸运的是,花园里的乌鸫筑巢成功率比公园里的要高得多(但研究起来要困难得多),因此公园种群得到了支持。正如白尾鹞种群在松鸡猎场中受到大量草地鹨和黑田鼠的支持一样,城市里的喜鹊也受到大量草地昆虫的支持(Tatner,1983)。幼鸟是荒野和城市中的猛禽在繁殖周期的关键时刻次要但受欢迎的补充食物。

在一个对鸟类的关注和支持从未如此强烈的世界中,在一个许多鸟类尤其是农田鸟类的衰落被如此详细地记录下来的世界中,成功的事件往往被忽视。现在有了更多种类的猛禽在这里繁殖,个体数量也远远超过了 20 世纪的任何时候。莱斯利·布朗(Leslie Brown,1976)在他精彩的发人深省的总结中说到,在英国已经有了 13 种正在繁殖的鸟类,甚至可能有 14 种(苍鹰当时还不能确定),总数约为 18.85 万只。到 1993 年,已经有了确定的 15 种约 20.51 万只鸟(Gibbons et al.,1993)。尽管由于更好的调查导致鸟类的表观数量有所减少,最近的估算显示,鸟类数量仍增加到 22.16 万只(Galbraith et al.,2000),且所有的猛禽种类都被认为比以前数量更多,分布更广。不列颠群岛上的繁殖鸟类约有 220 种,也达到了历史最高水平,而过去 50 或 60 年来的一些损失(环颈鸻,也许还有蚁䴕、红背伯劳)也被回归者(鸲蝗莺、反嘴鹬、麻鸦、白头鹛、白琵鹭、小白鹭）和新的外来定居者（灰斑鸠、金眶鸻、火冠戴菊、宽尾树莺）弥补。

在英格兰、爱尔兰和马恩岛，这是成为鸟类学家的最好时机。

英国鸟类的历史注释列表

该列表试图对每个物种的历史记录进行总结,列出所有常规繁殖的和越冬的鸟类,并提供本书中所涉及鸟类的拉丁学名。许多小型鸟类并没有有价值的历史记录保留下来,因此只是简单列出。

正如第一章中所提到的注意事项,关于不得不接受已经发表的鉴定以及鉴别密切相关物种的困难,在雁属、鸭属、鸸属、鸫属中尤其如此。这里引用的记录来自我们的数据库,截至 2007 年 12 月,共有约 9 000 条,覆盖了我们所能获得的从中更新世(克罗默间冰期)开始累积的全面记录。我们粗略地称之为考古记录,虽然其中许多遗址都不是严格意义上的考古遗址(不包含人类遗骸或人工制品)。我们引用的年代和时期都在第一章中讨论过。如果可能,我们会引用之前的表格。

疣鼻天鹅(*Cygnus olor*)

曾一度被认为是中世纪引进物种,但实际上是一个有着很好的考古学记录的本土物种,晚冰期和中石器时代以后的 59 个遗址中都有发现(表 4.3)。

小天鹅（*Cygnus columbianus*）

考古记录中的发现很少，只有 13 条，一些发现于晚更新世的洞穴遗址，而后在铁器时代的梅尔和代恩博里，罗马时代的约克郡和朗索普以及早基督教会时期的拉戈尔也有发现。

大天鹅（*Cygnus cygnus*）

记录较好，来自 33 个遗址，包括克劳默间冰期的博克斯格罗伍，中石器时代的高夫洞穴，新石器时代 3 个，青铜时代 1 个，铁器时代 3 个，罗马时代 6 个以及更晚的 10 个。大多是北方遗址，但像铁器时代的梅尔，罗马时代的西尔切斯特和现在的越冬范围差别不大。

豆雁（*Anser fabalis*）

仅有 6 条明确的记录：伊普斯威奇间冰期的培根洞、2 处晚冰期洞穴遗迹、青铜时代的埃尔塞圆形巨塔、罗马时代的托斯特和早期基督教会时期的拉戈尔。另外还有 3 条不确定的记录（豆雁/灰雁）。

粉脚雁（*Anser brachyrhynchus*）

有 23 条确定的记录和另外 4 条不能肯定是粉脚雁还是白额雁的记录。确定的记录发现于得文思期（末次冰期）的针孔洞穴和晚冰期的罗宾汉洞穴、圣布雷拉德湾，以及新石器时代的劳赛岛、唐纳圭尔，铁器时代的布岛、霍尔藤山，罗马时代的约克郡、伦敦墙，撒克逊时期的弗利克斯伯勒，中世纪的佩斯、贝弗利、北安普顿、金斯林港。

白额雁（*Anser albifrons*）

发现的 23 条记录，从伍尔斯顿冰期的天鹅谷，伊普斯威奇间冰期的伊尔福德，得文思期冰期的针孔洞穴、罗宾汉洞穴和兰加斯洞穴，到中石器时代的艾农港洞穴，铁器时代的豪岛、梅尔，撒克逊时代的西斯托、北埃尔姆汉、约克郡（科珀盖特），中世纪的迪塞特城堡。在爱尔兰，一些测年数据缺乏的遗址（爱丽丝洞穴、斯莱戈洞穴、地下墓穴、卡斯尔敦罗切、纽荷尔洞穴）中也有发现，另外还有基督教时期后期的拉戈尔,中世纪的瓦伦西亚。

小白额雁(*Anser erythropus*)

发现于晚冰期的士兵洞。

灰雁(*Anser anser*)

发现很多,有67条记录,包括克罗默尔间冰期的韦斯特润通、博克斯格罗伍,伊普斯威奇间冰期的柯克代尔洞穴,以及大量的晚冰期,中石器时代,甚至更晚的记录(与其他野生雁属的统计见表5.1)。

家鹅(*Anser anser domesticus*)

由罗马人驯养,但他们是否在英国驯养家鹅还没有定论。从盎格鲁-撒克逊时代起,家鹅就已经非常普遍,一直到中世纪,家鹅一直是最普遍的食用鸟类,直到被火鸡取代(见表5.1)。

加拿大雁(*Branta canadensis*)

大约1600年从加拿大引进,1665年在圣詹姆斯公园出现,19世纪早期成为一个野生种。现在在引进的野生物种的生物量排名中占第二位,仅次于环颈雉(见表8.5)。

白颊黑雁(*Branta leucopsis*)

现代分布和数量有限,但是历史记录良好,共有53条,包括伍尔斯顿冰期(天鹅谷)和晚冰期的洞穴(因奇纳丹夫洞穴、罗宾汉洞穴、艾农港洞穴)以及中世纪时期。其中很多是北方的记录(南奥克尼群岛到约克郡),但也有例外,比如铁器时代的梅尔和中世纪的牛津。在爱尔兰的山顿洞穴和拉戈尔,甚至比家鹅还要普遍。大多数鉴定结果值得信赖,因为其体型显著大于黑雁,而黑雁属与雁属的差别很大。尽管如此,还是有几条记录不能确定,包括7条白颊黑雁或白额雁,4条白颊黑雁或黑雁。弗利克斯伯勒发现的记录的鉴定结果被分子证据所证实。

黑雁(*Branta bernicla*)

体型明显小于白颊黑雁,大于翘鼻麻鸭,且形态与后者不同。

在 29 个遗址中有所发现，包括伊普斯威奇间冰期的托尔纽顿洞穴，晚冰期的针孔洞穴、罗宾汉洞穴、圣布雷拉德湾和泽西岛。然后是中石器时代的斯塔卡遗址，铁器时代的布岛、豪岛，直到罗马时代，盎格鲁-撒克逊时代，中世纪和更晚的遗址。很多沿海遗址（林迪斯法恩、卡尔迪科特、弗利克斯伯勒）与现代分布相符，但还有一些内陆遗址，如约克郡、林肯郡，推测可能是在那里被当做食物交易。在爱尔兰，发现于拉戈尔，还有更晚的克朗马克诺斯、卡里克弗格斯、都柏林。

红胸黑雁（*Branta ruficollis*）

有过 2 次报道，来自伊普斯威奇间冰期的格雷士和后中世纪的纽卡斯尔（纽卡斯尔大厦）。现在是罕见的冬候鸟。

赤麻鸭（*Tadorna ferruginea*）

发现于 4 个洞穴，包括伊普斯威奇间冰期的托尔纽顿，得文思期冰期或得文思冰期后期的针孔洞穴、罗宾汉洞穴以及克瑞斯威尔峭壁上的含骨裂隙。现在是欧洲东南部罕见的流浪飞鸟。

翘鼻麻鸭（*Tadorna tadorna*）

29 条记录，来自伍尔斯顿冰期和伊普斯威奇间冰期的托尔纽顿洞穴，晚冰期的尼尔洞穴、托伯恩洞穴和肯特洞穴。从中石器时代的艾农港洞穴，新石器时代的奥龙赛岛、诺特兰带，铁器时代的梅尔，整个罗马时期的斯凯尔（林肯郡、波特切斯特），撒克逊或挪威时代（北埃尔姆汉公园、巴克奎、贾尔索夫）到中世纪（林肯郡、塞特福德、阿宾登、牛津）。

鸳鸯（*Aix galericulata*）

发现于克罗默尔间冰期的韦斯特润通。这一中国种的现代种群来自 20 世纪 30 年代以后释放或出逃的个体。

赤颈凫（*Anas penelope*）

75 条记录，因此推测其之前在冬天的时候应该像现在一样数量繁多。最早的记录来自克罗默尔间冰期的韦斯特润通，然后是伊普斯威奇间冰期博克斯格罗伍的托尔纽顿洞穴。后面还有晚冰期的洞穴（沃顿洞穴、士兵洞、针孔洞穴、柯克代尔洞穴）和中石器时代的因奇纳丹夫洞穴。铁器时代 6 条，罗马时代 13 条，撒克逊或诺斯时代 9 条，中世纪及之后 20 条。在爱尔兰，在 3 个洞穴遗址（年代未定），中石器时代的桑德尔山和基督教时期的拉戈尔都有所发现。

赤膀鸭（*Anas strepera*）

发现于 20 个遗址，包括伊普斯威奇间冰期的沃特霍农场，中石器时代的恶魔山谷，铁器时代 4 个、罗马时代 4 个以及中世纪的 6 个遗址（如牛津、金斯林港、考文垂、贝弗利等）。

绿翅鸭（*Anas crecca*）

体型非常小，有 173 条有据可查的记录，还有 2 条记录是绿翅鸭或白眉鸭。分别来自克罗默尔间冰期的韦斯特润通，克罗默尔间冰期后期的博克斯格罗伍，得文思冰期的针孔洞穴、托尔纽顿洞穴，晚冰期的罗宾汉洞穴、猫洞，然后是中石器时代的恶魔山谷、因奇纳丹夫洞穴，新石器时代的科特角、道尔洞穴，但大多是罗马时期（45 条）和中世纪或后中世纪（78 条）的发现。

绿头鸭（*Anas platyrhynchos*）

有 251 条记录，在考古学记录中和现代分布一样广泛。发现于克罗默尔间冰期后期的博克斯格罗伍、韦斯特伯里，然后是得文思期冰期的海乌姆山谷，晚冰期的梅林洞穴、针孔洞穴。罗马时代和中世纪遗址中有大量发现（见表 5.1）。

家鸭（*Anas platyrhynchos domesticus*）

很难与其野生祖先区分。罗马人已经开始驯养家鸭，但他们是否将其带入英国还有待商榷。数值分析结果（表 5.1）显示他们确实这样做了，还不清楚撒克逊人是否知道如何驯养。还有一种观点认为，英国地区最早的驯养应该开始于中世纪早期。

针尾鸭（*Anas acuta*）

有 19 条记录,最早的是中石器时代的斯塔卡、恶魔山谷。稍晚的遗址包括新石器时代的芒特普莱森特,青铜时代的卡尔迪科特,铁器时代的梅尔、格拉斯顿伯里、豪岛,罗马时代的凯尔文特、巴恩斯利公园,撒克逊时代的威斯敏斯特教堂、波特切斯特以及中世纪的巴纳德城堡、金斯林港。另外,在爱尔兰,纽荷尔洞穴(年代未定)、斯莱戈洞穴、巴林德里和拉戈尔人工岛也有发现。

白眉鸭（*Anas querquedula*）

有时可以依据稍大的翅膀骨骼和一些形态特征上的细节,将其与非常相似的绿翅鸭区分开来。记录发现于克罗默尔间冰期的博克斯格罗伍,得文思冰期的针孔洞穴,中石器时代的恶魔山谷,以及一系列罗马—中世纪遗址中。另外 3 条不能判定是白眉鸭还是绿翅鸭的记录证明了这种明显的不确定性。

琵嘴鸭（*Anas clypeata*）

有 20 条记录,来自霍尔斯坦间冰期的天鹅谷,得文思冰期的海乌姆山谷、肯特洞穴以及塞姆裂缝(年代未定),而后从中石器时代的恶魔山谷,铁器时代的梅尔、斯堪尼斯,罗马时代的约克郡、卡塞罗马格努斯,撒克逊时代的塞特福德到中世纪的卡里斯布鲁克和贝纳德城堡都有零散发现。

赤嘴潜鸭（*Netta rufina*）

2 次报道于克罗默尔间冰期(韦斯特润通、奥斯坦德),另外还有铁器时代的格拉斯顿伯里。

红头潜鸭（*Aythya ferina*）

有 25 条记录,来自克罗默尔间冰期奥斯坦德、韦斯特润通,然后是中石器时代的恶魔山谷、高夫洞穴,铁器时代的梅尔、格拉斯顿伯里、豪岛,罗马时代的菲斯伯恩、巴恩斯利公园、朗索普、圣奥尔本斯(维鲁拉米恩),以及 12 条后来的遗址和 2 条年代未定的爱尔兰洞穴(纽荷尔洞穴、地下墓穴)。

凤头潜鸭(*Aythya fuligula*)

共有 34 条记录,和现在生物群中的情况一样,是最为常见的潜鸭。发现于克罗默尔间冰期的韦斯特润通,得文思冰期的针孔洞穴,晚冰期的沃尔瑟姆斯托、高夫古洞、肯特洞穴和中石器时代的因奇纳丹夫洞穴、恶魔山谷。没有新石器时代的记录,但在铁器时代的梅尔、格拉斯顿伯里、代恩博里,罗马时代的戈德曼彻斯特、科尔切斯特、林肯以及 12 个后来的遗址中都有发现。

斑背潜鸭(*Aythya marila*)

有 8 条记录,奇怪的是爱尔兰发现的要比英国多,包括普克城堡和斯莱戈洞穴(年代未定),巴林德里人工岛(青铜时代和早基督教时期),拉戈尔(晚基督教时期)以及铁器时代的梅尔、格拉斯顿伯里和后中世纪的皮尔(马恩岛)。

欧绒鸭(*Somateria mollissima*)

有 20 条记录,18 条来自苏格兰北部,大多属于奥克尼群岛和设得兰群岛,中石器时代的因奇纳丹夫洞穴到诺斯时期的巴克奎,只有 2 条在更远的南方(中世纪的哈特尔普尔,年代未定的威格顿的怀汀沼泽)。这说明这一物种从没有扩散过,但是令人惊讶的是,南部没有发现这一物种的晚冰期记录。

长尾鸭(*Clangula hyemalis*)

只有 6 条记录,来自索思沃尔德的诺威奇峭壁,晚冰期的因奇纳丹夫洞穴,中石器时代的艾农港洞穴,罗马时期的罗克斯特、朗索普和后中世纪的皮尔。

疣鼻栖鸭(*Cairina moschata*)
黑海番鸭(*Melanitta moschata*)

现在已经很稀有,但考古学记录相当好,有 23 条,来自克罗默尔间冰期的曼兹利和伍尔斯顿冰期的天鹅谷,晚冰期的因奇纳丹夫洞穴和梅林洞穴,而后是中石器时代的斯塔卡遗址以及中世纪的林迪斯法恩。有 3 个中世纪的"番鸭类"的发现(哈特尔普尔、金斯林港、牛津)可能也是黑海番鸭。

斑脸海番鸭(*Melanitta fusca*)

仅有 7 或 8 条记录,来自中石器时代的艾农港洞穴、因奇纳丹夫洞穴,新石器时代的诺特兰带、帕帕韦斯特雷岛,铁器时代的豪岛,维京时期的贾尔索夫,后中世纪的林迪斯法恩。

鹊鸭(*Bucephala clangula*)

骨骼学特征明显,有 24 条记录,来自克罗默尔间冰期的韦斯特润通、博克斯格罗伍,晚冰期的针孔洞穴、罗宾汉洞穴,中石器时代的恶魔山谷、萨彻姆和中世纪的约克郡、贝弗利和诺威奇。南方遗址(铁器时代的梅尔、格拉斯顿伯里)和北方遗址(铁器时代的豪岛,诺斯时代的巴克奎)中都有发现,因此,这一物种在当时可能和现在一样,在南方越冬,在北方繁殖。

斑头秋沙鸭(*Mergellus albellus*)

有 15 条记录,发现于克罗默尔间冰期的韦斯特润通,伊普斯威奇间冰期的克雷福德,晚冰期的梅林洞穴、查德利裂隙,中石器时代的艾农港洞穴,青铜时代的韦尔沼泽,铁器时代的梅尔、格拉斯顿伯里、豪岛,撒克逊时期的林肯郡和中世纪的莱斯特、贝弗利。爱尔兰仅有 1 条记录在斯莱戈洞穴,时代未定。

红胸秋沙鸭(*Mergus serrator*)

有 16 条记录,始于克罗默尔间冰期的韦斯特润通,霍尔斯坦间冰期的天鹅谷,晚冰期的梅林洞穴,经过中石器时代(斯塔卡遗址、里斯加),新石器时代(科特角、奥龙赛岛),铁器时代(梅尔、格拉斯顿伯里、豪岛),到中世纪的贝纳德城堡,后来的林迪斯法恩。爱尔兰的记录发现于拉戈尔。

普通秋沙鸭(*Mergus merganser*)

有 15 条记录,来自伍尔斯顿冰期的托尔纽顿洞穴,得文思冰期中期的针孔洞穴,晚冰期的罗宾汉洞穴、高夫古洞。中石器时代的恶魔山谷在铁器时代的豪岛和梅尔,中世纪的贝纳德城堡,后中世纪的皮尔。呈时间和空间上的零散分布。

红松鸡（*Lagopus lagopus scotica*）

最早的记录来自克罗默尔间冰期晚期的韦斯特伯里，共有 54 条，大部分来自得文思冰期或晚冰期洞穴（20 条）。北部和西部均匀分布，最南端是铁器时代的代恩博里、梅尔。罗马时代（科布里奇、格利特斯托顿）和撒克逊时代（伊普斯威奇）或者中世纪（约克郡）城堡时期（斯文城堡、弗雷斯威克城堡）记录较少。大量记录来自新石器时代到诺斯时代的奥克尼群岛（布岛、斯凯尔、艾斯比斯特、豪岛、巴克奎、匡特尼斯）。在爱尔兰，发现于普克城堡、巴利纳内特拉洞穴、爱丽丝洞穴（年代未定）以及中石器时代的桑德尔山。

岩雷鸟（*Lagopus muta*）

有 29 条记录，空间上分布广泛，但时间上并非如此。最早的记录来自克罗默尔间冰期晚期的韦斯特伯里。大量发现于得文思冰期或后冰期时期的遗址，最南端的发现来自圣布雷拉德湾（泽西岛），见于德比郡、萨默塞特郡、德文郡的各种洞穴中，最晚的记录发现于中石器时代（恶魔山谷、高夫洞穴、因奇纳丹夫洞穴）和新石器时代约克郡的埃尔博尔顿洞穴。爱尔兰有 2 个洞穴有所发现（山顿洞穴、巴利纳内特拉洞穴），但年代未定。

松鸡（*Tetrao urogallus*）

有很好的相关考古发现，共有 27 条记录，分别来自伍尔斯顿冰期的天鹅谷，晚冰期的肯特洞穴、柯克代尔洞穴，中石器时代的威顿磨坊、道尔洞穴，新石器时代的狐狸洞，中世纪的约克郡、莱斯特。在爱尔兰，发现于中石器时代的桑德尔山，盎格鲁–诺曼时期的特里姆城堡和中世纪的都柏林、沃特福德、韦克斯福德以及后来的卡里克弗格斯、戈尔韦（见表 6.6）。

黑琴鸡（*Tetrao tetrix*）

考古学记录良好，有 63 条记录。时间上，从晚冰期的洞穴（高夫古洞、奥斯莫洞穴、士兵洞、针洞）到中世纪；地理上，有很多北部记录,最南端的是铁器时代的梅尔。爱尔兰有 1 条存疑的记录,发现于巴利纳内特拉洞穴。

榛鸡(*Bonasia bonasus*)

有 5 条记录,包括克罗默尔间冰期晚期的韦斯特伯里和后冰期的 4 条记录,说明在一段短时间内榛鸡是英国南部的本土物种(见表 3.1)。

灰山鹑(*Perdix perdix*)

是记录最好的野生鸟类之一,有 126 条。在漫长的历史中,它们一直是开阔地常见鸟类(表 3.6),也是人类和其他捕食者的常见猎物。在克罗默尔间冰期晚期的博克斯格罗伍也有发现。在冰期和后冰期的洞穴遗址中很常见。中石器时代—铁器时代的记录较少,从罗马时代开始变得常见。这似乎是更开放环境的一个很好的指示,当它变得更容易获得时,意味着早期苔原向农田的转变。

红腿石鸡(*Alectoris rufa*)

发现于晚冰期泽西岛的圣布雷拉德湾以及罗马时代的菲斯伯恩。这些地点也许恰好在其原生地。后期可能作为食物引进,这在罗马镶嵌画上有所展示。从 1790 年开始,现代种群被引进以供打猎,尤其是在萨福克郡。

北非石鸡(*Alectoris barbara*)

鹌鹑(*Coturnix coturnix*)

有 23 条记录,发现于得文思冰期的托伯恩洞穴,晚冰期的查德利裂隙、梅林洞穴,而后是新石器时代的匡特尼斯,铁器时代的布岛,罗马时代的弗洛塞斯特、格利特斯托顿、马克西、约克郡以及 10 条后来的记录。在爱尔兰,发现于纽荷尔洞穴、普克城堡洞穴(年代未定)、特里姆洞穴和阿莫伊。

环颈雉(*Phasianus colchicus*)

如果忽略掉一些罗马时期遗址发现的可疑记录,只计算从晚撒克逊时期到中世纪以及后续发现,共有约 58 条记录(见表 5.3)。

家鸡（*Gallus domesticus*）

驯养开始于距今 7 000 年的中国，大约在公元前 100 年的铁器时代晚期传到英国，从那时起开始变得常见和广泛分布。它们是最常见的鸟类，分布范围广泛（见表 5.1）。

珍珠鸡（*Numida meleagris*）

在非洲北部被罗马人熟知，但是英国并没有发现考古学证据。

蓝孔雀（*Pavo cristatus*）

一种印度鸟类，被罗马人所熟知。早期英国记录零散分布在罗马时期（波特切斯特、格利特斯托顿）和盎格鲁-诺曼时期（塞特福德、法科姆内特尔顿、约克郡）的遗址中，中世纪及以后的记录显著增加，总共有 35 条（见表 5.1）。

火鸡（*Meleagris gallopavo*）

正如根据关于其在 1530 年左右由美洲引进的历史记录推测的那样，中世纪晚期或后中世纪共有约 47 条记录（见表 5.1）。在那之前，仅有 5 条记录：这可能是"欺骗事件"，或者鉴定错误。

红喉潜鸟（*Gavia stellata*）

发现于 12 个遗址，最早的发现来自克罗默尔间冰期的曼兹利，然后是中石器时代的斯塔卡遗址，铁器时代的梅尔、斯卡洛韦，维京时代的贾尔索夫、斯凯尔。在爱尔兰，发现于纽荷尔洞穴和山顿洞穴（年代未定），中石器时代的桑德尔山，基督教时期的拉戈尔，以及稍晚的都柏林（伍兹码头）。

黑喉潜鸟（*Gavia arctica*）

在 6 个遗址中发现过，包括得文思冰期中期的针孔洞穴，中石器时代的艾农港洞穴，而后是新石器时代的帕帕韦斯特雷岛，罗马时期的布兰克斯特，中世纪的贝纳德城堡、埃克塞特，还有 1 条记录不能确定，可能是黑喉潜鸟或红喉潜鸟，来自维京时期的伯赛堡垒。

白嘴潜鸟（*Gavia immer*）

发现于新石器时代的帕帕韦斯特雷岛和诺特兰带之后的遗址

中,共有 18 条记录,超出预期。其中 10 条发现于北部遗址(大多数在奥克尼群岛),另外在铁器时代的梅尔,罗马时代的哈兰吉高地,撒克逊时期的南安普顿和波切斯特的 3 个层位上都有发现。爱尔兰有 1 条记录,来自年代未定的地下墓穴。

斑嘴巨䴙䴘(*Podilymbus podiceps*)

小䴙䴘(*Tachybaptus ruficollis*)

仅有 9 条记录,包括中石器时代的斯塔卡遗址,新石器时代的帕帕韦斯特雷岛,青铜时代的卡尔迪科特,铁器时代的梅尔、格拉斯顿伯里,后来的伦敦墙和诺威奇(城堡市场),另外还有 2 条爱尔兰地区的记录(纽荷尔洞穴和地下墓穴),年代未定。

凤头䴙䴘(*Podiceps cristatus*)

考古学记录较少,包括来自爱尔兰洞穴遗址年代未定的 4 条记录,然后还有中石器时代的斯塔卡遗址,铁器时代的梅尔,基督教时期的拉戈尔,中世纪的普尔和贝弗利,以及后来的林迪斯法恩。其在维多利亚时代的过度利用与之前严苛捕杀的证据并不相符。

赤颈䴙䴘(*Podiceps grisegena*)

报道于新石器时代的萨瑟兰郡的恩博。

角䴙䴘(*Podiceps auritus*)

铁器时代的豪岛和 10—11 世纪的贾尔索夫都有发现。

暴风鹱(*Fulmarus glacialis*)

历史上仅在 19 世纪的圣基尔达岛上发现过,而后在 20 世纪广泛分布于不列颠海岸。然而,从中石器时代的莫顿到新石器时代和铁器时代的大量北方遗址,尤其是在奥克尼群岛上有 20 条记录。可能由于人类的过度捕杀而濒临灭绝(见表 4.2)。

猛鹱(*Calonectris diomedea*)

仅有 1 条记录,发现于伊普斯威奇间冰期的培根洞,是南方或地中海地区物种,经常出现在英国西南部近海地区。这仅有的 1

条记录可能是早期的迷失鸟类,或者可能说明它在较温暖的时期曾在这里出现。

普通鹱(*Puffinus puffinus*)

有39条记录,发现于晚冰期的波特洞穴和大量的北方遗址,如新石器时代的帕帕韦斯特雷岛、诺特兰带,青铜时代的诺那岛、埃尔塞圆形巨塔,铁器时代的克罗斯柯克、斯堪尼斯、豪岛。还有一些发现于中世纪一些较高地位遗址(爱奥那岛、卡斯尔敦、哈特尔普尔、纽卡斯尔、朗斯顿和达德利城堡)。3条"某种海鸥"的记录(新石器时代的韦斯特雷、帕帕韦斯特雷岛,铁器时代的格拉斯顿伯里)可能是普通鹱。

灰鹱(*Puffinus griseus*)

发现于哈帕维洞穴(年代未定)和铁器时代的豪岛。体型比普通鹱(在豪岛也有发现)要大得多,因此鉴定结果比较可靠,但这一大西洋南部繁殖记录的意义尚不清楚。现在其在夏末会经常出现在英国海岸,因此这或许是暴风雨造成的?

暴风海燕(*Hydrobates pelagicus*)

仅发现于青铜时代的贾尔索夫。

白腰叉尾海燕(*Oceanodroma leucorrhoa*)

有2条记录,分别发现于新石器时代的匡特尼斯和诺斯时期的贾尔索夫。

佛得角圆尾鹱相似种(?)(*Pterodroma cf. feae*)

小型圆尾鹱属,发现于苏格兰群岛的3个遗址(北尤伊斯特的乌达尔,艾拉岛的基列兰农场,劳赛岛的布雷塔内斯),与佛得角圆尾鹱非常相似。所有的苏格兰遗址都属于铁器时代,但可能与英格兰的盎格鲁-撒克逊时代属于同一时期。同时发现的还有其他被吃掉的海鸟骨骼,因此推测其也被当做食物(见第六章)。

塘鹅(*Morus bassanus*)

体型和形态都十分特别的物种,有55条记录,大多和推测的一样,来自北部或岛屿遗址。晚冰期的帕维兰德,中石器时代的莫顿、里斯加和艾农港洞穴,中世纪的遗址都有发现(见表4.1)。但是,有一些发现,如中世纪的朗斯顿城堡和赫里福德的奥克汉普顿城堡,意味着一些内陆交易的存在。

普通鸬鹚(*Phalocrocorax carbo*)

历史记录良好,共81条,来自霍尔斯坦间冰期的天鹅谷,中石器时代的里斯加、莫顿;北方和沿海遗址非常常见,而且在内陆也是如此,如铁器时代的梅尔、格拉斯顿伯里、罗马石屋。另外还有5条不能确定是普通鸬鹚还是欧鸬鹚的记录,均在沿海遗址中发现。

欧鸬鹚(*Phalocrocorax aristotelis*)

同样记录丰富,有54条,尽管早期记录仅有1条(得文思冰期的肯特洞穴);然后是中石器时代的里斯加、莫顿、艾农港洞穴,新石器时代的科特角、诺特兰带、劳赛岛等。还有42个后期遗址。大多是沿海遗址,从设得兰群岛(贾尔索夫)到根西岛(都尔门坟茔),但是,如罗马石屋、中世纪的斯塔福德城堡的发现,说明可能在内陆有作为食物的交易存在。

侏鸬鹚(*Phalacrocorax pygmaeus*)

仅有1条记录,即15—16世纪在阿宾登发现的很有特点的掌骨(见表4.4)。现在其分布范围不会近于巴尔干半岛。那么这一记录是因为贸易,还是野生种,或者是宠物?

卷羽鹈鹕(*Pelecanus crispus*)

青铜时代和铁器时代在东安格利亚和萨默赛特的沼泽中繁殖,在那里留下了10条记录(见表4.4)。现在分布范围在巴尔干半岛之外。

麻鸦(*Botaurus stellaris*)

大约在21个遗址中有发现;从中石器时代的斯塔卡遗址,新石器时代的劳赛岛,经过青铜时代,再到中世纪都有详细的记录(见表4.4)。令人惊讶的是,除了已知的历史上的出现,爱尔兰并没有发现其考古学记录。

夜鹭（*Nycticorax nycticorax*）

仅有 2 条记录，分别为罗马时期的伦敦墙和后中世纪的皇家海军供应厂（表 4.4）。历史记录显示，在中世纪晚期，其经常被食用（也就是所谓的 Brewes。但究竟是进口的还是本地的仍未知）。

小白鹭（*Egretta garzetta*）

仅有 1 条大约是罗马时期的记录，来自伦敦墙。历史记录显示，这一物种在中世纪晚期经常被食用。1950 年之前的记录相当少，但之后的记录普遍增加，1996 年开始在英格兰繁殖，1997 年开始在爱尔兰繁殖。

苍鹭（*Ardea cinerea*）

体型大小和形态都很独特，再加上有针对性的狩猎，这一物种有很好的记录，共在 84 个遗址有发现。洞穴中发现的很少（得文思冰期的沃顿洞穴、含骨裂隙 C8、针孔洞穴），看起来没有中石器时代和新石器时代的记录，但是青铜时代（诺那岛、卡尔迪科特、贾尔索夫）及以后开始变得常见。中世纪中后期的高地位遗址中发现了大量标本（斯塔福德、贝纳德城堡、赫特福德城堡、奥克汉普顿城堡、法科姆、内瑟顿），可能暗示有鹰猎存在（见表 6.4）。

草鹭（*Ardea purpurea*）

白鹳（*Ciconia ciconia*）

有 10 条记录，来自伍尔斯顿冰期的托尔纽顿洞穴，得文思冰期中期到晚期的针孔洞穴、罗宾汉洞穴，青铜时代的诺那岛、贾尔索夫，铁器时代的霍尔藤山、龙比，罗马时代的西尔切斯特，撒克逊时期的伦敦（威斯敏斯特教堂）。中世纪只有 1 条记录，来自牛津（圣埃布斯），但是发现于莱斯特（小路）、博雷佩尔和普尔，被记录为"鹳科某种"的标本可能是白鹳。

黑鹳（*Ciconia nigra*）

这一林地独居物种有 2 条可能的记录，来自得文思冰期的托尔纽顿洞穴和猞猁洞穴。克卢伊德遗址，C^{14}测年结果为距今 2 945 年，虽然鉴定非常困难，但这可能是之前存在森林环境的有趣指示。

白琵鹭（*Platalea leucorodia*）

仅有 2 条记录，来自中世纪的赖辛堡和南安普顿（杜鹃路）。

蜂鹰（*Pernis apivorus*）

作为一种繁殖鸟类，数量相当稀少。曾经在英国中石器时代的森林里应该数量很多，但是没有任何考古学发现。是被忽视了还是真的不常见？（见表 3.5）

白尾海雕（*Haliaeetus albicilla*）

记录良好，与金雕相比，其分布广泛程度和数量都大得多。有 58 条记录，包括伍尔斯顿冰期的托尔纽顿洞穴，得文思冰期的士兵洞、沃顿洞穴、沃尔瑟姆斯托，中石器时代的斯基普西、艾农港洞穴。北部和西部的岛屿上发现了大量记录（艾斯比斯特、诺特兰带、爱奥那岛），最南边是铁器时代的梅尔、龙比，罗马时代的莱斯特。在爱尔兰，有新石器时代的戈尔湖、都柏林（达尔基岛），基督教时期的拉戈尔，中世纪的沃特福德、都柏林（伍兹码头）（见表 6.3 和 6.7）。

胡兀鹫（*Gypaetus barbatus*）

欧亚兀鹫（*Gyps fulvus*）

秃鹫（*Aegypius monachus*）

短趾雕（*Circaetus gallicus*）

白腹隼雕或靴隼雕（*Hieraaetus fasciatus/pennatus*）

这 2 个物种体型相似，有 1 条记录发现于塞姆裂缝，年代未定。

红鸢（*Milvus milvus*）

有 71 条记录，最早发现于伊普斯威奇间冰期的培根洞，冰期或晚冰期或中石器时代遗址中没有发现。发现于新石器时代的杜灵顿垣墙,铁器时代的梅尔、格拉斯顿伯里、代恩博里、豪岛及以后的遗址。罗马时代有 14 条,撒克逊时期有 8 条,中世纪或后中世纪有 40 条(见表 6.3),明显是对开阔田地和城镇发展的反应——食腐行为的出现? 在爱尔兰和 4 个都柏林的中世纪遗址中都有发现,另外还有邓德拉姆和后中世纪的罗斯克雷。

黑鸢(*Milvus nigra*)

这一体型稍小的物种并没有考古学证据发现,现在是一种罕见但规律出现的候鸟。

白头鹞(*Circus aeruginosus*)

仅有 15 条相对较晚的记录,包括铁器时代的梅尔、格拉斯顿伯里、霍尔藤山,撒克逊时期的弗利克斯伯勒、伦敦(威斯敏斯特教堂),中世纪的贝弗利、波特切斯特、法科姆、内瑟顿。在爱尔兰,发现于新石器时代到中世纪的戈尔湖、巴林德里和都柏林(表 4.4)。

白尾鹞(*Circus cyaneus*)

仅有 7 条记录,来自铁器时代的古萨哲万圣,撒克逊时期的奥斯莫鹰巢洞穴、西斯托和伊普斯威奇,中世纪的皇家海军供应厂以及都柏林的 2 条。

乌灰鹞(*Circus pygargus*)

发现于铁器时代的梅尔。体型明显小于白尾鹞,尤其是后肢骨骼,因此鉴定可信。

苍鹰(*Accipiter gentilis*)

大多发现于撒克逊—中世纪时期(44 条记录中的 23 条),但早期零散发现可追溯至晚冰期(针孔洞穴和罗宾汉洞穴),中石器时代(桑德尔山),新石器时代,铁器时代和罗马时代(见表 6.3)。

雀鹰(*Accipiter nisus*)

早期记录较少(晚冰期的士兵洞,中石器时代的艾农港洞穴),新石器时代—铁器时代没有记录,罗马时期的巴顿法院、博勒姆、科尔切斯特有所发现,然后45条记录中的38条发现于撒克逊时期及以后(见表6.3)。

普通鵟(*Buteo buteo*)

在111个考古遗址中有所发现。最早记录可能是沃顿洞穴,否则就是在晚冰期的洞穴遗址中罕见或缺失。其他还包括中石器时代的斯塔卡遗址、威顿磨坊,新石器时代的劳赛岛、韦斯特雷、帕帕韦斯特雷岛、诺特兰带。在铁器时代,罗马时代及以后数量更多,分布也更加广泛(见表3.5和6.3)。

毛脚鵟(*Buteo lagopus*)

仅有4条记录,发现于得文思冰期的针孔洞穴、塞姆裂缝(年代未定),铁器时代的豪岛和新石器时代的诺特兰带。其翅膀骨骼平均大于普通鵟,而后肢骨骼中跗蹠骨短小而股骨较长,所以基于保存良好的材料可以得到可信的鉴定结果。

金雕(*Aguila chrysaetos*)

仅有15条记录,其中的5条发现于晚冰期的洞穴遗址(罗宾汉洞穴、针孔洞穴、高夫古洞、猫洞、阿维林洞)以及后罗马时期的奥斯莫鹰巢洞穴。铁器时代的豪岛,基督教时期和中世纪的爱奥那岛,中世纪斯塔福德城堡的发现显示其较广泛的分布范围,但是所有的发现都来自高地或北部遗址。

鹗(*Pandion haliaetus*)

仅有7条记录,来自晚冰期的针孔洞穴和罗宾汉洞穴,铁器时代的梅尔,皮克特时期的巴克奎,中世纪都柏林的2个遗址和后中世纪的埃克塞特。

黄爪隼(*Falco naumanni*)

红隼(*Falco tinnunculus*)

有45条记录,是被人熟知的猛禽之一。考虑到其筑巢的习性,在很多洞穴中发现其遗迹也许并不意外。分别发现于伊普斯威奇间冰期和伍尔斯顿冰期的托尔纽顿洞穴,晚冰期的阿维林洞、梅林洞穴、道尔洞穴、罗宾汉洞穴、针孔洞穴,而后是中石器时代的恶魔山谷,新石器时代的诺特兰带、艾斯比斯特和道尔洞穴,以及后期的大量记录。

红脚隼(*Falco vespertinus*)

灰背隼(*Falco columbarius*)

有 10 条记录,来自晚冰期(士兵洞、罗宾汉洞穴、针孔洞穴、猫洞),然后是铁器时代的布岛、豪岛、诺斯的巴克奎,中世纪的林肯、科普特草地,以及年代未定的达尔富尔峭壁。

燕隼(*Falco subbuteo*)

仅有 3 条记录,来自伊普斯威奇间冰期的培根洞,晚冰期的高夫古洞以及中世纪的斯托尼米德尔顿。推测这一物种一直相当稀有,并不是鹰猎的主要物种,虽然有一些鹰猎者用其来狩猎云雀。

埃莉氏隼(*Falco eleanorae*)

游隼(*Falco peregrinus*)

大约有 26 条记录,来自晚冰期的阿维林洞和士兵洞,中石器时代的高夫洞穴、艾农港洞穴,然后是后来的遗址中的零散发现(铁器时代的巴林顿、代恩博里、梅尔、豪岛,罗马时代的海布里奇,撒克逊时期的拉姆斯伯里、伊普斯威奇,维京时代的贾尔索夫)。而后是中世纪或更晚时期的 13 个遗址,记录了其在鹰猎中使用的增加(见表6.3 和6.4)。

矛隼(*Falco rusticola*)

晚冰期波特洞穴的发现不能确定是矛隼还是游隼,中世纪的温彻斯特的皇家马厩中发现了 2 件标本,可能是外来的。

小田鸡/姬田鸡(*Porzana pusilla/parva*)

德比郡新石器时代泰德斯洛的发现是小型秧鸡的唯一记录。

斑胸田鸡(*Porzana porzana*)

有 4 条记录,来自塞姆裂缝(年代未定),新石器时代的帕帕韦斯特雷岛和铁器时代的布岛、豪岛。作为一个广泛分布但鲜有定居的湿地物种,其在从前比现在更加常见。

普通秧鸡(*Rallus aquaticus*)

有 25 条记录,包括晚冰期的梅林洞穴和塞姆裂缝(年代未定),中石器时代的里斯加、道尔洞穴,新石器时代的奥龙赛岛,铁器时代的斯凯尔、豪岛、古斯堪尼斯、梅尔,罗马时代的兰福德、罗克斯特、法利、卡利恩。其后只有 3 条记录,来自巴克奎(诺斯时期)、艾克堡(诺曼时期)和康贝城堡(后中世纪)。爱尔兰有 4 个年代未定的洞穴,分别是纽荷尔洞穴、爱丽丝洞穴、地下墓穴、巴恩提科洞穴。另外,铁器时代的纽格莱奇墓也有所发现。

长脚秧鸡(*Crex crex*)

在 24 个遗址中有所发现,范围从中石器时代的艾农港洞穴、恶魔山谷,到中世纪晚期的斯塔福德城堡。很多是北方或岛屿遗址,但是在别的地方也有发现,如罗马时期的科尔切斯特、拉兹顿、多尔切斯特,撒克逊时期的雷斯伯里,晚基督教时期的拉戈尔。7—8 世纪,在米斯郡的雷斯敦,这一物种比原鸡属更加常见。

黑水鸡(*Gallinula chloropus*)

在 33 个遗址中有发现,最早的记录可追溯至克罗默尔间冰期的韦斯特润通,后克罗默尔间冰期的博克斯格罗伍,伊普斯威奇间冰期的伦敦。其后在晚冰期的洞穴(针孔洞穴、罗宾汉洞穴),中石器时代的士兵洞,新石器时代的道尔洞穴都有发现,当然,后期遗址中也有零散发现(铁器时代的迪诺本、梅尔、豪岛,青铜时代的韦尔沼泽,罗马时代的林肯、赛伦塞斯特,撒克逊时期的西斯托,中世纪的诺威奇、牛津、斯塔福德和巴纳德城堡)。在爱尔兰,发现于地下墓穴、纽荷尔洞穴、普克城堡洞穴和拉戈尔。

白骨顶(*Fulica atra*)

丰富的 42 个遗址的记录,包括伊普斯威奇间冰期的克雷福德,晚冰期的梅林洞穴,中石器时代的桑德尔山。另外,铁器时代、罗马时代和中世纪的遗址中也有频繁发现。它们在秧鸡中体型大小独特,推测其被广泛食用。

灰鹤(*Grus grus*)

有 131 个遗址的良好记录。体型较大,具有独特的骨骼学特征,是一种流行的食物。晚冰期洞穴遗址中很少有或直接缺失(纽荷尔洞穴、地下墓穴,年代未定),发现于中石器时代的斯塔卡遗址、萨彻姆。新石器时代仅有 1 条记录,来自芒特普莱森特,在丰比角发现了其脚印,但在青铜时代以后,分布更加广泛(见表 6.5)。铁器时代的朗索普曾经发现的记录被认为是丹顶鹤,其实应该是一只体型较大的雄性灰鹤。

蓑羽鹤(*Anthropoides virgo*)

仅有 1 条记录,得文思冰期中期的针孔洞穴中发现了 1 枚不会被错认的喙。

小鸨(*Tetrax tetrax*)

仅有发现于得文思冰期的托尔纽顿洞穴的 1 条记录。在 1950年左右,它们经常作为流浪飞鸟出现,现在已经很罕见了。

大鸨(*Otis tarda*)

有丰富的历史记录,但是在考古学遗址中只有 5 条记录发现,其中的 3 条出现在晚冰期。罗马时期的菲斯伯恩的发现需要进一步确认,而晚中世纪贝纳德城堡发现的股骨是可信的(见第三章和第七章)。它们现在偶尔作为流浪飞鸟出现,正在试图重新引入。

蛎鹬(*Haematopus ostralegus*)

有 29 条记录,包括新石器时代的科特角、匡特尼斯、帕帕韦斯特雷岛和艾斯比斯特,青铜时代的麦豪,铁器时代的布岛、史前圆形石塔、斯凯尔,罗马时代的 4 个遗址,维京时代的 4 个遗址,撒克逊时期的 1 个遗址和中世纪及以后的 12 个遗址。晚些时候的记录良好,但在早期比较缺乏。

反嘴鹬(*Recurvirostra avosetta*)

仅有 2 条考古学记录,来自罗马时代的卡利恩和后中世纪的康贝城堡。

黑翅长脚鹬(*Himantopus himantopus*)

石鸻(*Burhinus oedicnemus*)

仅有来自青铜时代诺那岛的 1 条记录，但那里也可能并非原产地。

金眶鸻(*Charadrius dubius*)

剑鸻(*Charadrius hiaticula*)

仅有 8 条记录，来自晚冰期的查德利裂隙、针孔洞穴、沃顿洞穴、罗宾汉洞穴，新石器时代的奥龙赛岛，中世纪的瑞特尔、伦敦（格雷夫莱尔），但由于其体型大小与其他很多种小型涉禽相近，所以其发现数量可能被低估。

环颈鸻(*Charadrius alexandrinus*)

小嘴鸻(*Charadrius morinellus*)

金鸻(*Pluvialis apricaria*)

有 100 条记录，另外还有 16 条不能确定是金鸻还是灰斑鸻。丰富的记录证实其作为一种流行的食材，曾经大量存在，广泛分布。有少量的早期记录（如伊普斯威奇间冰期的培根洞，晚冰期的罗宾汉洞穴、针孔洞穴和因奇纳丹夫洞穴），但大部分来自罗马时代（30 条）和中世纪或后中世纪（38 条）。

灰斑鸻(*Pluvialis squatarola*)

有 29 条记录，来自晚冰期的针孔洞穴、罗宾汉洞穴、阿维林洞，中石器时代的恶魔山谷、因奇纳丹夫洞穴、艾农港洞穴，但大多来自罗马时代到中世纪的遗址。一些骨骼明显比金鸻长且细，因此鉴定结果应该是可靠的。发现并不局限于沿海遗址，如中世纪的林肯、伦敦贝纳德城堡和格雷夫莱尔，因此它们可能用于贸易。

凤头麦鸡(*Vanellus vanellus*)

有 78 条记录，包括晚冰期（查德利裂隙、高夫古洞、针孔洞穴、罗宾汉洞穴），中石器时代的斯塔卡遗址，新石器时代的恩博遗址、科特角、匡特尼斯,罗马时代的 11 个遗址,撒克逊时期的 7 个遗址,中世纪及以后的 35 个遗址。

红腹滨鹬(*Calidris canuta*)

在 18 个遗址中有所发现,包括得文思冰期的针孔洞穴,晚冰期的查德利裂隙、罗宾汉洞穴,中石器时代的恶魔山谷,新石器时代的韦斯特雷(科特角),青铜时代的诺那岛,罗马时代的洛杜努姆,以及一些中世纪和以后的遗址。

三趾鹬(*Calidris alba*)

仅发现于中世纪的赖辛堡,但与其他小型涉禽相区别无疑是十分困难的。

青脚滨鹬(*Calidris temminckii*)

斑胸滨鹬(*Calidris melanotos*)

弯嘴滨鹬(*Calidris ferruginea*)

紫滨鹬(*Calidris maritima*)

黑腹滨鹬(*Calidris alpina*)

有 18 条记录(另外还有 2 条记录,1 条不能确定是黑腹滨鹬还是剑鸻,1 条不能确定是黑腹滨鹬还是矶鹬),包括伊普斯威奇间冰期的培根洞、明钦洞,得文思冰期的托伯恩洞穴,中石器时代,铁器时代,罗马时代和中世纪。记录相当良好。也许是冬天最为常见的小型涉禽,但对其遗体的鉴定像鉴定生活期一样困难。

流苏鹬(*Philomachus pugnax*)

仅有 4 或 5 条记录,来自中石器时代的恶魔山谷,铁器时代的豪岛,青铜时代的诺那岛,中世纪的牛津(哈梅尔),以及不确定的中世纪波特切斯特的记录。

姬鹬(*Lymnocryptes minimus*)

有 6 条记录,来自得文思冰期的托伯恩洞穴,晚冰期的查德利裂隙、猫洞和梅林洞穴,然后是诺斯的巴克奎和中世纪的爱奥那岛。

扇尾沙锥（*Gallinago gallinago*）

有 69 条良好记录，早期记录较少（得文思冰期的针孔洞穴，晚冰期的柯克代尔洞穴、查德利裂隙，中石器时代的恶魔山谷）。从新石器时代（匡特尼斯、诺特兰带、科特角）开始变得更加常见；罗马时代有 11 处，撒克逊时期有 6 处，中世纪有 22 处，以及后来的 8 处遗址。这是否意味着一个北方物种随着农田的出现向南方扩散？或者是利用的增加？

斑腹沙锥（*Gallinago media*）

报道于克罗默尔间冰期晚期的韦斯特伯里-亚-门迪普。

丘鹬（*Scolopax rusticola*）

有 230 条记录，是出现最频繁的涉禽。它们独特而方便的体型大小、专门的狩猎技巧和食用价值都导致了这种情况的出现，但是说明这一物种至少曾经和现在一样常见。早期记录较少（晚冰期的猫洞，新石器时代的艾斯比斯特、杜灵顿垣墙），但是铁器时代以后开始变得常见。大部分发现于罗马时代（68 条）和中世纪及以后（119 条）。

斑尾塍鹬（*Limosa lapponica*）

这一曾经在这里繁殖，现在又回归的物种只有 6 条记录，包括晚冰期的士兵洞，新石器时代的匡特尼斯，罗马时代的科尔切斯特、巴恩斯利公园和中世纪的科尔切斯特、斯塔福德城堡。另外还有 8 条"某种塍鹬"的记录，也可能属于这一种或下面一种。它们大概位于同一时间和空间范围，虽然有一个有趣的发现来自青铜时代的诺那岛。

黑尾塍鹬（*Limosa limosa*）

有 19 条记录，来自晚冰期的查德利裂隙，然后直到铁器时代才再一次出现（斯卡洛韦）。另外罗马时代有 2 条（伊尔切斯特、科尔切斯特），撒克逊时期有 1 条（波特切斯特），中世纪及以后有 13 条。大多在英格兰东南部，除了斯卡洛韦和都柏林的伍兹码头。

中杓鹬（*Numenius phaeopus*）

有 14 条记录，但时间和空间上的分布都比较零散。包括得文思冰期的针孔洞穴、沃顿洞穴，晚冰期的查德利裂隙，铁器时代的克罗斯柯克，罗马时代的科尔切斯特、诺斯的巴克奎，中世纪的赖辛堡、卡斯尔敦（马恩岛），波特切斯特的林肯郡［福莱克森盖特有 3 个层位（撒克逊时期，中世纪，后中世纪）］。

大杓鹬（*Numenius arquata*）

可以预见，这一体型最大的涉禽会有很好的发现记录，共有 89 条。一些早期记录（晚冰期的阿维林洞、猫洞）直到新石器时代的劳赛岛、艾斯比斯特、帕帕韦斯特雷岛才再次发现，从铁器时代开始，经过罗马时期，撒克逊时期，尤其是中世纪，其数量和分布范围都有所增加。这说明，在罗马时代之前，其常见程度和分布程度都不是很高，可能反映了收割技术的改变。

红脚鹬（*Tringa totanus*）

仅有 23 条记录，最早来自新石器时代的诺特兰带，然后是青铜时代的诺那岛，4 条铁器时代，1 条罗马时代，2 条撒克逊遗址。中世纪高地位遗址中发现了许多记录（10 条，朗斯顿城堡、赖辛堡、巴纳德城堡、贝纳德城堡、波特切斯特、佩斯）。在爱尔兰，发现于爱丽丝洞穴和斯莱戈洞穴。

鹤鹬（*Tringa erythropus*）

仅有 2 条记录，分别来自新石器时代的帕帕韦斯特雷岛和中世纪伦敦的贝纳德城堡。

青脚鹬（*Tringa nebularia*）

有 11 条记录，从得文思冰期的针孔洞穴，到新石器时代的道尔洞穴、诺特兰带和匡特尼斯，铁器时代的布岛和豪岛，罗马时代的奥厄、上波倍克，撒克逊时期的西斯托、诺斯的巴克奎，再到中世纪伦敦的贝纳德城堡。另外还有 2 条不确定的青脚鹬或红脚鹬记录，发现于撒克逊时期和中世纪的贾罗。

白腰草鹬（*Tringa ochropus*）

有 10 条记录,从克罗默尔间冰期的韦斯特润通,晚冰期的梅林洞穴,中石器时代的恶魔山谷,到铁器时代的豪岛和罗马时代的兰福德,再到中世纪以及后来的埃克塞特、伦敦的贝纳德城堡和格雷夫莱尔。另外罗马时代的瓦登山还有 1 条不能确定是白腰草鹬还是翻石鹬的记录。

林鹬（*Tringa glareolus*）

矶鹬（*Actitis hypoleucos*）

斑腹矶鹬（*Actitis macularia*）

翻石鹬（*Arenaria interpres*）

有 14 条记录,发现于伊普斯威奇间冰期的培根洞,晚冰期的沃顿洞穴、罗宾汉洞穴、针孔洞穴,中石器时代的恶魔山谷、艾农港洞穴,新石器时代的帕帕韦斯特雷岛,青铜时代的贾尔索夫,铁器时代的豪岛、布岛,中世纪的巴纳德城堡、卡斯尔敦。时间上分布比较分散,大多在北方及沿海遗址。

红颈瓣蹼鹬（*Phalaropus lobatus*）

发现于铁器时代奥克尼群岛的布岛,在其现代分布范围内。

灰瓣蹼鹬（*Phalaropus fulicarius*）

发现于诺斯时代的巴克奎。

中贼鸥（*Stercorarius pomarinus*）

发现于诺斯时代的巴克奎。

北极贼鸥（*Stercorarius parasiticus*）

仅发现于劳赛岛,大约是后冰期,不能确定时代。

长尾贼鸥（*Stercorarius longicaudus*）

仅有 1 条记录,发现于得文思冰期中期的士兵洞。

大贼鸥（*Catharacta skua*）

仅有 3 条记录,可以预见,都在北方,包括新石器时代的帕帕韦斯特雷岛,铁器时代的布岛和维京时代的史前圆形石塔。

小鸥（*Larus minutus*）

仅发现于中世纪伦敦的贝纳德城堡。它们是穿越海岸的常规候鸟，曾 4 次尝试在这里繁殖，但都没有成功。

红嘴鸥（*Larus ridibundus*）

发现于克罗默尔间冰期的博克斯格罗伍，然后直到新石器时代的奥克尼群岛（匡特尼斯、诺特兰带）才再次出现。另外在铁器时代的豪岛、诺斯的巴克奎、贾尔索夫也有发现，但大多在中世纪的遗址。总共只有 18 条记录，与其如今的地位相比，数量过少。

海鸥（*Larus canus*）

发现状况稍好于红嘴鸥，有 26 条记录。晚冰期的沃顿洞穴、针孔洞穴、士兵洞，然后就是新石器时代（艾斯比斯特、诺特兰带），铁器时代（豪岛、佩尼兰德、庞德伯里）及以后。从地理分布来看，范围相当广，从波特切斯特到奥克尼群岛。

小黑背鸥（*Larus fuscus*）

有 10 条记录，发现于各种各样的遗址，包括晚冰期的普克城堡洞穴，新石器时代的诺特兰带和帕帕韦斯特雷岛，铁器时代的梅尔、豪岛，撒克逊时代的弗利克斯伯勒，维京时代的伯赛堡垒，中世纪的迪塞特城堡、贝特修道院和埃克塞特后期。但只从骨骼上看，其与银鸥很难区分。

银鸥（*Larus argentatus*）

发现于 25 个遗址，但从骨骼学形态上很难与小黑背鸥相区别，因此还有另外 36 条记录不能确定是这二者中的哪个。晚冰期只有 1 条记录（阿维林洞），另外也没有后冰期早期的记录。或许这是一个回归很晚的南方物种？中石器时代或新石器时代的费里特尔湾发现以后，其在时间和地理上的分布都增加了。

北极鸥（*Larus hyperboreus*）

与大黑背鸥在骨骼学特征上相似，据称有 2 条记录，分别为中世纪的爱奥那岛和青铜时代的迈特雷西岛、泽西岛。另外还有 6

条奥克尼群岛发现的记录不能确定是北极鸥还是大黑背鸥。

大黑背鸥（*Larus marinus*）

有 33 条记录，主要来自沿海遗址（但要注意之前的提示），可追溯至中石器时代的莫顿，但在铁器时代的梅尔，罗马时代的埃克塞特也有发现。

三趾鸥（*Rissa tridactyla*）

记录较少，发现于克罗默尔间冰期晚期的博克斯格罗伍，然后直到中石器时代的莫顿才再次出现，还有新石器时代和青铜时代的韦斯特雷（科特角、布岛），铁器时代（斯堪尼斯、斯卡洛韦、代恩博里、古萨哲万圣）。罗马时期和撒克逊时期没有发现；中世纪及后来发现了一些，包括埃克塞特、布伦特福德、约克，可能是用于交易。

白额燕鸥（*Sterna albifrons*）

白嘴端燕鸥（*Sterna sandvicensis*）

仅有 3 条记录，来自新石器时代的帕帕韦斯特雷岛、布岛和中世纪的伦敦（贝纳德城堡）。

红燕鸥（*Sterna dougallii*）

燕鸥（*Sterna hirundo*）

来自 5 个遗址的有限记录，但是时间跨度长，从晚冰期的梅林洞穴和中石器时代的里斯加到新石器时代的奥龙赛岛，罗马时代和撒克逊时代的波特切斯特。

北极燕鸥（*Sterna paradisaea*）

海鸠（*Uria aalge*）

在 66 个遗址中都有发现，另外还有 8 条记录不能确定是海鸠还是刀嘴海雀。最早的记录来自帕斯通间冰期的奇尔斯福德，然后是晚冰期的帕维兰德洞穴和查德利裂隙。中石器时代（莫顿、里斯加、费里特尔湾），新石器时代（恩博遗址、科特角、劳赛岛、诺特兰带、匡特尼斯、奥龙赛岛）及以后的发现更多。大多是沿海遗址，特别是在北方。盎格鲁-斯堪的纳维亚和中世纪约克郡的 3 条记录说明内陆可能有交易存在。

刀嘴海雀（*Alca torda*）

发现于 40 个遗址，来自帕斯通间冰期的巴克顿，伊普斯威奇间冰期的明钦洞、培根洞；令人惊讶的是，在晚冰期没有发现其遗迹，然后在中石器时代（里斯加、莫顿、艾农港洞穴），新石器时代（奥龙赛岛、科特角、诺特兰带）以及后来的遗址中又再次出现。分布的最南端在泽西岛（青铜时代的迈特雷西岛）和根西岛（都尔门坟茔，年代未定）。大多是沿海遗址，尤其是北边和西边的岛屿，但约克郡发现的 3 条记录说明有交易的存在，而青铜时代的韦尔沼泽的发现可能是遇到意外的鸟。

大海雀（*Pinguinus impennis*）

记录相对良好，可追溯至克罗默尔间冰期的博克斯格罗伍和晚冰期泽西岛的圣布雷拉德湾。有 40 条记录，大多发现于新石器时代至铁器时代（21 条），后来记录变少。在北方遗址中常见，尤其是在岛屿，分布最南端到罗马时期的锡利群岛的哈兰吉高地（见表 7.3）。

黑海鸽（*Cepphus grylle*）

发现于 11 个遗址，从晚冰期的洞穴（针孔洞穴、罗宾汉洞穴）到新石器时代至维京时代的奥克尼群岛上的一些遗址（帕帕韦斯特雷岛、布岛、豪岛、巴克奎），分布最南到罗马时期的法利。

小海雀（*Alle alle*）

对一个体型较小且不被人所熟悉的物种来说，已经算是记录丰富，有 24 条，从晚冰期的查德利裂隙、猫洞和梅林洞穴，经过中石器时代的因奇纳丹夫洞穴、艾农港洞穴，到新石器时代的 3 个遗址，铁器时代的 7 个遗址，所有的都在北部或西部的岛屿。其后记录较少（皮克特时期的巴克奎，维京时期的史前圆形石塔、斯凯尔和后中世纪的林迪斯法恩）。是受暴风雨影响而来，或者这一出现频率暗示其曾在这里繁殖？现代这一物种最近的繁殖地在北边的冰岛,但应该是从南方的繁殖范围回退到那里的。

北极海鹦(*Fratercula arctica*)

发现于 35 个遗址,大多位于沿海和北方,包括 5 个晚冰期洞穴(查德利裂隙、波特洞穴、针孔洞穴、罗宾汉洞穴、克雷格南欧马普);中石器时代的艾农港洞穴、莫顿、因奇纳丹夫洞穴;后来的遗址多数在奥克尼群岛、设得兰群岛,另外还有罗马时期的法利,16 世纪的赖辛堡。

毛腿沙鸡(*Syrrhaptes paradoxus*)

原鸽(*Columba livia*)

从骨骼学上基本不可能将原鸽与驯养的鸽子区别开来,与欧鸽也很难区别。总计有 70 条记录。历史证据显示,罗马人已经开始驯养鸽子。大量发现(见表 5.1)暗示,他们可能将其带到英国,但是历史记录显示,鸽房是由诺曼人引进的。

欧鸽(*Columba oenas*)

报道于 48 个遗址,始于晚冰期的查德利裂隙、针孔洞穴、梅林洞穴、罗宾汉洞穴。罗马时期(18 个)和中世纪(13 个)遗址中常见。但要注意前面提到的问题。

斑尾林鸽(*Columba palumbus*)

鸽属中记录最好的物种,有 86 条。最早的记录来自霍尔斯坦间冰期的巴纳姆及一些晚冰期(针孔洞穴、波特洞穴)和中石器时代(艾农港洞穴)的洞穴。大多来自罗马时期(17 个),撒克逊时期(10 个)和中世纪(37 个)遗址(见表 5.1,鸽子的总记录)。

原生欧斑鸠(*Streptopelia turtur*)

仅有 2 条记录,来自晚冰期的针孔洞穴和罗马时代的斯坦斯。

灰斑鸠(*Streptopelia decaocto*)

家养环鸽(*Streptopelia risoria*)

红领绿鹦鹉(*Psittacula krameri*)

大杜鹃(*Cuculus canorus*)

仅有罗马时期的埃克塞特发现的 1 条考古学记录。骨骼形态独特,但并不是一种容易被发现的鸟类(既不是食物,也不是食腐者)。其盎格鲁-撒克逊语的名字是 geac,在乔叟时期,被 cuckoo 所取代,成了杜鹃的曾用名。

仓鸮(*Tyto alba*)

有很好的 43 条记录,来自晚冰期的洞穴(罗宾汉洞穴、猫洞、针孔洞穴、因奇纳丹夫洞穴)和大量新石器时代,罗马时代及以后的遗址。中石器时代没有发现(由于森林太多,或者遗址太少?),爱尔兰的记录来自地下墓穴和拉戈尔。

雪鸮(*Bubo scandiaca*)

令人惊讶的是,尽管有大量的关于旅鼠以及这一物种的记录,如法国的洞穴遗址,但在英国,该物种的确切记录仅有 1 条,来自得文思冰期的肯特洞穴。

雕鸮(*Bubo bubo*)

不超过 10 条记录,但历史悠久,开始于帕斯通间冰期的伊斯特润通,霍尔斯坦间冰期的天鹅谷,伍尔斯顿冰期的托尔纽顿洞穴,然后是晚冰期的兰加斯洞穴、奥斯莫洞穴和梅林洞穴。这一物种近代本土物种的地位被中石器时代的恶魔山谷,也许还有铁器时代的梅尔的发现所证明(见表 3.1)。现存的可繁殖的一两对可能是逃跑的笼养鸟。

鹰鸮(*Surnia ulula*)

2 条晚冰期的记录,来自威尔峭壁上的针孔洞穴和罗宾汉洞穴。

纵纹腹小鸮(*Athene noctua*)

这一大体上欧洲南部分布物种的 1 条可信的早期记录来自克罗默尔间冰期晚期的韦斯特伯里,而后 2 条稍晚的记录,来自晚冰期的查德利裂隙的阿维林洞,需要确认。或许存在被欺骗或错误鉴定的情况。现在的种群来自 19 世纪 70—80 年代引进的种群。

灰林鸮（*Strix aluco*）

28 条记录的时间分布有些怪异,分别为克罗默尔间冰期晚期的博克斯格罗伍,得文思冰期或晚冰期的兰加斯洞穴、针孔洞穴、罗宾汉洞穴和奥斯莫洞穴,中石器时代的恶魔山谷、威顿磨坊,铁器时代的豪岛、道尔洞穴、斯劳特福德。罗马时代和撒克逊时代早期并没有其记录,撒克逊时代后期有 3 条(法科姆、内瑟顿、弗利克斯伯勒),中世纪或以后有 12 条。是在打猎或鹰猎中,被作为诱饵?

长尾林鸮（*Strix uralensis*）

长耳鸮（*Asio otus*）

仅有 4 条记录,来自晚冰期的士兵洞,铁器时代的代恩博里,罗马时代的罗克斯特和年代未定的蒂斯代尔洞穴。与短耳鸮在骨骼学特征上很难区分。爱尔兰 1 条可能的记录(耳鸮属某种)来自中世纪的巴尔特拉斯纳。

短耳鸮（*Asio flammeus*）

有 17 条记录,包括克罗默尔间冰期晚期的韦斯特伯里和 8 条冰期或晚冰期洞穴(如针孔洞穴、罗宾汉洞穴、梅林洞穴、道尔洞穴、阿维林洞和士兵洞)的记录,当时有着适宜旅鼠存在的开放环境。而后的发现,大多来自北方遗址,包括新石器时代的艾斯比斯特、诺特兰带,青铜时代的汉德罗石堆,铁器时代的斯凯尔,后罗马时期的奥斯莫鹰巢洞穴,以及诺斯时期的约克郡(科珀盖特)。爱尔兰没有确定的记录。

鬼鸮（*Aegolius funereus*）

北方物种,有 2 条晚冰期的记录,来自克瑞斯威尔峭壁的针孔洞穴和罗宾汉洞穴。

欧夜鹰（*Caprimulgus europaeus*）

1 条记录来自晚冰期的梅林洞穴,还有 1 条来自基督教早期米斯郡的雷斯敦。

普通楼燕(*Apus apus*)

仅有 5 条记录,来自克罗默尔间冰期晚期的博克斯格罗伍,晚冰期的沃顿洞穴,罗马时代的温特伯恩,中世纪的斯托尼米德尔顿、坎特伯雷大教堂。这一物种主要在古树的树洞中筑巢(像在比亚沃维耶扎一样),不太容易形成化石。

高山雨燕(*Apus melba*)

仅有 1 条得文思冰期中期的记录,来自针孔洞穴,是毫无疑问不会被错认的较大的腕掌骨和跗蹠骨。

翠鸟(*Alcedo atthis*)

仅有 2 条记录,来自得文思冰期的针孔洞穴和晚冰期的梅林洞穴。

黄喉蜂虎(*Merops apiaster*)

戴胜(*Upupa epops*)

蚁䴕(*Jynx torquilla*)

仅有 2 条记录,来自新石器时代的匡特尼斯和 6—7 世纪米斯郡的雷斯敦。

欧洲绿啄木鸟(*Picus viridis*)

仅有 2 条记录,来自晚冰期的洞穴——海乌姆山谷和梅林洞穴。

灰头绿啄木鸟(*Picus canus*)

大斑啄木鸟(*Dendrocopos major*)

仅有 9 条记录,全部来自洞穴遗址。其中的 6 条大概来自晚冰期(查德利裂隙、高夫古洞、道尔洞穴、兰加斯洞穴、针孔洞穴、罗宾汉洞穴);然后是新石器时代的狐狸洞;还有 2 条非常重要的爱尔兰的记录——爱丽丝洞穴和纽荷尔洞穴,其中一个的 C^{14} 测年结果为青铜时代。

小斑啄木鸟(*Dendrocopos minor*)

仅有 2 条记录,来自晚冰期德比郡克瑞斯威尔峭壁上的针孔洞穴和罗宾汉洞穴。

白背啄木鸟（*Dendrocopos leucotos*）

三趾啄木鸟（*Picoides tridactylus*）

黑啄木鸟（*Dryocopus martius*）

草原百灵（*Melanocorypha calandra*）

乔叟提到过，但推测源于法国，或是基于在法国的经历。

凤头百灵（*Galerida cristata*）

发现于5个洞穴遗址，很可能都属于晚冰期（塞姆裂缝、查德利裂隙、托伯恩洞穴、哈帕维洞穴、梅林洞穴）以及中世纪的波特切斯特。考虑到这一物种在海峡南边的丰度，很奇怪在现代还从没有移居到这里，而且只有16例流浪飞鸟报告。其本质上是一种定栖鸟类，但如果气候变化，推测可能会成为移居种。

欧亚云雀（*Alauda arvensis*）

记录丰富，发现于54个遗址，从伊普斯威奇间冰期的培根洞和明钦洞，得文思冰期的桥接式洞穴庇护所、托伯恩洞穴和托尔纽顿洞穴，到晚冰期的洞穴，如针孔洞穴，罗宾汉洞穴和梅林洞穴。中石器时代的森林中可能没有它的身影，但在新石器时代（匡特尼斯、帕帕韦斯特雷岛、狐狸洞）又再次出现，然后是中世纪（罗合、巴纳德城堡和拉姆尼城堡）及以后［约克郡的埃克塞特（阿尔德瓦克、咖啡场）］（见表3.6）。

木百灵（*Lullula arborea*）

有4条记录，发现于得文思冰期的针孔洞穴，罗马时代的汉布尔登，后罗马时代的奥斯莫鹰巢和中世纪的波特切斯特。

角百灵（*Eremophila alpestris*）

有2条记录，来自晚冰期的查德利裂隙和塞姆裂缝（年代未定，可能近似），可能曾经在当时是一种繁殖鸟类。

灰沙燕（*Riparia riparia*）

仅在青铜或铁器时代的索尔兹伯里平原上的威尔斯福德沙洲

发现过。

岩燕（*Ptyonoprogne rupestris*）

发现于克瑞斯威尔峭壁上的 3 个晚冰期洞穴遗址，即罗宾汉洞穴、针孔洞穴和含骨裂隙 C8。这一南方物种在近代只有 4 条记录，可能是因为晚冰期环境开阔，更加温暖。

家燕（*Hirundo rustica*）

有 22 条记录，来自克罗默尔间冰期晚期的韦斯特伯里，伊普斯威奇间冰期的培根洞，得文思冰期的针孔洞穴、托伯恩洞穴、含骨裂隙 C8、晚冰期的罗宾汉洞穴、梅林洞穴。在后冰期，从新石器时代的卡丁米尔、诺特兰带，铁器时代的威尔斯福德沙洲、豪岛，罗马时代的赛伦塞斯特、替丁顿，到撒克逊时期的约克郡费希尔门、奥斯莫鹰巢都有发现。与建筑相比，在（早期的）洞穴遗址中更加常见，可能是记录偏差。

白腹毛脚燕（*Delichon urbica*）

仅有 5 条记录，包括年代未定的纽荷尔洞穴，新石器时代的道尔洞穴，后罗马时期的奥斯莫鹰巢，撒克逊时期的约克郡费希尔门，以及 16—17 世纪的海军供应厂。它是一种在峭壁上筑巢的物种，可能曾被认为应该更常见于大口径洞穴。

澳洲鹨（*Anthus novaeseelandiae*）

发现于晚冰期的阿维林洞，它们似乎是生存于开阔苔原环境的物种。

林鹨（*Anthus trivialis*）

仅有 4 条记录，来自伊普斯威奇间冰期的托尔纽顿洞穴，晚冰期的查德利裂隙，铁器时代的布岛，后罗马时代的奥斯莫鹰巢。

草地鹨（*Anthus pratensis*）

仅有 15 条记录，大多来自得文思冰期或晚冰期洞穴（海乌姆山谷、针孔洞穴、罗宾汉洞穴、兰加斯洞穴、尼尔洞穴、含骨裂隙 C8），还有撒克逊时期的刘易斯、伊普斯威奇，中世纪的特里斯灵顿。

石鹨（*Anthus petrosus*）

仅发现于 4 个洞穴，晚冰期的查德利裂隙、阿维林洞、兰加斯洞穴和中石器时代的艾农港洞穴，以及中世纪的波特切斯特（水鹨）。

黄鹡鸰（*Motacilla flava*）

发现于塞姆裂缝，年代未定。

灰鹡鸰（*Motacilla cinerea*）

发现于晚冰期的查德利裂隙和后罗马时期的奥斯莫鹰巢。

白鹡鸰（*Motacilla alba*）

发现于 7 个遗址，大多是洞穴，包括晚冰期的梅林洞穴、查德利裂隙、阿维林洞、年代未定的塞姆裂缝，中石器时代的艾农港洞穴，以及铁器时代的布岛、纽格莱奇墓。

太平鸟（*Bombycilla garrulus*）

仅有 2 条记录，来自得文思冰期的针孔洞穴和铁器时代的豪岛。

河乌（*Cinclus cinclus*）

仅有 7 条亚化石记录，大多来自晚冰期的洞穴遗址（罗宾汉洞穴、针孔洞穴、托伯恩洞穴、梅林洞穴、查德利裂隙，还有泽西岛的圣布雷拉德湾）和新石器时代的道尔洞穴。

鹪鹩（*Troglodytes troglodytes*）

有 16 条分散的记录，从晚冰期的洞穴（针孔洞穴、罗宾汉洞穴、查德利裂隙），中石器时代的黑泽尔顿长石堆，新石器时代的匡特尼斯、道尔洞穴，青铜时代的博里克，铁器时代的豪岛，到罗马时代的法利、凯尔文特、温特伯恩，撒克逊时代的雷斯伯里、约克郡费希尔门和中世纪的特里斯灵顿。

林岩鹨（*Prunella modularis*）

来自罗马时代的博多斯沃德的 1 条记录，被记为岩鹨属，但不太可能是其他种。在 18 个遗址中有过报道，包括克罗默尔间冰期的博克斯格罗伍，晚冰期洞穴遗址（阿维林洞、士兵洞、梅林洞穴、针孔洞穴、罗宾汉洞穴）和一些分散的后期的记录。撒克逊语中的另一个名字 dunnock 的存在说明其很早就被识别出。乔叟称之为 heysoge，而莎士比亚称其为 hedgesparrow，认为它是布谷鸟的主人。

欧亚鸲（*Erithacus rubecula*）

这一独特的长腿鸣禽有 28 条记录，大多来自冰期或后冰期的洞穴遗址，包括托伯恩洞穴、锄头田庄、兰加斯洞穴、针孔洞穴、罗宾汉洞穴、查德利裂隙、阿维林洞或者更晚的洞穴遗址，如中石器时代的威顿磨坊，新石器时代的狐狸洞、道尔洞穴，后罗马时期的奥斯莫鹰巢，罗马时期的弗洛塞斯特、多尔切斯特、凯尔文特，中世纪伦敦的格雷夫莱尔，后来约克郡的圣劳伦斯。

蓝喉歌鸲（*Luscinia suecica*）

新疆歌鸲（*Luscinia megarhynchos*）

有 2 条记录，来自晚冰期的兰加斯洞穴和查德利裂隙。

欧亚红尾鸲（*Phoenicurus phoenicurus*）

有 9 条记录，大多来自洞穴遗址（可能更容易保存？因为基本不是偏好的栖息地）。大多来自晚冰期（罗宾汉洞穴、阿维林洞、针孔洞穴、查德利裂隙），另外还有中石器时代的威顿磨坊，新石器时代的道尔洞穴；2 条非洞穴遗址记录是铁器时代的邓莫尔瓦尔和中世纪的巴纳德城堡。

野鹟（*Saxicola rubetra*）

报道于 6 个遗址，大多是晚冰期的洞穴（针孔洞穴、罗宾汉洞穴、梅林洞穴、阿维林洞），还有斯莱戈洞穴（年代未定）和后罗马时期的奥斯莫鹰巢。另外还有 8 条某种鹟的记录，很可能是这一种或下一种，大多来自晚冰期的洞穴，中石器时代和新石器时代的道尔洞穴，以及新石器时代的匡特尼斯。

黑喉石䳭（*Saxicola torquata*）

麦䳭（*Oenanthe oenanthe*）

有 14 条记录,大多是洞穴遗址,包括伊普斯威奇间冰期的培根洞,冰期或晚冰期的沃顿洞穴、罗宾汉洞穴、查德利裂隙、梅林洞穴、兰加斯洞穴、塞姆裂缝,中石器时代的艾农港洞穴。还有新石器时代的道尔洞穴、匡特尼斯、诺特兰带,铁器时代的格拉斯顿伯里,后罗马时代的奥斯莫鹰巢。

环颈鸫（*Turdus torquatus*）

仅有 11 条记录,大多来自洞穴,包括晚冰期的罗宾汉洞穴、针孔洞穴、海乌姆山谷、梅林洞穴、士兵洞,以及新石器时代的道尔洞穴,后罗马时期的奥斯莫鹰巢,年代未定的哈撒韦。其他地点还有新石器时代的匡特尼斯,铁器时代的豪岛。

乌鸫（*Turdus merula*）

考古学遗址中最常见的雀形目之一,同时反映了其普遍性和食用价值。至少有 85 条记录,最早是克罗默尔间冰期的韦斯特润通,然后晚冰期的洞穴(道尔洞穴、猫洞、梅林洞穴、罗宾汉洞穴)和中石器时代(恶魔山谷、威顿磨坊、狗洞裂隙)都有发现。罗马时代和中世纪的遗址中有大量发现。还有一些记录不能确认是乌鸫还是田鸫(斯塔福德城堡),其与相似种很难区分。另外有 13 条记录不能辨认是乌鸫还是环颈鸫,其中大部分来自晚冰期的洞穴遗址。在爱尔兰,一些年代未定的洞穴遗址中有一些发现,另外还有铁器时代在纽格莱奇墓和达尔基岛上的遗址。

田鸫（*Turdus pilaris*）

据称发现于 34 个遗址,但鉴定结果很少得到解释。至少有 9 条晚冰期的记录(阿维林洞、针孔洞穴、士兵洞等),经过中石器时代(艾农港洞穴、高夫洞下层),新石器时代(道尔洞穴),铁器时代(多尔切斯特、豪岛),到中世纪的阿宾登、赫特福德城堡。

欧歌鸫（*Turdus philomelos*）

有 66 条记录，从始至终数量众多，从晚冰期（如高夫洞下层、罗宾汉洞穴、梅林洞穴、士兵洞和阿维林洞），中石器时代的威顿磨坊，到新石器时代的道尔洞穴、格兰姆斯燧石矿井、匡特尼斯、芒特普莱森特。铁器时代还有 7 条，罗马时代有 9 条，撒克逊时期有 3 条，中世纪及以后有 13 条。在爱尔兰，发现于一些年代未定的洞穴遗址（斯莱戈洞穴、纽荷尔洞穴、巴恩提科洞穴等），以及中石器时代的桑德尔山和铁器时代的纽格莱奇墓。另外还有 91 条"鸫类"的记录，说明了这一属的鉴定困难。

白眉歌鸫（*Turdus iliacus*）

有 50 条记录，另外还有 12 条不能确定是白眉歌鸫还是欧歌鸫。发现于 12 个得文思冰期或晚冰期洞穴（如沃顿洞穴、针孔洞穴、罗宾汉洞穴、猫洞、查德利裂隙），新石器时代的匡特尼斯、道尔洞穴，铁器时代的代恩博里、斯劳特福德。在一些后来的较高地位的遗址（如罗马时期的乌莱神社、赛伦塞斯特、沙基奥克、科尔切斯特，撒克逊时期的南安普顿，中世纪的迪思文城堡和赖辛堡）中也有发现，推测用于食用。

槲鸫（*Turdus viscivorus*）

归功于大小独特的体型，可能还因为具有食用价值，这一物种记录丰富，报道于 42 个遗址。从大量的晚冰期洞穴（如梅林洞穴、阿维林洞、罗宾汉洞穴、针孔洞穴、尼尔洞穴），中石器时代的恶魔山谷、艾农港洞穴，新石器时代的格兰姆斯燧石矿井、泰德斯洛、芒特普莱森特，铁器时代的布岛、豪岛，罗马时期的科尔切斯特、弗洛塞斯特、丘谷，到中世纪伦敦的格雷夫莱尔。在爱尔兰，发现于年代未定的普克城堡洞穴和爱丽丝洞穴，铁器时代的斯莱戈洞穴，新石器时代的纽格莱奇墓。

宽尾树莺（*Cettia cetti*）

棕扇尾莺（*Cisticola juncidis*）

鸲蝗莺（*Locustella luscinoides*）

水蒲苇莺（*Acrocephalus schoenobaenus*）

仅有 1 条记录，发现于晚冰期的阿维林洞，尽管那里并不像是其适合的气候和栖息地。

波纹林莺（*Sylvia undata*）

白喉林莺（*Sylvia curruca*）

发现于铁器时代的布岛。

灰白喉林莺（*Sylvia communis*）

发现于晚冰期的查德利裂隙和后罗马时期的奥斯莫鹰巢洞穴。

园林莺（*Sylvia borin*）

发现于霍尔斯坦间冰期的天鹅谷和中世纪伦敦的格雷夫莱尔。

黑顶林莺（*Sylvia atricapilla*）

不太清楚体型相似的莺属各成员是否能依靠骨骼得到可靠的鉴定，但有来自晚冰期洞穴遗址的 6 条记录（针孔洞穴、罗宾汉洞穴、阿维林洞、尼尔洞穴、狗洞裂隙、海乌姆山谷）。

林柳莺（*Phylloscopus sibilatrix*）

棕柳莺（*Phylloscopus collybita*）

欧柳莺（*Phylloscopus trochilus*）

戴菊（*Regulus regulus*）

有 3 条可能的记录，来自晚冰期的猫洞和新石器时代的匡特尼斯、道尔洞穴。考虑到其体型，鉴定结果可能是正确的（不能排除火冠戴菊的可能性），但这些记录可能更多反映了挖掘者的能力而不是这一物种的历史生态。

火冠戴菊（*Regulus ignicapillus*）

斑鹟（*Muscicapa striata*）

发现于得文思冰期的托伯恩洞穴，中石器时代的威顿磨坊岩棚和后罗马时代的奥斯莫鹰巢。

斑姬鹟（*Ficedula hypoleuca*）

白领姬鹟（*Ficedula albicollis*）

文须雀（*Panurus biarmicus*）

银喉长尾山雀（*Aegithalos caudatus*）

有 4 条记录，发现于 3 个晚冰期的洞穴，位于德比郡或诺丁汉郡边缘（针孔洞穴、罗宾汉洞穴、含骨裂隙 C8）和中石器时代的狗洞裂隙。

沼泽山雀（*Poecile palustris*）

褐头山雀（*Poecile montanus*）

煤山雀（*Periparus ater*）

据称有 1 条记录，发现于晚冰期的查德利裂隙。

蓝山雀（*Cyanistes caeruleus*）

记录很少，只有 3 条，包括新石器时代的道尔洞穴，后罗马时代的奥斯莫鹰巢和中世纪的巴纳德城堡。体型很小，不容易被发现，而且容易与其他山雀科成员相混淆。

大山雀（*Parus major*）

有 18 条记录，大部分来自洞穴遗址，包括晚冰期的 11 处（如海乌姆山谷、查德利裂隙、罗宾汉洞穴），而后是中石器时代的道尔洞穴、威顿磨坊，铁器时代的豪岛，罗马时代的山谷湖。

凤头山雀（*Parus cristatus*）

普通䴓（*Sitta europaea*）

发现于 9 个遗址，包括克罗默尔间冰期的韦斯特润通，得文思冰期的兰加斯洞穴和含骨裂隙 C8，晚冰期的针孔洞穴、罗宾汉洞穴、梅林洞穴、阿维林洞和查德利裂隙，以及新石器时代的狐狸洞。

旋木雀（*Certhia familiaris*）

仅有 3 条记录，来自晚冰期的查德利裂隙，中石器时代的威顿磨坊和后罗马时代的奥斯莫鹰巢。

短趾旋木雀（*Certhia brachydactyla*）

金黄鹂（*Oriolus oriolus*）

红背伯劳（*Lanius collurio*）

发现于塞姆裂缝（年代未定）和新石器时代的道尔洞穴。铁器时代的代恩博里，中世纪的朗斯顿城堡发现的不能确定的"某种伯劳"可能是这一种。

灰伯劳（*Lanius excubitor*）

来自晚冰期的查德利裂隙；另外据称还发现于新石器时代的道尔洞穴，但其实应该是红背伯劳。可能发现于新石器时代的豪岛（被记录为不确定的伯劳科或鸫科）和罗马时期的科尔切斯特（记录为"灰伯劳"）。《舍伯恩弥撒》中的画像以及乔叟的提及说明，至少从中世纪开始，其如果不是常见的越冬鸟类，那便是较为容易识别的。

松鸦（*Garrulus glandarius*）

有 43 条记录（还有弗利克斯伯勒的 1 条记录，不能确定是松鸦还是喜鹊），来自克罗默尔间冰期的韦斯特润通，晚冰期的洞穴（针孔洞穴、罗宾汉洞穴、士兵洞、查德利裂隙），中石器时代（威顿磨坊、恶魔山谷）及后来的遗址。在南方分布，最北不超过约克郡；苏格兰没有发现。在爱尔兰，发现于年代未定的地下墓穴、斯莱戈洞穴和纽荷尔洞穴，以及铁器时代的巴林德里人工岛，中世纪的都柏林。

北噪鸦（*Perisoreus infaustus*）

喜鹊（*Pica pica*）

有 46 条记录，范围从晚冰期（如针孔洞穴、罗宾汉洞穴、士兵洞、猫洞、梅林洞穴），经过新石器时代的狐狸洞，罗马时代（如乌莱、罗克斯特、班克罗夫特别墅）到中世纪（如南特威奇、刘易斯、斯托尼米德尔顿）。在爱尔兰，发现于年代未定的遗址（如普克城堡洞穴、地下墓穴、纽荷尔洞穴、爱丽丝洞穴）和中世纪后期的约翰斯顿。

灰喜鹊（*Cyanopicus cyanus*）

星鸦（*Nucifraga caryocatactes*）

有 1 条记录，来自晚冰期的罗宾汉洞穴。

红嘴山鸦（*Pyrrhocorax pyrrhocorax*）

少且零散分布的 15 条记录，从伊普斯威奇间冰期的柯克代尔洞穴，晚冰期的帕维兰德洞穴、高夫古洞、猫洞和查德利裂隙，中石器时代的艾农港洞穴，铁器时代的布岛到中世纪的埃克塞特。在爱尔兰，发现于拉戈尔，罗马时代马恩岛的佩韦克湾和卡斯尔敦（17 世纪）。

黄嘴山鸦（*Pyrrhocorax graculus*）

寒鸦（*Corvus monedula*）

记录丰富，有 177 条，另外还有 14 条不能确定，包括寒鸦或松鸦（1 条），寒鸦或喜鹊（12 条）以及寒鸦或山鸦（1 条）。大量记录发现于晚冰期洞穴（阿维林洞、士兵洞、奥斯莫洞穴、梅林洞穴），中石器时代（狗洞裂隙）和新石器时代（狐狸洞）较少，罗马时代和中世纪遗址中常见。早期苏格兰岛和沿海遗址中没有发现。

秃鼻乌鸦（*Corvus frugilegus*）

47 条记录中的大部分来自晚期遗址，只有 2 条来自晚冰期（针孔洞穴、阿维林洞），没有中石器时代和新石器时代的记录。随着农业进步，该物种变得更加常见，包括铁器时代的梅尔、代恩博里、班伯里、桑顿戴尔，以及 17 条罗马时代，20 条撒克逊时代至中世纪及以后的记录。

小嘴乌鸦（*Corvus corone*）

有 22 条记录，包括得文思冰期的托尔纽顿洞穴，然后是铁器时代的 3 条（格拉斯顿伯里、邓莫尔瓦尔、斯堪尼斯），罗马时代的 9 条，中世纪的 4 条。它们是具有象征意义或是被食用不得而知。另外还有 3 条小嘴乌鸦或冠小嘴乌鸦的记录，这 2 个物种不太可能从骨骼学上区分。另外 78 条"鸦科某种"的记录，也反映了这种不确定性。而159条"乌鸦或秃鼻乌鸦"的记录显示了进一步的不确定性，但总的来说，这些记录证实了大型鸦科的丰度和广泛存在。罗马时代和中世纪遗址上的大量发现可能反映了它们经常被食用，也可能只是反映了它们在栖息地周围食腐者的地位。

冠小嘴乌鸦（*Corvus cornix*）

有2条记录，鉴定除了依靠它们的骨骼，还考虑了其分布——铁器时代晚期的斯卡洛韦和9世纪的贾尔索夫。

渡鸦（*Corvus corax*）

是记录最为丰富的野生鸟类之一，有267条记录，最早来自伍尔斯顿冰期和伊普斯威奇间冰期的托尔纽顿洞穴。晚冰期仅有8条，没有中石器时代的记录，但铁器时代有23条，罗马时代93条（可能具有象征意义？），后期有106条（可能是食腐者？）。

紫翅椋鸟（*Sturnus vulgaris*）

记录丰富，有109条。最早来自克罗默尔间冰期的韦斯特润通，后克罗默尔间冰期的博克斯格罗伍，伊普斯威奇间冰期的培根洞和明钦洞。存在大量晚冰期记录（如查德利裂隙、梅林洞穴、罗宾汉洞穴、针孔洞穴）。在后冰期，记录连续，包括中石器时代的艾农港洞穴、黑泽尔顿长石堆、威顿磨坊，新石器时代的恩博遗址、科特角、帕帕韦斯特雷岛、诺特兰带；铁器时代10条，罗马时代22条，撒克逊或维京时代9条，中世纪及以后35条。许多新石器时代至铁器时代和后期的记录都来自北方岛屿，这可能支持了这样一种理论——19世纪移居到苏格兰大陆的种群可能来自其中。

家麻雀（*Passer domesticus*）

有非常好的记录，42条。早期是4条晚冰期的记录（阿维林洞、梅林洞穴、针孔洞穴、罗宾汉洞穴；还有1条不能确定的是在兰加斯洞穴），但是可能存在鉴定错误。中石器时代和新石器时代缺失。大量发现于铁器时代（阿宾登、霍尔藤山、代恩博里、史前圆形石塔），罗马时代及以后。另外还有10条青铜时代至中世纪被记录为"雀科某种"的发现,可能是这一种,也可能不是。

树麻雀（*Passer montanus*）

白斑翅雪雀（*Montifringilla nivalis*）

仅发现于得文思冰期的针孔洞穴。

苍头燕雀（*Fringilla coelebs*）

有24条记录,包括几个晚冰期的洞穴遗址(罗宾汉洞穴、针孔洞穴、因奇纳丹夫洞穴、阿维林洞、梅林洞穴、兰加斯洞穴),中石器时代的威顿磨坊,新石器时代的道尔洞穴,罗马时代及以后的约克。

燕雀（*Fringilla montifringilla*）

发现于4个遗址,包括晚冰期的针孔洞穴、罗宾汉洞穴,新石器时代的匡特尼斯和中世纪的贝纳德城堡。可能还有艾农港洞穴中的发现(不能确定是燕雀还是苍头燕雀)。其骨骼显然大于苍头燕雀,与绿金翅接近,因此鉴定结果可能是可信的。

欧洲丝雀（*Serinus serinus*）

报道于霍尔斯坦间冰期的天鹅谷。

绿金翅（*Chloris chloris*）

是记录较好的小型雀形目之一,发现于16个遗址,从晚冰期的沃顿洞穴、针孔洞穴、海乌姆山谷,新石器时代的道尔洞穴,到罗马时代的约克(科洛尼亚)和中世纪的贝特修道院。在爱尔兰,发现于新石器时代的纽格莱奇墓和后来的斯莱戈洞穴。

红额金翅雀（*Carduelis carduelis*）

仅有6条记录(晚冰期的查德利裂隙,新石器时代的道尔洞穴,铁器时代的古萨哲万圣,后罗马时代的奥斯莫鹰巢,后中世纪的皮尔、贝弗利),但很可能是由于其体型较小,且易与其他体型相似的雀类尤其是赤胸朱顶雀相混淆而被忽视。

黄雀（*Carduelis spinus*）

赤胸朱顶雀（*Carduelis cannabina*）

仅有7条或8条记录,来自3个晚冰期的洞穴(针孔洞穴、阿维林洞、查德利裂隙），新石器时代的匡特尼斯、道尔洞穴，可能还有诺特兰带，中世纪的斯托尼米德尔顿以及年代未定的斯莱戈郡的斯莱戈洞穴。

黄嘴朱顶雀（*Carduelis flavirostris*）

仅有 1 条记录，来自新石器时代的匡特尼斯。

白腰朱顶雀（*Carduelis flammea*）

发现于 3 个洞穴，即晚冰期的梅林洞穴，中石器时代的狗洞裂隙和后罗马时代的奥斯莫鹰巢。

白翅交嘴雀（*Loxia leucoptera*）

红交嘴雀（*Loxia curvirostra*）

这一物种仅有 3 条可能的记录，来自伍尔斯顿冰期的托尔纽顿洞穴，得文思冰期的克瑞斯威尔峭壁、梅林洞穴和后罗马时代的奥斯莫鹰巢（见第三章的讨论）。

苏格兰交嘴雀（*Loxia scotica*）

鹦交嘴雀（*Loxia pytyopsittacus*）

松雀（*Pinicola enucleator*）

仅有 4 条记录，来自得文思冰期的托伯恩洞穴以及后冰期的梅林洞穴和罗宾汉洞穴。这一北方物种同期望的一样，在较寒冷的时期出现。

红腹灰雀（*Pyrrhula pyrrhula*）

仅有 9 条记录，大多来自后冰期的洞穴遗址（阿维林洞、针孔洞穴、罗宾汉洞穴），或者一些年代未定的洞穴（地下墓穴、纽荷尔洞穴、斯莱戈洞穴、爱尔兰），另外还有新石器时代的道尔洞穴，后罗马时代的奥斯莫鹰巢以及中世纪的卡利恩。

锡嘴雀（*Coccothraustes coccothraustes*）

发现于 16 个遗址，大多是洞穴。多数来自晚冰期（9 条记录，包括罗宾汉洞穴、梅林洞穴、针孔洞穴、查德利裂隙），还有中石器时代的恶魔山谷，新石器时代的道尔洞穴，铁器时代的阿宾登，罗马时代的牛津。另外还有爱尔兰年代未定的纽荷尔洞穴,这也是另一个随着林地消失,鸟类也消失了的例子。

铁爪鹀(*Calcarius lapponicus*)

发现于后冰期的查德利裂隙。

雪鹀(*Plectrophenax nivalis*)

有 10 条记录,除了 1 条发现于铁器时代的豪岛,其他全部来自得文思冰期或晚冰期的洞穴(阿维林洞、士兵洞、针孔洞穴、罗宾汉洞穴等)。

黄鹀(*Emberiza citrinella*)

仅有 9 条记录,来自晚冰期的查德利裂隙和阿维林洞,罗马时代的乌莱神社,后罗马时代的奥斯莫鹰巢,诺斯时期的约克(科珀盖特)和中世纪的波特切斯特、斯托尼米德尔顿和林肯。另外还有 7 条被鉴定为"某种鹀(4 条),鹀或雀(2 条),鹀或百灵"的发现,可能是短翅雀形目中的任一种。

黄道眉鹀(*Emberiza cirlus*)

芦鹀(*Emberiza schoeniclus*)

仅有 4 条记录,来自 3 个晚冰期的洞穴(针孔洞穴、罗宾汉洞穴、查德利裂隙)和铁器时代的豪岛。

黍鹀(*Miliaris calandra*)

据称仅有 5 条记录,4 条来自晚冰期(查德利裂隙、阿维林洞、针孔洞穴、罗宾汉洞穴),还有 1 条来自铁器时代的豪岛。这一属种体型明显比其他鹀类大。

玫胸白斑翅雀(*Pheuticus ludovicianus*)

报道自克瑞斯威尔峭壁上的 2 个晚冰期洞穴遗址含骨裂隙 C8 和罗宾汉洞穴,但这一美洲过来的流浪飞鸟可能并不常见,很可能存在鉴定错误。

参考文献

Acobas, P. (1993), *Shakespeare's Ornithology*《莎士比亚的鸟类学》, http://perso. wanadoo. fr/acobas. net/english/shakespeare/masters/.

Adams, J. M. & Faure, H. (1997), "Preliminary Vegetation Maps of the World Since the Last Glacial Maximum: An Aid to Archaeological Understanding" (《末次冰盛期以来世界植被初步图：帮助理解考古学》), *Journal of Archaeological Science*(《考古科学杂志》), **24**: 623 - 647.

Albarella, U. (2005), "Alternate Fortunes? The Role of Domestic Ducks and Geese from Roman to Medieval Times in Britain"(《财富的交替？——英国罗马时代至中世纪家鸭和家鹅的地位》), in *Feathers, Grit and Symbolism: Birds and Humans in the Ancient Old and New Worlds*(《羽毛、沙砾和象征：旧世界和新世界的鸟类与人》)(eds G. Grupe & J. Peters), pp. 249 - 258, Verlag Marie Leidorf, Rahden, Westphalia.

Albarella, U. & Davies, S. J. M. (1996), "Mammals and Birds from Launceston Castle, Cornwall: Decline in Status and the Rise of Agriculture"(《康沃尔郡朗斯顿城堡的哺乳动物和鸟类：地位的下降以及农业的兴起》), *Circaea*(《环境考古学会会刊》), **12**: 1 - 156.

Albarella, U. &Thomas, R. (2002), "They Dined on Crane: Bird Consumption, Wild Fowling and Status in Medieval England"(《以鹤为食：中世纪英格兰的鸟类消耗、野鸟捕捉及地位》), *Acta Zoologica Cracoviensa*(《动物学报》), **45**(Special issue): 23 - 38.

Albarella, U., Beech, M. & Mulville, J. (1997), *The Saxon, Medieval and Post-medieval Mammal and Bird Bones Excavated 1989 - 91 from Castle Mall, Norwich, Norfolk*(《1989—1991年诺福克诺维奇城堡广场发现的撒克逊时代、中世纪和后中世纪的哺乳动物和鸟类骨骼》), London: AML Report New Series, **72/97**.

Albarella, U., Marrazzo, D., Spinetti, A. & Viner, S. (待出), *The Animal Bones from Welland Bank Quarry*(*Lincolnshire*)[《韦兰河岸采石场发现的动物骨

骼（林肯郡）》].

Allen, D. E. (1978), *The Naturalist in Britain: A Social History*(《不列颠博物学家：一部社会史》), Paperback edn, Pelican, London.

Allen, D. & Green, C. S. (1998), "The Fir Tree Field Shaft: the Date and Archaeological and Paleoenvironmental Potential of A Chalk Swallowhole Feature"(《枞树现场竖井：白垩沼泽特征的年代、考古和古环境潜能》), *Proceedings of the Dorset Natural History and Archaeology Society*(《多塞特自然历史与考古学学会会刊》), **120**: 25－37.

Allison, E. (1986), *An Archaeozoological Study of the Bird Bones from Seven Sites*(《约克郡七处遗址鸟类骨骼的考古学研究》), Ph. D. dissertation, York University, York.

Allison, E. P. (1987), *Bird Bones from the Quayside, Queen St, Newcastle-upon-Tyne*(《泰恩河畔纽卡斯尔皇后街码头区的鸟类骨骼》), Ancient Monuments Lab Report《古代遗迹实验室通报》, **96/87**.

Allison, E. P. (1988), "The Bird Bones"(《鸟类骨骼》), in *The Origin of the Newcastle Quayside*(《纽卡斯尔皇后街码头区起源》)(eds C. O'Brien, L. Bown, S. Dixon & R. Nicholson), *Society of Antiquaries, Newcastle, Monograph*(《纽卡斯尔古文物学会专刊》), **3**: 133－137.

Allison, E. P. (1988b), *The Bird Bones from Hardendale Quarry, Shap, Cumbria*(《坎布里亚郡沙普哈登戴尔采石场发现的鸟类骨骼》), *Ancient Monuments Laboratory Report*(《古代遗迹实验室通报》), **51/88**.

Allison, E. P. (1989), "The Bird Bones"(《鸟类骨骼》), in *The Birsay Bay Project Volume 1: Coastal Sites beside the Brough Road, Birsay, Orkney, Excavations 1976－1982*(《伯塞湾项目第 1 卷：奥克尼伯塞湾布拉夫路沿岸遗址 1976—1982 年的挖掘》)(ed. C. D. Morris), pp. 235－239, 247－248, *University of Durham Department of Archaeology Monograph Series*(《杜伦大学考古学系论文集》).

Allison, E. P. (1990), "The Bird Bones"(《鸟类骨骼》), in R. Daniels, R., "The Development of Medieval Hartlepool: Excavations at Church Close, 1984－85"(《中世纪哈特尔普尔的发展：1984—1985 年在教堂附近的挖掘工作》), *Archaeology Journal*(《考古学杂志》), **147**: 337－410.

Allison, E. (1991), *Bird Bones from Annetwell Street, Carlisle, Cumbria, 1980－84*(《坎布里亚郡卡莱尔安尼特维尔街发现的鸟类骨骼》), *Ancient Monuments Lab Report*《古代遗迹实验室通报》, 36/91, 1－10.

Allison, E. P. (1997a), "Birds"(《鸟》), in *The Romano-British Villa at Castle Copse, Great Bedwyn*(《大贝德温科普赛城堡中罗马—不列颠时期的郊区住宅》)(eds E. Houteller & T. N. Howe), Indiana University Press, Bloomington, IN.

Allison, E. P. (1997b), "Bird Bones"(《鸟类骨骼》), in *Settlements at Skail, Deerness, Orkney: Excavations by Peter Gelling of the Prehistoric, Pictish, Viking and Later Periods, 1963 – 1981*(《斯凯尔、迪内斯、奥克尼的定居点：1963—1981 年彼得·盖尔林对史前时期、皮克特时期、维京时期和后期的挖掘》)(ed. S. Buteux), *BAR British Series*(《BAR 英国卷》) 260, Archaeopress Oxford.

Allison, E. P. (2000), "The Bird Bone"(《鸟类骨骼》), in *Roman and Medieval Carlisle: the Southern Lanes, Excavations 1981 – 2*(《罗马时代与中世纪的卡莱尔：1981—1982 年对南巷的挖掘》)(ed. M. McCarthy), *Department of Archaeological Science, University of Bradford Research Report 1*,《布拉德福德大学科学考古学系研究报告 1》, pp. 89 – 90.

Allison, E. P. & Rackham, D. J. (1996), "The Bird Bones"(《鸟类骨骼》), in *The Birsay Bay Project, Volume 2: Sites in Birsay Village and on the Brough of Birsay*(《伯塞湾项目第 2 卷：伯塞村和伯赛堡垒遗址》)(ed. C. D. Morris), *University of Durham Department of Archaeology Monograph Series 2*《杜伦大学考古学系论文集 2》.

Allison, E. P, Locker, A. & Rackham, D. J. (1985), "The Animal Remains"(《动物残骸》), in *An Excavation in Holy Island Village 1977*(《1977 年圣岛村挖掘》)(ed. D. O'Sullivan), *Archaeologia Aeliana(5th series)*[《埃利安考古学(第五卷)》], **15**: 83 – 96.

Andrews, P. (未发表), "The Microfauna from Longstone Edge"(《长石边缘的微动物群》).

Andrews, C. W. (1917), "Report on the Remains of Birds"(《鸟类遗骸报告》), in *The Glastonbury Lake Village: A Full Description of the Excavations and the Relics Discovered 1892 – 1907*(《格拉斯顿伯里湖村：1892—1907 年的发掘以及发现遗骸的完整报告》)(eds A. Bulleid & H. S. G. Gray), **2**: 631 – 637, Glastonbury Antiquarian Society.

Andrews, P. (1990), *Owls, Caves and Fossils*(《猫头鹰、洞穴和化石》), British Museum(Natural History), London.

Armitage, P. & West, B. (1984), "The Faunal Remains"(《动物区系遗迹》), in Thompson, A., Grew, F. & Schofield, J., Excavations at Aldgate, 1974, *Post-Medieval Archaeology*(《后中世纪考古》), **18**: 1 – 148.

Armour-Chelu, M. (1988), *Taphonomic and Cultural Information from An Assemblage of Neolithic Bird Bones from Orkney*(《奥克尼新石器时代鸟类骨骼化石的分类学和文化信息》), *BAR British Series 186*(《BAR 英国卷》), pp. 69 – 76, Archaeopress, Oxford.

Armour-Chelu, M. (1991), "The Faunal Remains"(《动物群遗迹》), in *Maiden Castle, Excavations and Field Survey 1985 – 6*(《1985—1986 梅登堡的发

掘与田野调查》)(ed. N. M. Sharples), *English Heritage Archaeology Report* (《英国文物考古报告》), **19**: 139 – 148.

Armstrong, A. L. (1928), "Excavations in Pin Hole Cave, Creswell Crags, Derbyshire"(《德比郡克里斯威尔峭壁针孔洞穴的挖掘》), *Proceedings of the Prehistoric Society*(《史前学会会刊》), **6**: 330 – 334.

Ashdown, R. R. (1979), "The Avian Bones from Station Road, Puckering" (《帕克车站路发现的鸟类骨骼》), in *Excavations at Puckeridge and Braughing 1975 – 9*(《1975—1979 年对帕克里奇和布拉格的挖掘》)(ed. C. Partridge), *Hertfordshire Archaeology*(《赫特福德郡考古学》), **7**: 92 – 96.

Ashdown, R. R. (1993), "The Avian Bones"(《鸟类骨骼》), in *Pennyland and Hartigans: Two Iron Age and Saxon Sites in Milton Keynes*(《佩妮兰德和哈迪根：米尔顿凯恩斯的铁器时代和撒克逊遗址》)(ed. R. J. Williams), *Buckinghamshire Archaeology Society Monograph Series*(《白金汉郡考古学会专刊系列》), **4**: 154 – 158.

Backhouse, J. (2001), *Medieval Birds in the Sherborne Missal*(《舍伯恩弥撒书中的中世纪鸟类》), British Library, London.

Baker, P. (1998), *The Vertebrate Remains from Scole-Dickleburgh, Excavated in 1993 (Norfolk and Suffolk), A140 and A143 Road Improvement Project*(《1993年挖掘斯科拉—迪克伯格发现的脊椎动物遗骸以及 A140 和 A143 道路改善项目》), *Ancient Monuments Laboratory Report*(《古代遗迹实验室通报》), **29/98**.

Baker, H., Stroud, D. A., Aebischer, N. J., Cranswick, P. A., Gregory, R. D., McSorley, C. A., Noble, D. G. &Rehfisch, M. M. (2006), "Population Estimates of Birds in Great Britain and the United Kingdom"(《英国鸟类种群估算》), *British Birds*(《英国鸟类》), **99**: 25 – 44.

Balch, H. E. & Troup, R. (1910), "A Late Celtic & Romano-British Cave Dwelling at Wookey Hole"(《凯尔特晚期和罗马—不列颠时期伍基洞的穴居》), *Archaeologia*(《考古学》), **62**: 565 – 592.

Barclay, A. & Halpin, C. (1998), *Excavations at Barrow Hills, Radley, Oxfordshire*(《牛津郡莱德利巴罗丘陵的挖掘》), *Vol I: The Neolithic and Bronze Age Monument Complex*(《第一卷：新石器时代和青铜时代的纪念碑群》), Oxford Archaeology Unit, Thames Valley Landscapes.

Barker, G. (1983), "The Animal Bones"(《动物骨骼》), in *Isbister: A Chambered Tomb in Orkney*(《伊斯比斯特：奥克尼的分室墓穴》)(ed. J. W. Hedges), *BAR British Series*(《BAR 英国卷》), 115, Archaeopress, Oxford.

Barker, F. K., Barrowclough, G. F. & Groth, J. G. (2002), "A Phylogenetic Hypothesis for Passerine Birds: Taxonomic and Biogeographic Implications of An Analysis of Nuclear DNA Sequence Data"(《雀形目鸟类的系统发育：核 DNA 序

列分析的分类学和生物地理意义》），*Proceedings of the Royal Society*, *London*（《伦敦英国皇家学会学报》），B **269**：295 – 308.

Bate, D. A. (1934), "The Domestic Fowl in Pre-Roman Britain"（《不列颠前罗马时代的家鸡》），*Ibis*（《鹮》），**13**：390 – 395.

Bate, D. A. (1966), "Bird bones"（《鸟类骨骼》），in *The Meare Lake Village*（《梅尔湖村》）（ed. H. S. G. Gray），**3**, pp. 408 – 410, Taunton Castle, Taunton.

Baxter, I. L. (1993), "An Eagle Skull from An Excavation in High Street, Leicester"（《莱斯特高街挖掘发现的鹰头骨》），*The Leicestershire Archaeological and Historical Society Transactions*（《莱斯特郡考古与历史学会会刊》），**67**：101 – 105.

Bedwin, O. (1975), "Animal Bones"（《动物骨骼》），in *Further Excavations in Lewes*（《雷威斯的深度挖掘》）（ed. D. J. Freke），*Sussex Archaeological Collections*（《苏塞克斯考古学合集》），**114**：189 – 190.

Bell, A. (1915), "Pleistocene and Later Bird Faunas of Great Britain and Ireland"（《大不列颠和爱尔兰更新世及以后的鸟类》），*Zoologist*（《动物学家》）（srs. 4），**19**：401 – 412.

Bell, A. (1922), "Pleistocene and Later Birds of Great Britain and Ireland"（《大不列颠和爱尔兰更新世及以后的鸟类》），*Naturalist*（《博物学家》），**1922**：251 – 253.

Beneke, N. (1999), "The Evolution of the Vertebrate Fauna in the Crimean Mountains from the Late Pleistocene to the Mid-Holocene"（《晚更新世至中全新世克里米亚山区脊椎动物群的演化》），in *The Holocene History of the European Vertebrate Fauna*（《全新世欧洲脊椎动物群史》）（ed. N. Benecke），pp. 43 – 57, Marie Leidorf, Rahden, Westphalia.

Bennett, K. D. (1988), "A Provisional Map of Forest Types For the British Isles 5000 Years Ago"（《五千年前不列颠群岛森林类型的临时地图》），*Journal of Quaternary Science*（《第四纪科学》），**4**：141 – 144.

Bent, D. C. (1978), "The Animal Remains"（《动物遗骸》），in Liddle, P., "A Late Medieval Enclosure in Donington Park"（《多宁顿公园晚中世纪的围场》），*Transactions of the Leicestershire Archaeological and Historical Society*（《莱斯特郡考古与历史学会会刊》），**53**：14 – 15.

Benton, M. J. (1999), "Early Origins of Modern Birds and Mammals: Molecules vs. Morphology"（《现代鸟类和哺乳动物的早期起源：分子 vs 形态学》），*BioEssays*（《生物学论文集》），**21**：1043 – 1051.

Benton M. J. & Cook, E. (2005), "British Tertiary Fossil Bird GCR Sites"（《英国第三纪鸟类化石 GCR 遗址》），in *Mesozoic and Tertiary Fossil and Birds of Great Britain*（《英国中生代和第三纪化石与鸟类》），pp. 125 – 159,

Geological Conservation Review(《地质保护协会评论》), Series No. 32, Joint Nature Conservation Committee, Peterborough.

Bezzel, E. & Wildner, H. (1970), "Zur Ernahrung bayerischer Uhus(*Bubo bubo*)"(《巴伐利亚的雕鸮》), *Vogelwelt*(《鸟类生活》), **91**: 191 – 198.

Biddick, K. (1984), "Bones from the lron Age Cat's Water Subsite"(《铁器时代猫之水亚遗址发现的骨骼》), in *Excavations at Fengate, Peterborough: Fourth Report*(《彼得伯勒芬格特发掘报告(四)》)(ed. F. Pryor), pp. 217 – 225, *Royal Ontario Museum Archaeological Monograph 7*(《安大略皇家博物馆考古专著 7》).

Bidwell, P. T. (1980), *Roman Exeter: Fortress and Town*(《罗马时代的埃克塞特:要塞和城镇》), Exeter City Council, Exeter.

Bland R. L. Tully, J. & Greenwood, J. J. D. (2004), "Birds Breeding in British Gardens: An Underestimated Population?"(《英国花园中的繁殖鸟类:被低估的种群?》), *Bird Study*(《鸟类研究》), **51**: 97 – 106.

Blondel, J. & Mourer-Chauvire, C. (1998), "Evolution and History of the Western Palearctic Avifauna"(《古北区西部鸟类的演化与历史》), *Trends in Ecology and Evolution*(《生态和演化趋势》), **13**: 488 – 492.

Boisseau, S. (1995), "Former Distribution of Some Extinct and Declining British Birds Using Place-name Evidence"(《依据地名对已灭绝和衰退的英国鸟类分布的研究》), Unpublished B. Sc. (Zoology) project, University of Manchester.

Boisseau, S. & Yalden, D. W. (1999), "The Former Status of the Crane *Grus grus* in Britain"(《鹤在英国过去的地位》), *Ibis*(《鹮》), **140**:482 – 500.

Boles, D. (1995), "The World's Oldest Songbird"(《世界上最古老的鸣禽》), *Nature*(《自然》), **374**: 21 – 22.

Bond, S. (1988), "A Bibliographic Investigation into the Rates and Times of Extinction of the Red Kite(*Milvus milvus*), Goshawk(*Accipiter gentilis*) and Raven (*Corvus corax*) from the Counties of England, Scotland and Wales"(《对英格兰、苏格兰和威尔士红鸢、苍鹰和渡鸦灭绝速度及时间的文献调查》), B. Sc. (Hons.), University of Manchester, Manchester.

BOU(British Ornithologists' Union)(1998), *The British List*(《英国鸟类名录》), Ist edn, BOU, Tring.

Bourdillon, J. & Coy, J. (1980), "The Animal Bones"(《动物骨骼》), in *Excavations at Melbourne Street, Southampton, 1971 – 1976*(《1971—1976 年南安普顿墨尔本街的发掘》)(ed. P. Holdsworth), *Southampton Archaeology Research Committee Report/CBA Research Report 1*(《南安普敦考古研究委员会报告 1》) pp. 79 – 118.

Bourne, W. R. P. (2003), "Fred Stubbs, Egrets, Brewes and Climatic

Change"(《Fred Stubbs、白鹭、夜鹭以及气候变化》), *British Birds*(《英国鸟类》), **96**: 332 – 339.

Bramwell D.(1954), "Report on Work at Ossom's Cave for 1954"(《1954 年奥索姆洞穴工作报告》), *Peakland Archaeological Society Newsletter*(《峰区考古学会通讯》), **11**(unpaginated).

Bramwell, D.(1955), "Second Report on the Excavation of Ossum's Cave"(《奥索姆洞穴第二次工作报告》), *Peakland Archaeological Society Newsletter*(《峰区考古学会通讯》), **12**: 13 – 16.

Bramwell D.(1956), "Third Report on Excavations at Ossum's Cave"(《奥索姆洞穴第三次工作报告》), *Peakland Archaeological Society Newsletter*(《峰区考古学会通讯》), **13**: 7 – 9.

Bramwell D.(1960a), "Some Research into Bird Distribution in Britain during the Late Glacial and Post-Glacial Periods"(《对英国晚冰期和后冰期鸟类分布的一些研究》), *Bird Report*, *Merseyside Naturalist's Association*(《默西塞德自然学家协会鸟类报告》), 51 – 58.

Bramwell, D.(1960b), "The Vertebrate Fauna of Dowel Cave"(《道尔洞穴脊椎动物群》), *Peakland Archaeological Society Newsletter*(《峰区考古学会通讯》), **17**: 9 – 12.

Bramwell, D.(1967), *Report on the Bird Bones from the Roman Villa, Great Staughton*(《大斯塔顿罗马时代住宅鸟类骨骼报告》), *Ancient Monuments Laboratory Report*(《古代遗迹实验室通报》), 1547.

Bramwell, D.(1969), "Birds"(《鸟》), in Rahtz, P. A., "Excavations at King John's Hunting Lodge, Writtle, Essex, 1955 – 57"(《1955—1957 年埃塞克斯郡瑞特尔约翰国王狩猎小屋的发掘》), *Society of Medieval Archaeology Monograph Series*(《中世纪考古学会专题丛书》), **3**: 114 – 115.

Bramwell, D.(1970), "Bird Remains"(《鸟类遗骸》), in *An Iron Age Promontory Fort at Budbury, Bradford-upon-Avon, Wiltshire*(《威尔特郡埃文河畔布拉德福德班伯里铁器时代的海角堡》)(ed. G. J. Wainwright), *Wiltshire Archaeology and Natural History Magazine*(《威尔特郡考古学和自然历史杂志》), **65**:154.

Bramwell, D.(1971), "Capercaillie(*Tetrao urogallus*) Remains from Peak District Caves"(《峰区洞穴松鸡遗骸》), *Pengelly Newsletter*(《彭格列通讯》), **17**: 10.

Bramwell, D.(1974), "Bird Bones"(《鸟类骨骼》), in *Dun Mor Vaul: An Iron Age Brock on Tiree*(《邓莫尔瓦尔:泰里岛一个铁器时代部落》)(ed. E. W. Mackie), pp.199 – 200, University of Glasgow Press, Glasgow.

Bramwell, D.(1975a), "Bird Remains from Medieval London"(《伦敦中世纪鸟类遗骸》), *London Naturalist*(《伦敦博物学家》), **54**, 15 – 20.

Bramwell, D. (1975c), "The Bird Bones"(《鸟类骨骼》), in *Excavations in Medieval Southampton*(《中世纪南安普顿的发掘》)(eds C. Platt& G. Coleman-Smith), Vol. 1, pp. 340 – 341, Leicester University Press, Leicester.

Bramwell, D. (1975f), "Bird Remains"(《鸟类遗骸》), in *Excavations on the Site of St. Mildred's Church, Bread Street, London, 1973 – 74*(《1973—1974 年伦敦面包街圣米尔德里德教堂遗址的挖掘》)(eds P. Marsden, T. Dyson & M. Rhodes), *Transactions of the London and Middlesex Archaeological Society* (《伦敦与米德尔塞克斯考古学会会刊》), **26**: 207 – 208.

Bramwell, D. (1976a), "The Vertebrate Fauna at Wetton Mill Rock Shelter" (《威顿磨坊岩棚脊椎动物群》), in *The Excavation of Wetton Mill Rock Sheter, Manifold Valley, Staffs*(《马尼约德山谷威顿磨坊岩棚的挖掘》)(ed. J. H. Kelly), pp. 40 – 51, City Museum & Art Gallery Stoke on Trent.

Bramwell, D. (1976b), "Report on the Bird Bones from Walton, Aylesbury" (《艾尔斯伯里沃尔顿鸟类骨骼的报道》), in *Saxon and Medieval Walton, Aylesbury, Excavations 1973 – 74*(1973—1974 年对撒克逊时代和中世纪的艾尔斯伯里沃尔顿的挖掘)(ed. M. Farley), *Records of Buckinghamshire*(《白金汉郡的记录》), **20**: 287 – 289.

Bramwell, D. (1977a), "Bird Bones"(《鸟类骨骼》), in *Excavations in King's Lynn 1963 – 1970*(《1963—1970 年金斯林发掘》)(eds H. Clarke & A. Carter), *Society of Medieval Archaeology Monograph Series*(《中世纪考古学会专题丛书》), **7**: 399 – 402.

Bramwell, D. (1977b), "Bird and Vole Bones from Buckquoy, Orkney" (《奥克尼巴克奎的鸟类和田鼠的骨骼》), in *A Pictish and Viking Age Farmstead at Buckquoy, Orkney*(《奥克尼巴克奎皮克特时代和维京时代的农场》)(ed. A. Ritchie), *Proceedings of the Society of Antiquaries of Scotland*(《苏格兰古文物学会会刊》), **108**: 209 – 211.

Bramwell, D. (1978a), "The Bird Bones"(《鸟类骨骼》), in *The Excavation of An Iron Age Settlement, Bronze Age Ring-Ditches, and Roman Features at Ashville Trading Estate, Abingdon(Oxfordshire), 1974 – 76*(《1974—1976 年铁器时代定居点、青铜器时代环形沟渠的挖掘以及阿宾顿(牛津郡)阿什维尔贸易区的罗马时期特征》)(ed. M. Parrington), Vol. 1/28, pp. 133, *Oxford Archaeology Unit Report*(《牛津考古小组报告》)/*CBA Research Report* (《CBA 研究报告》).

Bramwell, D. (1978c), "The Fossil Birds of Derbyshire"(《德比郡的鸟类化石》), in *Birds of Derbyshire*(《德比郡鸟类》)(ed. R. A. Frost), pp. 160 – 163, Moorland Publishing Company.

Bramwell, D. (1979a), "Bird Remains"(《鸟类遗骸》), in *investigations in Orkney*(《奥克尼群岛调查》)(ed. C. Renfrew), *Report of the Research*

Committee of the Society of Antiquity(《古代社会研究委员会报告》), **38**：138 -
143.

Bramwell, D. (1979b), "Bird Bones"(《鸟类骨骼》), in *Frocester Roman
Court Villa*(《弗洛塞斯特罗马宫廷建筑》)(eds B. S. Smith & N. M. Herbert),
Transactions of the Bristol and Gloucestershire Archaeological Society(《布里斯托与
格洛斯特郡考古学会会刊》), **97**：61 -62.

Bramwell, D. (1979e), "The Bird Bones"(《鸟类骨骼》), in *St Peters
Street, Northampton: Excavations 1973 - 76*(《北安普顿圣彼得大街:1973—1976
年挖掘》) (ed. J. H. Williams), *Northampton Development Corporation
Archaeological Monograph*(《北安普顿开发市政委员会考古学专著》), **2**：399.

Bramwell, D. (1980a), "Identification and Interpretation of Bird Bones"
(《鸟类骨骼鉴定和说明》), in *Excavations in North Elham Park 1967 - 1972*
(《1967—1972 年北艾尔姆公园的挖掘》)(ed. P. Wade-Martins), *East Anglian
Archaeological Report*(《东盎格鲁考古学报告》), **9**：377 - 409.

Bramwell, D. (1981a), "Report on Bones of Birds"(《鸟类骨骼报告》), in
Excavations in Iona 1964 to 1974(《1964—1974 年爱奥那岛的挖掘》)(ed P.
Reece), Vol. 5, pp. 45 - 46, University of London Institute of Archaeology
Occasional Publication.

Bramwell, D. (1981b), "The Bird Remains from the Hindlow Cairn"(《新德
罗石冢的鸟类遗骸》), in *A Cairn on Hindlow, Derbyshire: Excavations 1953*
(《德比郡新德罗石冢:1953 年的挖掘》)(eds P. Ashbee & R. Ashbee), *Derby
Archaeological Journal*(《德比郡考古学杂志》), **101**：39.

Bramwell, D. (1983a), "Bird Remains"(《鸟类遗骸》), in *Isbister: A
Chambered Tomb in Orkney*(《艾斯比斯特:奥克尼的分室墓穴》)(ed. J. W.
Hedges), *BAR British Series* (《BAR 英国卷》) 115, pp. 159 - 170,
Archaeopress, Oxford.

Bramwell, D. (1983c), "Bird Bones from Knap of Howar"(《霍沃尔小山的
鸟类骨骼》), in *Excavations of A Neolithic Farmstead at Knap of Howar, Papa
Westray, Orkney*(《奥克尼帕帕韦斯特雷霍沃尔小山上新石器时代农场的挖
掘》)(ed. A. Ritchie), *Proceedings of the Society of Antiquaries of Scotland*(《苏
格兰古文物学会会刊》), **113**：40 - 121.

Bramwell, D. (1983d), "Bird and Amphibian Remains"(《鸟类及两栖动物
遗骸》), in *Caerwent(Venta Silurum): The Excavations of the North West Corner
Tower and Analysis of the Structural Sequence of the Defences*(《凯尔文特:西北角
塔的挖掘以及防御结构序列分析》)(ed. P. Casey), *Archaeologia Cambrensis*
(《坎伯来兹考古学》), **132**：49 - 77.

Bramwell, D. (1984), "The Birds of Britain-When Did They Arrive?"(《英
国鸟类——它们何时到来?》), in *In the Shadow of Extinction*(《灭绝阴影下》)

(eds R. D. Jenkinson & D. D. Gilbertson), J. R. Collis, Sheffield.

Bramwell, D. (1985), "Identification of Bird Bones"(《鸟类骨骼鉴定》), in *The Excavation of A Romano-British Rural Establishment at Barnsley Park*, *1961 -1979*: *Part III* (《1961—1976 年巴恩斯利公园罗马—英国乡村建筑的挖掘:第三部分》)(eds G. Webster, P. Fowler, B. Noddle & L. Smith), *Transactions of the Bristol and Gloucestershire Archaeological Society*(《布里斯托与格洛斯特郡考古学会会刊》), **103**: 96 - 97.

Bramwell D. (1986a), "Report on the Bird Bone"(《鸟类骨骼报告》), in Bateman, J. & Redknap, M., *Coventry*: *Excavations on the Town Wall 1976 - 78*(《考文垂:1976—1978 年城墙挖掘》), *Coventry Museum Monograph Series*(《考文垂博物馆专论系列》), **2**.

Bramwe D. (1987), "The Bird Remains"(《鸟类遗骸》), in *Bu*, *Gurness and the Brochs of Orkney*, *Part 1*: *Bu*(《奥克尼群岛的布岛、格内斯和史前圆形巨塔第一部分:布岛》)(ed. J. W. Hedges), *BAR British Series*(《BAR 英国卷》) 163, Archaeopress, Oxford.

Bramwe D. (1994), "Bird Bones"(《鸟类骨骼》), in *Howe*: *Four Millennia of Orkney Prehistory*, *Excavations 1978 - 82*(《奥克尼四千年的史前文明——1978—1982 年豪岛挖掘》)(ed. B. B. Smith), *Society of Antiquaries of Scotland Monograph Series*(《苏格兰古物学会专题丛书系》), **9**, Edinburgh.

Bramwell, D. & Wilson, R. (1979), "The Bird Bones"(《鸟类骨骼》), in *Excavations at Broad Street*, *Abingdon*(《阿宾顿布罗德街的挖掘》)(ed. M. Parrington), *Oxoniensia*(《牛津建筑与历史学会年报》), **44**: 20 - 21.

Bramwell, D. & Yalden, D. W. (1988), "Birds from the Mesolithic of Demen's Dale, Derbyshire"(《德比郡恶魔山谷石器时代鸟类》), *Naturalist* (《博物学家》), **113**: 141 - 147.

Bramwell, D. Yalden, D. W. & Yalden, PE. (1990), "Ossom's Eyrie Cave: An Archaeological Contribution to the Recent History of Vertebrates of Britain"(《奥索姆鹰巢洞穴:对英国脊椎动物近代史的考古学贡献》), *Zoological Journal of the Linnean Society*(《林奈学会动物学杂志》), **98**: 1 - 25.

Bramwell, D. (1993), "Animal Bones"(《动物骨骼》), in *Excavations at Loughor Castle*, *West Glamorgan*(《格拉摩根西部拉赫尔城堡的挖掘》)(ed. JM. Lewis), *Archaeologia Cambrensis*(《坎伯来兹考古学》), **142**: 170 - 171.

Brown, A. & Grice, P. (2005), *Birds in England*(《英格兰鸟类》), T. &A. D. Poyser, London.

Brown, L. (1976), *British Birds of Prey*(《英国猛禽》), Collins, London.

Browne. S. (1988), "Animal Bone Evidence"(《动物骨骼证据》), in *Hen Domen*, *Montgomery*, *A Timber Castle on the English-Welsh Border*, *Excavations 1960 - 1988*, *A Summary Report*(《蒙哥马利亨多门——英格兰威尔士边界木制

城堡 1960—1988 年挖掘总结报告》)(eds P. Barker & R. A. Higham),p. 14,The Hen Domen Archaeological Project.

Browne, S. (2000),"The Animal Bones"(《动物骨骼》),in *Hen Domen Montgomery*, *A Timber Castle on the English-Welsh Border: A Final Report*(《蒙哥马利亨多门——英格兰威尔士边界木制城堡最终挖掘报告》)(eds R. A. Higham & P. Barker),pp. 126 – 134,University of Exeter Press.

Bryant, D. M. & Westerterp, K. R. (1980),"The Energy Budget of the House Martin(*Delichon urbica*)"(《毛脚燕的能源规划》),*Ardea*(《鹭》),**68**:91 – 102.

Buckland-Wright, J. C. (1987),"Animal Bones in Green, C. S Excavations at Poundbury I:The Settlements"(《格林在庞德伯里发掘的动物骨骼(一):定居点》),*Dorset Natural History and Archaeological Society Monograph Series*(《多塞特自然史和考古学会专著系列》),**7**(supplementary microfiche).

Buckland-Wright, J. C. (1993),"The Animal Bones"(《动物骨骼》),in *Excavations at Poundbury 1966 – 80*(《1966—1980 年庞德伯里挖掘》),Vol Ⅱ:*The Cemeteries*(《墓地》)(eds D. E. Farwell & T. L. Molleson),*Dorset Natural History and Archaeology Society Monograph Series*(《多塞特自然历史与考古学会专著系列》),**11**:110 – 111.

Bulleid, A. & Gray, H. St. G. (1948),*The Meare Lake Village*(《梅尔湖村》),Vol 1,Taunton Castle,Taunton,Somerset.

Burenhult, G. (1980),*The Archaeological Excavation at Carrowmore*, *County Sligo*, *Excavation Seasons 1977 – 1979*(《1977—1979 年斯莱戈卡洛莫尔考古发掘季》),Theses and papers in North European Archaeology,Institute of Archaeology,University of Stockholm.

Campbell, J. B. (1977),*The Upper Palaeolithic of Britain*(《英国旧石器时代晚期》),Clarendon Press,Oxford.

Carrott, J., Dobney, K., Hall, A. R., Irving, B., Issitt, M., Jaques, D., Kenward, H. K., Large, F. McKenna, B., Milles, A., Shaw, T. & Usai, R. (1995),*Assessment of Biological Remains and Sediments from Excavations at the Magistrates' Court Site*, *Hull*(site code HMC94)(《赫尔地方法院遗址出土的生物遗骸和沉积物》),*Report from the EAU*(《环境考古联合会报告》),York,95/17.

Carrott, J., Dobney, K., Hall, A. R., Issitt, M., Jaques, D., Johnstone, C., Kenward, H. K., Large, F. & Skidmore, P. (1997),*Environment*, *Land Use and Activity at A Medieval and Post-medieval Site at North Bridge*, *Doncaster*, *South Yorkshire*(《南约克郡唐卡斯特北桥中世纪和后中世纪遗址的环境、土地使用以及活动》),*Report from the EAU*(《环境考古联合会报告》),York,97/16.

Carss, D. N. & Ekins, G. R. (2002),"Further European Integration:Mixed

Subspecies Colonies of Great Cormorants *Phalacocorax carbo* in Britain-Colony Establishment, Diet, and Implications for Fisheries Management"(《进一步欧洲一体化:英国普通鸬鹚混合亚种的种群建立、饮食以及对渔业管理的意义》), *Ardea*(《鹭》), **90**: 23 − 41.

Charles, R. & Jacobi, R. M. (1994), "The Lateglacial Fauna from Robin Hood Cave Creswell: A Re-assessment"(《克雷斯韦尔罗宾汉洞穴晚冰期动物群:重新评估》), *Oxford Journal of Archaeology*(《牛津考古学杂志》), **13**: 1 − 32.

Cherryson, A. K. (2002), "The Identification of Archaeological Evidence for Hawking in Medieval England"(《英国中世纪鹰猎存在的考古学证据的鉴定》), *Acta Zoologica Cracoviensia*(《克拉科夫动物学报》), **45**: 307 − 314.

Clark, J. G. D. 1954, *Excavations at Star Carr*(《斯塔卡的挖掘》), Cambridge University Press, Cambridge.

Clark, J. D. G. & Fell, C. I. (1953), "The Early Iron Age Site at Micklemoor Hill, West Harling, Norfolk, and Its Pottery"(《诺福克西哈林米克尔穆尔山铁器时代早期遗址及陶器》), *Proceedings of the Prehistoric Society*(《史前学会论文集》), **19**: 1 − 36.

Clarke, A. S. (1965), "The Animal Bones"(《动物骨骼》), in *The Excavation of A Chambered Cairn at Embo, Sutherland*(《萨瑟兰恩博石冢的挖掘》)(eds A. S. Henshall & J. C. Wallace), *Proceedings of the Society of Antiquaries of Scotland*(《苏格兰古文物学会会刊》), **96**: 35 − 36.

Clark, J. A., Robinson, R. A., Balmer, D. E., Blackburn, J. R., Grantham, M. J., Griffin, B. M. Marchant, J. H., Risley, K. & Adams, S. Y. (2005), "Bird Ringing in Britain and Ireland in 2004"(《2004 年鸟类在英国及爱尔兰的振铃式回归》), *Ringing and Migration*(《振铃式回归与迁徙》), **22**: 85 − 127.

Clot, A. & Mourer-Chauviré, C. (1986), "Inventaire Systematique Des Oiseaux Quaternaires Des Pyrenées Francaises"(《法国比利牛斯山脉第四纪鸟类的系统调查》), *Munibe*(*Antropologiay Arqueologia*)(《人类考古学》), **38**: 171 − 184.

Clutton-Brock, J. (1979), "Report of the Mammalian Remains other than Rodents from Quanterness"(《匡特尼斯啮齿类动物以外的哺乳动物遗骸报告》), in *Investigations in Orkney*(《奥克尼群岛调查》)(ed. C. Renfrew), *Reports of the Research Committee of the Society of Antiquaries, London*(《伦敦古文物学会研究委员会报告》), **38**: 112 − 133.

Cohen, A. S., D. (1986), *A Manual for the Identification of Bird Bones from Archaeological Sites*(《考古学遗址鸟类骨骼鉴定手册》), Alan Cohen, London.

Coles, B. (2006), *Beavers in Britain's Past*(《英国过去的海狸》), Oxbow Press, Oxford.

Coles, J. M. (1971), "Birds in the Early Settlement of Scotland: Excavations at Morton, Fife"(《苏格兰早期定居点鸟类:法夫莫顿的发掘》), *Proceedings of the Prehistoric Society*(《史前学会会刊》), **37**: 350 – 351.

Connell, B. & Davis, S. J. M. (未出版), *Animal Bones from Roman Carlisle, Cumbria; The Lanes(2) Excavations, 1978 – 1982*[《坎布里亚卡莱尔罗马时代动物骨骼;1978—1982 年巷道挖掘(2)》], *Ancient Monuments Laboratory Report*(《古代遗迹实验室通报》).

Cooper, J. H. (2005), "Pigeons and Pelagics: Interpreting the Late Pleistocene Avifaunas of the Continental Island of Gibraltar"(《鸽子和远洋鱼类:直布罗陀大陆岛屿晚更新世鸟类群落解读》), *Proceedings of the International Symposium Insular Vertebrate Evolution: the Palaeontological Approach*(《国际脊椎动物进化研讨会:古生物学方法》), **12**: 101 – 112.

Cooper, J. H. (2000), "First Fossil Record of Azure-winged Magpie *Cyanopica cyanus* in Europe"(《欧洲首例灰喜鹊化石记录》), *Ibis*(《鹮》), **142**: 150 – 151.

Cooper, A. & Penny, D. (1997), "Mass Survival of Birds across the Cretaceous-Tertiary Boundary: Molecular Evidence"(《白垩纪—第三纪界线鸟类的大规模幸存:分子证据》), *Science*(《科学》), **275**: 1109 – 1113.

Cowles, G. S. (1973), "Bird Bones Excavated from East Gate, Lincoln"(《林肯郡伊斯特盖特的鸟类骨骼》), in *The Gates of Roman Lincoln*(《罗马时代的林肯郡》)(eds F. H. Thompson & J. B. Whitwell), Society of Antiquaries of London, Oxford.

Cowles, G. S. (1978), "Bird Bones"(《鸟类骨骼》), p. 146 in Canham, R., *2000 Years of Brentford*(《布伦特福德的两千年》), London.

Cowles, G. S. (1980a), "Bird Bones"(《鸟类骨骼》), in *Excavations at Billingsgate Buildings 'Triangle', Lower Thames Street, 1974*(《1974 年下泰晤士街比林斯盖特三角建筑物的发掘》)(ed. D. M. Jones), *London and Middlesex Archaeological Society Special Paper*(《伦敦及米德尔塞克斯考古学会特刊》), **4**, p. 163, London.

Cowles, G. S. (1980b), "Bird Bones"(《鸟类骨骼》), in *Southwark Excavations 1972 – 1974*(《1972—1974 年萨瑟克区的挖掘》), **1**, pp. 231 – 232, London.

Cowles, G. S. (1981), "The First Evidence of Demoiselle Crane *Anthropoides virgo* and Pygmy Cormorant *Phalacrocorax pygmaeus* in Britain"(《英国蓑羽鹤和侏鸬鹚的首次发现》), *Bulletin of the British Ornithological Club*(《英国鸟类学会通报》), **10**: 383.

Cowles, G. S. (1993), "Vertebrate Remains"(《脊椎动物遗骸》), in *The Uley Shrines: Excavation of A Ritual Complex on West Hill, Uley, Gloucestershire,*

1977 - 9(《乌利神殿:1977—1979 年格洛斯特郡乌利西山仪式建筑群的发掘》)(eds A. Woodward & P. Leach), *English Heritage Archaeological Report*(《英国文物考古报告》)17, pp. 257 - 303.

Coy, J. (1980), *Bird Bones from Westgate, Southampton*(《南安普顿韦斯特盖特的鸟类骨骼》), Ancient Monuments Laboratory, English Heritage, London.

Coy, J. (1981a), "Animal Husbandry and Faunal Exploitation in Hampshire"(《汉普郡畜牧业和动物区系开发》), in *The Archaeology of Hampshire—from the Palaeolithic to the Industrial Revolution*(《汉普郡考古学——从旧石器时代到工业革命》)(eds S. J. Shennan & R. T. Schadla-Hall), *Hampshire Field Club and Archaeological Society Monograph*(《汉普郡田野俱乐部和考古学会专著》),**1**: 95 - 103.

Coy, J. (1981b), *Bird Bones from Chalk Lane*(《乔克巷发现的鸟类骨骼》), AML Report OS No. 3450, London.

Coy, J. (1982), "The Animal Bones"(《鸟类骨骼》), in *Excavations of An Iron Age Enclosure at Groundwell Barn, Blunsdon St Andrews 1976 - 7*(《1976—1977 年圣安德鲁斯布伦斯顿格兰德维尔谷仓铁器时代围栏的挖掘》)(ed. C. Gingell), *Wiltshire Archaeology & Natural History Magazine*(《威尔特郡考古与自然历史杂志》),**76**: 68 - 73.

Coy, J. (1983a), "The Animal Bone"(《动物骨骼》), in Jarvis, K. S., Excavations in Christchurch 1969 - 1980, *Dorset Natural History and Archaeology Society Monograph Series*(《多塞特自然历史与考古学会专著系列》),**5**: 91 - 97.

Coy, J. (1984a), "The Bird Bones"(《鸟类骨骼》), in *Danebury: An Iron Age Hill Fort in Hampshire vol 2, the Excavations 1969 - 1978: the Finds*(《丹恩伯里:汉普郡铁器时代的山堡》第二卷《1969—1978 年的发掘:发现》)(ed. B. Cunliffe), *CBA Research Report*(《CBA 研究报告》),**52**: 527 - 531.

Coy, J. (1984b), *Animal Bones from Saxon, Medieval and post-Medieval Phases(10 - 18C.) of Winchester Western Suburbs*[《温彻斯特西郊撒克逊时期、中世纪和后中世纪时期(10—18 世纪)的动物骨骼》], Ancient Monuments Laboratory, English Heritage, London.

Coy, J. (1987a), "Animal Bones"(《动物骨骼》), in *A Banjo Enclosure in Micheldever Wood, Hampshire*(《汉普郡米歇尔德弗森林巴尼奥围场》)(ed. P. J. Fasham), *Trust for Wessex Archaeology/Hampshire Field Club Monograph*(《韦塞克斯考古信托/汉普郡田野俱乐部专著》),**5**: 45 - 47.

Coy, J. (1987b), "The Animal Bones"(《动物骨骼》), in *Romano-British Industries in Purbeck, Excavations at Ower Rope Lake Hole*(《波倍克罗马-不列颠时期的工业:奥厄绳湖洞的挖掘》)(ed. P. J. Woodward), *Dorset Natural History and Archaeology Society Monograph Series*(《多塞特自然历史与考古学会专著系

列》)，**6**：114 - 118，177 - 179.

Coy，J.（1991），"Bird Bones"（《鸟类骨骼》），in *Report on the Faunal Remains from Wirral Park Farm（The Mound），Glastonbury*［《格拉斯顿伯里威拉尔公园农场（土丘）动物群遗骸报告》］（eds T. Darvill & J. Coy），Unpublished Report to the Ancient Monuments Laboratory，**245**.

Coy，J.（1992），"Faunal Remains"（《动物群遗骸》），in Butterworth，C. A. & Lobb，S. J.（eds），"Excavations in the Burghfield Area，Berkshire，Developments in the Bronze Age and Saxon Landscap"（《伯克郡巴勒菲尔德地区的发掘以及青铜时代和撒克逊时代景观的发展》），*Wessex Archaeology Report*（《威塞克斯考古报告》），**1**：128 - 130.

Coy. J.（1995），"Animal Bones"（《动物骨骼》），in Fasham，P. J. & Reevill，G.，"Brighton Hill South（Hatch Warren）：An Iron Age Farmstead and Deserted Medieval Village in Hampshire"［《布莱顿山南部（哈奇沃伦）：汉普郡铁器时代的农场和废弃的中世纪村庄》］，*Wessex Archaeology Report*（《威塞克斯考古报告》），**7**：132 - 135.

Coy，J.（1997），"Comparing Bird Bones from Saxon Sites：Problems of Interpretation"（《撒克逊遗址鸟类骨骼的比较：解读中的问题》），*International Journal of Osteoarchaeology*（《国际骨质考古学杂志》），**7**：415 - 421.

Coy，J. & Hamilton-Dyer，S.（1993），"The Bird and Fish Bone"（《鸟类和鱼的骨骼》），in *Excavations at Iona 1988*（《1988 年爱奥那岛的发掘》）（ed. F. McCormick），*Ulster Journal of Archaeology*（《阿尔斯特考古学杂志》），**56**：100 - 101.

Crabtree，P. A.（1983），*Report on the Animal Bones from the Chapter House at St. Alban's Abbey*（《圣阿尔班修道院分会动物骨骼的报告》），Unpublished Report.

Crabtree，P. A.（1985），"The Faunal Remains"（《动物区系遗留》），in *West Stow，Anglo-Saxon Village Vol. I：Text*（《西斯托-盎格鲁撒克逊村庄第一卷：文字》）（ed. S. West），*East Anglian Archaeology Report*（《东盎格鲁考古学报告》），**24**：85 - 95.

Crabtree，P. A.（1989a），"West Stow，Suffolk：Early Anglo-Saxon Animal Husbandry"（《萨福克的西斯托：盎格鲁-撒克逊时代早期畜牧业》），*East Anglian Archaeology Report*（《东盎格鲁考古学报告》），**47**：27.

Crabtree，P. A.（1989b），"Faunal Remains from Iron Age and Romano-British Features"（《铁器时代和罗马-不列颠时期特征的动物遗骸》），in *West Stow，Suffolk：The Prehistoric and Romano-British Occupations*（《萨福克的西斯托：史前和不列颠行省时期》）（ed. S. West），*East Anglian Archaeology Report*（《东盎格鲁考古学报告》），**28**：101 - 105.

Crabtree，P. A.（1994），"The Animal Bones Present from Ipswich，Suffolk，

Recovered from 16 Sites Excavated between 1974 – 1988"(《1974—1988 年萨福克郡伊普斯维奇时期 16 处遗址中发现的动物骨骼》), Unpublished Report.

Cramp, S., Simmons, K. E. L. & others, (1977 – 1994)(HBWP), *Handbook of the Birds of Europe, the Middle East and North Africa*[《欧洲、中东和北非鸟类手册》], 9 vols, Oxford University Press, Oxford.

Currant, A. P. (1989), "The Quaternary Origins of the British Mammal Fauna"(《英国哺乳动物群的第四纪起源》), *Biological Journal of the Linnean Society*(《林奈学会生物学杂志》), **38**: 23 – 30.

Currant, A. P. & Jacobi, R. (2001), "A Formal Mammalian Biostratigraphy for the Late Pleistocene of Britain"(《英国更新世晚期哺乳动物生物地层学》), *Quaternary Science Reviews*(《第四纪科学评论》), **20**: 1707 – 1716.

D'Arey, G. (1999), *Ireland's Lost Birds*(《爱尔兰失去的鸟类》), Betaprint Ltd, Dublin.

D'Arcy, G. (2006), "Little Bird Bone: Long Story"(《小型鸟类骨骼:说来话长》), *Irish Wildlife*(《爱尔兰野生动物》), **2**: 10 – 12.

Darby, H. C. (1976), *A New Historical Geography of England after 1600*(《1600 年以后英格兰新历史地理学》), Cambridge University Press, Cambridge.

Darby, H. C. (1983), *The Changing Fenland*(《沼泽地的演变》), Cambridge University Press, Cambridge.

Darby, H. C. & Versey, G. R. (1975), *Domesday Gazetteer*(《审判日地名录》), Cambridge University Press, Cambridge.

Darvill, T. & Coy, J. (1985), "Report on the Faunal Remains from the Mound, Glastonbury"(《格拉斯顿伯里土丘发掘的动物遗骸报告》), in *Excavations on the Mound, Glastonbury, Somerset, 1971*(《1971 年萨默塞特格拉斯顿伯里土丘的发掘》)(ed. J. Carr), *Proceedings of the Somerset Archaeological and Natural History Society*(《萨默塞特考古学和自然史学会论文集》), **129**: 56 – 60.

David, A. (1991), "Late Glacial Archaeological Residues from Wales: A Selection"(《威尔士晚冰期考古残留选集》), pp. 141 – 150, in *The Late Glacial in North-west Europe: Human Adaptation and Environmental Change at the End of the Pleistocene*(《欧洲西北部的晚冰期:更新世末期的人类的适应与环境变化》)(eds N. Barton, A. J. Roberts & D. A. Roe), *CBA Research Report*(《CBA 研究报告》), **77**.

Davidson, J. L. & Henshall, A. S. (1989), *The Chambered Cairns of Orkney, An Inventory of the Structures and Their Contents*(《奥克尼石冢结构及其内容清册》), Edinburgh University Press.

Davis, S. J. M. (1981), "The Effects of Temperature Change and

Domestication on the Body Size of Late Pleistocene to Holocene Mammals of Israel"
(《气温变化和驯化对晚更新世至全新世以色列哺乳动物体型的影响》),
Paleobiology(《古生物学》), **7**: 101 - 114.

Davis, S. J. M. (1997), *Animal Bones from the Roman Site Redlands Farm,
Stanwick, Northamptonshire, 1990 Excavation*(《1990 年北安普敦郡斯坦威克雷
德兰兹农场罗马时代遗址发现的动物骨骼》), *Ancient Monuments Laboratory
Report*(《古代遗迹实验室通报》), 106/97.

Deane, C. D. (1979), "The Capercaillie as An Irish Species"(《爱尔兰种松
鸡》), *Irish Birds*(《爱尔兰鸟类》), **1**: 364 - 369.

Dissaranayake, R. (1992), "An Analysis of Passerine Humeri"(《雀形目肱
骨分析》), Unpublished B. Sc. (Environmental Biology) thesis, University of
Manchester.

Dobney, K. & Jaques, D. (2002), "Avian Signatures for Identity and Status
in Anglo-Saxon England"(《盎格鲁-撒逊时期英格兰身份和地位的鸟类标
志》), *Acta Zoologica Cracoviensia*(《克拉科夫动物学报》), **45**: 7 - 21.

Dobney, K., Milles, A., Jaques, D. & Irving, B. (1994), *Material
Assessment of the Animal Bone Assemblage from Flixborough*(《弗利克斯伯勒动物
骨骼组合的材料评估》), Unpublished Reports from the Environmental
Archaeology Unit, York, 94/6, 1 - 7.

Dobney, K., Jaques, D. & Irving, B. (1996), "Of Butchers and Breed:
Report on Vertebrate Remains from Various Sites in the City of Lincoln"(《屠宰和
繁育:林肯郡城市不同地点脊椎动物遗骸的报告》), *Lincoln Archaeological
Studies*(《林肯郡考古研究》), **5**: 1 - 215.

Dobney, K., Jaques, D., Carrott, J., Hall, A. R., Issitt, M. & Large, F.
(2000), "Biological Remains"(《生物遗体》), in *Excavations on the Site of the
Roman Signal Station at Carr Naze, Filey, 1993 - 94*(《1993—1994 年卡尔纳泽
罗马时代信号站遗址的发掘》)(ed. P. Ottaway), *Archaeology Journal*(《考古
学杂志》), **157**: 148 - 179.

Dobney, K., Jaques, D., Barrett, J. & Johnstone, C. (2007), *Farmers,
Monks and Aristocrats: The Environmental Archaeology of Anglo-Saxon Flixborough,
Excavations at Flixborough*(《农民、僧侣和贵族:盎格鲁-撒逊时期弗利克斯
伯勒的环境考古学》), Vol. 3, Oxbow Books, Oxford.

Driesch, A. v. d. (1999), "The Crane, *Grus grus*, in Prehistoric Europe and
Its Relation to Tne Pleistocene Crane, *Grus primigenia*"(《欧洲史前灰鹤及其与
更新世原鹤的关系》), in *The Holocene History of the European Vertebrate Fauna*
(《欧洲脊椎动物群全新世史》)(ed. N. Benecke), pp. 201 - 209, Marie
Leidorf, Rahden, Westphalia.

Drovetski, S. V. (2003), "Plio-Pleistocene Climatic Oscillations, Holarctic

Biogeography and Speciation in An Avian Subfamily"(《上新世–更新世气候变化、全北区生物地理和鸟类亚科的物种形成》), *Journal of Biogeography*(《生物地理学杂志》), **30**: 1173–1181.

Dyke, G. J. (2001), "The Evolutionary Radiation of Modern Birds: Systematics and Patterns or Diversification"(《现代鸟类进化辐射:系统学和模式或多样化》), *Geological Science*(《地质科学》), **36**: 305–315.

Dyke, G. J., Dortangs, R. W., Jagt, J. W. M., Schulp, A. S., Mulder, E. W. A., & Chiappe, L. M. (2002), "Europe's Last Mesozoic Bird"(《欧洲最后的中生代鸟类》), *Naturwissenschaften*(《自然科学期刊》), **89**: 408–411.

Dyke, G. J. & Gulas, B. E. (2002), "The Fossil Galliform Bird Paraortygoides from the Lower Eocene of the United Kingdom"(《英国始新世早期化石鸡形目鸟类》), *American Museum Novitates*(《美国博物馆通讯》), 3360: 1–14.

Dyke, G. J., Nudds, R. L. & Benton, M. J. (2007a), "Modern Avian Radiation across the Cretaceous-Paleogene Boundary"(《现代鸟类跨越白垩纪–古近纪界线的辐射》), *Auk* (《海雀》), **124**: 339–341.

Dyke, G. J., Nudds, R. L. & Walker, C. A. (2007b), "The Pliocene *Phoebastria*('*Diomedea*') *anglica*: Lydekker's English Fossil Albatross"(《上新世安吉利卡信天翁:莱德克的英国信天翁化石》), *Ibis*(《鹮》), **149**: 626–631.

Eastham, A. (1971), "The Bird Bone"(《鸟类骨骼》), in *Excavations at Fishbourne, 1961–1969*(《1961—1969 年菲什伯恩的发掘》)(ed. B. Cunliffe), **2**, pp. 388–393.

Eastham, A. (1975), "The Bird Bones"(《鸟类骨骼》), in *Excavations at Portchester, Vol. I: Roman*(《波特切斯特的发掘第一卷:罗马时代》)(ed. B. Cunliffe), pp. 409–415, *Report of the Research Committee of the Society of Antiquaries of London*(《伦敦古文物学会研究委员会报告》).

Eastham, A. (1976), "The Bird Bones"(《鸟类骨骼》), in *Excavations at Portchester*, Vol. II: Saxon(《波特切斯特的发掘第二卷:撒克逊时代》)(ed. B. Cunliffe), pp. 287–296, *Report of the Research Committee of the Society of Antiquaries of London*(《伦敦古文物学会研究委员会报告》), **33**.

Eaton M. A., Ausden M., Burton N., Grice PV., Hearn R. D., Hewson C. M., Hilton G. M., Noble D. G., Ratcliffe N. and Rehfisch M. M. (2006), "The Value of Volunteers in Monitoring Birds in the UK"(《志愿者在英国鸟类监测方面的贡献》), p. 31, in *The state of the UK'S Birds 2005*(《2005 年英国鸟类现状》), RSPB, BTO, WWT, CCW, EN, EHS and SNH, Sandy, Bedfordshire.

Edwards, A. & Horne, M. (1997), "Animal Bones"(《动物骨骼》), in *Sacred Mound, Holy Rings*(《神圣土丘,神圣之环》)(ed. A. Whittle), *Oxbow*

Monograph(《奥克斯博专著》), **74**, pp. 117 – 129, Oxford.

Ekwall, E. (1936), *Studies on English Place-names*(《英格兰地名研究》), Kunglinga Vitterhets Historie och Antikvitets Akademiens handlingar, Stockholm.

Ekwall, E. (1960), *The Concise Oxford Dictionary of English Place-names* (《简明牛津英语地名词典》), 4th edn, Oxford University Press, Oxford.

Elzanowski, A. (2002a), "Archaeopterygidae(Upper Jurassic, Germany)" [《始祖鸟科(德国晚侏罗纪)》], in *Mesozoic Birds: Above the Heads of Dinosaurs*(《中生代鸟类:恐龙头顶之上》)(eds L. M. Chiappe & L. M. Witmer), pp. 129 – 159, University of California Press, Los Angeles, CA.

Elzanowski, A. (2002b), "Biology of Basal Birds and the Origin of Bird Flight"(《基干鸟类生物学和鸟类飞行起源》), in *Proceedings of the 5th Symposium of the Society of Avian Paleontology and Evolution*(《第五届古鸟类生物与进化学会研讨会论文集》)(eds Zhonge Zhou & Fucheng Zhang), pp. 211 – 226, Science Press, Beijing.

Erbersdobler, K. (1968), *Vergleichend Morphologische Untersuchungen An Einzelknochen des Postcranialen Skeletts in Mitteleuropea Vorkommender Mittelgrosser Huhnervogel*(《欧洲中等体型鸡形目骨骼比较》), Universität Munchen, Munich.

Ericson, P. G. P. & Tyrberg, T. (2004), *The Early History of the Swedish Avifauna*(《瑞典鸟类动物群的早期历史》), Kunglinga Vitterhets Historie och Antikvitets Akademiens Handlingar, Stockholm.

Ericson, P. G. P., Tyrberg, T., Kjellberg, A. S., Jonsson, L. & Ullén, I. (1997), "The Earliest Record of House Sparrows(*Passer domesticus*) in Northern Europe"(《欧洲北部家麻雀的最早记录》), *Journal of Archaeological Science* (《考古科学杂志》), **24**: 183 – 190.

Ericson, P. P, Christids, L., Cooper, A., Irestedt, M., Jackson, J., Johansson, U. S. & Norman, J. A. (2002), "A Gondwanan Origin of Passerine Birds Supported by DNA Sequences of the Endemic New Zealand Wrens"(《新西兰本地鹪鹩 DNA 序列支持雀形目的冈瓦纳起源》), *Proceedings of the Royal Society, London, B*(《英国皇家学会学报》), **269**: 235 – 241.

Evans, C, & Serjeantson, D. (1988), "The Back Water Economy of A Fen-edge Community in the Iron Age: the Upper Delphs, Haddenham"(《铁器时代沼泽边缘社区的靠水经济:哈德纳姆上德尔夫斯》), *Antiquity*(《古物》), **62**: 360 – 5/0.

Ewart, J. C. (1911), "Animal Remains"(《动物残骸》), in *A Roman Frontier Post and Its People: The Fort of Newstead in the Parish of Melrose*(《罗马时代边境哨所和人民:梅尔罗斯教区的纽斯台德堡》)(ed. J. Curle), pp. 362 – 377, Maclehose & Sons, Glasgow.

Faegri, K. & Iversen, J. (1975), *Textbook of Pollen Analysis*(《花粉分析教科书》), Blackwell, Oxford.

Feduccia, A. (1995), "Explosive Evolution in Tertiary Birds and Mammals" (《第三纪鸟类和哺乳动物的爆发式演化》), *Science*(《科学》), **267**: 637 – 638.

Feduccia, A. (1996), *The Origin and Evolution of Birds*(《鸟类起源与演化》), Yale University Press, New Haven.

Fick, O. K. W. (1974), *Vergleichend Morphologische Untersuchungen An Einzelknochen Europaischer Taubenarten* (《欧洲鸽子骨骼形态学比较》), Universitat Munchen, Munchen.

Field, D. (1999), "The Animal Bones"(《动物骨骼》), in *Iron Age and Roman Quinton: the Evidence for the Ritual Use of the Site*(*Site 'E' 1978 – 1981*) (《铁器时代和罗马时代的昆顿: 1978—1981 年的遗址 "E" 的仪式作用的证据》) (ed. R. M. Friendship-Taylor), Vol. 5, pp. 57 – 60, Upper Nene Archaeology Society Fascicule.

Finlay, J. (1991), "Animal Bone"(《动物骨骼》), in *Excavations of the Wheelhouse and other Iron Age Structures at Sollas, North Uist, by R. J. C. Atkinson in 1957*(《1957 年阿特金森在北乌伊斯特索勒斯的舵手室和其他铁器时代建筑的发掘》) (ed. E. Cambell), *Proceedings of the Society of Antiquaries of Scotland*(《苏格兰古文物学会会刊》), **121**: 147 – 148.

Finlay, J. (1996), "Human and Animal Bone"(《人类和动物骨骼》), in *The Excavation of A Succession of Prehistoric Roundhouses at Cnoc Stanger, Reay, Caithness, Highland, 1981 – 2*(《1981—1982 年对康诺克斯坦格、雷伊、凯思内斯、苏格兰高地等一系列史前圆屋的挖掘》) (ed. R. J. Mercer), *Proceedings of the Society of Antiquaries of Scotland*(《苏格兰古文物学会文集》), **126**: 157 – 189.

Finney, S. K., Pearce-Higgins, J. W. & Yalden, D. W. (2005), "The Effect of Recreational Disturbance on An Upland Breeding Bird, the Golden Plover *Pluvialis apricaria*"(《娱乐干扰对陆地繁殖鸟类欧金鸻的影响》), *Biological Conservation*(《生物保护》), **121**: 53 – 63.

Fisher, C. T. (1986), "Bird Bones from the Excavations at Crown Car Park, Nantwich, Cheshire"(《柴郡南特维奇皇冠公园发现的鸟类骨骼》), *Circaea* (《环境考古学会会刊》), **4**: 55 – 64.

Fisher, C. T. (1996), "Bird Bones"(《鸟类骨骼》), in *Excavations in Castletown, Isle of Man 1989 – 1992*(《1989—1992 年马恩岛卡斯特顿的发掘》) (eds P. J. Davey, D. J. Freke & D. A. Higgins), pp. 144 – 151, Liverpool University Press.

Fisher, C. T. (2002), "The Bird Bones"(《鸟类骨骼》), in *Excavations on

St Patrick's Isle, *Peel*, *Isle of Man*, *1982 - 99*: *Prehistoric*, *Viking*, *Medieval and Later*(《1982—1999 年马圣帕特里克岛、皮尔岛和恩岛的挖掘：史前、维京时代、中世纪及以后》)(ed. D. J. Freke), Liverpool University Press.

Fisher, J. (1966), *The Shell Bird Book*(《鸟类掌书》), Ebury Press & Michael Joseph, London.

Fisher, J. H. (1977), *The Complete Poetry and Prose of Geoffrey Chaucer*(《杰弗里·乔叟诗歌和散文全录》), Holt, Reinhart and Winston, New York.

Fisher, J. & Lockley, R. M. (1954), *Sea-Birds*(《海洋鸟类》), Collins, London.

Fitter, R. S. R. (1959), *The Ark in our Midst*(《我们之中的方舟》), Collins, London.

Fok, K. W., Wade, C. M. & Parkin, D. (2002), "Inferring the Phylogeny of Disjunct Populations of the Azure-winged Magpie *Cyanopica cyanus* from Mitochondrial Control Sequences"(《基于线粒体控制序列推断灰喜鹊分离种群的系统发育》), *Proceedings of the Royal Society*, *London*, *B*(《英国皇家学会学报》), **269**: 1671 - 1679.

Forbes, C. L., Joysey, K. A. & West. R. G. (1958), "On Post-Glacial Pelicans in Britain"(《英国后冰期的鹈鹕》), *Geological Magazine*(《地质杂志》), **95**: 153 - 160.

Fountaine, T. M. R., Benton, M. J., Dyke, G. J. & Nudds, R. L. (2005), "The Quality of the Fossil Record of Mesozoic Birds"(《中生代鸟类化石记录质量》), *Proceedings of the Royal Society*, *London*, *B*(《英国皇家学会学报》), **272**: 289 - 294.

Fraser, F. C. & King, J. E. (1954), "Birds"(《鸟》), in *Excavations at Star Carr*(《斯塔卡的发掘》)(ed. J. G. D. Clark), Cambridge University Press.

Fuller, E. (1999), *The Great Auk*(《大海雀》), Errol Fuller, Southborough, Kent.

Fuller, R. J. (2000), "Influence of Treefall Gaps on Distributions of Breeding Birds Within Interior Oldgrowth Stands in Białowieża Forest, Poland"(《波兰比亚沃韦扎森林中树木倒伏间隙对老龄林内部繁殖鸟类分布的影响》), *Condor*(《秃鹰》), **102**: 267 - 274.

Fuller, R. J. (2002), "Spatial Differences in Habitat Selection and Occupancy by Woodland Bird Species in Europe: A Neglected Aspect of Bird-habitat Relationships"(《欧洲林地鸟类栖息地选择和占用的空间差异：鸟类栖息地关系中被忽视的一个方面》), *Avian Landscape Ecology*, *IALE*(*UK*)[《鸟类景观生态学和国际景观生态学会(英国)》], 101 - 110.

Fuller, R. J. & Gough, S. J. (1999), "Changes in Sheep Numbers in Britain: Implications for Bird Populations"(《英国绵羊数量的变化：对鸟类种群

的影响》), *Biological Conservation*(《生物保护》), **91**:7 - 89.

Fumihito, A., Miyake, T., Sumi, S. -I., Takada, M., Ohno, S. & Kondo, N. (1994), "One Subspecies of the Red Junglefowl(*Gallus gallus gallus*) as the Matriarchic Ancestor of All Domestic Breeds"(《所有家养品种的母系祖先——红原鸡亚种》), *Proceedings of the National Academy of Sciences*(《美国国家科学院院刊》), **91**: 12505 - 12509.

Fumihito, A., Miyake, T., Takada, M., Shingu, R., Endo, T., Gojobori, T., Kondo, N. & Ohno, S. (1996), "Monophyletic Origin and Unique Dispersal Patterns of Domestic Fowls"(《家鸡的单系起源和独特分布模式》), *Proceedings of the National Academy of Sciences*(《美国国家科学院院刊》), **93**: 6792 - 6795.

Galbraith, C. A., Groombridge, R. & Tucker, C. (2000), *Report of the UK Raptor Working Group*(《英国猛禽工作组报告》), DETR and JNCC, Bristol and Peterborough.

Galton, P. & Martin, L. D. (2002), "Enaliornis, An Early Cretaceous Hesperornithiform Bird from England, with Comments on Other Hesperornithiformes"(《大洋鸟,一种英格兰早白垩世黄昏鸟目成员,及对其他黄昏鸟目成员的评论》), in *Mesozoic Birds*: *Above the Heads of Dinosaurs*(《中生代鸟类:恐龙头顶之上》)(eds L. M. Chiappe & L. M. Witmer), pp. 317 - 338, California University Press, Berkeley, CA.

Gardner, N. (1997), "Vertebrates and Small Vertebrates"(《脊椎动物与小型脊椎动物》), in *Sacred Mound*, *Holy Rings*: *Silbury Holl and the West Kennet Palisade Enclosures*: *A Later Neolithic Complex in North Wiltshire*(《神圣土丘、神圣之环:锡尔伯里山和西肯尼特围栏——北威尔特郡的新石器时代晚期建筑群》)(ed. A. Whittle), *Oxbow Monograph*(《奥克斯博专著》), **74**, pp. 47 - 49.

Garmonsway, G. N. (1947), *Aelfric's Colloquy*(《埃尔弗里克的谈话》), 2nd, edn, Methuen, London.

Garrad, L. S. (1972), "Bird Remains, including those of A Great Auk *Alca impennis*, from A Midden Deposit in A Cave at Perwick Bay, Isle of Man"(《马恩岛佩韦克海湾洞穴贝冢遗址的大海雀等鸟类遗骸》), *Ibis*(《鹮》), **114**: 258 - 259.

Garrad, L. S. (1978), "Evidence for the History of the Vertebrate Fauna of the Isle of Man"(《马恩岛脊椎动物群历史的证据》), pp. 61 - 76, in *Man and Environmnent in the Isle of Man*(《马恩岛的人与环境》)(ed P. J. Davey), *BAR British Series*(《BAR 英国卷》), 54(1).

Geikie, J. (1881), *Prehistoric Europe*: *A Geological Sketch*(《史前欧洲:地质学概论》), Edward Stanford, London.

Gelling, M. (1987), "Anglo-Saxon Eagles"(《盎格鲁-撒克逊时期的雄鹰》), *Leeds Studies in English*(《利兹英格兰研究》)(n. s.), **XVIII**: 173 – 181.

Gelling, M. & Cole, A. (2000), *The Landscape of Place-Names*(《地名景观》), Shaun Tyas, Stamford, CA.

Genoud, M. (1985), "Ecological Energetics of Two European Shrews: *Crocidura russula* and *Sorex coronatus*(Soricidae: Mammalia)"(《两种欧洲鼩鼱——中麝鼩和王冠鼩鼱的生态能量学》), *Journal of Zoology*, *London*, *A* (《伦敦动物学杂志》), **207**: 63 – 85.

Gentry, A., Clutton-Brock, J. & Groves, C. P. (2003), "The Naming of Wild Animal Species and Their Domestic Derivatives"(《野生动物及其驯化种的命名》), *Journal of Archaeological Science*(《考古科学杂志》), **31**: 645 – 651.

Gibbons, D. W., Reid, J. B. & Chapman, R. A. (1993), *The New Atlas of Breeding Birds in Britain and Ireland: 1988 - 1991*(《1988—1991 年英国和爱尔兰繁殖鸟类的新地图集》), T. & A. D. Poyser, London.

Gidney, L. (1991), *Leicester, the Shires 1988 Excavations: the Animal Bones from the Medieval Deposits at St Peter's Lane*(《1988 年莱斯特郡考古发掘:圣彼得巷中世纪沉积物中的动物骨骼》), *Ancient Monuments Laboratory Report*(《古代遗迹实验室通报》), **116/91**.

Gidney, L. (1992), "The Animal Bone"(《动物骨骼》), in *Excavations at Brougham Castle, 1987*(《1987 年布鲁厄姆城堡的发掘》)(ed. JH. Williams), *Transactions of the Cumberland and Westmorland Antiquarian and Archaeological Society*(《坎伯兰和威斯特摩兰古物和考古学会学报》), **92**: 120 – 121.

Gidney, L. (1993), *Leicester, the Shires 1988 Excavations: Further Identifications of Small Mammal and Bird Bones*(《1988 年莱斯特郡考古挖掘:小型哺乳动物和鸟类骨骼的进一步鉴定》), *Centre For Archaeology Report*(《考古中心报告》), 92/93, pp. 1 – 16.

Gidney, L. (1995), *The Cathedral, Durham City: An Assessment of the Animal Bones*(《杜伦市大教堂遗址:动物骨骼评估》), *Durham Environmental Archaeology Report*(《杜伦环境考古学报告》), 4/95.

Gidney, L. (1996), *Housesteads 1974 – 1981: Animal Bone Assessment* (《1974—1981 年豪塞斯戴兹:动物骨骼评估》), Department of Archaeology, Durham University.

Gilbert, B. M., Martin, L. D. & Savage, H. G. (1996), *Avian Osteology* (《鸟类骨骼学》), Missouri Archaeological Society, Columbia, MO.

Gilmore, F. (1969), "The Animal and Human Skeletal Remains"(《动物和人类骨骼遗骸》), in *Excavations at Hardingstone, Northants 1967 - 8*(《1967—1968 年北安普顿郡哈丁斯通的挖掘》)(ed. P. J. Woods), Northamptonshire County Council.

Godwin, H. (1975), *The History of the British Flora*(《英国植物区系史》), Cambridge University Press.

Gosler, A. G., Greenwood, J. J. D. & Perrins, C. (1995), "Predation Risk and the Cost of Being Fat"(《捕食风险和增重的代价》), *Nature*(《自然》), **377**: 621 - 623.

Gray, H. S. G. (1966), *The Meare Lake Village: A Full Description of the Excavations and Relics from the Eastern Half of the West Village, 1910 - 1933*(《梅尔湖村:1910—1933 年西村东部挖掘和文物的完整描述》), Taunton Castle, Taunton.

Greene, J. P. (1989), *Norton Priory: the Archaeology of A Medieval Religious House*(《诺顿修道院:中世纪宗教房屋考古学》), Cambridge University Press.

Greenoak, F. (1979), *All the Birds of the Air*(《空中的鸟》), Andre Deutsch, London.

Greenwood, J. J. D. & Carter, N. (2003), "Organisation Eines Nationalen Vogelmonitorings durch den British Trust for Ornithology-Erfahrungsbericht aus Grossbritannien(Organising National Bird Monitoring by the BTO-Experiences from Britain)"[《英国鸟类学基金会下属的国家鸟类监测组织(由 BTO 组织国家鸟类监测活动吸收英国经验)》], Berichte des Landesamtes fur umweltschutz Sachsen-Anhalt 1/2003, pp. 14 - 26.

Greenwood, J. J. D., Gregory, R. D. Harris, S., Morris, P. A. & Yalden, D. W. (1996), "Relationships between Abundance, Body Size and Species Number in British Birds and Mammals"(《英国鸟类和哺乳动物丰度、体型和物种数量之间的关系》), *Philosophical Transactions of the Royal Society*, London, B(《皇家学会哲学汇刊》), **351**: 265 - 278.

Grieve, S. (1882), "Notice on the Discovery of Remains of the Great Auk or Garefowl(*Alca impennis*) on the Island of Oronsay, Argyllshire"(《阿盖尔郡奥龙赛岛上发现的大海雀或大海燕遗骸》), *Journal of the Linnean Society*(*Zoology*)[《林奈学会学报(动物学)》], **16**: 479 - 487.

Grigson, C. (1999), "The Mammalian Remains"(《哺乳动物遗骸》), in *The Harmony of Symbols: the Windmill Hill Causewayed Enclosure*(《象征的和谐:温德米尔山堤道围墙》)(eds. A. Whittle, J. Pollard &C. Grigson), pp. 164 - 252, Oxbow Books, Oxford.

Grigson, C. & Mellars, PA. (1987), "The Mammalian Remains from the Middens"(《米德尔斯的哺乳动物遗骸》), in *Excavations on Oronsay*(《奥龙赛岛的挖掘》)(ed. P. A. Mellars), pp. 243 - 289, Edinburgh University Press, Edinburgh.

Groom, D. W. (1993), "Magpie *Pica pica* Predation on Blackbird *Turdus merula* Nests in An Urban Area"(《城市地区喜鹊在乌鸫巢穴的捕食》), *Bird*

Study(《鸟类研究》)，**40**：55 – 62.

Gruar, D, Peach, W. & Taylor, R. (2003)，" Summer Diet and Body Condition of Song Thrushes *Turdus philomelos* in Stable and Declining Farmland Populations"(《处于稳定和下降状态下的欧歌鸫农田种群的夏季饮食和身体状况》)，*Ibis*(《鹮》)，**145**：637 – 649.

Gurney, J. H. (1921)，*Early Annals of Ornithology*(《鸟类学早期年鉴》)，H. F. & G. Witherby, London.

Hall, J. J. (1982)，" The Cock of the Wood "(《森林里的雄鸟》)，*Irish Birds*(《爱尔兰鸟类》)，**2**：38 – 47.

Hallen, Y. (1994)，" The Use of Bone and Antler at Foshigarry and Bac Mhic Connain, Two Iron Age Sites on North Uist, Western Isles"(《西部群岛北乌伊斯特岛铁器时代遗址佛希加里和巴克米希克康纳因骨头和鹿角的使用》)，*Proceedings of the Society of Antiquaries of Scotland*(《苏格兰古文物学会会刊》)，**124**：189 – 231.

Hamilton, R. (1971)，" Animal Remains "(《动物遗骸》)，in *Latimer*：*Belgic, Roman, Dark Age, and Early Modern Farm*(《拉蒂默：比利时、罗马、黑暗时代和早期现代农场》)(ed. K. Branigan)，pp. 163 – 166, Chess Valley Archaeology and History Society, Bristol.

Hamilton-Dyer, S. (1993)，" The Animal Bones "(《动物骨骼》)，in *Excavations in the Scamnum Tribunorum at Caerleon：the Legionnary Museum Lite 1983 – 5*(《卡利恩斯坎纳姆·特里特诺鲁特的挖掘：1983—1985 年军团博物馆精简版》)(ed. V. D. Zienkiewicz)，*Britannia*(《不列颠尼亚》)，**24**：132 – 136.

Hamilton-Dyer, S. (1999)，" Animal Bones "(《动物骨骼》)，in *A35 Tolpuddle to Puddletown Bypass DBFO Dorset, 1996 – 8：Incorporating Excavations At Tolpuddle Ball 1993*(《1996—1998 年多赛特郡托尔帕德尔到帕德尔敦的 A35 号公路：结合 1993 年在托尔帕德尔大厅的挖掘》)(eds C. M. Hearne & v. Birbeck)，*Wessex Archaeological Report*(《威塞克斯考古报告》)，**15**：188 – 202.

Hamilton-Dyer, S. & McCormick, F. (1993)，" The Animal Bones"(《动物骨骼》)，in *Excavation of A Shell Midden Site at Carding Mill Bay, Near Oban, Scotland*(《苏格兰奥本附近卡丁米尔湾贝丘遗址的挖掘》)(eds K. D. Connock, B. Finlayson & C. M. Mills)，*Glasgow Archaeological Journal*(《格拉斯哥考古学杂志》)，**17**：34.

Hammon A. (2005)，" Late Romano-British-Early Medieval Socio-economic and Cultural Change：Analysis of the Mammal and Bird Bone Assemblages from the Roman City of Viroconium Cornoviorum, Shropshire"(《不列颠行省晚期-中世纪早期社会经济和文化的变化：罗马城市什罗普郡科诺维亚姆哺乳动物和鸟类的骨骼组合分析》)，Unpublished PhD thesis, University of Sheffield.

Harcourt, R. A. (1969a), *Animal Bones from South Witham*(《南威瑟姆发现的动物骨骼》), *Ancient Monuments Laboratory Report*(《古代遗迹实验室通报》), 1556.

Harcourt, R. A. (1971a), "The Animal Bones from Durrington Walls"(《杜灵顿墙发现的动物骨骼》), in *Durrington Walls: Excavations 1966 - 1968*(《杜灵顿墙:1966—1968 年的挖掘》)(eds G. J. Wainwright & I. H. Longworth), *Report of the Research Committee of the Society of Antiquaries of London*(《伦敦古文物学会研究委员会报告》), **29**: 188 - 191.

Harcourt, R. A. (1971b), "The Animal Bones"(《动物骨骼》), in *Mount Pleasant, Dorset, Excavations 1970 - 71: Incorporating An Account of Excavations Undertaken at Woodhenge in 1970*(《1970—1971 年多塞特普莱森特山的挖掘:结合 1970 年在巨木阵的挖掘记录》)(ed. G. J. Wainwright), *Report of the Research Committee of the Society of Antiquaries of London*(《伦敦古文物学会研究委员会报告》), **37**: 214 - 215.

Harcourt, R. A. (1979a), "The Animal Bones"(《动物骨骼》), in *Gussage All Saints: An Iron Age Settlement in Dorset*(《古萨哲万圣:多塞特的铁器时代定居点》)(ed. G. J. Wainwright), pp. 150 - 160, HMSO, London.

Harcourt, R. (1979b), "The Animal Bones"(《动物骨骼》), in *Mount Pleasant, Dorset, Excavations 1970 - 71*(《1970—1971 年多塞特普莱森特山的挖掘》)(ed. G. J. Wainwright), pp. 214 - 215, Society of Antiquaries, London.

Hare, J. N. (1985), *Battle Abbey: the Eastern Range and the Excavations of 1978 - 80* (《战争修道院:1978—1980 年对东部山脉的挖掘》), *Historic Buildings and Monuments Commission for England Archaeological Report*(《英格兰历史建筑和古迹委员会考古报告》).

Harkness(1871), "The Discovery of A Kitchen-Midden at Ballycotton in County Cork"(《科克郡巴利科顿生活废物堆的发现》), *Report of the British Association*(《不列颠协会报告》), 150 - 151.

Harman, M. (1983), "Animal Remains from Ardnave, Islay"(《艾雷岛阿尔德纳韦的动物遗骸》), in *Excavations at Ardnave, Islay*(《艾雷岛阿尔德纳韦的挖掘》)(eds G. Ritchie & H. Welfare), *Proceedings of the Society of Antiquaries of Scotland*(《苏格兰古文物学会会刊》), **113**: 343 - 347.

Harman, M. (1993a), "Mammalian and Bird Bones"(《哺乳动物和鸟类的骨骼》), in *The Fenland Project Number 7: Excavations in Peterborough and the Lower Welland Valley 1960 - 1969*(《芬兰区项目七:1960—1969 年彼得伯勒和下韦兰河谷的挖掘》)(eds W. G. Simpson, D. Gurney, J. Neve & F. M. M. Pryor), *East Anglian Archaeological Report*(《东盎格鲁考古学报告》), **61**: 98 - 123.

Harman, M. (1993b), "The Animal Bones"(《动物骨骼》), in *Caister-on-*

Sea Excavations by Charles Green 1951 - 55(《1951—1955 年查尔斯·格林在滨海凯斯特的挖掘》)(eds M. J. Darling & D. Gurney)，*East Anglian Archaeology Report*(《东盎格鲁考古学报告》)，**66**：223 - 236.

Harman，M. (1994)，"Bird Bones"(《鸟类骨骼》)，in *Excavations at the Romano-British Settlement at Pasture Lodge Farm，Long Bennington，Lincolnshire 1975 - 77 by H. M. Wheeler*(《1975—1977 年林肯郡朗本宁顿洛奇农场罗马-不列颠时期定居点的发掘》)(ed. R. S. Leary)，*Occasional Papers in Lincolnshire History and Archaeology*(《林肯郡历史和考古学不定期报道》)，**10**：52.

Harman，M. (1996a)，"Birds"(《鸟》)，in *Dragonby*，Vols Ⅰ and Ⅱ (ed. J. May)，*Oxbow Monograph*(《奥克斯博专著》)，61.

Harman，M. (1996b)，"Mammal and Bird Bones"(《哺乳动物和鸟类的骨骼》)，in *The Archaeology and Ethnology of St Kilda，Number 1：Archaeological Excavations on Hirta 1986 - 1990*(《圣基尔达考古学和人种学第一卷：1986—1990 年对赫塔的考古发掘》)(ed N. Emery)，H. M. S. O，Edinburgh.

Harman，M. (1997)，"Bird Bone"(《鸟类骨骼》)，in *The Excavations of A Stalled Cairn at the Point of Cott，Westray，Orkney*(《对科特角、韦斯特雷和奥克尼的石冢的挖掘》)(ed. J. Barber)，Scottish Trust for Archaeological Research.

Harris，S.，Morris，P.，Wray，S. & Yalden，D. W. (1995)，*A Review of British Mammals：Population Estimates and Conservation Status of British Mammals Other than Cetaceans*(《英国哺乳动物综述：鲸目以外的英国哺乳动物的数量估计和保护现状》)，JNCC，Peterborough.

Harrison C. J. O. (1978)，"A New Jungle-fowl from the Pleistocene of Europe"(《一种欧洲更新世新原鸡》)，*Journal of Archaeological Science*(《考古科学杂志》)，**5**：373 - 376.

Harrison C. J. O. (1979)，"Pleistocene Birds from Swanscombe，Kent"(《肯特郡天鹅谷的更新世鸟类》)，*London Naturalist*(《伦敦博物学家》)，**58**：6 - 9.

Harrison C. J. O. (1980a)，"A Re-examination of British Devensian and Earlier Holocene Bird Bones in the British Museum(Natural History)"(《对大英自然历史博物馆馆藏得文思期和全新世早期英国鸟类骨骼的重新研究》)，*Journal of Archaeologicol Science*(《考古科学杂志》)，**7**：53 - 68.

Harrison C. J. O. (1980b)，"Pleistocene Bird Remains from Tornewton Cave and the Brixham Windmill Hill Cave in South Devon"(《德文郡南部的托尔纽顿洞穴和布里克瑟姆温德米尔洞穴发现的更新世鸟类遗骸》)，*Bulletin of the British Museum(Natural History)*，*Geology*(《大英自然历史博物馆地质学简报》)，**33**：91 - 100.

Harrison C. J. O. (1980c)，"Additional Birds from the Lower Pleistocene of Olduvai，Tanzania：And Potential Evidence of Pleistocene Bird Migration"(《坦桑

尼亚奥杜瓦伊早更新世的其他鸟类：更新世鸟类迁徙的潜在证据》），*Ibis*
（《鹮》），**122**：530 - 532.

Harrison C. J. O. (1985)，"The Pleistocene Birds of South East England"
（《英格兰东南部更新世鸟类》），*Bulletin of the Geological Society of Norfolk*
（《诺福克地质学会通报》），**35**：53 - 69.

Harrison C. J. O. (1986)，"Bird Remains from Gough's Cave, Somerset"
（《萨默塞特郡高夫洞穴的鸟类残骸》），*Proceedings of the University of Bristol
Spelaeological Society*（《布里斯托尔大学古生物学会会刊》），**17**：305 - 310.

Harrison，C. J. O. (1987a)，"A Re-Examination of the Star Carr Birds"（《斯
塔卡鸟类的再研究》），*Naturalist*（《博物学家》），**112**：141.

Harrison，C. J. O(1987b)，"Pleistocene and Prehistoric Birds of South-West
Britain"（《英国西南部更新世和史前鸟类》），*Proceedings of the University of
Bristol Spelaeological Society*（《布里斯托大学古生物学会会刊》），**18**：81 - 104.

Harrison，C. J. O (1988)，"Bird Bones from Soldier's Hole, Cheddar,
Somerset"（《萨默塞特郡切达士兵洞的鸟类骨骼》），*Proceedings of the
University of Bristol Spelaeological Sociery*（《布里斯托大学古生物学会会刊》），
18：258 - 264.

Harrison，C. J. O. (1989a)，"Bird Bones from Chelm's Combe Shelter,
Cheddar, Somerset"（《萨默塞特郡切达海乌姆山谷庇护所的鸟类骨骼》），
Proceedings of the University of Bristol Spelaeological Society（《布里斯托大学古生
物学会会刊》），**18**：412 - 414.

Harrison，C. J. O. (1989b)，"Bird Remains from Gough's Old Cave,
Cheddar, Somerset"（《萨默塞特郡切达高夫古洞的鸟类遗骸》），*Proceedings of
the University of Bristol Spelaeological Society*（《布里斯托大学古生物学会会
刊》），**18**：409 - 411.

Harrison，C. J. O. & Cowles, G. J. (1977)，"The Extinct Large Cranes of the
North-West Palaearctic"（《古北界西北部灭绝的大型鹤》），*Journal of
Archaeological Society*（《考古学会学报》），**4**：25 - 27.

Harrison，C. J. O. & Stewart, J. R. (1999)，"Avifauna"（《鸟类区系》），in
*Boxgrove：A Middle Pleistocene Hominid Site At Eartham Quarry，Boxgrove，West
Sussex*（《博克斯格罗伍：西苏塞克斯博克斯格罗伍伊尔瑟姆采石场中更新世
原始人类遗址》）（eds M. B. Roberts & S. A. Parft），*English Heritage
Archaeological Report*（《英国文物考古报告》），17.

Harrison，C. J. O. & Walker, C. A. (1977)，"A Re-Examination of the
Fossil Birds from the Upper Pleistocene in the London Basin"（《伦敦盆地晚更新
世鸟类化石再研究》），*London Naturalist*（《伦敦博物学家》），**56**：6 - 9.

Harrison，C. J. O. & Walker, C. A. (1978)，"The North Atlantic Albatross,
Diomedea anglica，A Pliocene-Lower Pleistocene Species"（《北大西洋信天

翁——上新世-早更新世物种》），*Tertiary Research*（《第三纪研究》），**2**：45 – 46.

Harrison，TP.（1956），*They Tell of Birds：Chaucer，Spenser，Milton，Drayton*（《他们笔下的鸟类：乔叟、斯宾塞、弥尔顿、德雷顿》），Greenwood Press，Westport，CT.

Harting，J. E（1864），*The Ornithology of Shakespeare*（《莎士比亚的鸟类学》），1978 Reprint edn，Gresham Books，Old Woking，Surrey.

Hatting，T.（1968），"Animal Bones from the Basal Middens"（《贝丘基底的动物骨骼》），in *Excavations at Dalkey Island，Co Dublin 1956 – 59*（《1956—1959 年都柏林达尔基岛的发掘》）（ed. G. D. Liversage），*Proceedings of the Royal Irish Academy*（《爱尔兰皇家学院学报》），**66**：172 – 174.

HBWP（*Handbook of the Bird of the Western Palearctic*）（《古北区西部鸟类手册》），see Cramp et al. 1977 – 1994.

Hedges，J. W.（1984），*Tomb of the Eagles*（《鹰之墓》），John Murray，London.

Hencke，H.（1950），"Lagore Crannog：An Irish Royal Residence of the Seventh to Tenth Century AD"（《拉戈尔沼泽小屋：7—10 世纪爱尔兰皇家住宅》），*Proceedings of the Royal Irish Academy*（《爱尔兰皇家学院学报》），**53**：1 – 247.

Henderson-Bishop. A.（1913），"An Oronsay Shell-Mound—A Scottish Pre-Neolithic Site"（《奥龙赛岛贝冢遗址——苏格兰前新石器时代遗址》），*Proceedings of the Society of Antiquaries of Scotland*（《苏格兰古文物学会会刊》），**48**：52 – 108.

Henshall，A. S. & Ritchie，J. N. G.（1995），*The Chambered Cairns of Sutherland—An Inventory of the Structures and Their Contents*（《萨瑟兰的分室石冢——结构及其内容清单》），Edinburgh University Press，Edinburgh.

Hewlett，J.（2002），*The Breeding Birds of the London Area*（《伦敦地区的繁殖鸟类》），London Natural History Society.

Hickling，R.（1983），*Enjoying Ornithology*（《享受鸟类学》），Calton，Staffordshire：T. & A. D. Poyser.

Hitosugi，S.，Tsuda，K.，Okabayashi，H. & Tanabe，Y.（2007），"Phylogenetic Relationships of Mitochondrial DNA Cytochrome b Gene in East Asian Ducks"（《东亚鸭线粒体 DNA 细胞色素 b 基因的系统发育关系》），*Journal of Poultry Science*（《家禽科学杂志》），**44**：141 – 145.

Holloway，S.（1996），*The Historical Atlas of Breeding Birds in Britain and Ireland 1875 – 1900*（《1875—1900 年英国和爱尔兰繁殖鸟类的历史地图集》），T. &A. D. Poyser，London.

Hou，L.，Martin，L. D.，Zhou，Z. & Feduccia，A.（1996），"Early Adaptive

Radiation of Birds: Evidence from Fossils from Northeastern China"(《鸟类早期的适应性辐射:中国东北地区的化石证据》), *Science*(《科学》), **274**: 1164 – 1167.

Houlihan, P. F. (1996), *The Animal World of the Pharaohs*(《法老的动物世界》), Thames and Hudson, London.

Hudson, P. J. (1992), *Grouse in Space and Time*(《时空中的松鸡》), Game Conservancy Trust, Fordingbridge.

ICZN(2003), "Opinion 2027: Usage of 17 Specific Names Based on Wild Species Which Are Predated by or Contemporary with Those Based on Domestic Animals"(《意见 2027:基于野生物种的 17 个早于或同时代的名称的使用》), *Bulletin of Zoological Nomenclature*(《动物命名法通报》), **60**: 81 – 84.

Izard, K. (1997), "The Animal Bones"(《动物骨骼》), in *Birdoswald: Excavations of A Roman Fort on Hadrian's Wall and Its Successive Settlements 1987-92*(《伯多斯瓦尔德:哈德良墙古罗马堡垒及后续定居点的发掘》)(ed. T. Wilmott), *English Heritage Archaeology Report*(《英国文物考古报告》), 14, pp. 363 – 370, London.

Jackson, J. W. (1953), "Archaeology and Palaeontology"(《考古学和古生物学》), in *British Caving: An Introduction to Speleology*(《不列颠洞穴探秘:洞穴学导论》)(ed. C. H. D. Cullingford), Routledge & Kegan Paul Ltd.

Jacobi, R. (2004), "The Late Upper Palaeolithic Lithic Collection from Gough's Cave, Cheddar, Somerset and Human Use of the Cave"(《萨默塞特切达高夫洞穴晚旧石器时代早期岩屑采集和人类洞穴的使用》), *Proceedings of the Prehistoric Society*(《史前学会会刊》), **70**: 1 – 92.

Janossy, D. (1986), *Pleistocene Vertebrate Faunas of Hungary*(《匈牙利更新世脊椎动物区系》), Elsevier, Amsterdam.

Jaques, D. & Dobney, K. (1996), "Animal Bone"(《动物骨骼》), in Zeepvat, R. & Copper-Reade, H., "Excavations within the Outer Bailey of Hertford Castle"(《赫特福德城堡外庭的挖掘》), *Hertfordshire Archaeology*(《赫特福德郡考古学》), **12**: 33 – 37.

Jedrzejewska, B. & Jędrzejewski, W. (1998), *Predation in Vertebrate Communities*(《脊椎动物群落的捕食》), Springer Verlag, Berlin.

Jefferies, D. J. (2003), *The Water Vole and Mink Survey of Britain 1996 – 1998 with A History of the Long-term Changes in the Status of both Species and Their Causes*(《1996—1998 年英国水田鼠同水貂的调查以及两个物种状态的长期变化及原因》), Vincent Wildlife Trust, London.

Jenkinson, R. D. (1984), *Creswell Crags: Late Pleistocene Sites in the East Midlands*(《克雷斯威尔峭壁:东密德兰晚更新世遗址》), *BAR British Series*(《BAR 英国卷》), 122, Archaeopress, Oxford.

Jenkinson, R. D. & Bramwell, D. (1984), "The Birds of Britain: When Did They Arrive?"(《英国鸟类:它们是何时到达的?》), in *In The Shadow of Extinction: A Late Quaternary Archaeology and Palaeoecology of the Lake, Fissures and Smaller Caves at Cresswell Crags SSSI*(《在灭绝的阴影中:克雷斯威尔峭壁上的湖、裂缝和小洞穴的晚期第四纪考古学和古生态学》)(eds D. D. Gilbertson & R. D. Jenkinson), pp. 89 – 99, Department of Prehistory and Archaeology, University of Sheffield.

Johnstone, C. & Albarella, U. (2002), *The Late Iron Age and Romano-British Mammal and Bird Bone Assemblage from Elms Farm, Heybridge, Essex(Site Code: HYEF93 – 95)*(《埃塞克斯海布里奇榆树农场铁器时代晚期和不列颠行省时期哺乳动物和鸟类骨骼组合》), *Centre For Archaeology Report*(《考古中心报告》), 45/2002.

Jones, E. L. (1966), "Lambourn Downs"(《兰伯恩丘陵》), in *The Birds of Berkshire and Oxfordshire*(《伯克郡和牛津郡的鸟类》)(ed. M. C. Radford), pp. 16 – 24, Longmans, London.

Jones, E. V. & Horne, B. (1981), "Analysis of Skeletal Material"(《骨骼材料分析》), in *A Romano-British Inhumation Cemetery at Dunstable*(《邓斯特布尔不列颠行省时期的墓地》)(ed. C. L. Matthews), *Bedfordshire Archaeological Journal*(《贝德福德郡考古学杂志》), **15**: 69 – 12.

Jones, G. (1984), "Animal Bones"(《动物骨骼》), in *Excavations in Thetford 1948 – 59 and 1973 – 80*(《1948—1959、1973—1980 年塞特福德的挖掘》)(eds A. Rogerson &C. Dallas), *East Anglian Archaeology Report*(《东盎格鲁考古报告》), **22**: 187 – 191.

Jones, G. (1993), "Animal and Bird Bone"(《动物和鸟类骨骼》), in *Excavations in Thetford by B. K. Davidson between 1964 and 1970*(《1964—1970 年戴维森在塞特福德的挖掘》)(ed. C. Dallas), *East Anglian Archaeology Report*(《东盎格鲁考古报告》), **62**: 176 – 189.

Jones, R. T. (1978), "The Animal Bones"(《动物骨骼》), in *Excavations at Wakerley, Northants, 1972 – 75*(《1972—1975 年北安普顿韦克利的挖掘》)(eds D. A. Jackson & T. M. Ambrose), *Britannia*(《不列颠尼亚》), **9**: 115 – 242.

Jones, R. T. & Serjeantson, D. (1983), *The Animal Bones from Five Sites at Ipswich*(《伊普斯维奇时期五个遗址的动物骨骼》), *Ancient Monuments Laboratory Report*(《古代遗迹实验室通报》), 13/83.

Jones, R. T., Reilly, K. & Pipe, A. (1997), "The Animal Bones"(《动物骨骼》), in *Castle Rising Castle, Norfolk*(《诺福克的赖辛堡》)(eds B. Morley & D. Gurney), *East Anglian Archaeology Report*(《东盎格鲁考古学报告》), **81**: 123 – 131.

Jones, R. T. Sly, J., Beech, M., & Parfitt, S. (1988), "Animal Bones: Summary"(《动物骨骼：总结》), in Martin, E., "Burgh: The Iron Age and Roman Enclosure"(《铁器时代和罗马时代的圈地》), *East Anglian Archaeology Report*(《东盎格鲁考古学报告》), **40**：66 - 67.

Joysey, K. A. (1963), "A Scrap of Bone"(《一点骨骼》), pp. 197 - 203, in Brothwell, D. & Higgs, E. (eds) *Science in Archaeology*(《考古学中的科学》)(1st ed.), Thames & Hudson, London.

Kear, J. (1990), *Man and Wildfowl*(《人类与野禽》), T&A. D. Poyser, London.

Kear, J. (2003), "Cavity Nesting Ducks: Why Woodpeckers Matter"(《洞中筑巢的鸭子：为什么啄木鸟至关重要》), *British Birds*(《英国鸟类》), **96**：217 -233.

Kendrick, T. D. (1928), *The Archaeology of the Channel Islands Vol I : The Bailiwick of Guernsey*(《英吉利海峡群岛考古学第一卷：根西岛》), Methuen & Co Ltd., London.

King, A. & Westley, B. (1989), "The Animal Bones"(《动物骨骼》), in *Pentre Farm, Flint 1976 - 81, An Official Building in the Roman Lead Mining District*(《1976—1981 年弗林特潘特农场——罗马铅矿区的官方建筑》)(ed. T. J. O'Leary), *BAR British Series*(《BAR 英国卷》), 207, Archaeopress, Oxford.

King, J. E. (1962), "Report on Animal Bones"(《动物骨骼报告》), in *Excavations at the Maglemosian Site at Thatcham, Berkshire, England*(《英格兰伯克郡撒切尔姆马格尔莫斯文化遗址的发掘》)(ed. J. J. Wymer), *Proceedings of the Prehistoric Society*(《史前学会会刊》), **28**：329 - 361.

King, J. (1965), "Bones: Bird"(《骨骼：鸟》), in *Romano-British Settlement at Studland, Dorset*(《多塞特斯塔德兰的罗马-不列颠时期的定居点》)(ed. B. A. Field), *Proceedings of the Dorset Natural History and Archaeology Society*(《多塞特自然历史和考古学会会刊》), **87**：49 - 50.

King, J. M. (1987), "The Bird Bones"(《鸟类骨骼》), in *Longthorpe II : The Military Works-Depot : An Episode in Landscape History*(《军事工作仓库：景观历史上的一段插曲》)(eds G. B. Dannell & J. P. Wild), *Britannia Monograph Series*(《不列颠尼亚专著系列》), **8**.

Kitson, P. R. (1997), "Old English Bird-Names(I)"[《古英语鸟类名称(I)》], *English Studies*(《英语研究》), **78**：481 - 505.

Kitson, P. R. (1998), "Old English Bird-Names(II)"[《古英语鸟类名称(II)》], *English Studies*(《英语研究》), **79**：2 - 22.

Kraaijeveld, K. & Nieboer, E. N. (2000), "Late Quaternary Palaeogeography and Evolution of Arctic Breeding Waders"(《晚第四纪北极繁殖

的涉禽的古地理及演化》），*Ardea*（《鹭》），**88**：193 – 205.

Kraft，E.（1972），*Vergleichend Morphologische Untersuchungen An Einzelknochen Nord-und Mitteleuropaischer Kleinerer Huhnervogel*（《北欧和中欧小型鸡形目形态学比较》），Institut fur Palaeoanatomie，Domesticationsforschung und Gesichte der Tiermedizen，University of Munich.

Kurochkin，E. V.（1985），"A True Carinate Bird from the Lower Cretaceous Deposits in Mongolia and Other Evidence of Early Cretaceous Birds in Asia"（《蒙古早白垩世沉积中具真正龙骨突的鸟以及亚洲早白垩世鸟类的其他证据》），*Cretaceous Research*（《白垩纪研究》），**6**：271 – 278.

Lacaille，A. D.（1954），*The Stone Age in Scotland*（《苏格兰的石器时代》），Oxford University Press，London.

Lack，P. C.（1986），*The Atlas of Wintering Birds in Britain and Ireland*（《不列颠和爱尔兰越冬鸟类地图集》），T. & A. D. Poyser，Calton.

Lambert，R. A.（2001），"The Osprey on Speyside：An Environmental History"（《斯佩赛德的鹗：环境历史》），in *Contested Mountains*（《争议山脉》），White Horse Press，Cambridge.

Lawrance，P.（1982），"Animal Bones"（《动物骨骼》），in Coad，J. G. & Streeten，A. D. F.，*Excavations at Castle Acre Castle，Norfolk，1972 – 77：Country House and Castle of the Norman Earls of Surrey*（《1972—1977 年诺福克阿克里城堡的挖掘：萨里郡诺曼伯爵的乡间别墅和城堡》）. *Archaeology Journal*（《考古学杂志》），**139**：138 – 301.

Legge，A. J.（1991），"The Animal Bones"（《动物骨骼》），in *Papers on the Prehistoric Archaeology of Cranborne Chase*（《克兰伯恩狩猎场的史前考古学》）（eds J. Barrett，R. Bradley & M. Hall），*Oxbow Monograph*（《奥克斯博专著》），11，p. 77.

Legge，A. J. & Rowley-Conwy，P. A.（1988），*Star Carr Revisited：A Re-analysis of the Large Mammals*（《再论斯塔卡遗址：对大型哺乳动物的重新分析》），Centre for Extra-Mural Studies，Birkbeck College，University of London.

Lever，C.（1977），*The Naturalized Animals of the British Isles*（《不列颠群岛驯化的动物》），Hutchinson，London.

Levine，M. A.（1986），"The Vertebrate Fauna from Meare East 1982"（《1982 年东梅尔发现的脊椎动物群》），*Somerset Levels Papers*（《萨默塞特论文》），**12**.

Levitan，B.（1984b），"Faunal Remains from Priory Barn and Benham's Garage"（《修道院谷仓和贝纳姆车库发现的动物群遗骸》），in Leach，P.，*The Archaeology of Taunton：Excavations and Fieldwork to 1980*（《陶顿考古学：1980 年以前的挖掘和野外工作》），*Western Archaeological Trust Executive Monograph*（《西部考古信托执行专著》），**8**：167 – 192.

Levitan, B. (1990), "The Vertebrate Remains"(《脊椎动物遗骸》), in *Brean Down Excavations 1983 - 1987*(《1983—1987 年布里恩高地的挖掘》) (ed. M. Bell), *English Heritage Archaeology Report*(《英国文物考古报告》), **15**: 220 - 239.

Levitan, B. (1994a), "Birds"(《鸟》), in *Ilchester Vol. 2: Archaeology, Excavation and Fieldwork to 1984*(《伊尔切斯特第二卷:1984 年的考古、挖掘和田野调查》)(ed. P. Leach), pp. 179 - 190, *Sheffield Excavation Reports*(《谢菲尔德挖掘报告》).

Levitan, B. (1994b), "Vertebrate Remains from the Villa"(《郊区住宅的脊椎动物遗骸》), in Williams, R. J. & Zeepvat, R., "Bancroft: A Late Bronze Age/Iron Age Settlement, Roman Villa and Temple-Mausoleum, Volume II -Finds and Environmental Evidence"(《班克罗夫特:青铜时代晚期/铁器时代的定居点、罗马教区住宅和寺庙-陵墓》第二卷《发现和环境证据》), *Buckinghamshire Archaeology Society Monograph Series*(《白金汉郡考古学会专题丛书》), **7**: 536 -538.

Liley, D. & Clarke, R. T. (2003), "The Impact of Urban Development and Human Disturbance on the Numbers of Nightjar *Caprimulgus europaeus* on Heathlands in Dorset, England"(《城市发展和人为干扰对英国多塞特地区欧夜鹰数量的影响》), *Biological Conservation*(《生物保护》), **114**: 219 - 230.

Lindow, B. E. K. & Dyke, G. (2006), "Bird Evolution in the Eocene: Climate Change in Europe and A Danish Fossil Fauna"(《始新世鸟类进化:欧洲气候变化与丹麦化石动物群》), *Biological Reviews*(《生物学评论》), **81**: 483 -499.

Locker, A. (1977), "Animal Bones and Shellfish"(《动物骨骼和贝类》), in Neal, D. E., "Excavations at the Palace of Kings Langley, Hertfordshire, 1974 -76"(《1974—1976 年赫特福德郡兰利王宫的发掘》), *Medieval Archaeology*(《中世纪考古》), **21**: 160 - 162.

Locker, A. (1988), "Animal Bones"(《动物骨骼》), in Hinton, P., *Excavations in Southwark 1973 - 76, Lambeth 1973 - 79*(《1973—1976 年萨瑟克的挖掘以及 1973—1979 年兰贝斯的挖掘》), *London and Middlesex Archaeological Society Publication*(《伦敦和米德尔塞克斯考古学会出版》), **3**: 427 - 442.

Locker, A. (1990), "The Bird Remains"(《鸟类遗骸》), in *Excavation of the Iron Age, Roman and Medieval Settlement at Gorhambury, St Albans*(《铁器时代的挖掘、圣奥尔本斯高澜城罗马时代和中世纪的聚居点》)(eds D. S. Neal, A. Wardle & J. Hunn), *English Heritage Archaeological Report*(《英国文物考古报告》), **14**: 210 - 211.

Locker, A. (1991), "The Group 'B' Bone"(《"B"组骨骼》), in *The*

Roman Villa Site at Keston: First Report(Excavations 1968 – 1978)[《凯斯顿罗马郊区住宅遗址:第一次报告(1968—1978 年的挖掘)》](eds B. Philip, K. Parfitt, J. Willson, M. Dutto & W. Williams), *Kent Research Report Monograph Series*(《肯特郡研究报告专论系列》), **6**:286 – 288.

Locker, A.(1999), "The Bird Bones"(《鸟类骨骼》), in *Halangy Down, Isles of Scilly*(《锡利群岛哈兰吉高地》)(ed. P. Ashbee), pp. 113 – 115, *Cornish Archaeology*(《康沃尔考古学》), **35**:5 – 201.

Locker, A.(2000), "Animal Bone"(《动物骨骼》), in *Potterne 1982 – 5: Animal Husbandry in Later Prehistoric Wiltshire*(《1982—1985 年的波特恩:史前晚期威尔特郡的畜牧业》)(ed. A. J. Lawson), *Wessex Archaeology Report*(《威塞克斯考古学报告》), **17**:107 – 109.

Lockwood, W. B.(1993), *The Oxford Dictionary of British Bird Names*(《牛津英国鸟类名称词典》), Ppb edn, Oxford University Press, Oxford.

Love, J. A.(1983), *The Return of the Sea Eagle*(《海鹰归来》), Cambridge University Press, Cambridge.

Lovegrove, R.(1990), *The Red Kite's Tale: the Story of the Red Kite in Wales*(《红鸢传说:威尔士红鸢的故事》), RSPB, Sandy.

Lovegrove, R.(2007), *Silent Fields: the Long Decline of A Nation's Wildlife*(《寂静的田野:一个国家野生动物的长期衰退》), Oxford University Press, Oxford.

Lowe, P. R.(1933), "The Differential Characters in the Tarso-Metatarsi of *Gallus* and *Phasianus* as They Bear on the Problem of the Introduction of the Pheasant into Europe and the British Isles"(《将雉鸡引入欧洲和不列颠群岛涉及的问题中原鸡属和雉鸡属跗蹠骨的差异特征》), *Ibis*(《鹮》), **1933**:333 – 343.

Lucchini, V., Hoglund, J., Klaus, S., Swenson, J & Randi, E.(2001), "Historical Biogeography and A Mitochondrial DNA Phylogeny of Grouse and Ptarmigan"(《松鸡和雷鸟的历史生物地理学和线粒体 DNA 系统发育》), *Molecular Phylogenetics and Evolution*(《分子系统发育和演化》), **20**:149 – 162.

Luff, R. M.(1982), *A Zooarchaeological Study of the Roman N. W. Provinces*(《罗马西北诸省动物考古学研究》), *BAR International Series*(《BAR 国际卷》), Archaeopress, Oxford.

Luff, R. M.(1985), "The Fauna"(《动物群》), in *Sheepen: An Early Roman Industrial Site at Camulodunum*(《希本:卡姆洛杜南一个罗马时代早期的工业遗址》)(ed. R. Niblett), *CBA Research Report*(《CBA 研究报告》), 57, pp. 143 – 149.

Luff, R. M.(1993), "Poultry and Game"(《家禽和猎物》), in *Animal*

Bones from Excavations in Colchester 1971 – 85(《1971—1985 年科尔切斯特发掘的动物骨骼》)(ed. R. M. Luff), *Colchester Archaeological Report*(《科尔切斯特考古报告》), 12, pp. 83 – 98, Colchester Archaeology Trust, Colchester.

MacCartney, E. (1984), "Analysis of Faunal Remains"(《动物残骸分析》), in *Excavations at Crosskirk Broch, Caithness*(《凯塞斯内斯克罗斯克布洛赫的发掘》)(ed. H. Fairhurst), Vol. 3, Society of Antiquaries of Scotland Monograph Series.

MacDonald, K. C. (1992), "The Domestic Chicken(*Gallus gallus*) in Sub-Saharan Africa: A Background to Its Introduction and Its Osteological Differentiation from Indigenous Fowls(Numidinae and *Francolinussp.*)"(《撒哈拉以南非洲的家鸡:家鸡引进的背景介绍以及与本地鸡骨骼学上的分化》), *Journal of Archaeological Science*(《考古科学杂志》), **19**: 303 – 318.

MacGregor, A. (1996), "Swan Rolls and Beak Markings: Husbandry, Exploitation and Regulation of *Cygnus olor* in England c. 1100 – 1900"(《天鹅羽毛和喙上的标记:1100—1900 年英格兰天鹅的饲养、开发和管理》), *Anthropozoologica*(《人与动物》), **22**: 39 – 68.

Mainland, I. & Stallibrass, S. (1990), *The Animal Bone from the 1984 Excavations of the Romano-British Settlement at Papcastle, Cumbria*(《1984 年坎布里亚郡帕普卡斯尔不列颠行省时期定居点挖掘发现的动物骨骼》), *Ancient Monuments Laboratory Report*(《古代遗迹实验室通报》), 4/90.

Maltby, M. (1979), "Faunal Studies on Urban Sites: the Animal Bones from Exeter 1971 – 75"(《城市遗址动物群研究:1971—1975 年埃克塞特发现的动物骨骼》), *Exeter Archaeological Reports*(《埃克塞特考古报告》), **2**: 1 – 210.

Maltby, M. (1982), "Animal and Bird Bones"(《动物与鸟类骨骼》), in *Excavations at Okehampton Castle, Devon, Part 2: The Bailey*(《德文郡奥克汉普顿城堡的挖掘第二部分:城堡外庭》)(eds R. A. Higham, J. P. Allen & S. R. Blaylock), *Devon Archaeological Society Proceedings*(《德文郡考古学会论文集》), **40**: 114 – 135.

Maltby, M. (1983), "The Animal Bones"(《动物骨骼》), in *Wigber Lowe, Derbyshire: A Bronze Age and Anglian Burial Site in the White Peak*(《德比郡:白峰青铜时代和盎格鲁时代的墓葬遗址》)(ed. J. Collis), pp. 47 – 51, Department of Prehistory & Archaeology, University of Sheffield.

Maltby, M. (1984), "The Animal Bones"(《动物骨骼》), in *Silchester: Excavations on the Defence 1974 – 1980*(《西尔切斯特:1974—1980 年防御工事的发掘》)(ed. M. G. Fulford), pp. 199 – 212, London.

Maltby, M. (1985), "The Animal Bones"(《动物骨骼》), in *The Prehistoric Settlement at Winnall Down, Winchester*(《温彻斯特温纳尔高地的史前定居地》)(ed. P. J. Fasham), *Trust for Wessex Archaeology/Hampshire Field Club*

Monograph(《韦塞克斯考古信托基金会/汉普郡野外俱乐部专著》), 2: 97 - 109.

Maltby, M.(1990), "Animal Bones from Coneybury Henge"(《康尼伯里的动物骨骼》), in The Stonehenge Environs Project(《巨石阵周围项目》)(ed. J. Richards), English Heritage Archaeological Report(《英国文物考古报告》), 16, pp.150 - 154, London.

Maltby, M.(1992), "The Animal Bone"(《动物骨骼》), in The Marlborough Downs: A Later Bronze Age Landscape and Its Origins(《马尔伯勒丘陵:青铜时代晚期景观及其起源》)(ed. C. Gingell), Wiltshire Archaeological and Natural History Society Monograph(《威尔特郡考古和自然史学会专著》), 1: 137 - 139.

Maltby, M.(1993), "Animal Bones"(《动物骨骼》), in Excavations at the Old Methodist Chapel and Greyhound Yard, Dorchester(《多切斯特旧卫理公会教堂和灵缇场的挖掘》)(eds P. J. Woodward, S. M. Davies & A. H. Graham), Dorset Natural History and Archaeology Society Monograph Series(《多塞特自然历史与考古学会专题丛书》), 12: 315 - 340.

Maltby, M. & Coy, J.(1982), "Bones"(《骨骼》), in Potter, T. W. & Potter, C. F., "A Romano-British Village at Grandford, March, Cambridgeshire"(《剑桥郡边界格兰福德一不列颠行省时期的村庄》), British Museum Occasional Paper(《大英博物馆不定期报道》), 35: 98 - 122, London.

Manegold, A., Mayr, G. & Mourer-Chauviré, C. (2004), "Miocene Songbirds and the Composition of the European Passeriform Avifauna"(《中新世鸣禽以及欧洲雀形目鸟类区系的组成》), Auk(《海雀》), 121: 1155 - 1160.

Maroo, S. & Yalden, D. W.(2000), "The Mesolithic Mammal Fauna of Great Britain"(《大不列颠中石器时代哺乳动物》), Mammal Review(《哺乳动物综述》), 30: 243 - 248.

Marren, P.(2002), Nature Conservation(《自然保护》), Harper Collins, London.

Marquiss, M. & Rae, R.(2002), "Ecological Differentiation in Relation to Bill Size Amongst Sympatric, Genetically Undifferentiated Crossbills Loxia spp"(《同一地区基因未分化交嘴雀属各种之间喙形大小关系的生态分化》), Ibis(《鹮》), 144: 494 - 508.

Mayr, G. (2000), "Die Vogel der Grube Messel-ein Einblick in die Vogelwelt Mitteleuropas vor 49 Millionen Jahren"(《米亚米尔深渊的鸟类:49万年前中欧鸟群的观察》), Natur und Museum(《自然博物馆》), 130: 365 - 378.

Mayr, G.(2005), "The Paleogene Fossil Record of Birds in Europe"(《欧洲古近纪化石鸟类记录》), Biological Reviews(《生物学评论》), 80: 515 - 542.

McCarthy, M. (1995), "Faunal Hunting, Fishing and Fowling in the Late Prehistoric Ireland: the Scarcity of the Bone Record"(《爱尔兰史前晚期的狩猎、捕鱼和捕鸟:骨骼记录的稀缺》), pp. 107 – 119, in A. Desmond, G. Johnson, M. McCarthy, J. Sheehan and E. Shee Twohig (eds.), New Agendas in Irish Prehistory, Wordwell, Bray.

McCarthy, M. (1999), "Faunal Remains"(《动物群遗骸》), in Excavations at Ferriter's Cove, 1983 – 95: Last Foragers, First Farmers in the Dingle Peninsula (《1983—1995 年费里特尔湾的挖掘:最后的采集者、丁格尔半岛的第一个农民》)(eds P. C. Woodman, E. Anderson & N. Finlay), p. 203, Wordwell Ltd.

McCormick, F. (1984), "Small Animal Bones"(《小型动物骨骼》), in "Excavations at Pierowall Quarry, Westray, Orkney"(《奥克尼韦斯特雷皮耶罗沃尔采石场的挖掘》)(ed. N. M. Sharples), Proceedings of the Society of Antiquaries of Scotland(《苏格兰古文物学会会刊》), **114**: 111.

McCormick, F., Hamilton-Dyer, S. & Murphy, E. (1997), "The Animal Bones"(《动物骨骼》), in Excavations at Caldicot, Gwent: Bronze Age Palaeochannels in the Lower Nedern Valley(《格温特卡尔迪克特的发掘:内德恩河谷下游青铜时代古河道》)(eds N. Nayling & A. Caseldine), pp. 218 – 235, CBA Research Report(《CBA 研究报告》), 108.

McEvedy, C. & Jones, R. (1978), Atlas of World Population History(《世界人口历史地图集》), Penguin Books, London.

McGhie, H. (1999), "Persecution of Birds of Prey in North Scotland as Evidenced by Taxidermists' Stuffing Books"(《标本剥制者的填料记录佐证下苏格兰北部地区对猛禽的迫害》), Scottish Birds(《苏格兰鸟类》), **20**: 98 – 110.

Mead, C. (2000), The State of the Nation's Birds(《国家鸟类状况》), Whittet Books, Stowmarket.

Meddens, B. (1987), Assessment of the Animal Bone Work from Wroxeter Roman City, Shropshire: from Sites Wroxeter Barker(AML Site 49) and Wroxeter Webster(AML 340)[《罗克斯特巴克尔(AML Site 49)和罗克斯特韦伯斯特(AML 340)遗址的什罗普郡罗克斯特罗马时期城市的动物骨骼工作评估》], English Heritage Ancient Monuments Laboratory Report, 171, London.

Mellars, P. A. (1987), Excavations on Oronsay(《奥龙赛岛的挖掘》), Edinburgh University Press, Edinburgh.

Mills, A. D. (2003), Oxford Dictionary of British Place Names(《牛津英国地名词典》), Oxford University Press, Oxford.

Moore, P. G. (2002), "Ravens (Corvus corax corax L.) in the British Landscape: A Thousand Years of Ecological Biogeography in Place-names"(《英国景观中的渡鸦:地名中的生态生物地理学一千年》), Journal of Biogeography (《生物地理学杂志》), **29**: 1039 – 1054.

Moore, N. W. (1957), "The Past and Present Status of the Buzzard in the British Isles"(《不列颠群岛普通鵟的过去和现在》), *British Birds*(《英国鸟类》), **50**:173 – 197.

Moreau, R. E. (1972), *The Palaearctic-African Bird Migration Systems*(《古北区-非洲鸟类迁徙系统》), Academic Press, London.

Morris, G. (1990), "Animal Bone and Shell"(《动物的骨骼和贝壳》), in *Excavations at Chester: The lesser Medieval religious houses: Sites investigated 1964 – 1983*(《切斯特的挖掘:小型中世纪宗教建筑:1964—1983 年遗址调查》) (ed. S. W. Ward), *Grosvenor Museum Archaeological Excavations and Survey Report*(《格罗夫纳博物馆考古发掘与调查报告》), **6**: 178 – 189.

Morris, P. A. (1981), "The Antiquity of the Duchess of Richmond's Parrot" (《里士满公爵夫人的鹦鹉古董》), *Museums Journal*(《博物馆杂志》), **81**:153 – 154.

Morris, P. A. (1990), "Examination of A Preserved Hawfinch(*Coccothraustes coccothraustes*) Attributed to Gilbert White"(《对吉尔伯特·怀特保存的蜡嘴雀的研究》), *Archives of Natural History*(《自然历史档案》), **17**: 361 – 366.

Morris, P. A. (1993), "An Historical Review of Bird Taxidermy in Britain" (《英国鸟类标本剥制术的历史回顾》), *Archives of Natural History*(《自然历史档案》), **20**: 241 – 255.

Mourer-Chauviré, C. (1993), "The Pleistocene Avifaunas of Europe"(《欧洲更新世鸟类区系》), *Archaeofauna*(《古动物群》), **2**: 53 – 66.

Mulkeen, S. & O'Connor, T. P. (1997), "Raptors in Towns: towards An Ecological Model"(《城镇中的猛禽:走向生态模式》), *International Journal of Osteoarchaeology*(《国际骨质考古学杂志》), **7**: 440 – 449.

Mullins, E. H. (1913), "The Ossiferous Cave at Langwith"(《朗威含骨化石的洞穴》), *Journal of the Derbyshire Archaeology and Natural History Society* (《德比郡考古和自然史学会期刊》), **35**: 137 – 158.

Mulville, J. A. (1995), *Faunal Remains from the Moat at Wood Hall, Womersley, Yorkshire*(《约克郡沃默斯利伍德霍尔护城河的动物群遗骸》), Unpublished report by Sheffield Environmental Facility.

Mulville, J. & Grigson, C. (2007), "The Animal Bones"(《动物骨骼》), in *Building Memories: the Neolithic Cotswold Long Barrow at Ascott-Under-Wychwood, Oxfordshire*(《建筑的记忆:牛津郡阿斯克特—威奇伍德的新石器时代科茨沃尔德丘陵纪念碑》)(ed. D. Benson & A. Whittle), Oxbow Books, Oxford.

Murison, G., Bullock, J. M., Underhill-Day, J. & Langston, R. (2007), "Habitat Type Determines the Effects of Disturbance on the Breeding Productivity of the Dartford Warbler *Sylvia undata*"(《栖息地类型决定干扰对波纹林莺繁殖

能力的影响》), *Ibis*(《鹮》), **149**: 16 - 26.

Murray, E. & Albarella, U. (2005), "Mammal and Avian Bone"(《哺乳动物和鸟类骨骼》), in *Dragon Hall, King Street, Norwich: Excavation and Survey of A Late Medieval Merchant's Trading Complex*(《诺威奇国王街龙厅: 中世纪晚期商人贸易设施的挖掘和调查》)(ed. A. Shelley), *East Anglian Archaeology*(《东盎格鲁考古》), **112**: 158 - 167.

Murray, E. & Hamilton-Dyer, S. (2007), *The Animal Bones from Raystown, Co. Meath*(《米斯郡雷斯顿的动物骨骼》), Unpublished report.

Murray, E., McCormick, F. & Plunkett, G. (2004), "The Food Economies of Atlantic Island Monasteries: the Documentary and Archaeo-Environmental Evidence"(《大西洋岛修道院的食品经济: 文献记录和考古环境证据》), *Environmental Archaeology*(《环境考古学》), **9**: 179 - 188.

Murray, H. K. & Murray, J. C. (1993), "Excavations at Rattray, Aberdeenshire"(《阿伯丁郡拉特雷的挖掘工作》), *Medieval Archaeology*(《中世纪考古》), **37**: 101 - 218.

Nelson, T. H. (1907), *The Birds of Yorkshire*(《约克郡鸟类》), Brown & Sons, London.

Nethersole-Thompson, D. (1973), *The Dotterel*(《小嘴鸻》), Collins, Glasgow.

Newton, E. T. (1905), "Animal Bones from Silchester"(《西尔切斯特的动物骨骼》), *Archaeologia*(《考古学》), **59**: 369.

Newton, E. T. (1906a), "Birds"(《鸟》), in *The Exploration of the Caves of County Clare*(《克莱尔郡洞穴探索》)(ed. R. F. Scharff), *Transactions of the Royal Irish Academy*(《爱尔兰皇家学院学报》), **33**: 53 - 57.

Newton, E. T. (1906b), "Mammalian and Other Bones from Silchester"(《西尔切斯特哺乳动物和其他骨骼》), *Archaeologia*(《考古学》), **60**: 164 - 167.

Newton, E. T. (1908), "Bones from Silchester"(《西尔切斯特的骨骼》), *Archaeologia*(《考古学》), **61**: 213 - 214.

Newton, E. T. (1917), "Notes on Bones Found in the Creag nan Uamh Cave, Inchnadamff, Assynt, Sutherland"(《萨瑟兰郡阿辛特因纳达姆夫克瑞格南乌阿姆洞穴的骨骼》), in Peach, B. N. & Horne, J., "The Bone Cave in the Valley of Allt nan Uamh (Burn of the Caves), Near Inchnadamif, Assynt, Sutherlandshire"[《萨瑟兰郡阿辛特因纳达夫附近阿尔特南乌阿姆山谷的骨洞(洞穴的燃烧)》], *Proceedings of the Royal Society of Edinburgh*(《爱丁堡皇家学会学报》), **1916 - 1917**: 344 - 349.

Newton, E. T. (1921b), "Note on the Remains of Birds Obtained from Aveline's Hole, Burrington Combe, Somerset"(《萨默塞特郡柏林顿山谷阿维林洞的鸟类残骸》), *Proceedings of the University of Bristol Spelaeological Society*

(《布里斯托大学古生物学会会刊》)，**1**：73.

Newton，E. T.（1922），"List of Avian Species Identified from Aveline's Hole，Burrington"（《柏林顿山谷阿维林洞发现的鸟类物种名单》），*Proceedings of the University of Bristol Spelaeological Society*（《布里斯托大学古生物学会会刊》），**1**：119－121.

Newton，E. T.（1923），"The Common Crane Fossil in Britain"（《英国灰鹤化石》），*Naturalist*（《博物学家》），**1923**：284－285.

Newton，E. T.（1924a），"Note on Bird's Bones from Merlin's Cave"（《梅林山洞的鸟类骨骼》），*Proceedings of the University of Bristol Spelaeological Society*（《布里斯托大学古生物学会会刊》），**2**：159－161.

Newton，E. T.（1924b），"Note on Additional Species of Birds from Aveline's Hole"（《阿维林洞鸟类种类补充》），*Proceedings of the University of Bristol Spelaeological Society*（《布里斯托大学古生物学会会刊》），**2**：121.

Newton，E. T.（1926），"Review of the Species"（《物种回顾》），in *Excavations at Chelm's Combe，Cheddar*（《切达尔海乌姆山谷庇护所的发掘》）（ed. H. E. Balch），*Proceedings of the Somerset Archaeological and Natural History Society*（《萨默塞特考古和自然史学会会刊》），**72**：115－123.

Newton，E. T.（1928），"Pelican in Yorkshire Peat"（《约克郡泥炭中的鹈鹕》），*Naturalist*（《博物学家》），**1928**：167.

Newton，I.（1986），*The Sparrowhawk*（《雀鹰》），T. & A. D. Poyser，Calton.

Nicholson，R. A.（2003），"Bird Bones"（《鸟类骨骼》），in *Old Scatness and Jarlshof Environs Project：Field Season 2002*（《史前圆形石塔和贾尔索夫环境项目：2002野外季》）（eds S. J. Dockrill，J. M. Bond & V. E. Turner），Shetland Amenity Trust/University of Bradford.

Noddle，B.（1983），"The Animal Bones from Knap of Howar"（《霍沃尔小山的动物骨骼》），in *Excavation of A Neolithic Farmstead at Knap of Howar，Papa Westray，Orkney*（《奥克尼帕帕韦斯特雷岛霍沃尔小山新石器时代农庄的发掘》）（ed. A. Ritchie），*Proceedings of the Society of Antiquaries of Scotland*（《苏格兰古文物学会会刊》），**113**：92－100.

Norberg，R. A.（1985），"Function of Vane Asymmetry and Shaft Curvature in Bird Flight Feathers：Inferences on Flight Ability of Archaeopteryx"（《鸟类飞羽中不对称羽片和羽轴的作用：始祖鸟飞行能力推断》），in *The Beginnings of Birds*（《鸟类起源》）（eds M. K. Hecht，J. H. Ostrom，G. Viohl & P. Wellnhofer），pp. 303－318，Freunde des Jura-Museums Eichstatt，Eichstatt.

Northcote，E. M.（1980），"Some Cambridgeshire Neolithic to Bronze Age Birds and Their Presence or Absence in England in the Late-Glacial and Early Flandrian"（《剑桥郡新石器时代到青铜时代的鸟类以及它们在晚冰期和弗兰

德早期在英格兰的存在或消失》），*Journal of Archaeological Science*（《考古科学杂志》），**7**：379 – 383.

Northcote, E. M. & Mourer-Chauviré, C. (1988)，"The Extinct Crane *Grus primigenia* Milne-Edwards in Majorca, Spain"（《西班牙马略卡岛灭绝的欧洲鹤》），*Geobios*（《地质生物》），**21**：201 – 208.

O'Connor, T. P. (1982)，"Animal Bones from Flaxengate, Lincolnc 870 – 1500"（《870—1500 年林肯郡福莱克森盖特的动物骨骼》），*Archaeology of Lincoln*（《林肯郡考古》），**18**：1 – 52.

O'Connor, T. P. (1984a)，*Bones from Aldwark*（《约克郡阿尔德瓦尔克的骨骼》），York, *Ancient Monuments Laboratory Report*（《古代遗迹实验室通报》），3491.

O'Connor, T. P. (1984b)，*Selected Groups of Bones from Skeldergate and Walmgate*（《斯克尔德盖特和沃尔姆盖特发现的骨骼》），York Archaeological Trust for the CBA.

O'Connor, T. P. (1985)，"Hand-collected Bones from Roman to Medieval Deposits at the General Accident Site, York"（《约克郡罗马时代到中世纪的事故遗址手工收集的骨骼》），*Report to the Ancient Monuments Laboratory*（《古代遗迹实验室报告》），November 1985.

O'Conno, T. P. (1986)，"The Animal Bones"（《动物骨骼》），in *The Legionary Fortress Baths at Caerleon*, *Part 2：The Finds*（《卡利恩的军团要塞浴场第二部分：发现》）(ed. J. D. Zienkiewicz)，pp. 224 – 248, National Museum of Wales, Cardiff.

O' Connor, T. P. (1987b)，*Bones from Roman to Medieval Deposits at the City Garage*, *9 Blake Street*, *York* (*1975 – 6*)［《约克郡布雷克街 9 号"城市车库"发现的罗马时代至中世纪骨骼（1975—1976）》］，*Ancient Monuments Laboratory Report*（《古代遗迹实验室通报》），196/87.

O'Connor, T. P. (1988)，*Bones from the General Accident Site*, *Tanner Row*（《坦纳街事故遗址发现的骨骼》），*The Archaeology of York*（《约克考古学》），15/2, CBA, London.

O'Connor, T. P. (1989)，*Bones from Anglo-Scandinavian Levels at 16 – 22 Coppergate*（《科珀盖特地区 16—22 盎格鲁—斯堪的纳维亚层位发现的骨骼》），*The Archaeology of York*（《约克考古学》），15/3, CBA, London.

O'Connor, T. P. (1991)，*Bones from 46 – 54 Fishergate*, *York*（《约克郡费希尔门 46—54 发掘点发现的骨骼》），*The Archaeology of York*（《约克考古学》），15/4, CBA, London.

O'Connor, T. P. (1993)，"Bird Bones"（《鸟类骨骼》），in *Excavations at Segontium* (*Caernarfon*) *Roman Fort 1975 – 1979*［《1975—1979 年赛根杜（卡纳芬）罗马堡垒的发掘》］(eds P. J. Casey, J. L. Davies & J. Evans)，*CBA*

Research Report(《CBA 研究报告》),**90**：119.

O'Connor, T. P. & Bond, J. M. (1999), *Bones from Medieval Deposits at 16 - 22 Coppergate and Other Sites in York*(《约克郡科珀盖特 16—22 发掘点和其他遗址中发现的中世纪骨骼》), Council for British Archaeology.

O'Sullivan, D. & Young, R. (1995), *Book of Lindisfarne, Holy Island*(《圣岛林迪斯法恩之书》), English Heritage, London.

O'Sullivan, T. (1996), "Faunal Remains"(《动物区系遗骸》), in *The Excavation of Two Bronze Age Burial Cairns at Bu Farm, Rapness, Westray, Orkney*(《奥克尼群岛韦斯特雷莱普尼斯布岛农场两个青铜时代埋葬石冢的挖掘》)(eds J. Barber, A. Duffy & J. O'Sullivan), *Proceedings of the Society of Antiquaries of Scotland*(《苏格兰古文物学会会刊》),**126**：103 - 120.

O'Sullivan, T. (1998), "Birds"(《鸟》), in *Scalloway: A Broch, Late Iron Age Settlement and Medieval Cemetry in Shetland*(《斯卡洛韦：史前圆形巨塔、设得兰群岛晚期铁器时代定居点和中世纪的墓地》)(ed. N. M. Sharples), pp. 116 - 117, *Oxbow Monographs*(《奥克斯博专著》)**82**, Oxford.

Osborne, P. E. (2005), "Key Issues in Assessing the Feasibility of Reintroducing the Great Bustard *Otis tarda* to Britain"(《英国重新引进大鸨可行性评估的关键问题》), *Oryx*(《大羚羊》),**39**：22 - 29.

Otto, C. (1981), *Vergleichend Morphologische Untersuchungen An Einzelknochen in Zentraleuropa Vorkommender Mittelgrosser Accipitridae 1. Schadel, Brustbein, Schultergurtel und Vorderextremitat*(《欧洲中部中型鹰科骨骼形态学比较——头骨、胸骨、肩带和前肢》), Ludwigs-Maximilians-Universität, Munich.

Palmer, L. S. & Hinton, M. A. C. (1928), "Some Gravel Deposits at Walton, Near Clevedon"(《克利夫登附近沃尔顿的卵砾层》), *Proceedings of the University of Bristol Spelaeological Society*(《布里斯托大学古生物学会会刊》),**3**：154 - 161.

Parker, A. . J. (1988), "The Birds of Roman Britain"(《英国罗马时期的鸟类》), *Oxford Journal of Archaeology*(《牛津古生物学杂志》),**7**：197 - 226.

Parry, S. (1996), "The Avifaunal Remains"(《鸟类动物群遗留》), in *Excavations at Barnfield Pit, Swanscombe, 1968 - 72*(《1968—1972 年天鹅谷巴恩菲尔德矿坑的挖掘》)(eds B. Conway, J. McNabb & N. Ashton), Vol. 94, pp. 137 - 143, British Museum, Department of Prehistoric and Romano-British Antiquities, London.

Parsons, D. & Styles, T. (1996), "Birds in *Amber*: the Nature of English Place-name Elements"(《*Amber* 中的鸟：英国地名元素的性质》), *English Place-name Society Journal*(《英文地名学会会刊》),**28**：5 - 31.

Pearsall, W. H. (1950), *Mountains and Moorlands*(《山地和荒野》), Collins, London.

Perrins, C. & Greer, T. (1980), "The Effect of Sparrowhawks of Tit Populations"(《雀鹰对山雀种群的影响》), *Ardea*(《鹭》), **68**: 133 - 142.

Phillips, G. (1980), "The Fauna"(《动物群》), in Armstrong, P., "Excavations in Scale Lane/Lowgate 1974"(《1974 年规模巷/洛盖特的挖掘》), Hull Old Town Report Series, **4**, *East Riding Archaeologist*(《东骑考古学家》), **6**: 77 - 82.

Pickles, I. (2002), *Place Names and Domestic Birds*(《地名与驯养鸟类》), Unpub. B. Sc, project report, School of Biological Sciences, University of Manchester.

Pienkowski, M. W. (1984), "Breeding Biology and Population Dynamics of Ringed Plovers *Charadrius hiaticula* in Britain and Greenland: nest Predation asa Possible Factor Limiting Distribution and Timing of Breeding"(《英国和格陵兰剑鸻的繁殖生物学和种群动态:巢捕食可能是限制繁殖分布和时机的因素》), *Journal of Zoology, London*(《动物学杂志》), **202**: 83 - 114.

Piertney, S. B., Summers, R. & Marquiss, M. (2001), "Microsatellite and Mitochondrial DNA Homogeneity among Phenotypically Diverse Crossbill Taxa in the UK"(《英国表现型多样的交嘴雀类群微卫星标记和线粒体 DNA 的同质性》), *Proceedings of the Royal Society, London, B*(《皇家学会学报》), **268**: 1511 - 1517.

Platt, M. (1933a), "Report on the Animal Bones from Jarlshof, Sumburgh, Shetland"(《设得兰郡萨姆堡贾尔索夫动物骨骼报告》), in *Further Excavations at Jarlshof, Shetland*(《设得兰群岛贾尔索夫的挖掘进展》)(ed. A. O. Curle), *Proceedings of the Society of Antiquaries of Scotland*(《苏格兰古文物学会会刊》), **67**: 127 - 136.

Platt, M. (1933b), "Report on Animal and Other Bones"(《动物和其他骨骼报告》), in *The Broch of Midhowe, Rousay, Orkney*(《奥克尼罗赛岛麦豪史前圆形巨塔》)(eds J. G. Callander & W. G. Grant), *Proceedings of the Society of Antiquaries of Scotland*(《苏格兰古文物学会会刊》), **68**: 514 - 515.

Platt, M. (1956), "The Animal Bones"(《动物骨骼》), in *Excavations at Jarlshof, Shetland*(《设得兰群岛贾尔索夫的发掘》)(ed. J. R. C. Hamilton), 1, pp. 212 - 215, HMSO, London.

Poole, A. F. (1989), *Ospreys: A Natural and Unnatural History*(《鹗:一段自然和非自然的历史》), Cambridge University Press, Cambridge.

Price, C. R. (2003), *Late Pleistocene and Early Holocene Small Mammals in South West Britan*(《英国西南部晚更新世和早全新世的小型哺乳动物》), *BAR British Series*(《BAR 英国卷》) 347, Archaeopress, Oxford.

Price, D. T. (1983), "The European Mesolithic"(《欧洲中石器时代》), *American Antiquity*(《美国考古》), **48**: 761 - 778.

Prummel, W. (1997), "Evidence of Hawking (Falconry) from Bird and Mammal Bones"(《鸟类和哺乳动物骨骼中的鹰猎证据》), *International Journal of Osteoarchaeology*(《国际骨质考古学杂志》), **7**：333-338.

Rackham, J. (1979), "Animal Resources"(《动物资源》), in *Three Saxo-Norman Tenements in Durham City*(《达拉谟三座撒克逊-诺曼时代的房屋》)(ed. M. O. H. Carver), *Medieval Archaeology*(《中世纪考古》), **23**：47-54.

Rackham, J. (1980), *Carlisle, Fisher Street, 1977-Central Unit Excavation 11, Animal Bone Report*(《1977年卡莱尔费希尔街中心单元11号发掘点动物骨骼报告》), *Ancient Monuments Laboratory Report*(《古代遗迹实验室通报》), 3221.

Rackham, J. (1987), "The Animal Bones"(《动物骨骼》), in *The Excavation of An Iron Age Settlement at Thorpe Thewles, Cleveland, 1980-1982*(《1980—1982年克利夫兰索普湖铁器时代定居点的挖掘》)(ed. D. H. Heslop), pp. 99-100, *CBA Research Report*(《CBA研究报告》), 65.

Rackham, J. (1988), "The Mammal Bones from Medieval and Post-Medieval at Queen Street"(《皇后街中世纪和后中世纪哺乳动物的骨骼》), in *The Origins of the Newcastle Quayside: Excavations at Queen Street and Dog Bank*(《纽卡斯尔码头的起源：皇后街和狗岸的挖掘》)(eds C. O'Brien, L. Bown, S. Dixon & R. Nicholson), *The Society of Antiquaries of Newcastle upon Tyne, Monograph Series*(《泰恩河畔纽卡斯尔古文物学会专论系列》), **3**：120-132.

Rackham, J. (1995), "Animal Bone from Post-Roman Contexts"(《后罗马时代的动物骨骼》), in *Excavations at York Minster Volume I: From Roman Fortress to Norman Cathedral, Part 2: The Finds*(《约克大教堂的发掘》第一卷《从罗马要塞到诺曼大教堂》第二部分：发现》)(eds D. Phillips & B. Heywood), HMSO, London.

Rackham, O. (1986), *The History of the Countryside*(《乡村的历史》), Dent, London.

Rackham, O. (2003), *Ancient Woodland: Its History, Vegetation and Uses in England*(《古老林地：在英格兰的历史、植被和用途》), 2nd edn, Castlepoint Press, Colvend, Dalbeattie.

Ratcliffe, D. A. (1980), *The Peregrine Falcon*(《游隼》), T. & A. D. Poyser, London.

Rebecca, G. W. & Bainbridge, L. P. (1998), "The Breeding Status of the Merlin *Falco columbarius* in Britain in 1993-94"(《1993—1994年英国灰背隼的繁殖状况》), *Bird Study*(《鸟类研究》), **45**：172-187.

Redpath, S. M. & Thirgood, S. J. (1997), *Birds of Prey and Red Grouse*(《猛禽与红松鸡》), Stationery Office, London.

Reichstein, H. & Pieper, H. (1986), "Untersuchungen An Skelettresten von

Vogeln aus Haithabu(Ausgrabung 1966 – 1969)"[《黑琴鸡骨骼研究(1966—1969 年的挖掘)》],Karl Wachhholtz,Neumunster.

Reynolds. S. H.(1907),"A Bone Cave at Walton,Near Clevedon"(《克利夫登附近沃尔顿的骨洞》),Bristol Naturalists' Society Proceedings(《布里斯托博物学家协会会刊》),4th srs,1:183 – 187.

Richards,M. P.,Schulting,R. J. & Hedges,R. E. M.(2003),"Sharp Shift in Diet at the Onset of the Neolithic"(《新石器时代初期饮食的急剧变化》),Nature(《自然》),**425**:366.

Ritchie,J.(1920),The Influence of Man on Animal Life in Scotland(《苏格兰人类对动物生活的影响》),Cambridge University Press,London.

Ritchie,J. N. G.(1974),"Iron Age Finds from Dun An Fheurain,Gallanach,Argyll"(《阿盖尔加拉纳克丹安菲尔登铁器时代的发现》),Proceedings of the Society of Antiquaries of Scotland(《苏格兰古文物学会会刊》),**103**:110.

Roberts,G.,Gonzales S. & Huddart,D.(1996),"Intertidal Holocene Footprints and Their Archaeological Significance"(《潮间带全新世足迹及其考古学意义》),Antiquity(《古物》),**70**:647 – 651.

Roberts,M. B. & Parfitt,S.(1999),The Middle Pleistocene Hominid Site at ARC Eartham Quarry,Boxgrove,West Sussex,UK(《英国西萨塞克斯郡博克斯格罗伍 ARC 伊尔瑟姆采石场更新世人类遗址》),English Heritage,London.

Sadler,P.(1990),"Bird Bones"(《鸟类骨骼》),in Faccombe Netherton：Excavations of A Saxon and Medieval Manorial Complex,Vol II(《法科姆内瑟顿：对撒克逊和中世纪庄园建筑群的挖掘》第二卷)(ed. J. R. Fairbrother),British Museum Occasional Paper(《大英博物馆不定期报道》),**74**:500 – 506.

Sadler,P.(2007),"The Bird Bone"(《鸟类骨骼》),pp. 172 – 179,in "Stafford Castle：Survey,Excavations and Research 1978 – 98,Vol. 2—the Excavations"(《斯塔福德城堡：1978—1998 年调查、挖掘和研究》第二卷《挖掘》)(ed I. Soden),Stafford Borough Council.

Saetre,G. -P,Borge,T.,Lindell,J.,Moum,T.,Primeer,C. G.,Sheldon,B. C.,Haavie,J.,A.,J. & Ellegren,H.(2001),"Speciation,Introgressive Hybridization and Non-linear Rate of Molecular Evolution in Flycatchers"(《霸鹟的物种形成、渐渗杂交和非线性分子进化速率》),Molecular Ecology(《分子生态学》),**10**:737 – 749.

Salvin,F. H. & Brodrick,W.(1855),Falconry in the British Isles(《不列颠群岛的鹰猎》),1980 Reprint,Windward,edn,John van Voorst,London.

Schmidt-Burger,P.(1982),"Vergleichend Morphologische Untersuchungen An Einzelknochen in Zentraleuropa Vorkommender Mittelgrosser Accipitridae 2：Becken Und Hinderextremitat,Ludwigs-Maximilians-Universität"(《欧洲中部中型

鹰科骨骼形态学比较 2:骨盆和后肢》),Munich.

Scott, S. (1984), *The Animal Bones from Eastgate, Beverley(1984)*〔《比弗利伊斯特盖特的动物骨骼(1984)》〕, Environmental Archaeology Unit, University of York.

Scott, K. (1986), "Man in Britain in the Late Pleistocene:Evidence from Ossom's Cave"(《晚更新世的英国人:来自奥索姆洞穴的证据》), in *Studies in the Upper Palaeolithic of Britain and Northwest Europe*(《英国和欧州西北部旧石器时代晚期研究》)(ed. D. A. Roe), *BAR International Series*(《BAR 国际卷》), 296, pp. 63–87, Archaeopress, Oxford.

Scott, S. (1991), "The Animal Bone"(《动物骨骼》), in *Excavations at Lurk Lane, Beverley 1979–82*(《1979—1982 年贝弗利潜伏巷的发掘》)(eds P. Armstrong, D. Tomkinson & E. D. H.), *Sheffield Excavation Reports*(《谢菲尔德挖掘报告》), **1**: 216–227.

Scott, S. (1992a), "The Animal Bones"(《动物骨骼》), in *Excavations at 33–35 Eastgate, Beverley, 1983–86*(《1983—1986 年贝弗利伊斯特盖特 33—35 号发掘点的发掘》)(eds D. H. Evans & D. G. Tomlinson), *Sheffield Excavation Reports*(《谢菲尔德挖掘报告》), **3**: 236–249.

Scott, S. (1992b), "The Animal Bone"(《动物骨骼》), in "Roman Sidbury, Worcester:Excavations 1959–1989"(《罗马时代的伍斯特锡德伯里:1959—1989 年的发掘》)(eds J. Darlington & J. Evans), *Transactions of the Worcestershire Archaeological Society*(《伍斯特郡考古学会汇刊》), **13**: 88–92.

Scott, S. (1993), "The Animal Bone from Queen Street Gaol"(《皇后街监狱发现的动物骨骼》), in Evans, D. H., "Excavations in Hull 1975–76"(《1975—1976 年赫尔的挖掘》), *East Riding Archaeologist*(《东骑考古学家》), **4**: 192–194.

Seagrief, S. C. (1960), "Pollen Diagrams from Southern England:Crane's Moor, Hampshire"(《英格兰南部的花粉图:汉普郡鹤之沼泽》), *New Phytologist*(《新植物学家》), **59**: 73–83.

Sereno, PC. & Chenggang, R. (1992), "Early Evolution of Avian Flight and Perching:New Evidence from the Lower Cretaceous of China"(《鸟类飞行和栖息的早期演化:中国早白垩世新证据》), *Science*(《科学》), **255**: 845–848.

Serjeantson, D. (1991), "The Bird Bones"(《鸟类骨骼》), in *Danebury:An Iron Age Hillfort in Hampshire, Vol 5, The Excavations 1979–1988:the Finds*(《代恩博里:汉普郡铁器时代山堡》第五卷《1979—1988 年的发掘:发现》)(eds B. Cunliffe & C. Poole), pp. 479–480, *CBA Research Report*(《CBA 研究报告》), 73, CBA, London.

Serjeantson, D. (1995), "Animal Bone"(《动物骨骼》), in *Stonehenge in Its Landscape:20th Century Excavations*(《巨石阵景观:20 世纪的发掘》)(eds

R. M. J. Cleal, K. E. Walker & R. Montague), pp. 437 – 451, *English Heritage Archaeology Report*(《英国文物考古报告》), 10.

Serjeantson, D. (1996), "The Animal Bones"(《动物骨骼》), in *Refuse and Disposal at Area 16 East Runnymede：Runnymede Bridge Research Excavations Vol II*(《东兰尼米德16区的废弃物与处置：兰尼米德桥研究发掘第二卷》)(eds S. Needham & T. Spence), pp. 194 – 219, British Museum, London.

Serjeantson, D. (2001), "The Great Auk and the Gannet：A Prehistoric Perspective on the Extinction of the Great Auk"(《大海雀与憨鲣鸟：史前角度看大海雀的灭绝》), *International Journal of Osteoarchaeology*(《国际骨质考古学杂志》), **11**：43 – 55.

Serjeantson, D. (2005), "Archaeological Records of A Gadfly Petrel *Pterodroma* sp. from Scotland in the First Millennium AD"(《公元一千年苏格兰圆尾鹱属虻圆尾鹱的考古记录》), *Documenta Archaeobiologiae*(《古生物记录》), **3**：233 – 244.

Serjeantson, D. (2006), "Birds：Food and A Mark of Status"(《鸟：食物和地位的标志》), in *Food in Medieval England*(《中世纪英格兰食物》)(eds C. M. Woolgar, D. Serjeantson & T. Waldron), pp. 131 – 147, Oxford University Press, Oxford.

Shackleton, N. J. (1977), "The Oxygen Isotope Record of the Late Pleistocene"(《晚更新世氧同位素记录》), *Philosophical Transactions of the Royal Society, London, B*(《英国皇家学会哲学汇刊》), **280**：169 – 182.

Shackleton, N. J., Berger, A. & Peltier, W. R. (1991), "An Alternative Astronomical Calibration of the Lower Pleistocene Timescale Based on ODP Site 677"(《基于ODP遗址677早更新世天文校准方法》), *Transactions of the Royal Society of Edinburgh*(《爱丁堡皇家学会学报》), **81**：252 – 261.

Sharrock, J. T. R. (1976), *The Atlas of Breeding Birds in Britain and Ireland*(《英国和爱尔兰繁殖鸟类地图集》), British Trust for Ornithology, Tring, Hertfordshire.

Sheppard, J. (1922), "Vertebrate Remains from the Peat of Yorkshire：New Records"(《约克郡泥炭中的脊椎动物遗骸：新记录》), *Naturalist*(《博物学家》), **1922**：187 – 188.

Shrubb, M. (2003), *Birds, Scythes and Combines：A History of Birds and Agricultural Change*(《鸟、镰刀与联合收割机：鸟类以及农业变化史》), Cambridge University Press, Cambridge.

Simms, C. (1974), "Cave Research at Teesdale Cave 1878 – 1971：Post-glacial Fauna from Upper Teesdale"(《1878—1971年蒂斯代尔洞穴的研究：蒂斯代尔上层后冰期的动物群》), *Yorkshire Philosophical Society Annual Report*(《约克郡哲学学会年报》), **1974**：34 – 50.

Simms, E. (1971), *Woodland Birds*(《林地鸟类》), Collins, London.

Slack, K. E., Delsuc, F., Mclenachan, P. A., Arnason, U. & Penny, D. (2007), "Resolving the Root of the Avian Mitogenic Tree by Breaking up Long Branches"(《通过打断长枝来解决鸟类谱系树根》), *Molecular Phylogenetics and Evolution*(《分子系统发育和进化》), **42**: 1 – 13.

Smith, C. (2000), "Animal Bone"(《动物骨骼》), in *Castle Park, Dunbar: Two Thousand Years on A Fortified Headland*(《邓巴城堡公园:坚固的海德拉纳的两千年》)(ed D. R. Perry), Society of Antiquaries of Scotland Monograph Srs, **16**: 194 – 297, Edinburgh.

Smith, I. & Lyle, A. (1979), *Distribution of Freshwaters in Great Britain*(《淡水在英国的分布》), I. T. E., Edinburgh.

Smout, T. C. (2003), "Highland Land-use Before 1800: Misconceptions, Evidence and Realities"(《1800 年前高地的使用:误解、证据与现实》), pp. 5 – 23, in Smout, T. C. (ed.), *Scottish Woodland History*(《苏格兰林地史》), Scottish Cultural Press, Edinburgh.

Speakman, J. R. & Racey, P. A. (1991), "No Cost of Echolocation for Bats in Flight"(《蝙蝠飞行时回声定位无需消耗》), *Nature*(《自然》), **350**: 421 – 425.

Speakman, J. R. & Thomas, D. W. (2003), "Physiological Ecology and Energetics of Bats"(《蝙蝠的生理生态学和能量学》), in *Bat Ecology*(《蝙蝠生态学》)(eds TH Kunz & M. B. Fenton), University of Chicago Press.

Stallibrass, S. (1982), "Faunal Remains"(《动物群遗骸》), in *A Romano-British Village at Grandford, March, Cambridgeshire*(《剑桥郡边界格兰福德罗马—不列颠时代的村庄》)(eds T. W. Potter & C. F. Potter), Vol. 35, pp. 98 – 122, British Museum Occasional Paper.

Stallibrass, S. (1993), *Animal Bones from the Excavations in the Southern Area of the Lanes, Carlisle, Cumbria 1981 – 82*(《1981—1982 年坎布里亚郡卡莱尔巷道南部地区挖掘发现的动物骨骼》), *Ancient Monuments Laboratory Report* (《古代遗迹实验室通报》), 96, London.

Stallibrass, S. (1996), "Animal Bones"(《动物骨骼》), in *Excavations at Stonea, Cambridgeshire 1980 – 85*(《1980—1985 年剑桥郡斯通纳的发掘》)(eds R. P. J. Jackson & T. W. Potter), pp. 587 – 612, British Museum, London.

Stallibrass, S. (2002), "Animal Bones"(《动物骨骼》), in *Cataractonium: Roman Catterick and Its Hinterland Excavations and Research, 1958 – 1997, Part 2* (《卡塔拉克托尼厄姆:罗马时代卡特里克及其腹地 1958—1997 年挖掘和研究第二部分》)(ed. P. R. Wilson), pp. 392 – 435, *CBA Research Report*(《CBA 研究报告》), 129, CBA, London.

Stallibrass, S. & Nicholson, R. (2000), "Animal and Fish Bone"(《动物和

鱼的骨骼》), in *Bremetenacum : Excavations at Roman Ribchester 1980, 1989 – 1990*(《布雷梅泰纳库姆:1980、1989—1990 年罗马时代里布彻斯特的发掘》) (eds K. Buxton & C. Howard-Davis), Vol. 9, pp. 375 – 378, Lancaster Imprints Series.

Steadman, D. W. (1981), "(Review of) Birds of the British Lower Eocene" [《英国早始新世鸟类(回顾)》], *Auk*(《海雀》), **98**: 205 – 207.

Stelfox, A. W. (1938), "The Birds of Lagore about One Thousand Years Ago"(《大约一千年前拉戈尔的鸟类》), *Irish Naturalists' Journal*(《爱尔兰博物学家杂志》), **7**: 37 – 43.

Stelfox, A. W. (1942), "Report on the Animal Remains from Ballinderry 2 Crannog"(《巴林德里 2 号人工岛住宅发现的动物遗骸报告》), in *Ballinderry Crannog No. 2*(《巴林德里 2 号人工岛住宅》)(ed. H. Hencken), *Proceedings of the Royal Irish Academy*(《爱尔兰皇家学院学报》), **47**C: 20 – 21, 60 – 74.

Stevenson, H. (1870), *Birds of Norfolk*(《诺福克鸟类》), van Voorst, London.

Stevenson, H. & Southwold, T. (1890), *The Birds of Norfolk*(《诺福克鸟类》), Gurney & Jackson, London.

Stewart, J. R. (1998), "The Avifauna"(《鸟类动物群》), in *Excavations At the Lower Palaeolithic Site at East Farm, Barnham, Suffolk, 1989 – 94*(《1989—1994 年萨福克郡巴纳姆伊斯特农场旧石器时代早期遗址的发掘》)(eds N. Ashton, S. G. Lewis & S. Parfitt), British Museum Occasional Paper, 125, pp. 107 – 109.

Stewart, J. R. (2002a), "Sea-birds from Coastal and Non-coastal, Archaeological and 'natural' Pleistocene Deposits, Or Not All Unexpected Deposition Is of Human Origin"(《来自沿海和非沿海、考古学和"自然"的更新世沉积物或非人类来源的所有意外沉积的海鸟》), *Acta Zoologica Cracoviensia*(《克拉科夫动物学报》), **45**(Special issue): 167 – 178.

Stewart, J. R. (2002b), "The Evidence for the Timing of Speciation of Modern Continental Birds and the Taxonomic Ambiguity of the Quaternary Fossil Record"(《现代陆生鸟类物种形成时间的证据和第四纪化石记录的分类学不确定性》), in *Proceedings of the 5th Symposium of the Society of Avian Paleontology and Evolution*(《第五届鸟类古生物学与进化学会研讨会论文集》)(eds Z. Zhou & F. Zhang), pp. 259 – 280, Science Press, Beijing.

Stewart, J. R. (2004), "Wetland Birds in the Recent Fossil Record of Britain and Northwest Europe"(《英国和欧洲西北部湿地鸟类的最新化石记录》), *British Birds*(《英国鸟类》), **97**, 33 – 43.

Stewart, J. R. (2007a), *An Evolutionary Study of Some Archaeologically Significant Avian Taxa in the Quaternary of the Western Palaearctic*(《古北区西部

第四纪一些具有考古学意义的鸟类分类群的进化研究》），*BAR international Series*（《*BAR* 国际卷》），1653，pp. 1 – 272，Archaeopress，Oxford.

Stewart，J. S.（2007b），"The Fossil and Archaeological Record of the Eagle Owl in Britain"（《英国雕鸮化石和考古学记录》），*British Birds*（《英国鸟类》），**100**：481 – 486.

Stroud，D.，Reed，T. M.，Pienkowski，M. W. & Lindsay，R. A.（1987），*Birds，Bogs and Forestry：The Peatlands of Caithness and Sutherland*（《鸟类、沼泽和森林：凯塞斯内斯和萨瑟兰的泥炭地》），Nature Conservancy Council，Peterborough.

Stuart，A. J.（1982），*Pleistocene Vertebrates in the British Isles*（《不列颠群岛更新世脊椎动物》），Longman，London.

Svenning，J. -C.（2002），"A Review of Natural Vegetation Openness in North-western Europe"（《欧洲西北部自然植被开放度研究综述》），*Biological Conservation*（《生物保护》），**104**：133 – 148.

Swanton，M.（1975），*Anglo-Saxon Prose*（《盎格鲁-撒克逊时期的散文》），Dent，London.

Sykes，N. J.（2004），"The Dynamics of Status Symbols：Wildfowl Exploitation in England AD 410 – 1550"（《地位象征的动态变化：410—1550 年英格兰野禽开发》），*Archaeological Journal*（《考古学杂志》），**161**：82 – 105.

Sykes，N. J.（2007），*The Norman Conquest：A Zooarchaeological Perspective*（《诺曼人的征服：动物考古学视角》），*BAR international Series*（《BAR 国际卷》），1656，Archaeopress，Oxford.

Tagliacozzo，A. & Gala，M.（2002），"Exploitation of Anseriformes At two Upper Palaeolithic Sites in Southern Italy：Grotta Romanelli（Lecce，Apulia）and Grotta del Santuario della Madonna A Praia A Mare（Cosenza，Calabria）"（《意大利南部两个旧石器时代晚期遗址雁形目的发掘：格罗塔·罗曼内利（阿普里亚莱切）和普拉亚·阿马勒圣母圣堂石窟（卡拉布里亚科森扎）》），*Acta Zoologica Cracoviensia*（《克拉科夫动物学报》），**45**（Special issue）：117 – 131.

Tapper，S. C.（1992），*Game Heritage*（《猎场传承》），Game Conservancy，Fordingbridge.

Tapper，S. C.，Potts，G. R. & Brockless，M. H.（1999），"The Effect of Experimental Reductions in Predator Presence on the Breeding Success and Population Density of Grey Partridges"（《捕食者实验性减少对灰鹧鸪繁殖成功率以及种群密度的影响》），*Journal of Applied Ecology*（《应用生态学杂志》），**33**：968 – 979.

Tatner，P. A.（1983），"The Diet of Urban Magpies *Pica pica*"（《城市喜鹊的食谱》），*Ibis*（《鹮》），**125**：90 – 107.

Tatner，P. A. & Bryant（1986），"Flight Cost of A Small Passerine Measured

Using Doubly Labelled Water: Implications for Energetics Studies"(《使用双标水测量小型雀形目飞行成本:热力学研究的影响》), *Auk*(《海雀》), **103**: 169 – 180.

Taylor, I. (1998), *The Barn Owl*(《仓鸮》), Cambridge University Press, Cambridge.

Thawley, C. (1981), "The Mammal, Bird and Fish Bones"(《哺乳动物、鸟类和鱼的骨骼》), in Mellor, J. E. & Pearce, T., "The Austin Friars, Leicester"(《莱斯特奥斯汀修道院》), *CBA Research Report*(《CBA 研究报告》), **35**: 173 – 175.

Thomas, C. D. & Lennon, J. J. (1999), "Birds Extend Their Ranges Northwards"(《鸟类活动范围的向北扩张》), *Nature*(《自然》), **399**: 213.

Thomas, J. (2000), "The Great Bustard in Wiltshire: Flight into Extinction?"(《威尔特郡的大鸨:走向灭绝?》), *Wiltshire Archaeological and Natural History Magazine*(《威尔特郡考古和自然历史杂志》), **93**: 63 – 70.

Ticehurst, N. F. (1920), "On the Former Abundance of the Kite, Buzzard and Raven in Kent"(《肯特郡的鸢、普通𫛭和渡鸦曾经的丰度》), *British Birds*(《英国鸟类》), **14**: 34 – 37.

Ticehurst, N. F. (1957), *The Mute Swan in England*(《英国的疣鼻天鹅》), Cleaver-Hume Press, London.

Tinbergen, L. (1946), "Sperver als Roofvijand van Zangvogels"(《松鸡的掠食者》), *Ardea*(《鹭》), **34**: 1 – 123.

Tomek, T. B. & Bochenski, Z. M. (2000), *The Comparative Osteology of Europaean Corvids (Aves: Corvidae), with A Key to the Identification of Their Skeletal Elements*[《欧洲鸦科动物(鸟类:鸦科)比较骨骼学以及重要骨骼成分鉴定》)], Institute of Systematics and Evolution of Animals, Polish Academy of Sciences, Krakow.

Tomiałojc, L. (2000), "Did White-backed Woodpeckers Ever Breed in Britain?"(《白背啄木鸟是否曾在英国繁殖?》), *British Birds*(《英国鸟类》), **93**: 453 – 456.

Tomiatojc, L., Wesołowski, T. & Walankiewicz, W. (1984), "Breeding Bird Community of A Primaeval Temperate Forest (Białowieża National Park, Poland)"[《远古温带森林(波兰比亚沃韦扎国家公园)的繁殖鸟类群落》], *Acta Ornithologica*(《鸟类学报》), **20**: 241 – 310.

Toynbee, J. M. C. (1973), *Animals in Roman Life and Art*(《罗马时代生活和艺术中的动物》), John Hopkins University Press paperback, 1996, edn, Thames & Hudson, London.

Tubbs, C. R. (1974), *The Buzzard*(《普通𫛭》), David & Charles, Newton Abbot.

Turk, F. A. (1971), "Notes on Cornish Mammals in Prehistoric and Historic Times No. 4: A Report on the Animal Remains from Nor-Nour, Isles of Scilly" (《史前和历史时期康沃尔哺乳动物笔记4:锡利群岛诺尔岛动物遗骸报告》), *Cornish Archaeology*(《康沃尔郡考古》), **10**: 79 – 91.

Turk, F. A. (1978), "The Animal Remains from Nor-Nour: A Synoptic View of the Finds"(《诺尔的动物遗骸:发现概述》), in *Excavations at Nornour, Isles of Scilly, 1969 – 73: the Pre-Roman Settlement*(《1969—1973年锡利群岛诺尔的发掘:前罗马人定居点》)(ed. S. A. Butcher), *Cornish Archaeology*(《康沃尔郡考古》), **17**: 99 – 103.

Tyrberg, T. (1991a), "Arctic, Montane and Steppe Birds As Glacial Relicts in the West Palearctic"(《西古北区冰期孑遗的北极圈、山地森林和草原鸟类》), *Ornithologische Verhandlungen*, **25**: 29 – 49.

Tyrberg, T. (1991b), "Crossbill (genus *Loxia*) Evolution in the West Palearctic -A Look At the Fossil Evidence"(《西古北区交嘴雀的演化——化石证据一瞥》), *Ornis Svecica*(《蓝点鸟类志》), **1**: 3 – 10.

Tyrberg, T. (1995), "Palaeobiogeography of the Genus *Lagopus* in the West Palearctic"(《西古北区雷鸟属古生物地理学》), *Courier Forschungsinstitut Senckenberg*(《森肯堡库里耶研究院》), **181**: 275 – 291.

Tyrberg, T. (1998), *Pleistocene Birds of the Palearctic: A Catalogue*(《古北区更新世鸟类:索引》), Nuttall Ornithological Club, Cambridge, MA.

Van Wijngaarden-Bakker, L. H. (1974), "The Animal Remains Recovered from the Beaker Settlement at Newgrange, County Meath: First Report"(《米斯县纽格兰奇钟杯时代定居点发现的动物遗骸:首次报道》), *Proceedings of the Royal Irish Academy* (《爱尔兰皇家学院会议记录》), **74**C: 313 – 585.

Van Wijngaarden-Bakker, L. H. (1982), "The Faunal Remains"(《动物群遗骸》), in *Newgrange. Archaeology, Art and Legend*(《纽格兰奇:考古学、艺术与传说》)(ed. M. J. O'Kelly), Thames & Hudson, London.

Van Wijngaarden-Bakker, L. H. (1985), "The Faunal Remains"(《动物群遗骸》), in *Excavations At Mount Sandel 1973 – 1977*(《1973—1977年桑德尔山的挖掘》)(ed. P. C. Woodman), pp. 71 – 76, HMSO, Belfast.

Van Wijngaarden-Bakker, L. H. (1986), "The Animal Remains from the Beaker Settlement At Newgrange, Co. Meath: Final Report"(《米斯县纽格兰奇钟杯时代定居点发现的动物遗骸:总结报告》), *Proceedings of the Royal Irish Academy*(《爱尔兰皇家学院会议记录》), **86**C: 1 – 111.

Vera, F. W. M. (2000), *Grazing Ecology and Forest History*(《放牧生态学和森林史》), CABI, Oxford.

Village, A. (1990), *The Kestrel*(《茶隼》), T. &A. D. Poyser, London.

Waters, E. & Waters, D. (2005), "The Former Status of the Great Bustard in Britain"(《大鸨过去在英国的地位》),*British Birds*(《英国鸟类》),**98**:295 – 305.

Watson, J. (1997), *The Golden Eagle*(《金雕》), T. &A. D. Poyser, London.

Watson, A. & Moss, R. (2004), "Impacts of Ski-development on Ptarmigan (*Lagopus mutus*) At Cairn Gorm, Scotland"(《苏格兰凯恩戈姆发展滑雪对岩雷鸟的影响》),*Biological Conservation*(《生物保护》),**116**:267 – 275.

Weinstock, J. (2002), *The Animal Bone Remains from Scarborough Castle, North Yorkshire*(《约克郡北部斯卡伯勒城堡的动物遗骸》),*Centre For Archaeology Report*(《考古中心报告》), 21/2002, 1 – 30.

Wenink, P. W., Baker, A. J., Rosner, H-U. & Tilanus, M. G. J. (1996), "Global Mitochondrial DNA Phylogeny of Holarctic Breeding Dunlins (*Calidris alpina*)"(《全北区繁殖的黑腹滨鹬全球线粒体 DNA 系统发育》),*Evolution* (《演化》),**50**:318 – 330.

Wernham, C., Toms, M., Marchant, J., Clark, J., Siriwardena, G. & Baillie, S. (2002), *The Migration Atlas: Movements of the Birds of Britain and Ireland*(《迁移地图集:英国和爱尔兰鸟类的迁徙》), T. &A. D. Poyser, London.

West, B. (1994), "Birds and Mammals"(《鸟类和哺乳动物》), CI. 6, in *Saxon Environment and Economy in London*(《伦敦撒克逊时代的环境与经济》) (ed. D. J. Rackham & M. D. Culver), C. B. A., London.

West, B. (1995), "The Case of the Missing Victuals"(《食物失踪案》),*Historical Archaeology*(《历史考古学》),**29**:20 – 42.

West, B. & Zhou, B. -X. (1988), "Did Chickens Go North? New Evidence for Domestication"(《鸡向北去?驯化新证据》),*Journal of Archaeological Science*(《考古科学杂志》),**15**:515 – 533.

Wheeler, A. (1978), "Why Were There No Fish Bones At Star Carr?"(《为什么斯塔卡没有发现鱼类骨骼?》),*Journal of Archaeological Science*(《考古科学杂志》),**5**:85 – 89.

White, G. (1789), *The Natural History and Antiquities of Selbourne*(《塞尔伯恩的自然历史和古迹》), B. White, London.

Williams, P. H. (1982), "The Distribution and Decline of British Bumble Bees(*Bombus* Latr.)"(《英国熊蜂的分布和数量下降》),*Journal of Apicultural Research*(《农业研究杂志》),**21**:236 – 245.

Wilson, R. (1983), *Piazza Armerina*(《阿米里纳广场》), Granada, London.

Wilson, R., Allison, E., & Jones, A. (1983), "Animal Bones & Shells" (《动物骨骼与贝壳》), in *Late Saxon Evidence and Excavation of Hinxey Hall,*

Queen Street，Oxford(《撒克逊晚期证据以及对牛津皇后街欣克西礼堂的挖掘》)(ed C. Halpin)，*Oxoniensia*(《牛津建筑与历史学会年报》)，**48**：68.

Wilson, R., Locker, A. & Marples, B. (1989), "Medieval Animal Bones and Marine Shells from Church Street and Other Sites in St Ebbes, Oxford"(《牛津圣埃比斯教堂街与其他遗址的中世动物骨骼和海洋贝类》)，in *Excavations in St Ebbes，Oxford 1967 - 76*(《1967—1976 年牛津圣埃比斯的挖掘》)(eds T. G. Hassal, C. E. Halpin & M. Mellor)，*Oxoniensia*(《牛津建筑与历史学会年报》)，**54**：258 - 268.

Woelfle, E. (1967)，*Vergleichend Morphologische Untersuchungen An Einzelknochen des Postcranialen Skelettes in Mitteleuropa Vorkommender Mittelgrosser Enten，Halbgänse und Säger：Ludwigs Maximilians-Universität*(《欧洲中部鸭科、麻鸭鸭科和秋沙鸭头后骨骼：形态学研究比较》)，Munich.

Wojcik, J. D. (2002)，"The Comparative Osteology of the Humerus in European Thrushes(Aves：Turdus) including A Comparison with Other Similarly Sized Genera of Passerine Birds-preliminary Results"(《欧洲鸫类肱骨包括与其他体型相似的雀形目鸟类的骨骼学比较——初步结果》)，*Acta Zoologica Cracoviensia*(《克拉科夫动物学报》)，**45**(Special issue)：369 - 381.

Woodman, P. C., McCarthy, M. R. & Monaghan, N. (1997)，"The Irish Quaternary Fauna Project"(《爱尔兰第四纪动物群项目》)，*Quaternary Science Reviews*(《第四纪科学评论》)，**7**：129 - 159.

Wright, T. (1884)，*Anglo-Saxon and Old English Dictionaries*(《盎格鲁-撒克逊以及古英语词典》)，2nd edn，Trubner & Co.，London.

Yalden, D. W. (1984)，"What Size Was *Archaeopteryx*?"(《始祖鸟有多大?》)，*Zoological Journal of the Linnean Society*(《林奈学会动物学杂志》)，**82**：177 - 188.

Yalden, D. W. (1985)，"Forelimb Function in *Archaeopteryx*"(《始祖鸟前肢功能》)，in *The Beginnings of Birds*(《鸟类的起源》)(eds M. K. Hecht, J. H. Ostrom, G. Viohl & P. Wellnhofer)，pp. 91 - 97，Freunde des Jura-Museums Eichstatt，Eichstatt.

Yalden, D. W. (1987)，"The Natural History of Domesday Cheshire"(《柴郡土地志自然史》)，*Naturalist*(《博物学家》)，**112**：125 - 131.

Yalden, D. W. (1999)，*The History of British Mammals*(《英国哺乳动物历史》)，T. &A. D. Poyser，London.

Yalden, D. W. (2003)，"Mammals in Britain-A Historical Perspective"(《英国的哺乳动物——历史的观点》)，*British Wildlife*(《英国野生动物》)，**14**：243 - 251.

Yalden, D. W. (2007)，"The Older History of the White-tailed Eagle in Britain"(《英国白尾海雕的古老历史》)，*British Birds*(《英国鸟类》)，**100**：

471－480.

Yalden, D. W. & Carthy, R. I. (2004), "The Archaeological Record of Birds in Britain and Ireland: Extinctions, Or Failures to Arrive?"(《英国和爱尔兰鸟类的考古学记录:灭绝或移民失败?》), *Environmental Archaeology*(《环境考古学》), **9**: 123－126.

Yalden, P. E. & Yalden, D. W. (1989), "Small Vertebrates"(《小型脊椎动物》), in *Wilsford Shaft: Excavations 1960－62*(《维斯福德竖井:1960—1962年的挖掘》)(eds P. Ashbee, M. Bell & E. Proudfoot), pp. 103－106, English Heritage Archaeology Report(《英国文物考古报告》), 11.

Yapp. W. B. (1962), *Birds and Woods*(《鸟类与森林》), Oxford University Press, Oxford.

Yapp, W. B. (1981a), "Gamebirds in Medieval England"(《英格兰中世纪的猎禽》), *Ibis*(《鹮》) 125: 218－221.

Yapp. W. B. (1981b), *The Birds of Medieval Manuscripts*(《中世纪手稿中的鸟》), the British Library, London.

Yapp, W. B. (1982a), "Birds in Captivity in the Middle Ages"(《中世纪人工饲养的鸟》), *Archives of Natural History*(《自然历史档案》), **10**:479－500.

Yapp, W. B. (1982b), "The Birds of the Sherborne Missal"(《舍伯恩弥撒书中的鸟》), *Proceedings of the Dorset Natural History and Archaeology Society*(《多塞特自然历史和考古学会会刊》), **104**: 5－15.

Yapp, W. B. (1983), "The Illustrations of Birds in the Vatican Manuscript of *De arte venandi cum avibus* of Frederick Ⅱ"(《腓特烈二世〈鹰猎术〉梵蒂冈手稿中的鸟类插图》), *Annals of Science*(《科学年报》), **40**: 597－634.

Yapp, W. B. (1987), "Medieval Knowledge of Birds As Shown in Bestiaries"(《动物寓言集中关于鸟类的中世纪知识》), *Archives of Natural History*(《自然历史档案》), **14**: 175－210.

Zeuner, F. E. (1963), *A History of Domesticated Animals*(《驯养动物的历史》), Hutchinson, London.

Zhou, Z. & Zhang, F. (2002), "A Long-tailed, Seed-eating Bird from the Early Cretaceous of China"(《中国早白垩世以种子为食的长尾鸟》), *Nature*(《自然》), **418**: 405－409.

Zhou, Z. & Zhang, F. (2007), "Discovery of An Ornithurine Bird and Its Implications for Early Cretaceous Avian Evolution"(《一今鸟类的发现及其对早白垩世鸟类进化的意义》), *Proceedings of the National Academy of Sciences*(《美国国家科学院院刊》), **102**: 18998－19002.